高 等 学 校 教 材

工程材料及成型工艺基础

主　编　黄本生
副主编　范　舟　张德芬　杨　军

石 油 工 业 出 版 社

内容提要

本书是为适应21世纪人才培养需求及高校专业设置调整和合并而提出的教学内容和课程体系改革的要求，在总结近些年来的教学探索、改革和实践的基础上编写而成的。本书以金属材料的成分、结构、组织与性能的关系及其成型技术为主线进行论述和分析，系统地论述了工程材料及成型技术的基本理论和知识，分析了常用工程材料的化学成分、组织结构、工艺方法、性能特点及其相互关系。本书注重基本理论和基本概念的阐述，力求理论正确、概念清晰，同时又具有可读性和实用性。

本书可作为高等学校材料类、机械类及近机械类专业基础课程的教材，也可作为相关专业科技人员的参考用书。

图书在版编目（CIP）数据

工程材料及成型工艺基础/黄本生主编．
北京：石油工业出版社，2013.8
（高等学校教材）
ISBN 978-7-5021-9702-5

Ⅰ.工…
Ⅱ.黄…
Ⅲ.工程材料—成型—工艺学—高等学校—教材
Ⅳ.TB3

中国版本图书馆CIP数据核字（2013）第175912号

出版发行：石油工业出版社
（北京市朝阳区安定门外安华里2区1号楼　100011）
网　址：www.petropub.com
编辑部：（010）64250991　图书营销中心：（010）64523633
经　销：全国新华书店
排　版：北京密东文创科技有限公司
印　刷：北京中石油彩色印刷有限责任公司

2013年8月第1版　2018年8月第3次印刷
787毫米×1092毫米　开本：1/16　印张：16.75
字数：424千字

定价：32.00元
（如出现印装质量问题，我社图书营销中心负责调换）

前　言

材料是科学发展与工业技术的基础。20世纪后期，新材料成为高新技术的四大支柱之一，对高科技和新技术具有非常关键的作用，没有新材料就没有发展高科技的物质基础。掌握新材料技术已成为一个国家在科技上处于领先地位的标志之一。因此，对材料理论基础及成型工艺的研究在新时代就变得尤为重要。随着科学技术的发展，新材料和新技术的不断问世及应用，对材料科学及其成型技术的教学也提出了新的要求。

本书从机械工程材料的应用角度出发，阐明了工程材料及其成型工艺的基础理论和应用，注重分析材料的化学成分、加工工艺、组织结构和性能之间的关系。在编写过程中，始终贯穿一条主线，即材料的组成—结构—性能—应用。在系统地介绍材料基础理论的同时，也引入较多的新材料与新技术等知识，有利于培养学生的创新意识。本书具有以下几方面特点：

（1）与实际生产过程和生活密切相关，注重实践应用。在对基础理论精简叙述的同时，对材料热处理、材料选用及成型技术等紧密联系生产实际的方面进行了详细介绍。

（2）对传统工程材料的内容进行精炼，根据当前材料科学的发展现状和应用情况更新了教材内容并调整了章节结构，增加了复合材料、纳米材料、绿色材料等新内容，反映了工程材料的发展趋势。

（3）内容涉及面广、适应性强，因此在实际教学过程中有较大的选择余地，可以根据不同专业的需要及课时要求选择适当内容进行讲授。本书还加入了石油类特色知识，拓宽了学生的专业知识面，便于石油类高校有针对性地对相关专业学生进行教学。

本书对现代工程材料及成型工艺的基础理论知识及应用做了深入的介绍。通过对本书的学习，读者能够正确、合理地选用工程材料，并具有确定金属材料热处理工艺和妥善安排工艺路线的初步能力，为后续课程的学习和今后从事材料加工、机械设计及制造等方面的工作奠定基础。

本书由西南石油大学黄本生、范舟、张德芬、杨军等合作编写，黄本生任主编，范舟、张德芬、杨军任副主编。具体分工如下：绪论、第1章、第3章、第4章由黄本生编写；第2章、第11章、第12章由张德芬编写；第5章、第6章、第13章由范舟编写；第7章、第9章、第10章由杨军编写；第8章由杨军、黄本生合编。

本书在编写中参考了大量的书籍，在此，谨向作者表示衷心的感谢。

由于作者水平所限，时间仓促，教材中难免出现疏漏甚至错误之处，请广大读者批评指正。

编　者

2013.6

目　　录

绪　论

材料是能被人类加工利用的物质，是人类生产和生活所必需的物质基础。人类生活在材料组成的世界里，无论是经济活动、科学研究、国防建设，还是人们的衣食住行都离不开材料。材料是人类赖以生存并得以发展的物质基础，正是材料的发现、使用和发展，才使人类不断扩展和超越自身能力，创造出辉煌灿烂的文明。材料的利用情况标志着人类文明的发展水平，历史学家按照人类所使用材料的种类将人类历史划分为石器时代、青铜器时代和铁器时代。到了20世纪70年代，人们更是把材料与信息、能源并列为现代文明的三大支柱，而材料又是信息和能源的基础。

1. 材料与材料科学概述

在利用材料发展、加工、生产工具的漫长历史过程中，我们的祖先有过辉煌的成就，为人类文明做出了重大贡献。早在公元前6000—公元前5000年的新石器时代，我们的祖先就能用黏土烧制陶器，到了东汉时期又出现了瓷器，并流传海外。4000年前的夏朝时期，开始了青铜冶炼。到了殷商时期，冶铸技术就已经达到了很高的水平，形成了灿烂的青铜文化。河南安阳晚商遗址出土的后母戊鼎质量高达87.5kg，在大鼎四周有蟠龙等组成的精美花纹，是这个时期青铜器的杰作。公元前7世纪—公元前6世纪的春秋时期，已经开始大量使用铁器，白口铸铁、麻口铸铁、可锻铸铁相继出现，比欧洲早1800多年。大约3000年前，我国已采用铸造、锻造、淬火等技术生产工具和兵器。湖北江陵墓中出土的两把越王勾践的宝剑，长55.6cm，至今仍异常锋利、金光闪闪。陕西临潼秦始皇陵出土的大型彩绘铜车马，有3000多个零部件，综合采用了铸造、焊接、凿削、研磨、抛光等各种工艺，结构复杂，制作精美。明朝科学家宋应星在他的名著《天工开物》中就记载了古代的渗碳热处理等工艺，这说明早在欧洲工业革命前，我国在金属材料及热处理方面就已经有了较高的成就。现存于北京大钟寺内明朝永乐年间制造的大钟，重达46.6t，其上遍布经文共达20余万字，钟声现在仍浑厚悦耳。

人类对材料的真正认识还是在近现代时期，随着1863年第一台光学显微镜问世，金相学的研究开始发展，人们步入了材料的微观世界。1912年发现了X射线，开始了晶体微观结构的研究；1932年电子显微镜的发明以及后来出现的各种仪器，把人们带入了微观世界的更深层次，人类开始对材料有了系统而深入的认识，迎来了材料科学研究的时代。

新中国成立后，我国工业生产发展迅速，先后建立了鞍山、攀枝花、宝钢等大型钢铁基地，钢产量由1945年的15.8×10^4t上升到2011年的68326.5×10^4t，已连续多年成为钢产量第一大国。原子弹、氢弹的爆炸，卫星、神七飞船的上天，都说明了我国在材料的开发、研究应用等方面有了飞跃的发展，达到了较高的水平。近年来科学技术进步神速，使许多科学设想都成为了可能，科学技术为这些新技术提供了理论技术支持，但新型高性能材料却成了难以解决的难题。

2. 工程材料的应用与发展趋势

新材料是高新技术的重要组成部分，又是高新技术发展的基础和先导，也是提升传统产业的技术能级、调整产业结构的关键。新材料产业已被世界公认为最重要、发展最快的高新技术产业之一，新材料、信息技术以及生物技术共同构成了当今世界高新技术的三大支柱，成为产业进步、国民经济发展和保证国防安全的重要推动力。

工业发达国家都十分重视新材料在国民经济和国防安全中的基础地位和支撑作用，为保持其经济和科技的领先地位，都把发展新材料作为科技发展战略的目标，在制定国家科技与产业发展计划时将新材料列为21世纪优先发展的关键技术之一，予以重点发展。

我国非常重视功能材料的发展，在国家科技攻关、“863”、“973”、国家自然科学基金等项目中，新型功能材料都占有很大比例。在“九五”、“十五”国防计划中还将特种功能材料列为“国防尖端”材料。这些科技行动的实施，使我国在新材料领域取得了丰硕的成果。在“863”计划支持下，开辟了超导材料、平板显示材料、稀土功能材料、生物医用材料、储氢材料等新型功能材料，金刚石薄膜材料、高性能固体推进剂材料、红外隐身材料、材料设计与性能预测等功能材料的新领域，取得了一批接近或达到国际先进水平的研究成果，在国际上占有了一席之地。镍氢电池、锂离子电池的主要性能指标和生产工艺技术均达到了国际先进水平，推动了我国镍氢电池的产业化发展；功能陶瓷材料的研究开发取得了显著进展，以片式电子组件为目标，我国在高性能瓷料的研究上取得了突破，并在低烧瓷料和贱金属电极上形成了自己的特色并实现了产业化，使片式电容材料及其组件进入了世界先进行列；高档钕铁硼产品的研究开发和产业化取得显著进展，在某些成分配方和相关技术上取得了自主知识产权；功能材料还在“两弹一星”、“四大装备四颗星”等国防工程中做出了重要贡献。

国务院近期针对十二五规划，做出了加快培育和发展战略性新兴产业的决定，在未来的五年规划中，目标十分明确。新材料行业将在国家政策规划的引导下，进入黄金发展十年。新材料作为战略新兴产业中的一部分，是引导未来经济社会发展的重要基础力量。十二五规划提出，新材料产业“重点发展新型功能材料、先进结构材料、高性能纤维及其复合材料、共性基础材料”，推进航空航天、能源资源、交通运输、重大装备等领域急需的碳纤维、半导体材料、高温合金材料、超导材料、高性能稀土材料、纳米材料等的研发及产业化。

新材料也是世界各国高技术发展中战略竞争的热点。

3. 课程目的和基本要求

工程材料是材料学中的重要部分，作为机械制造基础中的系列课程之一，是高等学校机械类及近机械类专业必修的技术基础课。学习本课程的目的是：获得有关工程材料的基础理论和必要的工艺知识，培养工艺分析的初步能力；掌握和运用常用工程材料的种类、成分、组织、性能和改进方法；理解和应用材料的性能、结构、工艺、使用之间的关系规律，合理使用材料和正确选择加工工艺。

学习本课程的基本要求是：熟悉工程材料的性能、纯金属及合金的结构和性能、二元合金相图的建立和含义、铁碳合金相图；掌握选材原则，能合理选用材料和相应的热处理工艺；掌握常用工程材料的成型方法及工艺。

第1章 材料的种类与性能

1.1 工程材料的分类

工程材料是指具有一定性能、在特定条件下能够承担某种功能、被用来制造零件和工具的材料。笼统地说，工程材料是在机械、船舶、化工、建筑、车辆、仪表、航空航天等工程领域中用于制造工程构件和机械零件的材料。工程材料种类繁多，常见的分类方法如下：

按用途分类可以分为结构材料（如机械零件、工程构件）、工具材料（如量具、刃具、模具）和功能材料（如磁性材料、超导材料等）。

按应用领域分类可以分为机械工程材料、建筑工程材料、能源工程材料、信息工程材料和生物工程材料。

最常用的分类方法是按照材料的组成、结合键的特点将工程材料分为金属材料、高分子材料、无机非金属材料和复合材料，如图1.1所示。

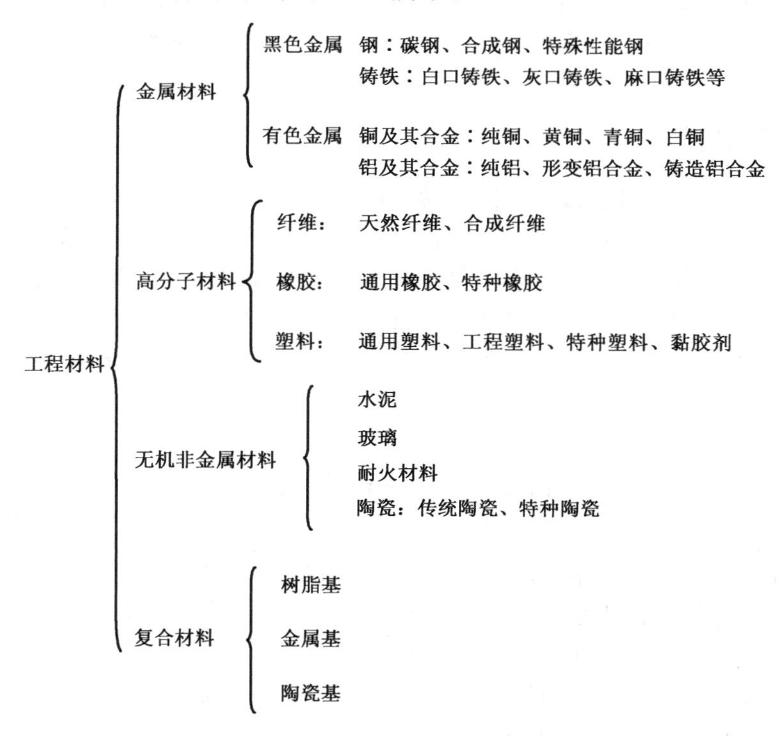

图1.1 工程材料按组成、结合键的特点分类

1.1.1 金属材料

金属材料是以金属键结合为主的材料，包括钢铁、有色金属及其合金。金属材料具有良好的力学性能、物理性能、化学性能及工艺性能，并易于采用比较简单和经济的方法制成零

件，是目前用量最大、应用最广泛的工程材料。

金属材料分为黑色金属和有色金属两类。铁、锰、铬及其合金称为黑色金属。黑色金属在机械产品中的用量占全部用材的60%以上。黑色金属具有良好的力学性能，是最重要的工程金属材料。黑色金属之外的所有金属及其合金称为有色金属。有色金属的种类很多，是重要的特色用途材料。

1.1.2 高分子材料

高分子材料是以高分子化合物为基础的材料，由相对分子质量较大的化合物构成，以分子键和共价键结合为主，包括橡胶、塑料、纤维、涂料、胶黏剂和高分子基复合材料。

高分子材料具有良好的塑性、耐蚀性、电绝缘性、减震性，以及密度小等优良性能，并且原料丰富、成本低、加工方便，因此在机械、电气、纺织、汽车、飞机、轮船等制造工业和化学、交通运输、航空航天等工业中广泛应用，是工程上发展最快的一类新型结构材料。

1.1.3 无机非金属材料

无机非金属材料是以某些元素的氧化物、碳化物、氮化物、卤素化合物、硼化合物以及硅酸盐、铝酸盐、磷酸盐、硼酸盐等物质组成的材料，常具有比金属键和纯共价键更强的离子键和混合键。这种化学键赋予了这类材料高熔点、高硬度、耐腐蚀、耐磨损、高强度和良好的抗氧化性等基本属性以及隔热性、透光性及良好的铁电性、铁磁性和压电性。由于它具有这些优点，在电力、建筑、机械等行业有广泛应用。工程常用的无机非金属材料主要有水泥、玻璃、陶瓷材料和耐火材料。

1.1.4 复合材料

复合材料是由两种或两种以上不同性质的材料，通过物理或化学的方法，在宏观上组成具有新性能的材料。各种材料在性能上取长补短，产生协同效应，使复合材料的综合性能优于原组成材料而满足各种不同的要求。复合材料可由基体材料（金属基、陶瓷基、聚合基）和增强剂（纤维、晶须、颗粒）复合而成，它的结合键非常复杂，使其在强度、刚度和耐蚀性方面比单纯的金属、陶瓷和聚合物都优越，是一类特殊的工程材料，具有广阔的发展前景。

1.2 材料的性能

材料的性能直接关系到产品的质量、使用寿命和加工成本，是产品选材和拟定加工工艺方案的重要依据。材料的性能可分为使用性能和工艺性能两类。材料的使用性能是指材料在服役条件下能保证安全可靠工作所必备的性能，包括材料的力学性能、物理性能和化学性能等。工艺性能是指材料承受各种加工、处理的能力的那些性能，包括铸造性能、锻造性能、焊接性能、热处理性能和切削加工性能等。

1.2.1 材料的力学性能

1. 静载时材料的力学性能

静载是指施于构件的载荷恒定不变或加载变化缓慢以致可以忽略惯性力作用的载荷，最常用的静载实验有拉伸、压缩、弯曲、扭转等，利用这些实验方法，可以测得材料的各种力学性能指标。本节仅介绍工程领域应用广泛的强度、塑性和硬度指标。

1）强度

强度是指材料在外力作用下抵抗变形和断裂的能力。

强度指标常通过材料拉伸实验测定。在标准试样的两端缓慢地施加拉伸载荷，使试样的工作部分受轴向拉力 F，并引起试样沿轴向产生伸长 ΔL，随着 F 值的增加，ΔL 也相应增大，直到试样断裂为止。由载荷（拉力）与变形量（伸长量）的相应变化，可以绘出拉伸曲线。图 1.2（a）就是退火低碳钢的拉伸曲线。如果把拉力除以试样的原始截面积 S_0，得到拉应力 σ（单位截面积上的拉力），把伸长量 ΔL 除以试样的标距长度 L_0 得到应变 ε（单位长度的伸长量）。根据 σ 和 ε，则可以画出拉伸试样的应力—应变曲线，如图 1.2（b）所示，可以从图上直接读出材料的一些常规力学性能指标。静载拉伸下材料的力学性能指标主要有以下几个。

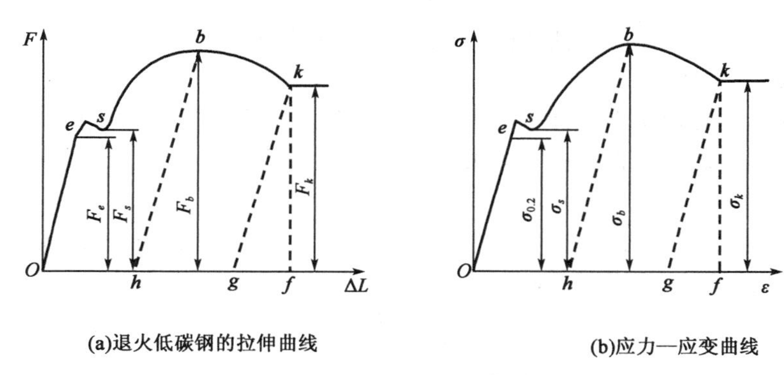

图 1.2　退火低碳钢的拉伸曲线和应力—应变曲线

（1）弹性极限 σ_e 和弹性模量 E。

在应力—应变曲线上，e 点以前产生的可以恢复的变形称为弹性变形，e 点对应的弹性变形阶段的极限值，称为弹性极限，以 σ_e 表示（单位为 MPa），对一些弹性零件如精密弹簧等，σ_e 是主要的性能指标。

材料在弹性变形阶段内，应力与应变的比值为定值，这表征了材料抵抗弹性变形的能力，其值大小反映材料弹性变形的难易程度，称为弹性模量，以 E 表示（单位为 GPa），即

$$E=\frac{\sigma}{\varepsilon} \tag{1-1}$$

在工程上，零件或构件抵抗弹性变形的能力称为刚度。显然，在零件的结构、尺寸已确定的前提下，其刚度取决于材料的弹性模量。

弹性模量主要取决于材料内部原子间的作用力，如晶体材料的晶格类型、原子间距，热处理对弹性模量的影响极小。

（2）屈服强度。

在拉伸曲线中，s 点出现一近似水平线段，这表明拉力虽然不再增加，但变形仍在进行。这时若卸去载荷，则试样的变形不能全部恢复，将保留一部分残余变形。这种不能恢复的残余变形称为塑性变形。s 点是材料从弹性状态过渡到塑性状态的临界点，它所对应的应力为材料在外力作用下开始发生塑性变形的最低应力值，称为屈服极限或屈服强度，用 σ_s

(R_{el}) 表示（单位为 MPa）。

$$\sigma_s = \frac{F_s}{S_0} \tag{1-2}$$

式中　F_s——对应于 s 点的外力，N；

S_0——试样的原始截面积，m^2。

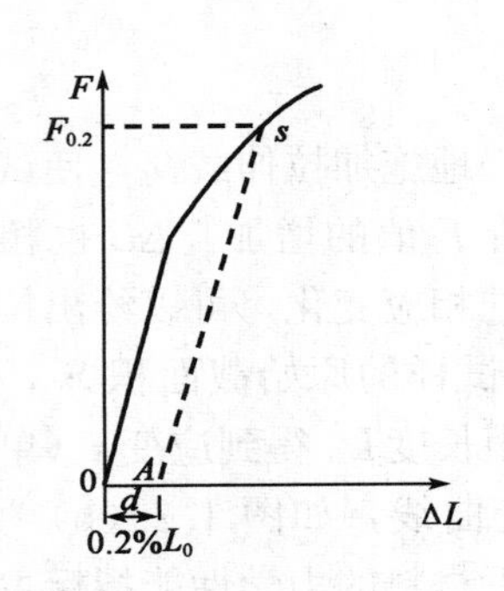

图 1.3　图解法确定 $\sigma_{0.2}$

由于很多材料的拉伸曲线上没有明显的屈服点（图 1.3），无法确定屈服极限，因此规定试样产生 0.2% 塑性变形时的应力值为该材料的屈服极限，称为条件屈服极限，以 $\sigma_{0.2}$ 表示，即

$$\sigma_{0.2} = \frac{F_{0.2}}{S_0} \tag{1-3}$$

式中　$F_{0.2}$——产生 0.2% 残余伸长量的载荷，N。

其确定方法是：首先在拉伸图上截取 $d = 0.2\%L_0$，过 A 点做平行于拉伸曲线弹性变形阶段的平行线与拉伸曲线交于 s 点，再过交点 s 作水平线，与 F 轴的交点即为 $F_{0.2}$。

工程中大多数零件都是在弹性范围内工作的，如果产生过量塑性变形就会使零件失效，所以屈服强度是零件设计和选材的主要依据之一。

（3）抗拉强度。

试样拉断前最大载荷所决定的条件临界应力，即试样所能承受的最大载荷除以原始截面积，以 σ_b (R_m) 表示（单位为 MPa）。

$$\sigma_b = \frac{F_b}{S_0} \tag{1-4}$$

式中　F_b——试样所能承受的最大载荷，N。

抗拉强度的物理意义是表征材料对最大均匀变形的抗力，表征材料在拉伸条件下，所能承受的最大载荷的应力值，它是设计和选材的主要依据之一。因为有些材料几乎没有塑性，或低塑性脆性材料，因此 σ_b 就是这类材料的主要选材设计指标。

2）塑性

断裂前材料发生塑性变形的能力称为塑性。塑性以材料断裂后塑性变形的大小来表示。拉伸时用延伸率 δ (A) 和断面收缩率 Ψ (Z) 表示，两者均无量纲。

①延伸率 δ (A) 表示试样拉伸断裂后的相对伸长量，其计算公式为

$$\delta = \frac{L_k - L_0}{L_0} \times 100\% \tag{1-5}$$

式中　L_0——拉伸试样原始标距长度，mm；

L_k——拉伸试样拉断后的标距长度，mm。

②断面收缩率 Ψ (Z) 表示试样断裂后截面的相对收缩量，其计算公式为

$$\Psi = \frac{S_0 - S_k}{S_0} \times 100\% \tag{1-6}$$

式中　S_0——拉伸试样原始截面面积，m^2；

S_k——拉伸试样拉断处的截面面积，m^2。

3）硬度

硬度是衡量材料软硬程度的指标，表征材料抵抗比它更硬的物体压入或刻画的能力，因

为硬度的测定总是在试样的表面上进行，所以硬度也可以看做是材料表面抵抗变形的能力。

硬度是材料力学性能的一个重要指标，材料制成的半成品和成品的质量检验中，硬度是标志产品质量的重要依据。常用的硬度有布氏、洛氏、维氏、显微硬度等。

(1) 布氏硬度。

用一定的载荷 F，将直径为 D 的淬火钢球或硬质合金球压入被测材料的表面（图 1.4），保持一定时间后卸除载荷，载荷与压痕表面积 S 的比值称为布氏硬度值，用 HB 表示，即

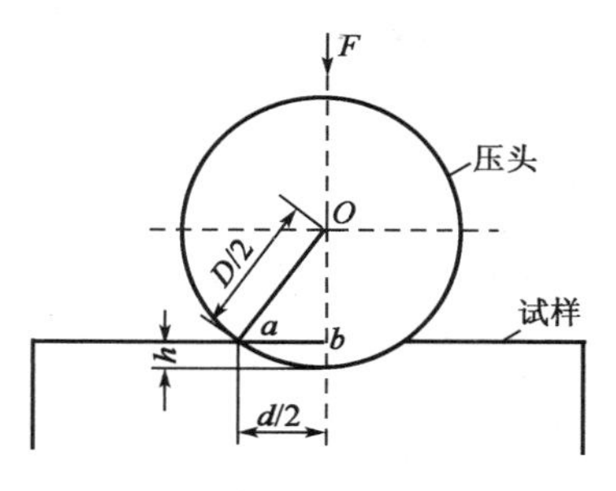

图 1.4 布氏硬度实验原理

$$\mathrm{HB}=\frac{F}{S}=\frac{F}{\pi Dh}=\frac{2F}{\pi D[D-(D^2-d^2)^{\frac{1}{2}}]} \tag{1-7}$$

布氏硬度的单位为 $\mathrm{N/mm^2}$，但一般都不标出，硬度值越高，表明材料越硬。

采用布氏硬度试验的优点是压痕面积大，不受微小不均匀硬度的影响，试验数据稳定，重复性好。但不适用于成品零件和薄壁器件的硬度检验。

硬度的表示方法：压头为淬火钢球时用 HBS，适用于布氏硬度值在 450 以下的材料；压头为硬质合金球时用 HBW，适用于布氏硬度值在 650 以下的材料。硬度值写在符号 HBS 或 HBW 之前，符号之后按下列顺序用数值表示试验条件：球体直径（mm）；试验力（N）；力保持时间（s），如 120HBS 10/1000/30。

(2) 洛氏硬度。

在先后两次施加载荷（初载荷 F_0 及总载荷 F）的条件下，将标准压头（常为顶角为 120°的金刚石圆锥）压入试样表面，然后根据压痕的深度来确定试样的硬度。

根据压头和压力的不同，洛氏硬度用 HRA、HRB、HRC 三种不同符号表示，最常用的是 HRC。它们的数值直接可以从硬度试验机仪表盘上的指示针读出。

洛氏硬度的测定操作迅速、简便，压痕面积小，适用于成品检验，硬度范围广，但由于接触面积小，当硬度不均匀时，数值波动较大，需多打几个点取平均值。必须注意，不同方法、级别测定的硬度值无可比性，只有查表转换成同一级别后，才能比较硬度值的高低。

2. 动载荷下材料的力学性能

动载荷是指由于运动而产生的作用在构件上的作用力。根据作用性质的不同分为冲击载荷和交变载荷等。材料的主要动载力学性能指标有冲击韧性、疲劳强度、断裂韧度和耐磨性。

1) 冲击韧性

材料不仅受静载荷的作用，在工作中往往也受到冲击载荷的作用，例如锻锤、冲床、铆钉枪等，这些零件和工具在设计和制造时，不能只考虑静载荷强度指标。所谓冲击韧性简称韧性，是指材料在冲击载荷作用下抵抗变形和断裂的能力。

冲击韧性用一次摆锤进行冲击试验测定。其原理如图 1.5 所示。试验时将待测材料的带缺口标准试样放置在试验机的支座上，然后将重量为 G 的摆锤抬升到一定高度 H，使其获得 GH 的位能，再让其释放，冲断试样，摆锤继续上升到高度 h。若忽略摩擦和空气阻力等，则冲断试样所消耗的能量称为冲击功即 A_K（单位：J），其计算公式为

$$A_K = GH - Gh \tag{1-8}$$

试样缺口处单位截面积上所吸收的冲击功称为冲击韧度，即 α_k（单位：J/m^2），其计算公式为

$$\alpha_k = \frac{A_K}{S} \tag{1-9}$$

式中 S——试样缺口处的横截面积，m^2。

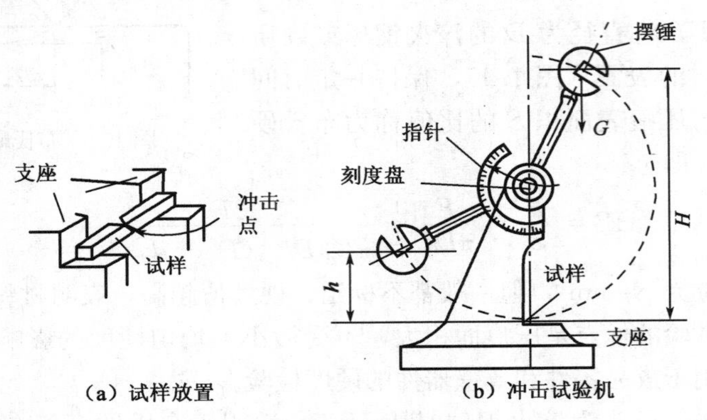

（a）试样放置　　（b）冲击试验机

图 1.5　摆锤冲击实验示意图

一般来说：强度相近的材料，冲击功数值越大，则材料抵抗大能量冲击破坏的能力越好，即冲击韧度越好，在受到冲击时不易断裂。但是在冲击载荷作用下工作的零件，很少是受到大能量一次冲击而破坏的，往往是经受小能量多次冲击，由于冲击损伤的积累引起裂纹扩展而造成断裂，所以用 α_k 值来反映冲击韧度有一定的局限性。研究结果表明，塑性、韧性越高，材料抵抗大能量冲击的能力越强；强度、塑性越高，材料承受小能量多次重复冲击的能力就越好。

2）*疲劳强度*

许多机械零件，如轴、齿轮、弹簧等，在工作中承受的是交变载荷。在这种载荷作用下，虽然零件所受应力远低于材料的屈服强度，但在长期使用中往往会突然发生断裂，这种现象称为“疲劳”。疲劳断裂并无先兆，会产生突然断裂，危害很大。

疲劳强度就是用来表征材料抵抗疲劳的能力。所谓疲劳强度就是指材料经无数次重复交变载荷作用而不发生断裂的最大应力称为疲劳强度，用 σ_{-1}表示，单位为 MPa。例如实际工程中常采用钢在经受 10^7 次、有色金属在经受 10^8 次交变应力作用下不发生破坏的应力作为材料的疲劳强度。

3）*断裂韧度*

断裂韧度是表示材料抵抗裂纹失稳扩展能力的力学性能指标，用 K_{IC}表示，单位为 MN/m^2。

工程上使用的材料常存在一定的缺陷，如气孔、夹杂物和微裂纹等，这些缺陷在材料受力时相当于裂纹，在其前端产生应力集中，形成应力场，该应力场的强弱用 K_I 表示，称为应力场强度因子。在载荷作用下，K_I 不断增大，当其增大到某一临界值 K_{IC}时，材料会发生脆性断裂。这个临界值 K_{IC}就称为材料的断裂韧度。断裂韧度与材料本身的成分、组织和结构有关。

4）耐磨性

磨损是零部件失效的一种常见类型。磨损是指零部件几何尺寸变小，严重者会使零部件失去原有设计所规定的性能造成失效。为了反映零件的磨损，常常用耐磨性来表征材料的磨损性能，所谓耐磨性是指材料抵抗磨损的性能，它以一定摩擦条件下的磨损率或磨损度的倒数来表示，即耐磨性$=\mathrm{d}t/\mathrm{d}V$或$\mathrm{d}L/\mathrm{d}V$。

按磨损的破坏机理，磨损可分为黏着磨损、磨粒磨损、腐蚀磨损、接触疲劳。

（1）黏着磨损：又称咬合磨损，实质是相对运动的两个零件的表面总是凸凹不平的，在接触压力作用下，由于凸出部分首先接触，有效接触面很小。因而，当压力较大时，凸起部分便会发生严重的塑性变形，从而使材料表面接触点发生黏着（冷焊），随后，在相对滑动时黏着点又被剪切而断掉，造成黏着磨损。

（2）磨粒磨损：它是当摩擦一方的硬度比另一方的硬度大得多时，或者在接触面之间存在着硬质粒子时，所产生的磨损，其特征是接触面上有明显的切削痕迹。

（3）腐蚀磨损：是由于外界环境引起金属表面的腐蚀产物剥落，与金属摩擦面之间的机械磨损（磨粒、黏着）相结合而出现的磨损。

（4）接触疲劳：它是滚动轴承、齿轮等一类构件的接触表面，在接触压应力的反复长期作用后所引起的一种表面疲劳剥落损坏现象，其损坏形式是在光滑的接触面上分布有若干深浅不同的针尖或豆状凹坑，或较大面积的表层压碎。

3. 材料的高温力学性能和低温力学性能

温度是影响材料性能的重要外部因素之一。一般随温度升高，材料的强度、硬度降低而塑性增加。在高温下，载荷作用时间对材料的性能也会产生很大影响。例如，蒸汽锅炉、汽轮机、燃气轮机、核动力及化工设备中的一些高温高压管道，虽然工作应力小于工作温度下材料的屈服强度，但在长期使用过程中，会产生缓慢而连续的塑性变形，使管径增大，最后可能导致管道破裂。因此在高温或者低温条件下工作的零部件，需要认真考虑材料的高温或低温力学性能。

1）高温力学性能

材料的高温性能主要有蠕变极限、持久强度、高温韧性等指标。

（1）蠕变极限。

材料在长时间的恒温、恒应力作用下，即使所受到的应力小于屈服强度，也会缓慢地产生塑性变形的现象称为蠕变。蠕变的另一种表现形式是应力松弛，它是指承受弹性变形的零件，在工作过程中总变形量保持不变，但随时间的延长工作应力自行逐渐衰减的现象。

蠕变极限是指在给定温度T（单位：℃）下和规定的试验时间t（单位：h）内，使试样产生一定蠕变伸长量所能承受的最大应力，用符号$\sigma T\varepsilon/t$表示。例如，$\sigma 500\ 1/10^5=100\mathrm{MN/m^2}$，即表示材料在500℃、$10^5$h内，产生的变形量为1%时所能承受的应力为$100\mathrm{MN/m^2}$。

（2）持久强度。

持久强度是材料在高温长期载荷作用下抵抗断裂的能力。常用持久强度极限来衡量，所谓持久强度极限是指材料在给定温度T（单位：℃）和规定的持续时间t（单位：h）内引起断裂的最大应力值，用符号σTt表示。例如，$\sigma 700\ 1000=30\mathrm{MPa}$表示在700℃温度下，要使材料使用1000h而不断裂，此时材料最大只能承受30MPa的应力。

(3) 高温韧性。

材料的高温韧性一般通过高温冲击实验来测定。高温冲击试验与常温、低温冲击试验的本质是一致的，只不过是将试样加热，在高温下进行冲击实验。高温韧性是判定材料高温脆化倾向的重要指标。

材料在高温下承受载荷，其总应变保持不变而应力随时间的延长逐渐降低的现象称应力松弛。例如拧紧的螺母、过盈配合的叶轮、一定紧度的弹簧，在使用过程中都会产生应力松弛现象。有机高分子材料在室温下就会发生蠕变与应力松弛。

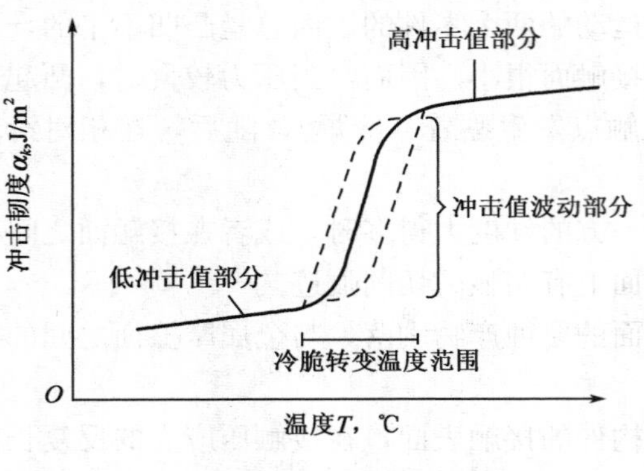

图 1.6　温度与冲击韧度关系图

2) 低温力学性能

随着温度的下降，多数材料会出现脆性增加的现象，严重时甚至发生脆断。可通过低温冲击试验测定冲击功和冲击韧性值。绘制出冲击韧度随温度变化的曲线，确定材料由韧性转变为脆性的韧脆转化温度 T_k。材料的 T_k 低，表明其低温韧性好。图 1.6 为材料典型的温度与冲击韧度关系图。

1.2.2　材料的物理性能

材料的物理性能是指材料的密度、熔点、热膨胀性、磁性、导电性与导热性等。

1. 密度

密度是指单位体积的物质所具有的质量，常用符号 ρ 表示。在地点相同、体积相同的情况下，金属密度越大，其质量越大。一般将密度小于 5×10^3kg/m^3 的金属称为轻金属，如铝、钛等；密度大于 5×10^3kg/m^3 的金属称为重金属。

实际生产中，一些零部件的选材必须考虑材料的密度。如汽车发动机中的活塞要求质量轻、运动时惯性小，因此多采用低密度的铝合金制成。在航空领域，密度更是选用材料的关键性能之一。

2. 熔点

熔点是指物质在一定压力下由固态转变为液态的温度。它是制定冶炼、锻造、铸造和焊接等热加工工艺规范的一个重要参数。

3. 热膨胀性

材料随温度变化而膨胀或收缩的特点称为热膨胀性。一般情况下，陶瓷材料的热膨胀系数较低，金属次之，而高分子材料最大。工程上有时也利用不同材料的膨胀系数的差异制造控制元件，如电热式仪表的双金属片。热膨胀性的大小用线膨胀系数 a_L 和体积膨胀系数 a_V 来表示。

4. 磁性

材料导磁的能力称为磁性，其大小用磁导率 μ 来表示。根据金属在磁场中被磁化程度的不同，可分为铁磁性材料、顺磁性材料、抗磁性材料。磁性存在于一定的温度范围内，当温度升高到一定值时，磁性就会消失，这个温度称居里点。

5. 导电性

材料传导电流的能力称为导电性，常用电导率或它的倒数电阻率来表示，导电性最高的金属是银，其次是铜和铝，与纯金属相比，合金的导电性稍差。

6. 导热性

材料传导热量的性能称为导热性，用热导率表示。一般来说，金属越纯，导热能力越大。金属及其合金热导率远高于非金属材料。

1.2.3 材料的化学性能

材料的化学性能是指材料抵抗各种介质化学侵蚀的能力，主要包括耐蚀性、抗氧化性和化学稳定性。

1. 耐蚀性

耐蚀性是指在给定的腐蚀体系中金属所具有的抗腐蚀能力。金属材料的耐蚀性是一个很重要的性能，特别是在腐蚀环境下工作的材料需要重点考虑。在金属材料中，碳钢、铸铁的耐蚀性较差；钛及其合金、不锈钢的耐蚀性较好；铝和铜也有较好的耐蚀性。非金属材料，如陶瓷材料和塑料等都具有优良的耐蚀性。

2. 抗氧化性

金属材料在高温下抵抗氧化介质氧化的能力称为抗氧化性。加热时，由于高温促使表面强烈氧化而产生氧化皮，可能造成氧化、脱碳等缺陷。在高温下工作的零件，要求材料具有一定的抗氧化性。

3. 化学稳定性

化学稳定性是指金属材料的耐腐蚀性和抗氧化性。高温下的化学稳定性又称热稳定性。在高温条件下工作的设备（如锅炉、汽轮机、火箭等）上的零部件需要选择热稳定性好的材料来制造。

1.2.4 材料的工艺性能

材料的工艺性能是指材料适应冷加工和热加工方法的能力。它是决定材料能否进行加工或如何进行加工的重要因素。材料的工艺性能的好坏，直接影响零件的制造方法、质量和制造成本。

金属材料的工艺性能一般指铸造性能、压力加工性能、焊接性能、热处理性能和切削加工性能。

1. 铸造性能

铸造是指将熔化后的金属液浇入铸型中，待凝固、冷却后获得具有一定形状和性能铸件的成型方法。铸造是获得零件毛坯的主要方法之一。金属的铸造性能是指铸造成型过程中获得外形准确、内部健全铸件的能力，即金属获得优质铸件的能力。铸造性能通常用金属液的流动性、收缩率等表示。

流动性是指金属液本身的流动能力，流动性的好坏影响金属液的充型能力。流动性好的金属，浇注时金属液容易充满铸型的型腔，能获得轮廓清晰、尺寸精确、薄而形状复杂的铸件，还有利于金属液中夹杂物和气体的上浮排除。相反，流动性差的金属，则铸件易出现冷隔、浇不到、气孔、夹渣等缺陷。金属的流动性与合金的种类和化学成分有关，常用的铸造合金中，灰铸铁的流动性较好，而铸钢的流动性较差。流动性还与金属铸造时工艺条件有关，提高浇注温度可改善金属的流动性。

收缩率是铸造合金从液态凝固和冷却至室温过程中产生的体积和尺寸的缩减。收缩会使铸件产生缩孔、缩松、内应力，甚至变形、开裂等铸造缺陷。影响收缩率的因素主要有合金的种类、成分，以及铸造工艺条件。

2. 压力加工性能

利用压力使金属产生塑性变形，使其改变形状、尺寸和改善性能，获得型材、棒材、板材、线材或锻压件的加工方法，称为压力加工。压力加工方法有锻造、轧制、挤压、拉拔、冲压等。金属在压力加工时塑性成型的难易程度称为压力加工性能。

金属的压力加工性能主要决定于塑性和变形抗力。塑性越好，变形抗力越小，金属的压力加工性能就越好。低的塑性变形抗力使设备耗能少，优良的塑性使产品获得准确的外形而不遭破裂。

一般纯金属的压力加工性能良好，含合金元素和杂质越多，压力加工性能越差。低碳钢的压力加工性能优于高碳钢，而铸铁则不能进行压力加工。

3. 焊接性能

焊接是通过加热或加压，或两者并用，使工件达到结合的一种方法。焊接性能包括两方面内容：

（1）工艺焊接性，即在一定的焊接工艺条件下，能否获得优质、无缺陷的焊接接头的能力；

（2）使用焊接性，即焊接接头或整体结构满足技术要求所规定的各种使用性能的程度，包括力学性能及耐热、耐蚀等特殊性能。

钢的焊接性取决于碳及合金元素的含量。把钢中合金元素（包括碳）的含量按其作用换算成碳的相当含量称碳当量，用符号 $w_{C_{eq}}$ 表示。碳钢和低合金结构钢常用碳当量来评定它的焊接性。碳当量越高，钢的焊接性越差。例如，低碳钢和低碳合金钢焊接性能良好，焊接质量容易保证，焊接工艺简单；高碳钢和高合金钢焊接性能较差，焊接时需采用预热或气体保护焊等，焊接工艺复杂。

4. 热处理性能

热处理是通过对固态下的材料进行加热、保温、冷却，从而获得所需要的组织和性能的工艺。钢的热处理性能包括淬透性、晶粒长大倾向、回火稳定性、变形与开裂倾向等。

5. 切削加工性能

零件常采用毛坯进行切削加工而制成，如车削、铣削、刨削、磨削等。材料的切削加工性能是指材料受各种切削加工的难易程度。切削加工性能的好坏，直接影响零件的表面质量、刀具的寿命、切削加工成本等。一般认为，影响切削加工性能的主要因素是材料的硬度和组织状况，有利于切削加工的硬度在 170～230HBS。常用材料中，铸铁及经过恰当热处理的碳钢具有较好的切削加工性能，而高合金钢的切削加工性能较差。

金属的工艺性能不是一成不变的，可以通过改进工艺规程、选用合适的加工设备和方法等措施来改善。

第 2 章　材料的结构

任何物质都是由原子组成的。原子的结合方式和排列方式决定了物质的性能。作为机械工程技术人员，要控制材料的性能并合理使用材料，必须首先具有材料结构方面的知识。

材料的结构从宏观到微观可分为不同的层次，即宏观组织结构、显微组织结构和微观结构。宏观组织结构是指用肉眼或放大镜能够观察到的结构，如晶粒、相的集合状态等。显微组织结构，又称亚微观结构，是借助光学显微镜或电子显微镜能观察到的结构，其尺寸约为 $10^{-7}\sim10^{-4}$m。材料的微观结构是指其组成原子（或分子）间的结合方式及组成原子（分子）在空间的排列方式。

材料性能取决于材料本身的结构，学习材料组织结构方面的知识，是了解和改善材料性能的基础。

2.1　原子的结合方式

工程材料通常是由各种元素通过原子、离子或分子结合而成的固态物质。原子、离子或分子之间的结合力称为结合键。由于组成不同，材料的原子（或分子）结构各不相同，原子间的结合键性质和状态存在很大差别。结合键分为离子键、共价键、金属键和分子键。

2.1.1　离子键

当正电性元素原子与负电性元素原子相互接近时，前者失去最外层电子变成正离子，后者获得电子变成负离子，正、负离子由于静电引力而相互结合成化合物，这种相互作用就称为离子键。图 2.1（a）为离子键结合的示意图。离子键结合力大，因此通过离子键结合的材料强度、硬度、熔点高，脆性大，热膨胀系数很小。由于离子难以移动输送电荷，所以这类材料都是良好的绝缘体。大部分盐类、碱类和金属氧化物多数以离子键方式结合。

2.1.2　共价键

当两个相同的原子或两种不同的原子相互作用时，原子间以形成共用价电子对而结合，这种结合方式称为共价键。图 2.1（b）为共价键结合的示意图。共价键结合极为牢固，共价晶体（如金刚石）具有高的熔点、硬度和强度，其导电性依共价键的强弱而不同。强共价键的金刚石是绝缘体，硅、锗是半导体，弱共价键的锡是导体。具有离子键和共价键的工程材料多为陶瓷或高分子聚合物。

2.1.3　金属键

金属原子的外层电子数较少，极易失去外层价电子而成为正离子。当金属原子相互接近时，金属原子的外层价电子便从各个原子中脱离出来，为所有金属原子所共有，它们可在整个金属内部自由运动而形成电子云或电子气。金属通过正离子和自由电子之间的引力而相互结合，这种结合方式称为金属键，如图 2.1（c）所示。自由电子的存在使金属具有良好的

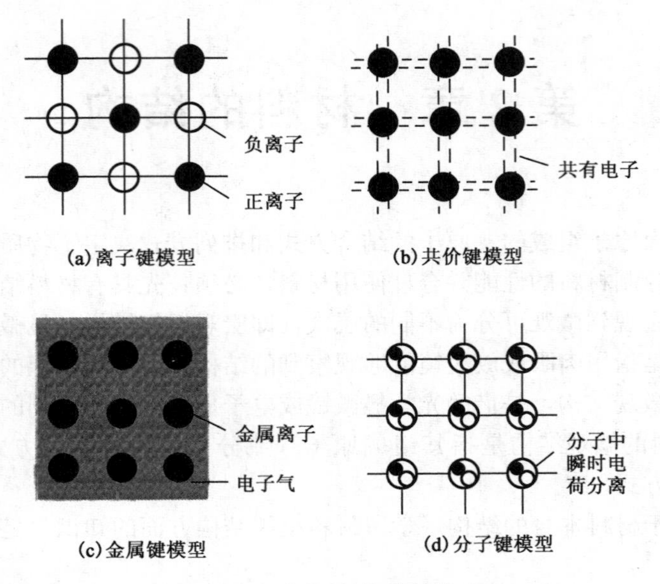

图 2.1 原子结合键的类型

导电性和导热性，使金属不透明并呈特有的金属光泽。金属键无方向性，当金属原子间发生相对位移时，金属键不受破坏，因而金属塑性好。除铋、锑、锗、镓等亚金属为共价键结合外，绝大多数金属均以金属键方式结合。

2.1.4 分子键

由于在某些分子中共价电子的非对称分布，使分子的某一部分比其他部分更偏于带正电或带负电（称为极化），因而在分子中可能存在偶极矩。一个分子的带正电部分会吸引另一个分子的带负电部分，这种结合力称为范德华力或分子键，如图 2.1（d）所示。

当氢原子与一个电负性很强的原子结合成分子时，氢原子的唯一电子会向另一个原子强烈偏移，氢离子成为一个带正电的核，可以对第三个电负性较大的原子产生较强的吸引力，使氢原子在两个电负性很强的原子之间形成一个桥梁，这种结合力称为氢键或氢桥。

由于分子键很弱，故结合成的晶体具有低熔点、低沸点、低硬度、易压缩等性质。例如，石墨的各原子层之间为分子键结合，从而易于分层剥离，强度、塑性和韧性极低，接近于零，是良好的润滑剂。塑料、橡胶等高分子材料中的链与链间的结合力为范德华力，故它们的强度、硬度比金属低，耐热性差，是良好的绝缘体。

以上讨论的几种结合键的强度，以离子键和共价键最强，金属键次之，分子键最弱。实际上，只有一种结合键的材料并不多见，大多数材料往往是几种键的混合结合，而以某一种结合键为主。

2.2 纯金属的晶体结构

2.2.1 晶体结构的基本概念

1. 晶体与非晶体

固态物质按照原子在空间的排列方式，可分为晶体和非晶体。原子在三维空间呈规则排列的固体称为晶体，如通常状态下的金属、食盐、单晶硅等。原子在空间呈无序排列的固体称为非晶体，如普通玻璃、石蜡、松香等。晶体具有固定的熔点，原子排列有序，其各个方向上原子密度不同，因而具有各向异性。非晶体无固定的熔点，原子排列无序，具有各向同性。晶体与非晶体在一定的条件下可以相互转化，金属在某些特定条件下也可以形成非晶体，称为金属玻璃。非晶态金属加热到一定温度可以转变为晶态金属，这个过程称为晶化。

2. 晶格

晶体中的原子、离子等质点在三维空间是呈有规律的周期排列，组成晶体的质点不同，排列的规则不同，或者周期性不同，则组成的晶体结构也就不同。如果把组成晶体的原子（或离子、分子）看做是刚性球体，那么晶体就是由这些刚性球体按一定规律周期性的堆垛而成，如图 2.2（a）所示，不同晶体的堆垛规律不同。为便于研究，假设将刚性球体缩为处于球心的点，称为结点。由这些结点所形成的空间点的阵列称为空间点阵；用假想的直线将这些结点连接起来所形成的三维空间格架称为晶格，如图 2.2（b）所示。晶格直观地表示了晶体中原子（或离子、分子）的排列规律。

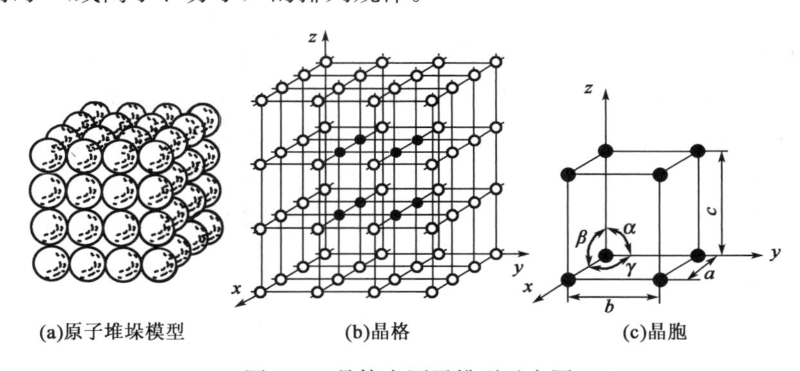

图 2.2　晶体中原子排列示意图

3. 晶胞

由于晶格中的刚性质点排列具有周期性的特点，为了简便起见，可以从晶格中选取一个能够完全反映晶格特征的最小几何单元来分析整个晶格排列的规律，这个最小几何单元称为晶胞，如图 2.2（c）所示。晶胞在三维空间中重复堆垛便可构成晶格和晶体。

晶胞各边的尺寸 a、b、c 称为晶格常数（或点阵常数）。晶胞的大小和形状通过晶格常数 a、b、c 及各棱边之间的夹角 α、β、γ 来表示。根据这些参数，可将晶体分为 7 种晶系（表 2.1），其中，立方晶系和六方晶系比较重要。

表 2.1　7 种晶系晶胞参数

晶　　系	棱边长度关系	夹角关系	举　　例
三斜	$a\neq b\neq c$	$\alpha\neq\beta\neq\gamma\neq 90°$	$K_2C_3O_7$
单斜	$a\neq b\neq c$	$\alpha=\gamma=90°$，$\beta\neq 90°$	β-S、$CaSO_4\cdot 2H_2O$
正交	$a\neq b\neq c$	$\alpha=\beta=\gamma=90°$	α-S、Ca、Fe_3C
六方	$a_1=a_2$，$a_3=c$	$\alpha=\beta=90°$，$\gamma=120°$	Zn、Cd、Mg、NiAs
菱方	$a=b=c$	$\alpha=\beta=\gamma\neq 90°$	As、Sb、Bi
四方	$a=b\neq c$	$\alpha=\beta=\gamma=90°$	β-Sn、TiO_2
立方	$a=b=c$	$\alpha=\beta=\gamma=90°$	Fe、Cr、Cu、Ag、Au

4. 立方晶系的晶面和晶向表示方法

晶体中各方位上的原子面称为晶面，各方向上的原子列称为晶向。在研究金属晶体结构的细节及其性能时，要分析各种晶面或晶向上的原子分布特点。因此，必须给各种晶面和晶向定出一定的符号，以表示原子在晶体中的方位或方向。晶面和晶向的这种符号分别称为晶面指数和晶向指数。

1）晶面指数

确定一个晶面的晶面指数，按以下三个步骤进行：

(1) 以晶格中某一原子为原点（注意不要把原点放在所求的晶面上），以晶胞的三个棱边作三维坐标的坐标轴，以相应晶格常数为度量单位，求出所求晶面在三个坐标轴上的截距；

(2) 求三个截距值的倒数；

(3) 将所求得的数值化为最简整数，并用圆括号“( )”括起，即为晶面指数。

晶面指数的一般形式为（hkl）。

在立方晶格中，最有意义的晶面如图 2.3（a）所示，即（100）、（110）、（111）三种晶面。这里要注意的是，所谓晶面指数，并非仅指一晶体中的某一个晶面，而是泛指晶格中所有那些与之相平行的晶面。此外，在一种晶格中，如果某些晶面，虽然它们的位向不同，但是各晶面中的原子排列是相同的，如（100）、（010）、（001）等。若不需要区别时，则可把这些原子排列方式相同的晶面统一用其中的一组数表示，并加以“{ }”括起，如{100}，称为晶面族。

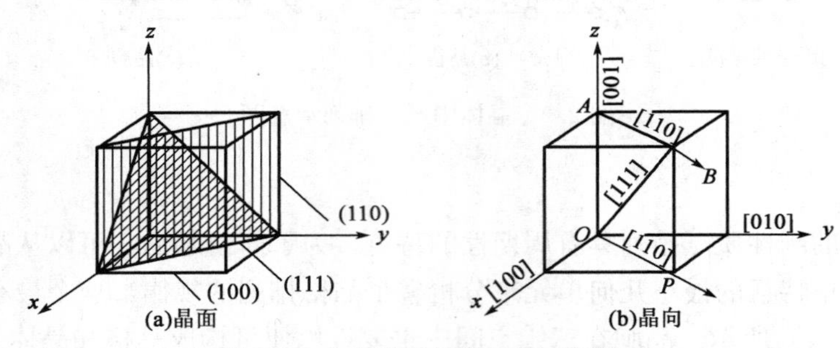

图 2.3　立方晶系的常见晶面和晶向

2）晶向指数

晶向指数的确定方法按如下步骤进行：

(1) 以晶胞中某原子为原点确定三维坐标系，通过原点作平行于所求晶向的直线；

(2) 以相应的晶格常数为单位，求直线上任意一点的三个坐标值；

(3) 将所求数值化为最简整数，加一方括号“[ ]”括起，即为晶向指数。

晶向指数的一般形式为［uvw］。

在立方晶系中，最具有意义的晶向如图 2.3（b）所示，即［100］、［110］、［111］等。与晶面指数表示方法类似，如［100］、［010］、［001］等具有相同原子排列的晶向，若无必须区分时，可用其中一组数表示，并加括号“〈 〉”括起，即〈100〉，称为晶向族。

由图 2.3 可以看出，在立方晶格中，凡指数相同的晶面指数和晶向指数是相互垂直的。

2.2.2 三种常见的金属晶体结构

自然界中有成千上万种晶体，其结构形式也是各不相同的，但除少数具有复杂的晶体结构外，绝大多数都具有比较简单的晶体结构。其中最典型、也是最常见的晶体结构主要有体心立方晶格（BCC）、面心立方晶格（FCC）和密排六方晶格（HCP）三种。前两种属于立方晶系，后一种属于六方晶系。

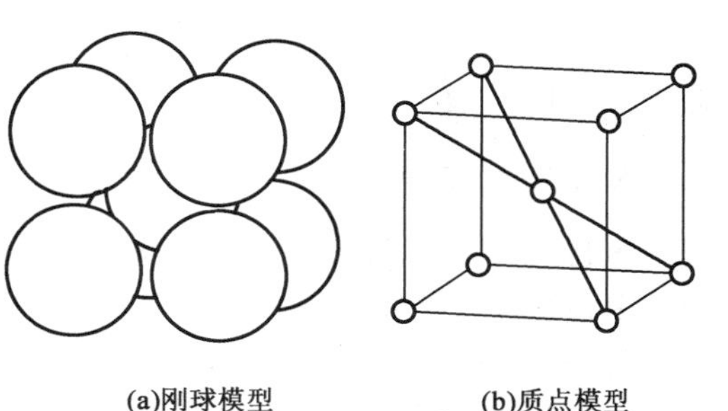

(a)刚球模型　　(b)质点模型

图 2.4　体心立方晶格的晶胞示意图

1. 体心立方晶格

体心立方晶格的晶胞如图 2.4 所示。

晶胞的三个棱边长度相等，三个轴间夹角均为 90°，构成立方体。晶胞的八个角上各有一个原子，在立方体的中心还有一个原子，因其晶格常数 $a=b=c$，故通常只用一个常数 a 即可表示。属于体心立方晶格的金属有 α－Fe、Cr、Mo、W、V 等。

在体心立方晶胞的立方体对角线上，原子是紧密相连排列的，相邻原子的中心距恰好等于原子直径。立方体对角线的长度是$\sqrt{3}a$ ，等于 4 个原子半径，所以体心立方晶胞的原子半径为$\sqrt{3}a/4$。

在体心立方晶胞中，每个顶点上的原子同时属于八个晶胞所共有，故只有 1/8 个原子属于这个晶胞。晶胞中心的原子完全属于这个晶胞，所以体心立方晶胞中的原子数为：8×1/8＋1＝2。

晶胞中原子排列的紧密程度可以用两个参数来反映，即配位数和致密度。所谓配位数是指晶体结构中与任一个原子最邻近、等距离的原子数目。显然，配位数越大，原子排列便越紧密。在体心立方晶格中，以立方体中心的原子来看，与其最近邻且等距离的原子有 8 个。所以体心立方晶格的配位数为 8。

若把原子看成刚性球体，即使是一个挨一个地最紧密地排列，原子之间仍有空隙。致密度（K）就是晶胞中原子所占体积与晶胞体积之比。体心立方晶胞含有两个原子，原子半径 $r=\sqrt{3}a/4$，晶胞体积为 a^3，故体心立方晶格的致密度为

$$K = 2\times 4/3\pi r^3/a^3 = 2\times 4/3\pi(\sqrt{3}a/4)^3/\ a^3 = 0.68 \qquad (2-1)$$

即晶格中有 68％的体积被原子所占据，其余为空隙。

2. 面心立方晶格

面心立方晶格的晶胞如图 2.5 所示。在晶胞的八个角上各有一个原子，晶胞的三个棱边长度相等，三个轴间夹角均为 90°，构成立方体，在立方体六个面的中心也各有一个原子。属于面心立方晶格的金属有 γ－Fe、Cu、Al、Ag、Ni 等。

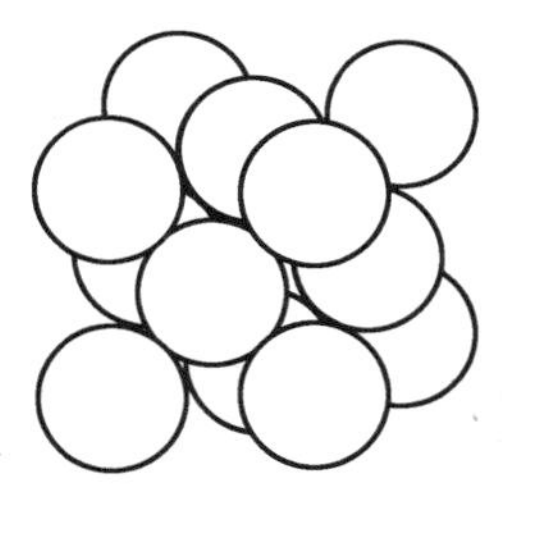

(a)刚球模型

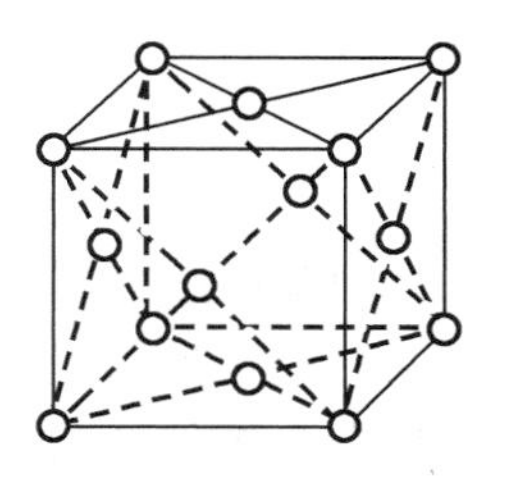

(b)质点模型

图 2.5　面心立方晶格的晶胞示意图

在面心立方晶体中，位于面心位置的原子同时属于两个晶胞所共有，因此，面心立方晶胞中的原子数为 1/8×8＋1/2×6＝4。每个面的对角线上原子彼此相互接触，而对角线的长度为$\sqrt{2}a$，

等于4个原子半径，所以面心立方晶胞的原子半径 $r=\sqrt{2}a/4$。

从图2.5可以看出，晶胞中每个原子周围都有12个最近邻原子，所以面心立方晶胞的配位数是12。

面心立方晶胞的致密度为 $4\times4/3\pi r^3/a^3=4\times4/3\pi(\sqrt{2}a/4)^3/a^3=0.74$，即有74%的体积为原子所占据，其余26%为间隙体积。

3. 密排六方晶格

密排六方结构的晶胞如图2.6所示。晶胞的12个顶角各有一个原子，构成六方柱体，上下底面的中心各有一个原子，晶胞内还有3个原子。属于密排六方晶格的金属有Zn、Mg、$\alpha-$Ti等。

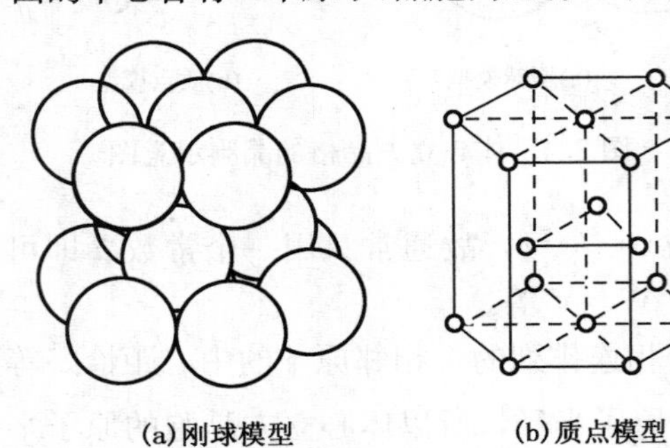

图2.6 密排六方结构的晶胞示意图

密排六方晶胞的晶格常数有两个：正六边形的边长 a 和上下两底面之间的距离 c，c 与 a 之比称为轴比。密排六方晶胞的原子半径为 $a/2$，晶胞原子数为 $1/6\times12+1/2\times2+3=6$，配位数为12，致密度为0.74。

由上述可见，密排六方结构的致密度和配位数与面心立方完全相同，两者都是最紧密的排列方式，所不同的是两种晶格中的最密排面的堆垛次序不同。致密度相同的晶体结构互相转变时，不会造成晶体体积的变化。

4. 三种常见金属晶格的密排面和密排方向

在晶体中，不同位向晶面上和不同方向晶向上的原子密度是不同的。晶面原子密度是指单位面积晶面上的原子数，晶向原子密度是指单位长度晶向上的原子数。原子密度最大的晶面或晶向称为密排面或密排方向。密排面和密排方向对于晶体的塑性变形有着重要意义。三种常见金属晶格的密排面和密排方向见表2.2。

表2.2 三种常见金属晶格的密排面和密排方向

晶格类型	密排面		密排方向	
	指数或位置	数量	指数或位置	数量
体心立方晶格	{110}	6	〈111〉	4
面心立方晶格	{111}	4	〈110〉	6
密排六方晶格	六方底面	1	底对角线	3

2.3 合金的晶体结构

纯金属因强度通常较低而很少使用，工程上广泛使用的金属材料主要是合金。合金是指由两种或两种以上的金属元素，或金属元素与非金属元素经熔炼、烧结或其他方法组合而成并具有金属特性的物质。比如，工业中应用最多的碳钢和铸铁就是主要由铁和碳组成的合金，黄铜是由铜和锌组成的合金等。

组成合金最基本的独立物质称为组元。组元可以是金属元素、非金属元素或稳定化合物。由两个组元组成的合金称为二元合金。根据组元数的多少，可分为二元合金、三元合金等。由两个或两个以上组元按不同比例配制成的一系列不同成分的合金称为合金系，如Fe-C系、Pb-Sn系等。

实践证明，在纯金属中加入适量的合金元素，会显著改变和提高它的性能。采用合金元素来改变金属性能的方法称为合金化。金属经合金化后，其性能发生明显变化的原因是在其显微组织中产生了明显的变化。组织是观察到的在金属及合金内部组成相的大小、方向、形状、分布及相互结合状态。只有一种相组成的组织称为单相组织；由两种或两种以上相组成的组织称为多相组织。如在铝中加入11.7%硅构成合金，其显微组织如图2.7所示。

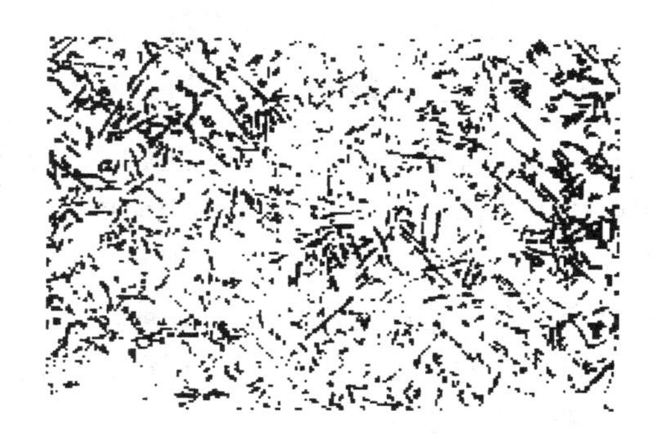

图2.7 铝硅合金的显微组织

从图2.7中可见，此合金的显微组织是由两种基本组成物组成的，即白色的基底上分布着一种黑色针状物。由实验分析可知，白色部分的化学成分和晶体结构均一样，黑色针状部分是另一种化学成分和组织结构。通常将合金中这种具有相同化学成分、相同晶体结构和相同的物理或化学性能并与该系统的其余部分以界面相互隔开的均匀组成部分称为相。由一种相组成的合金称为单相合金，而由几种不同相组成的合金称为多相合金。根据晶体结构特点，可将合金中的相分为固溶体、金属化合物两大类。

2.3.1 固溶体

合金的组元之间以不同的比例通过相互溶解而形成的一种成分和性能均匀且结构与组成该相合金的某一组元相同的固相称为固溶体。与固溶体晶格相同的组元称为溶剂，在合金中占较大的比例，其他组元为溶质，所占比例相对较少。

根据溶质原子在溶剂晶格中所占位置的不同，固溶体可分为置换固溶体和间隙固溶体（图2.8）；根据固溶度，固溶体可分为有限固溶体和无限固溶体；按溶质原子与溶剂原子的相对分布，固溶体可分为无序固溶体和有序固溶体。

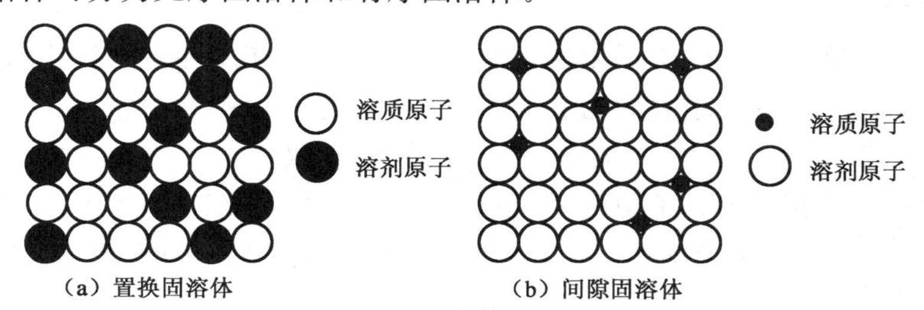

图2.8 固溶体的类型

1. 置换固溶体

当合金中两组元的原子直径大小相近，溶质原子占据溶剂晶格的结点，取代部分溶剂原子而形成的固溶体，称为置换固溶体，如图2.8（a）所示。在置换固溶体中，溶质原子呈无序分布的称为无序固溶体；溶质原子呈有序分布的称为有序固溶体。固溶体从无序到有序的过程称为固溶体的有序化，有序化将使固溶体的性能发生很大变化。

2. 间隙固溶体

溶质原子嵌入溶剂晶格的间隙而形成的固溶体称为间隙固溶体，如图2.8（b）所示。

形成间隙固溶体的溶质元素是原子半径较小的非金属元素，如氢、碳、硼、氮等，而溶剂元素一般为过渡族元素。例如，铁碳合金中的碳原子溶于铁的间隙中而形成间隙固溶体。由于溶剂晶格的间隙是有限的，所以间隙固溶体只能是有限固溶体。由于溶质原子的溶入，引起溶剂晶格发生扭曲和畸变，使合金的强度、硬度上升，塑性、韧性下降的现象，称为固溶强化。在实际生产中，经常应用固溶强化来提高金属材料的力学性能。

3. 固溶体的性能

随溶质含量增加，固溶体的强度、硬度增加，塑性、韧性下降。如钢中加入1%的镍形成单相固溶体后，其σ_b由220MPa提高到390MPa，硬度由40HB提高到70HB，Ψ由70%降到50%。产生固溶强化的原因是溶质原子（相当于间隙原子或置换原子）使溶剂晶格发生畸变及对位错的钉扎作用（溶质原子在位错附近偏聚），阻碍了位错的运动。与纯金属相比，固溶体的强度、硬度高，塑性、韧性低，但与金属化合物相比其硬度要低得多，而塑性、韧性要高得多。

2.3.2 金属化合物

金属化合物是合金元素原子间按一定整数比形成的具有金属性质的一种新相。它具有不同于任一组元的复杂晶格类型，其组成一般可用分子式来表示。例如，铁碳合金中的Fe_3C。金属化合物的性能与各个组元的性能有显著的不同，一般具有高的熔点和硬度，而塑性及韧性差，因此可利用它来提高合金的强度、硬度和耐磨性。

根据合金中金属化合物相结构的性质和特点，可大致分为正常价化合物、电子化合物和间隙化合物三类。

1. 正常价化合物

正常价化合物符合正常原子价规律，成分固定，可用分子式来表示。通常金属性强的元素与非金属或类金属都能形成这种类型化合物，例如Mg_2Sn、Mg_2Si、MnS等。

2. 电子化合物

电子化合物是指按一定的电子浓度比组成一定晶体结构的化合物。所谓电子浓度$C_{电}$，是指化合物中价电子数与原子数的比值。其计算公式为：

$$C_{电}=价电子数/原子数$$

$C_{电}=3/2$时，形成具有体心立方晶格的β相，如黄铜；$C_{电}=21/13$时，形成复杂立方晶格的γ相，如Cu_5Zn_3化合物；$C_{电}=7/4$时，形成具有密排六方晶格的ε相，如$CuZn_3$化合物。

3. 间隙化合物

间隙化合物是由过渡族金属元素与碳、氮、氢、硼等原子半径较小的非金属元素形成的化合物。根据结构特点，间隙化合物分为间隙相和具有复杂结构的间隙化合物两种。

1）间隙相

非金属原子半径与金属原子半径的比值小于0.59时，所形成的具有简单晶格结构的间隙化合物称为间隙相。部分碳化物及所有氮化物属于间隙相，见表2.3。VC的结构如图2.9（a）所示。间隙相具有金属特征和极高的硬度及熔点（表2.4）非常稳定。

表 2.3　间隙相化学式与晶格类型

化学式	钢中可能遇到的间隙相	晶格类型
M_4X	Fe_4N、Nb_4C、Mn_4C	面心立方
M_2X	Fe_2N、Cr_2N、W_2C、Mo_2C	密排立方
MX	TaC、TiC、ZrC、VC	面心立方
	TiN、ZrN、VN	体心立方
	MoC、CrN、WC	简单六方
MX_2	VC_2、CeC_2、ZrH_2、TiH_2、LaC_2	面心立方

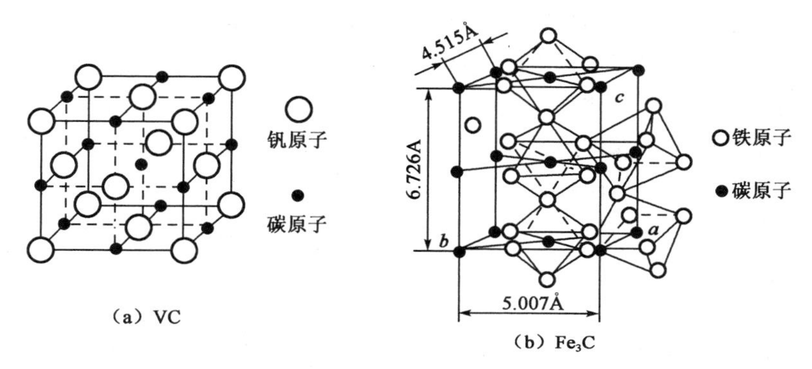

图 2.9　间隙化合物的晶体结构

表 2.4　钢中常见碳化物的硬度及熔点

类型	间隙相/复杂结构间隙化合物								
化学式	TiC	ZrC	VC	NbC	TaC	WC	MoC	$Cr_{23}C_6$	Fe_3C
硬度，HV	2850	2840	2010	2050	1550	1730	1480	1650	～800
熔点，℃	3080	347±20	2650	3608±50	3983	2785±5	2527	1577	1277

2）具有复杂结构的间隙化合物

当非金属原子半径与金属原子半径的比值大于 0.59 时，形成具有复杂结构的间隙化合物。部分碳化物及所有硼化物属于这一类间隙化合物，如 Fe_3C、$Cr_{23}C_6$、FeB、Fe_4W_2C 等。其中 Fe_3C 称为渗碳体，其碳原子半径与铁原子半径之比为 0.63，是铁碳合金中一种重要的金属化合物，具有复杂斜方晶格，如图 2.9（b）所示，碳原子构成一正交晶格（即三个晶格常数互不相等，即 $a \neq b \neq c$），在每个碳原子周围都有 6 个铁原子，构成八面体，各个八面体的轴彼此倾斜某一角度，每个八面体内部有一个碳原子，每个碳原子为两个八面体所共有，铁与碳原子间的比例关系符合 Fe_3C 化学式。

金属化合物也可溶入其他元素原子，形成以化合物为基的固溶体。如渗碳体中溶入 Mn、Cr 等合金元素所形成的 $(Fe, Mn)_3C$，$(Fe, Cr)_3C$ 等化合物，称为合金渗碳体。总之，金属化合物的性能特点是硬而脆，熔点高，可以有效地提高材料的强度、硬度和耐磨性，但使材料的塑性、韧性下降，常作为强化相而存在。

2.3.3　机械混合物

纯金属、固溶体、金属化合物都是组成合金的基本相，由两个或两个以上基本相组成的多相组织称为机械混合物。在机械混合物中各相仍保持着它原有的晶格类型和性能，而整个机械混合物的性能则介于各个组成相性能之间，与各组成相的性能以及各相的数量、形状、大小和分布状况等密切相关，在机械工程材料中使用的合金材料，绝大多数是机械混合物。铁碳合金中的珠光体就是固溶体（铁素体）和金属化合物（渗碳体）组成的机械混合物，它的性能介于两者之间。

2.4　金属的实际晶体结构

前面所讨论金属的晶体结构是理想的结构，是由一整块原子排列的位向或方式均相同的晶体，也就是单晶体。而实际工程上使用的材料绝大多数是多晶体，是由很多个小的单晶体所组成的，多晶体中每个单晶体称为晶粒，每个晶粒的原子位向是不同的，如图 2.10 所示。

实际金属的晶体结构不像理想晶体那样完整和规则，由于各种因素的作用，晶体中不可避免地存在着许多不完整的部位，这些晶格不完整的部位称为晶体缺陷。晶体缺陷对金属的性能有着重要影响。根据几何特征，可将晶体缺陷分为点缺陷、线缺陷和面缺陷三种类型。

2.4.1　点缺陷

点缺陷是指晶格中出现了“晶格空位”、“置换原子”和“间隙原子”，如图 2.11 所示。产生原因是原子在热运动过程中，个别原子或异类原子具有了较高的能量，从而能够摆脱晶格对其的束缚，脱离其平衡振动位置，跳到晶界处或晶格间隙处形成间隙原子、或跳到结点上形成置换原子。随温度升高，原子运动加剧，点缺陷增多。点缺陷的存在会使晶格发生畸变，从而使金属强度、硬度升高，电阻增大。

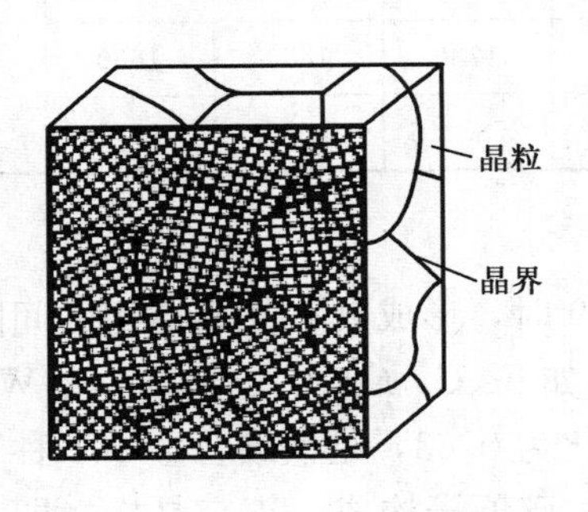

图 2.10　多晶体示意图

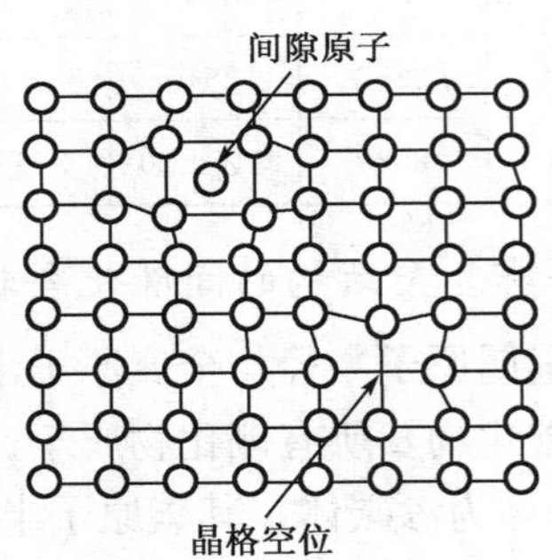

图 2.11　空位和间隙原子

2.4.2　线缺陷

线缺陷是指三维尺寸上某一方向尺寸较大，另外两个方向尺寸很小的晶体缺陷，在晶体中呈线状分布。位错是一类典型的线缺陷，其基本类型为刃型位错和螺型位错。晶体某个晶面的上下两部分的原子排列数目不等，就好像沿着某个晶面插入一个半原子平面，多余的原子面像刀刃插入晶体，使上下部分原子发生相对滑动而错排，故称刃型位错，如图 2.12 所示。金属中存在大量位错，位错在外力作用下会产生运动、堆积和缠结，位错附近区域产生晶格畸变，造成金属强度升高。冷塑性变形使晶体中位错缺陷大量增加、金属的强度大幅度提高，这种方法称为形变强化。

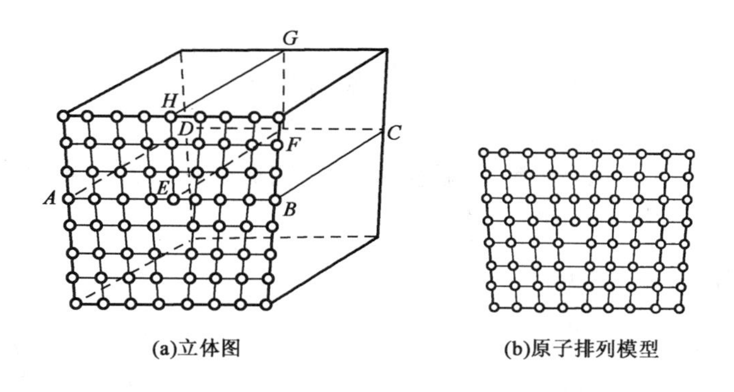

图 2.12　刃型位错示意图

2.4.3　面缺陷

面缺陷主要是指金属中的晶界和亚晶界。晶界区域内的原子排列不整齐，偏离其平衡位置，产生晶格畸变，使多数晶粒间存在一定的位向差，如图 2.13（a）所示。

在晶体中每个晶粒内部的原子排列只是大体上整齐一致，实际上晶粒内还存在许多小尺寸、小位向差（一般几十分到 1°～2°）的晶块，即称“亚晶粒”。两个相邻亚晶粒间的边界即为“亚晶界”，如图 2.13（b）所示，亚晶界的原子排列也不规则，也产生晶格畸变。因此，晶界和亚晶界的存在会使金属强度、硬度提高，同时还使塑性、韧性改善，称为细晶强化。

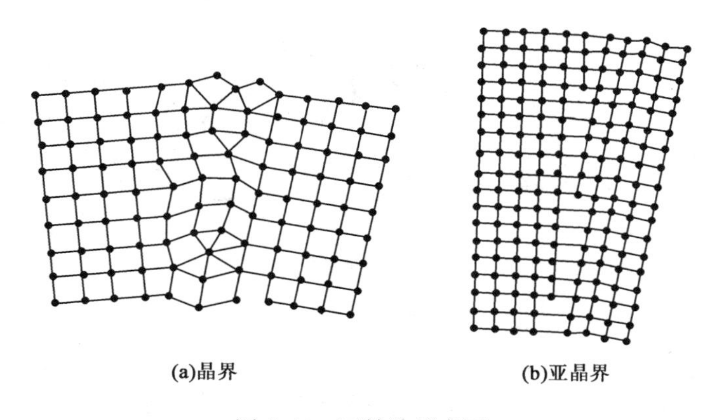

图 2.13　面缺陷示意图

2.4.4　缺陷与性能的关系

晶体缺陷的存在破坏了晶体的完整性，使晶格产生畸变，晶格能量增加，因而晶体缺陷相对于完整的晶体来说是处于一种不稳定状态，它们在外界条件（温度、外力等）变化时会首先发生运动等变化，从而引起金属某些性能的变化。

晶体缺陷的存在影响金属的强度。一般情况下，金属强度随晶体缺陷的增加而增加，可通过增加缺陷的办法提高金属的强度。

晶体缺陷还常常降低金属的抗腐蚀性能，因此可以通过腐蚀观察金属的各种缺陷。

晶体缺陷的存在，还强烈影响金属的许多过程，如金属的变形与断裂、扩散、结晶、固态相变过程等。

2.5 非金属材料的结构

非金属材料主要包括高分子材料、陶瓷材料等，它们有着许多金属材料所不及的某些性能，在一些生产领域中得到越来越多的应用。

2.5.1 高分子材料的结构

高分子材料的主要组分是高分子化合物，高分子化合物是相对分子质量大于5000的有机化合物的总称，也称为聚合物或高聚物。虽然高分子化合物的相对分子质量大，且结构复杂多变，但其化学组成并不复杂，都是由一种或几种简单的低分子化合物通过共价键重复连接而成，这种由低分子化合物通过共价键重复连接而成的链，称为分子链。用于聚合形成大分子链的低分子化合物称为单体。大分子链中重复的结构单元称为链节；而链节的重复次数即链节数，称为聚合度。

如聚乙烯是由数量足够多的低分子乙烯聚合成的，乙烯就是聚乙烯的单体，其聚合反应式为：

$$n\ (CH=CH_2) \longrightarrow [CH_2-CH_2]_n \tag{2-2}$$

式中 $[CH_2—CH_2]$——聚乙烯大分子链节；

n——聚乙烯大分子的聚合度。

大分子可以呈不同的几何形状，一般分为线型、支链型和体型三种，如图 2.14 所示。

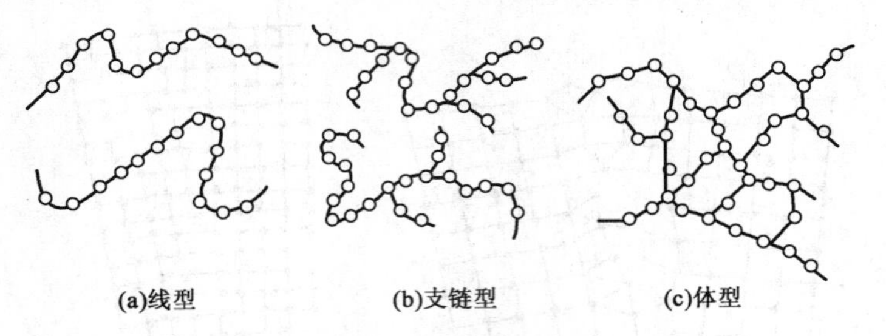

图 2.14 高分子链的几何形状

(1) 线型分子链。整个分子如细长线条，许多链节卷曲成不规则的团状，由于分子链间没有化学键，能相对移动，故易于加工。这类高聚物的弹性和塑性都较好、硬度较低，是典型的热塑性材料。

(2) 支链型分子链。在大分子主链节上有一些或长或短的支链，这类高聚物的性能和加工都接近线型分子链结构，而支链的出现有使聚合物的黏度增加，性能得以强化。

(3) 体型分子链。在大分子链之间通过支链或化学键连接成一体，分子键间的许多链节相互交联，呈网状结构。这类高聚物结构稳定、硬度高、脆性大，但弹性和塑性很低，是典型热固性材料。

2.5.2 陶瓷材料的结构

陶瓷是由金属或非金属的化合物构成的多晶固体材料。陶瓷多晶固体材料有以离子键为主要键构成的离子晶体，也有以共价键为主要组合键构成的共价晶体。通常认为其组织结构由晶体相、玻璃相和气相三部分组成。各种相的组成、结构、数量、几何形状及分布状况等都对陶瓷的性能有很大影响。

1. 晶体相

晶体相是陶瓷中的主要组成相，主要有硅酸盐结构和氧化物结构两类。

1）硅酸盐结构

硅酸盐结构是传统陶瓷的主要原料，也是陶瓷材料的重要晶体相。它的最基本单元是硅氧四面体［SiO_4］，由四个氧离子紧密排列成四面体，硅离子居于四面体中心的间隙中。［SiO_4］既可以在结构中独立存在，又可以互相单链、双链或层状连接。连接过程中一个氧原子最多和两个硅原子连在一起。

2）氧化物结构

氧化物结构是以离子键为主的晶体，大多数氧化物结构是氧离子排列成简单立方、面心立方或密排六方的结构。

2. 玻璃相

玻璃相是一种非晶体的低熔点固体相，它是陶瓷材料在烧结过程中产生的氧化物熔融液相冷却形成的，在陶瓷中常见的是 SiO_2 等。玻璃相的作用是将晶体黏结起来，填充晶体相间空隙，提高材料的致密度；降低烧结温度，加快烧结过程；阻止晶体的转变，抑制晶体长大；获得一定程度的玻璃特点，如透光性等。但玻璃相对陶瓷的强度、电绝缘性、耐热性等能产生不利影响，所以工业陶瓷中玻璃相的体积分数需要控制在 20％～40％范围内。

3. 气相

气相是指陶瓷内部残留下来的气孔。通常残留气孔率在 5％～10％范围内，特种陶瓷在 5％以下。气孔使陶瓷材料的强度、热导率和抗电击穿强度下降，常常是造成裂纹的根源，还可降低陶瓷的透明度，所以应尽量减少或避免气孔的存在。有时为了获得密度小、绝缘性能好的陶瓷，则希望会有尽可能多的大小一致、分布均匀的气孔。

第 3 章　金属的结晶与塑性变形

3.1　金属的结晶

液态金属冷却至凝固温度时，金属原子由无规则运动状态转变为按一定几何形状作有序排列的状态，这种由液态金属转变为晶体的过程称为金属的结晶。金属及其合金的生产、制备一般都要经过由液态转变为固态的结晶过程。金属及合金的结晶组织对其性能以及随后的加工有很大的影响，因此了解有关金属和合金的结晶理论和结晶过程，对于控制铸态组织，提高金属制品的性能具有重要的指导作用。

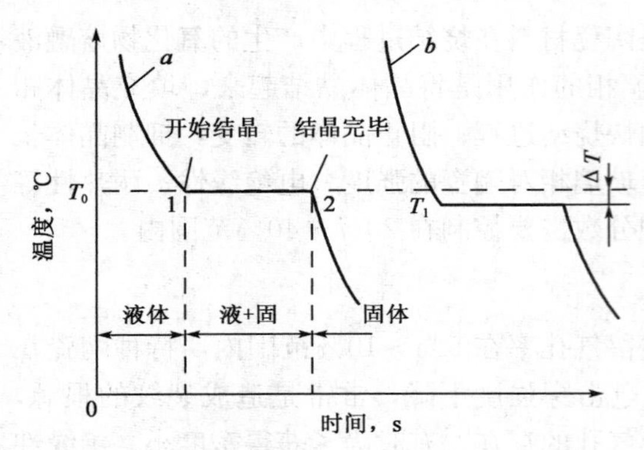

图 3.1　金属结晶的冷却曲线示意图
a—理论结晶温度曲线；b—实际结晶温度曲线

3.1.1　冷却曲线和过冷度

晶体的结晶过程可用热分析法测定，将金属材料加热到熔化状态，然后缓慢冷却，记录液体金属的冷却温度随时间的变化规律，作出金属材料的冷却曲线，如图 3.1 所示。由于结晶时放出结晶潜热，曲线上出现了水平线段。水平线段的温度就是实际结晶温度 T_1。实际结晶温度低于该金属的熔点。熔点是它的平衡结晶温度，或称理论结晶温度 T_0。在这个温度，液体的结晶速度和晶体的熔化速度相等，处于动平衡状态，结晶不能进行，只有低于这个温度才能进行结晶。

理论结晶温度和实际结晶温度之差称为过冷度，如图 3.1 所示。过冷度可用下式表示：

$$\Delta T = T_0 - T_1 \tag{3-1}$$

过冷度的大小与冷却速度、金属性质和纯度有关。冷却速度越大，过冷度也越大，实际金属结晶温度就越低；反之，若冷却速度无限小（即散热无限慢）时，则实际结晶温度与平衡结晶温度趋于一致。然而，实践证明晶体总是在过冷情况下结晶，过冷是金属结晶的必要条件。

3.1.2　金属结晶过程的一般规律

观察任何一种液体金属的结晶过程，都会发现结晶是一个晶核不断形成和长大的过程，这是结晶的普遍规律。

液体金属冷却到 T_0 以下时，首先在液体中某些局部微小的体积内出现原子规则排列的细微小集团，这些细微小集团是不稳定的，时聚时散，有些稳定下来成为结晶的核心称为晶核。随温度降低，晶核因不断吸收周围液体中的金属原子而逐渐长大，同时又有许多新的晶核不断从液体中产生与长大，液态金属不断减少，新的晶核逐渐增多且长大，直到全部液体转变为固态晶体为止，一个晶核长大成为一个晶粒。最后形成的是由许多外形不规则的晶粒所组成的晶体，如图 3.2 所示。

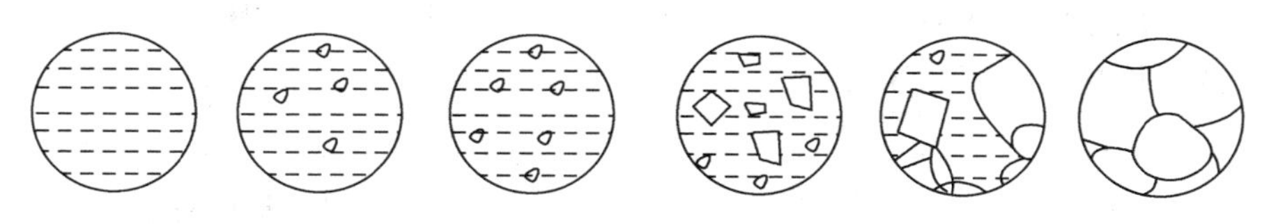

图 3.2　纯金属结晶过程示意图

1. 金属晶核形成的方式

按照金属结晶条件的不同，可将金属晶核形成的方式（形核方式）分为自发形核与非自发形核两种。

1）自发形核

对于很纯净的液体金属，加快其冷却速度，使其在具有足够大的过冷度下（纯铁的过冷度可达 259℃），不断产生许多类似晶体中原子排列的小集团，形成结晶核心，这种方式称为自发形核。实际结晶温度越低，即过冷度越大时，由金属液态向晶体转变的驱动力越大，能稳定存在的短程有序的原子集团的尺寸越小，则生成的晶核越多。但过冷度过大或温度过低时，原子的扩散能力降低，自发形核的速率反而减小。

2）非自发形核

实际金属中往往存在异类固相质点，这些已有的固体颗粒或表面优先被依附，从而形成晶核，这种方式称为非自发形核，也称为异质形核。按照形核时能量有利的条件分析，能起非自发形核作用的杂质必须符合“结构相似、尺寸相当”的原则。只有当杂质的晶体结构和晶格参数与凝固合金相似和相当时，它才能成为非自发形核的核心。有一些难熔的杂质，虽然其晶体结构与凝固金属的相差甚远，但由于表面的微细凹孔和裂缝中残留的未熔金属的作用，也能强烈地促进非自发形核。

在金属和合金的实际结晶时，自发形核和非自发形核是同时存在的，但非自发形核往往起优先和主导作用。

2. 金属晶核长大的方式

当晶核形成以后，液相中的原子或原子团通过扩散不断地依附于晶核表面上，使固液界面向液相中移动，晶核半径增大，这个过程称为晶体长大。

晶体长大的形态与界面结构有关，也与界面前沿的温度分布有密切的关系。晶体长大的方式有平面推进和树枝状生长两种。金属晶体主要以树枝状生长方式长大。

液态金属在铸模中凝固时，通常是由于模壁散热而得到冷却。即在液态金属中，距液固相界面越远处温度越高，则凝固时释放的热量只能通过已凝固的固体传导散出。此时若液固相界面上偶尔有凸起部分并伸入液相中，由于液相实际温度高、过冷度小，其长大速率立即减小。因此，使液固相界面保持近似平面，缓慢地向前推进，称为平面生长。

当铸模内金属均被迅速过冷时，靠近模壁的液体首先形核结晶，并释放结晶潜热。此时，在液固界面附近有一定范围内液固界面温度最高，即处于距液固界面越远，液体温度越低，同时结晶潜热通过模壁和周围过冷的液体而消失。开始时，晶核可长大成很小的、形状规则的晶体。随后，在晶体继续长大的过程中，优先沿一定方向生长出空间骨架。这种骨架形同树干，称为一次晶轴；在一次晶轴增长和变粗的同时，在其侧面生长出新的枝芽，枝芽发展成枝干，此为二次晶轴；随着时间的推移，二次晶轴成长的同时，又可长出三次晶轴；三次晶轴上再长出四次晶轴……，如此不断成长和分枝下去，直至液体全部消失。结果得到具有树枝状的树枝晶，如图 3.3 所示。

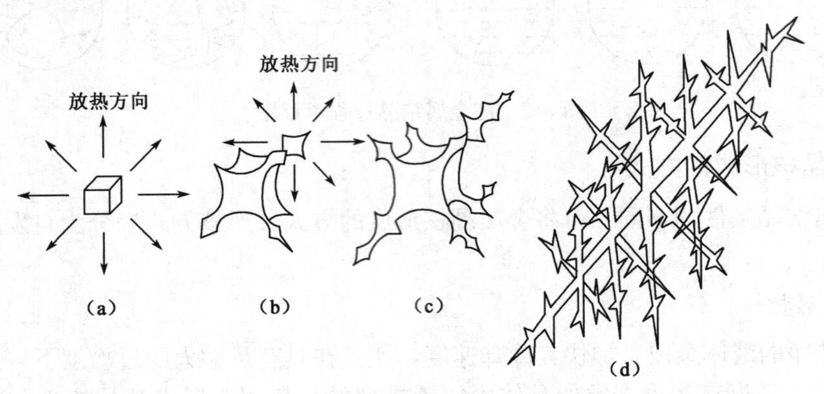

图 3.3　树枝晶生长示意图

3.1.3　金属晶粒细化的方法

1. 晶粒度

晶粒度是晶粒大小的量度，用单位体积中晶粒的数目 Z_V 或单位面积上晶粒的数目 Z_S 表示，也可以用晶粒的平均线长度（直径）表示。影响晶粒度的主要因素是形核率 N 和长大速率 G。形核率越大，则结晶后的晶粒数越多，晶粒就越细小。若形核率不变，晶核的长大速度越小，则结晶所需的时间越长，能生成的核心越多，晶粒就越细。可见，结晶时，形核率 N 越大，晶体长大速率 G 越小，结晶后单位体积内的晶粒数目 Z 越大，晶粒就越细小。

2. 晶粒度大小对金属性能的影响

晶粒大小对性能影响很大。晶粒越细，则晶界越多且晶格畸变越大，从而使得常温下的力学性能越好，纯铁的晶粒度与力学性能的关系见表 3.1。

表 3.1　纯铁的晶粒度与力学性能的关系

晶粒度 （每平方毫米中的晶粒数）	σ_b，MPa	σ_s，MPa	δ,%
6.3	237	46	35.3
51	274	70	44.8
194	294	108	47.5

3. 晶粒细化方法

细化晶粒是提高金属性能的主要途径之一。控制结晶后的晶粒大小，就必须控制形核率 N 和长大速率 G 这两个因素，主要方法有提高过冷度、变质处理、振动与搅拌三种。

1）提高过冷度

过冷度对形核率和长大速度的影响如图 3.4 所示。由于晶粒大小取决于形核率和长大速度的比值，而形核率和长大速度以及它们的比值又取决于过冷度，因此晶粒大小实际上可通过过冷度来控制。过冷度越大（达到一定值以上），形核率和长大速度越大，但形核率的增加速度会更大，因而增加过冷度会提高比值 N/G。生产中常采用降低浇铸温度，增大冷却速度的方法，来增加过冷度，细化晶粒。

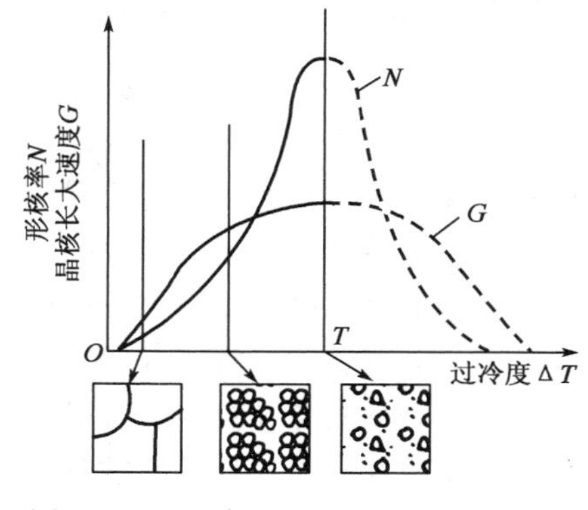

图 3.4　形核率和长大速度与 ΔT 关系

虽然增大冷却速度能细化晶粒，但冷却速度增加有一定极限，特别对于大的铸件，冷却速度的增加不容易实现。另外，冷却速度过大也会引起铸造应力的增大，给金属铸件带来各种缺陷。增加过冷度的方法一般只用于小型和薄壁零件。

近些年来，随着超高速（达 10^5～10^{11} K/s）急冷技术的发展，已成功研制出超细晶金属、非晶态金属等具有一系列优良力学性能和特殊物理、化学性能的新材料。

2）变质处理

变质处理又称为孕育处理，就是在液态金属中加入能成为外生核的物质，促进非自发形核，提高形核率，抑制晶核成长速度，从而达到获得细小晶粒的目的。加入的物质称为变质剂。

变质剂的作用如下：

（1）加入液态金属中的变质剂能直接增加形核核心，如向铝液中加入钛、硼；向钢液中加入钛、锆、钒；向铸铁液中加入 Si－Ca 合金等都可使晶粒细化。

（2）虽然变质剂不能提供结晶核心，但能附着在晶体前缘从而改变晶核的生长条件，强烈地阻碍晶核的长大或改善组织形态。如在铝硅合金中加入钠盐，钠能在硅表面富集，从而降低硅的长大速度，阻碍粗大片状硅晶体的形成，细化合金组织。

需要注意的是，并不是加入任何物质都能起变质作用的，不同的金属液要加入不同的物质。

3）振动与搅拌

在浇注和结晶过程中实施振动或搅拌也可以起到细化晶粒的作用。搅拌和振动能向液体中输入额外能量以提供形核功，促进形核。另一方面能打碎正在长大的树枝晶，破碎的树枝晶块尖端又可成为新的晶核，增加晶核数量，从而细化晶粒。

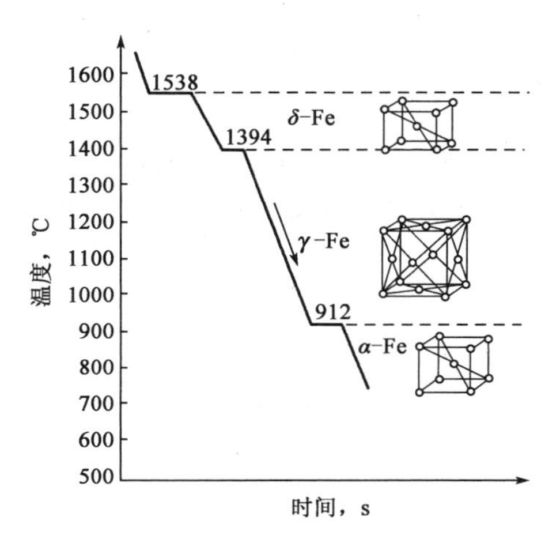

图 3.5　纯铁的冷却曲线及晶体结构

进行振动和搅拌的方法有机械振动、电磁振动和超声波振动等。

3.1.4　同素异构转变

有些物质的晶格结构随温度变化而改变的现象，称为同素异构转变。

1. 铁的同素异构转变

铁的冷却曲线如图 3.5 所示。该图表明纯铁在结晶后继续冷却至室温的过程中，还会发生两次晶格结构转变，其转变过程如下：

$$\underset{\text{bcc}}{\delta-\text{Fe}} \xrightleftharpoons{1394℃} \underset{\text{fcc}}{\gamma-\text{Fe}} \xrightleftharpoons{912℃} \underset{\text{bcc}}{\alpha-\text{Fe}}$$

铁由液态结晶（1538℃）后是体心立方晶格结构称为$\delta-\text{Fe}$；当冷却至1394℃时转变为面心立方晶格结构称为$\gamma-\text{Fe}$；继续冷至912℃时又转变为体心立方晶格结构称为$\alpha-\text{Fe}$，以后一直冷至室温晶格类型不再发生变化。

当$\gamma-\text{Fe}$向$\alpha-\text{Fe}$转变开始时，$\alpha-\text{Fe}$的晶核产生在$\gamma-\text{Fe}$的晶界处，然后晶核长大，直到全部$\gamma-\text{Fe}$的晶粒被$\alpha-\text{Fe}$晶粒所取代，转变过程结束。纯铁的同素异构转变也正是钢能通过热处理方法改变其性能的基础。但因晶格重组产生的体积变化，会在热处理时产生较大的内应力，导致金属变形或开裂，须采取适当的工艺措施予以防止。

2. 石英的同素异构转变

石英（SiO_2）是陶瓷材料中重要的组元，它在不同温度条件下生成七种不同的晶型，而且还能够生成非晶态的石英玻璃，如图3.6所示。要进行α-石英⟶α-鳞石英⟶α-方石英的横向转变，须断开原晶型的Si－O－Si键进行重新组合。这三种晶型以α-石英温度最低，自然界中存在的石英大部分是这种类型，这三种石英又有各自的变体，就是纵向转变，纵向转变晶型的结构差别不大，转变较为容易。

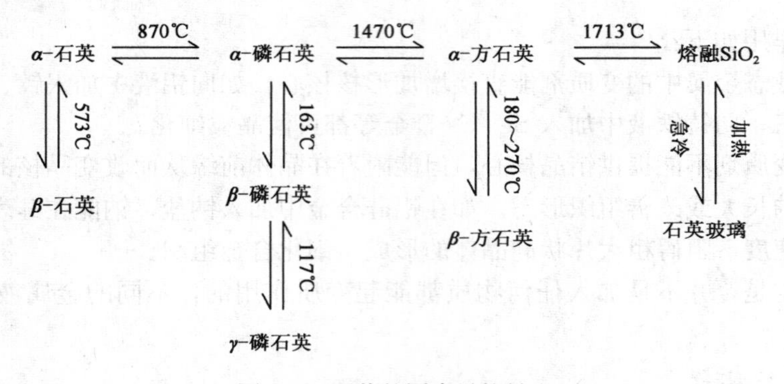

图3.6　石英的同素异构转变

3.2　金属的塑性变形

金属中的应力超过弹性极限时，就会产生塑性变形。实际使用的金属大多都是多晶体，多晶体的塑性变形过程比较复杂。为了研究多晶体的塑性变形，首先应研究单晶体的塑性变形。

3.2.1　单晶体的塑性变形

单晶体的塑性变形的基本方式有两种：滑移和孪生。其中滑移是最基本、最重要的塑性变形方式。

1. 滑移

滑移是晶体在切应力的作用下，晶体的一部分沿一定的晶面（滑移面）上的一定方向

（滑移方向）相对于另一部分发生滑动。经多年研究证明，滑移实质上是位错在切应力作用下沿滑移面运动的结果，如图 3.7 所示。

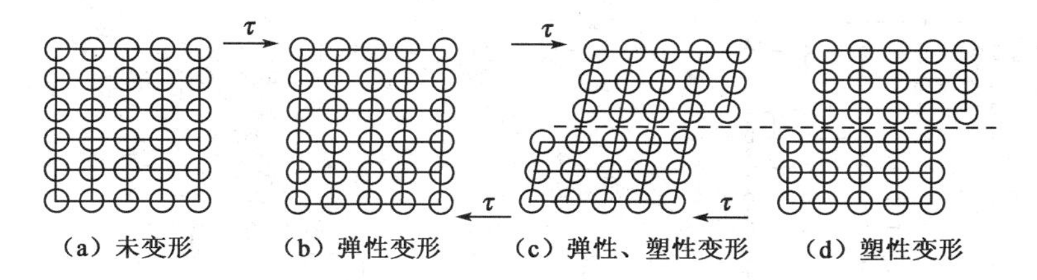

图 3.7　晶体在切应力作用力的变形

在切应力的作用下，晶体中形成一个正刃位错，这个多出的半原子面会由左向右逐步移动；当这个位错移动到晶体的右边缘时，移出晶体的上半部就相对于下半部移动了一个原子间距的滑移量，并在晶体表面上形成一个原子间距的滑移台阶，同一滑移面上若有大量的位错不断地移出晶体表面，滑移台阶就不断增大，直至在晶体表面形成显微观察到的滑移线和滑移面。

产生滑移的晶面和晶向，分别称为滑移面和滑移方向。滑移的结果会在晶体的表面上造成阶梯状不均匀的滑移带，如图 3.8 所示。滑移线是滑移面和晶体表面相交形成的，许多滑移线在一起组成滑移带。

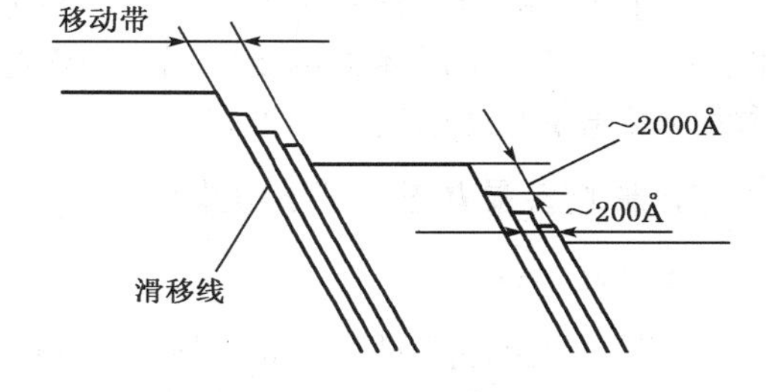

图 3.8　滑移带形成示意图

晶体的滑移一般具有如下特征：

（1）滑移在切应力的作用下发生；

（2）滑移距离是滑移方向原子间距的整数倍，滑移后并不破坏晶体排列的完整性；

（3）滑移总是沿着一定的晶面和晶向进行的。

一般来说，滑移并非沿任意晶面和晶向发生，而总是沿着该晶体中原子排列最紧密的晶面和晶向发生的。因为密排面的面间距较大，面与面之间的结合力最弱，晶体沿密排面方向滑动时阻力最小。

2. 孪生

在晶体变形过程中，当滑移由于某种原因难以进行时，晶体常常会以孪生的方式进行变形，特别是滑移系较少的密排六方晶格金属，容易以孪生方式进行变形。

在切应力作用下，晶体的一部分相对于另一部分沿一定晶面（孪生面）和晶向（孪生方向）发生切变。单晶体的孪生如图 3.9 所示。

金属晶体中变形部分与未变形部分在孪生面两侧形成镜面对称关系。发生孪生的部分（切变部分）称为孪生带或孪晶。

孪生与滑移各有特点，主要为：

（1）孪生使一部分晶体发生均匀移动；而滑移是不均匀的，只集中在滑移面上。

（2）孪生后晶体变形部分与未变形部分成镜面对称关系，位向发生变化；而滑移后晶体各部分的位向并未改变。

（3）孪生需要大的切应力，但能够改变晶体位向，使滑移带转动到有利的位置，可以使

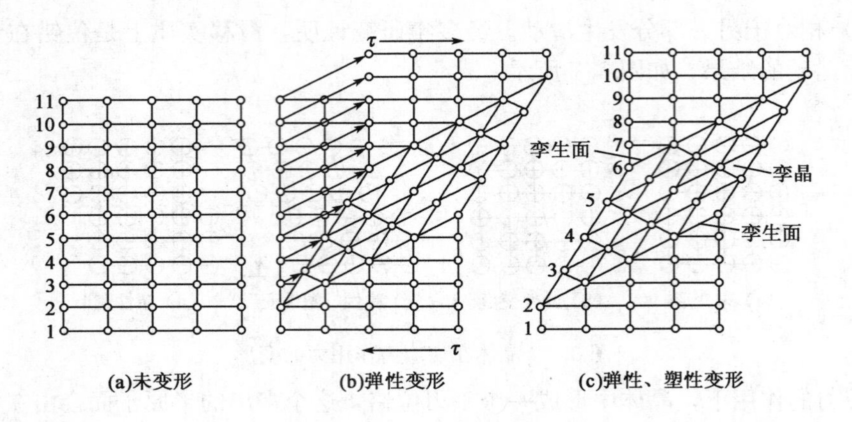

图 3.9 单晶体孪生示意图

受阻的滑移通过孪生调整取向而继续变形。

3.2.2 多晶体的塑性变形

实际使用的金属材料绝大多数是多晶体，它是由晶界和许多不同位向的晶粒组成。多晶体的塑性变形与单晶体无本质差别，当然晶界和晶粒位向对多晶体的塑性变形有影响，而且它的变形比单晶体的要复杂得多。

1. 影响多晶体塑性变形的因素

1）晶界的作用

由于晶界上原子排列不很规则，阻碍位错的运动，使变形抗力增大。金属晶粒越细，晶界越多，变形抗力越大，金属的强度就越大。

2）晶粒位向的作用

多晶体中的每个晶粒都是单晶体，但各晶粒间的原子排列位向各不相同。不同位向在受外力作用时，有些晶粒的滑移面适合于外力作用方向，有些晶粒的滑移面与外力方向相抵触，其中任一晶粒的滑移都必然会受到它周围不同晶格位向晶粒的约束和阻碍。所以多晶体金属的塑性变形抗力总是高于单晶体。

3）晶粒尺寸作用

晶粒大小对滑移的影响实际上是晶界和晶粒间位向差共同作用的结果。晶粒细小时，其内部的变形量和晶界附近的变形量相差很小，晶粒的变形比较均匀，减小了应力集中。而且，晶粒越小，晶粒数目越多，金属的总变形量可以分布在更多的晶粒中，从而使金属能够承受较大量的塑性变形而不被破坏。

2. 细晶强化

通常金属是由许多晶粒组成的多晶体，晶粒的大小可以用单位体积内晶粒的数目来表示，数目越多，晶粒越细。实验表明，在常温下的细晶粒金属比粗晶粒金属有更高的强度、硬度、塑性和韧性。这是因为细晶粒受到外力发生塑性变形可分散在更多的晶粒内进行，塑性变形较均匀，应力集中较小；此外，晶粒越细，晶界面积越大，晶界越曲折，越不利于裂纹的扩展。故工业上将通过细化晶粒以提高材料强度的方法称为细晶强化。细晶强化的方法有增加过冷度、变质处理、振动与搅拌。

3.2.3 合金的塑性变形

实际使用的材料很多都是合金，根据合金元素存在的情况，合金的种类一般有固溶体和多相合金，不同种类的合金其塑性变形存在一些不同之处。

1. 固溶体的塑性变形

单相固溶体塑性变形过程与多晶体纯金属相似。但随着溶质含量的增加，固溶体的强度、硬度提高，塑性、韧性下降，称为固溶强化。

固溶强化的实质是溶质原子与位错相互作用的结果，溶质原子不仅使晶格发生畸变，而且易被吸附在位错附近，使位错被钉扎，要使位错脱钉，则必须增加外力，因此固溶体合金的塑性变形抗力要比纯金属大。

2. 多相合金的塑性变形

当合金由多相混合物组成时，其塑性变形不仅取决于基体相的性质，还取决于二相的性质、形状、大小、数量和分布等状况。后者在塑性变形中往往起着决定性的作用。

若合金内两相的含量相差不大，且两相的变形性能（塑性、加工硬化率）相近，则合金的变形性能为两相的平均值。若合金中两相变形性能相差很大，例如其中一相硬而脆，难以变形，另一基体相的塑性较好，则变形先在塑性较好的相内进行，而第二相在室温下无显著变形，它主要是对基体的变形起阻碍作用。第二相阻碍变形的作用，根据其形状和分布不同而有很大差别。

（1）如果硬而脆的第二相呈连续的网状分布在塑性相的晶界上，因塑性相的晶粒被脆性相所包围分割，使其变形能力无从发挥，晶界区域的应力集中也难于松弛，从而合金的塑性将大大下降，于是经很小变形后，在脆性相网络处易产生断裂，而且脆性相数量越多，网越连续，合金的塑性就越差，甚至强度也随之下降。例如，过共析钢中网状二次 Fe_3C 及高速钢中的骨骼状一次碳化物皆使钢的脆性增加，强度、韧性降低。生产上通过热加工和热处理相互配合来破坏或消除其网状分布。

（2）如果脆性的第二相呈片状或层状分布在晶体内，如铁碳合金中的珠光体组织，这种分布不致使钢脆化，并且由于铁素体变形受到阻碍，位错的移动被限制在碳化物片层之间的很短距离之内，从而增加了继续变形的阻力，提高了合金的强度。珠光体越细，片层间距越小，其强度也越高。

（3）如果脆性的第二相呈颗粒状均匀分布在晶体内，如共析钢及过共析钢经球化退火后获得的球状珠光体。由于 Fe_3C 呈球状，对铁素体的变形阻碍作用大大减弱，故强度降低，塑性、韧性均获得显著提高。

合金中的第二相以细小弥散的微粒均匀分布在基体上，则可显著提高合金的强度，称为弥散强化。如果这种微粒是通过过饱和固溶体的时效处理而沉淀析出来，则称为沉淀强化或时效强化。这种强化的主要原因是：细小弥散的微粒与位错的相互作用阻碍了位错的运动，从而提高了塑性变形的抗力。

3.2.4 塑性变形对金属组织和性能的影响

金属材料经塑性变形后，不但改变了其形状和尺寸，而且其内部组织结构和性能随之发生了一系列的变化。

1. 塑性变形对金属组织结构的影响

1）显微组织的变化

经塑性变形后，金属材料的显微组织发生了明显的改变，各晶粒中除了出现大量的滑移带、孪晶带以外，其晶粒形状也会发生变化，即各个晶粒将沿着变形的方向被拉长或压扁，如图 3.10 所示。随变形方式和变形量的不同，晶粒形状的变化也不一样。变形量越大，晶粒变形越显著。例如轧制时，各晶粒沿着变形的方向逐渐伸长，变形量越大，晶粒伸长的程度也越显著，当变形量很大时，各晶粒已不能分辨开，而将沿着变形方向被拉长成纤维状，甚至金属中的夹杂物也沿着变形的方向被拉长，形成纤维组织。

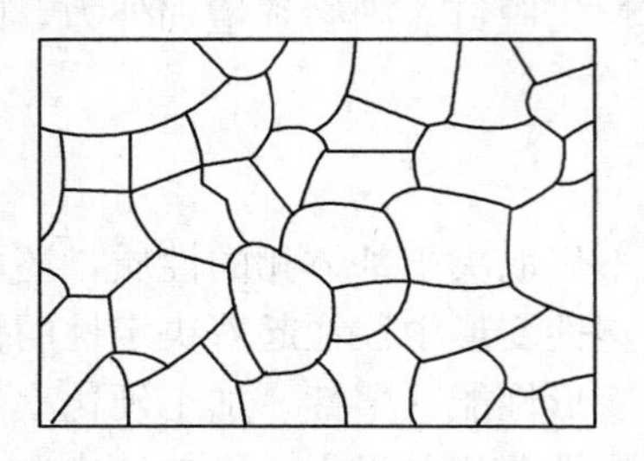

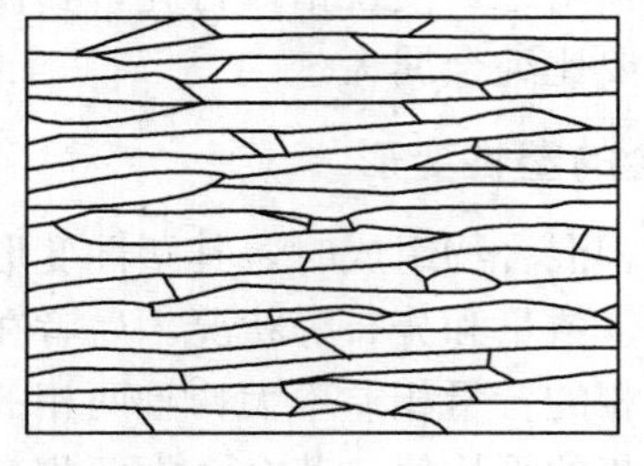

图 3.10　变形前后晶粒形状变化示意图

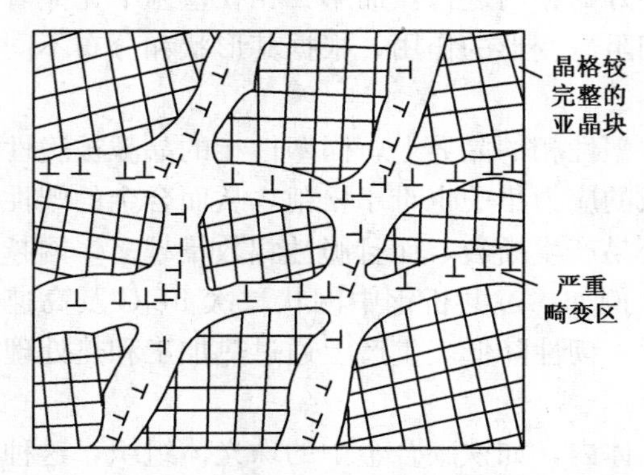

图 3.11　金属塑性变形后的亚结构示意图

2）亚结构的形成

在未变形的晶粒内经常存在大量的位错，构成位错壁（亚晶界）。金属经较大的塑性变形后，由于位错密度的增大并发生交互作用，大量位错堆积在局部地区，并相互缠结，形成不均匀分布，使晶粒再次分化成许多位向略有不同的小晶块，晶粒内由原来的亚晶粒分化为更细的亚晶粒，即形成亚结构，如图 3.11 所示。亚结构的出现阻止了滑移面的进一步滑移，提高了金属的强度及硬度。

3）形变织构

在多晶体金属中，由于各晶粒位向的无规则排列，宏观上的性能表现出“伪无向性”。当金属经过大量变形后，晶粒的位向，例如，滑移方向力图与外力方向一致，它是由于晶粒内滑移面和滑移方向的转动和旋转引起，结果造成了晶粒位向的一致性。金属经形变后形成晶粒位向的这种有序结构称为织构。由于它是由形变而造成，因此，也称为形变织构，如图 3.12 所示。形变织构的形成，在许多情况下是不利的，用形变织构的板材冲制筒形零件时，由于不同方向上的塑性差别很大，深冲之后，零件的边缘不齐，出现“制耳”现象，如图 3.13 所示。另外，由于板材在不同方向上变形不同，会造成零件的硬度和壁厚不均匀。但织构并不是全无好处，如制造变压器铁心的硅钢片，具有织构时可提高磁导率。

2. 塑性变形对金属性能的影响

由于塑性变形改变了金属内部的组织结构，因此必然导致其性能的变化。

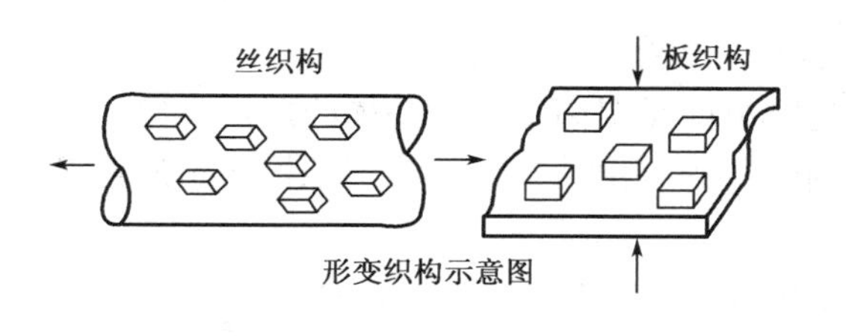

图 3.12　形变织构示意图

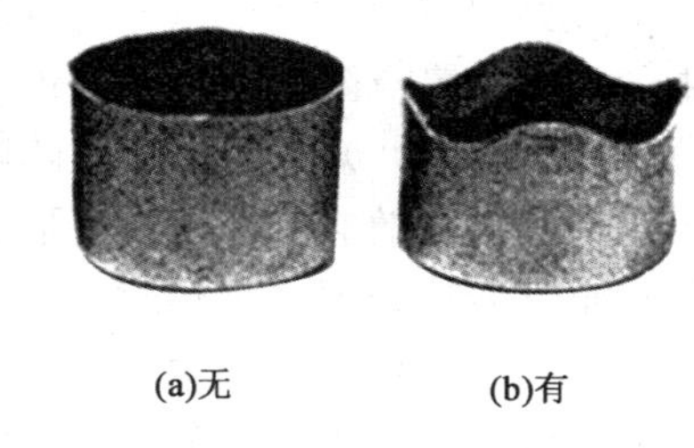

图 3.13　制耳现象

1）加工硬化

加工硬化是指金属材料在再结晶温度以下塑性变形时强度和硬度升高，而塑性和韧度降低的现象。产生原因是金属在塑性变形时，晶粒发生滑移，出现位错的缠结，使晶粒拉长、破碎和纤维化，金属内部产生了残余应力等因素。加工硬化的程度通常用加工后与加工前表面层显微硬度的比值和硬化层深度来表示。

加工硬化给金属件的进一步加工带来困难。例如，在冷轧钢板的过程中会越轧越硬，以致轧不动，因而需在加工过程中安排中间退火，通过加热消除其加工硬化。又如在切削加工中使工件表层脆而硬，从而加速刀具磨损、增大切削力等。有利的一面是，它可提高金属的强度、硬度和耐磨性，特别是对于那些不能以热处理方法提高强度的纯金属和合金尤为重要。如冷拉高强度钢丝和冷卷弹簧等就是利用冷加工变形来提高其强度和弹性极限。再比如坦克和拖拉机的履带、破碎机的颚板、铁路的道岔等也是利用加工硬化来增高其硬度和耐磨性的。

2）力学性能的变化

塑性变形时，随着变形量的逐步增加，原来的等轴晶粒及金属内的夹杂物逐渐沿变形方向被拉长，当变形量很大时，形成纤维组织。形成纤维组织后，金属的性能会出现明显的各向异性，如其纵向（沿纤维方向）的强度和塑性远大于其横向（垂直纤维的方向）的。

3）物理化学性能的变化

经冷变形后的金属，由于晶格畸变，位错与空位等晶体缺陷的增加，使其物理性能和化学性能发生一定的变化。如电阻率增高，电阻温度系数降低，磁滞与矫顽力略有增加而磁导率下降。此外，原子活动能力增大又使扩散加速，耐蚀性减弱。

4）残余内应力

塑性变形中外力所做的功除大部分转化成热能之外，还有一小部分以畸变能的形式储存在形变材料内部，这部分能量称为储存能。储存能的具体表现方式为宏观残余应力、微观残余应力及点阵畸变。按照残余应力平衡范围的不同，通常可将其分为三种：

（1）第一类内应力，又称宏观残余应力，它是由工件不同部分的宏观变形不均匀性引起的，故其应力平衡范围包括整个工件。例如，将金属棒施以弯曲载荷，则上边受拉而伸长，下边受到压缩；变形超过弹性极限产生塑性变形时，则外力去除后被伸长的一边就存在压应力，短边为拉应力。这类残余应力所对应的畸变能不大，仅占总储存能的 0.1%左右。

（2）第二类内应力，又称微观残余应力，它是由晶粒或亚晶粒之间的变形不均匀性产生的。其作用范围与晶粒尺寸相当，即在晶粒或亚晶粒之间保持平衡。这种内应力有时可达到很大的数值，甚至可能造成显微裂纹并导致工件破坏。

（3）第三类内应力，又称点阵畸变。其作用范围是几十至几百纳米，它是由于工件在塑性变形中形成的大量点阵缺陷（如空位、间隙原子、位错等）引起的。变形金属中储存能的绝大部分（80%～90%）用于形成点阵畸变。这部分能量提高了变形晶体的能量，使之处于热力学不稳定状态，故它有一种使变形金属重新恢复到自由焓最低的稳定结构状态的自发趋势，并导致塑性变形金属在加热时产生回复及再结晶。

其中第一、二类残余应力中所占比例不大，第三类占 90%以上。残余应力对零件的加工质量影响较大。残余内应力的存在可能会引起金属的变形与开裂，如冷轧钢板的翘曲、零件切削加工后的变形等。一般情况下，不希望工件中存在内应力。内应力往往通过去应力退火消除，但有时可以利用残余内应力来提高工件的某些性能，如采用表面滚压或喷丸处理使工件表面产生一压应力层，可有效地提高承受交变载荷零件（如钢板、弹簧、齿轮等）的疲劳寿命。

3.2.5 变形金属在加热时组织与性能的变化

金属经塑性变形后，组织结构和性能发生很大的变化，位错等晶体缺陷和残余应力大量增加，产生加工硬化，阻碍塑性变形加工的进一步进行。为消除残余应力和加工硬化，工业上往往采用加热的方法。在变形金属中，由于缺陷的增加，使其内能升高，处于不稳定状态，存在向低能稳定状态转变的趋势。在常温下，这种转变一般不易进行。加热时原子具有相当的扩散能力，形变后的金属和合金就会自发地向着自由能降低的方向进行转变。随着加热温度的升高，变形金属大体上相继发生回复、再结晶和晶粒长大 3 个阶段，如图 3.14 所示。

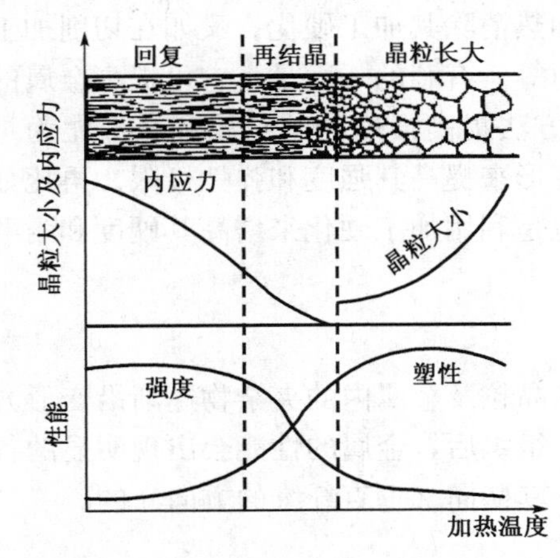

图 3.14　变形金属加热时组织和性能的变化

1. 回复

当变形金属的加热温度较低时，在（0.1～0.3）$T_{熔}$ 的温度范围内，原子的活动能力较低，只能作短距离扩散，主要发生晶格缺陷的运动。晶格缺陷运动中空位与间隙原子相结合，使点缺陷数目明显减少。位错运动使得原来在变形晶粒中杂乱分布的位错逐渐集中并重新排列，从而晶格畸变得到减弱。但此时的显微组织尚无变化。把经过变形的金属加热时，在显微组织发生变化前所发生的一些亚结构的改变过程称为回复。在回复阶段，金属的晶粒大小和形状不会发生明显变化，只是强度、硬度稍有降低，塑性略有提高，但残余内应力和电阻显著下降，应力腐蚀现象也基本消除。

工业上的去应力退火就是利用回复现象稳定变形后的组织，而保留冷变形强化状态。例如为了消除冷冲压黄铜工件在室温放置一段时间后会自动发生晶间开裂的现象，对其加工后于 250～300℃之间进行去应力退火。又如一些铸件、焊接件等的去应力退火，也是通过回复作用来实现的。

2. 再结晶

变形金属加热到较高温度时，由于原子的活动能力增加，在晶格畸变较严重处重新形核和长大，使晶粒中位错密度降低，产生一些位向与变形晶粒不同，内部缺陷较少的等轴小晶粒。这些小晶粒不断向外扩展长大，使原先破碎、被拉长的晶粒全部被新的无畸变的等轴小晶粒所取代。这一过程称为金属的再结晶。

应当指出，再结晶与变形密切相关。如果没有变形，再结晶就无从谈起。虽然再结晶也是一个形核和长大的过程，但新、旧晶粒的晶格类型并未改变，只是晶粒外形发生变化，故再结晶不是相变过程。

再结晶完全消除了加工硬化所引起的后果，使金属的组织和性能恢复到未加工之前的状态，即金属的强度、硬度显著下降，塑性、韧度大大提高。在实际生产中，把消除加工硬化所进行的热处理过程称为再结晶退火，目的是使金属再次获得良好的塑性，以便继续加工。

在一定时间内完成再结晶时所对应的最低温度称为再结晶温度。工业上通常把经过大变形量（>70%）后的金属在1h的保温时间内全部完成再结晶所需要的最低温度称为再结晶温度。再结晶温度并非是一个恒定值，会因加工变形程度等因素的影响在很宽的温度范围内变化。它与金属的冷变形量、纯度、成分以及保温时间等因素有关。

根据工业上的统计，一般来说 $T_{再}$（K）与其熔点 $T_{熔}$（K）之间存在以下关系：

$$T_{再} \approx (0.35 \sim 0.4)\ T_{熔} \tag{3-2}$$

3. 晶粒长大

再结晶完成后的晶粒是细小均匀的等轴晶粒，随着加热温度的升高或保温时间的延长，这些等轴晶粒将通过互相“吞并”而继续长大。晶粒长大是个自发过程，它通过晶界的迁移来实现，通过一个晶粒的边界向另一晶粒迁移，把另一晶粒中的晶格位向逐步地改变成与这个晶粒相同的晶格位向，于是另一晶粒便逐步地被这一晶粒“吞并”，合并成一个大晶粒，使晶界减少，能量降低，组织变得更为稳定。晶粒的这种长大称为正常长大，由此将得到均匀粗大的晶粒组织，使材料的力学性能下降。

晶粒的另一种长大类型称为异常长大（二次结晶），即在晶粒长大过程中，少数晶粒长大速度很快，从而使晶粒之间的尺寸差异显著增大，致使粗大晶粒逐步“吞噬”掉周围的小晶粒，形成异常粗大的晶粒。这种异常粗大的晶粒将使材料的强度、塑性及韧性显著降低。在零件使用中，往往会导致零件的破坏。因此，在再结晶退火时，必须严格控制加热温度和保温时间，以防止晶粒过分粗大而降低材料的力学性能。

3.3 金属的热加工

3.3.1 热加工与冷加工区别

以上所讨论的是冷加工变形。考虑到冷加工变形时的变形抗力，因此对尺寸大或难于进行冷变形的金属材料，生产上往往采用热加工变形。

金属的冷、热加工是根据再结晶温度来划分的。金属在再结晶温度以下的塑性变形称为冷加工；金属在再结晶温度以上的塑性变形称为热加工。例如铁的最低再结晶温度为450℃，所以铁在400℃以下的加工变形属于冷加工。铅、锡的再结晶温度低于室温，所以即使它们在室温下进行压力加工，仍属于热加工。

这两种变形加工各有所长。冷加工会引起金属的加工硬化，变形抗力增大，对于那些变形量大的，特别是截面尺寸较大的工件，冷加工变形十分困难；另外，对于某些较硬的或低塑性的金属（如 W、Mo、Cr 等）来说，甚至不可能进行冷加工，而必须进行热加工。故冷变形加工适于截面尺寸较小、塑性较好，要求较高精度和较低的表面粗糙度的金属制品。而热加工在变形时同时进行着动态再结晶，金属的变形抗力小、塑性高，而且不会产生加工硬化现象，可以有效地进行加工变形。

金属在高温下强度降低而塑性提高，所以热加工的主要优点是材料变形阻力小，加工耗能少。这是因为在热加工过程中，金属的内部同时进行着加工硬化和再结晶软化两个相反的过程而将加工硬化消除。金属在热加工过程中表面发生氧化，使得工件表面比较粗糙，尺寸精度比较低，所以热加工一般用来制造一些截面比较大、加工变形量大的半成品。而冷加工则能保证工件有较高的尺寸精度和较小的表面粗糙度，在冷加工过程中材料同时也得到强化处理。有时经冷加工后可以直接获得成品。

3.3.2　热加工对金属组织与性能的影响

1. 改善金属的铸锭的组织和性能

通过热加工可以消除铸态金属的某些缺陷，如气孔、疏松、微裂纹，提高金属的致密度。对于铸锭内部的晶内偏析、粗大柱状晶或大块碳化物，可以在压力的作用下使枝晶、柱状晶和粗大晶粒破碎，消除成分偏析，改善夹杂物、第二相的分布等，提高金属的力学性能。如 Q235 钢分别在铸态和锻态时的力学性能见表 3.2。

表 3.2　Q235 钢铸态和锻态时力学性能的比较

材　料	状　态	σ_b，MPa	σ_s，MPa	δ,%	α_k，J/cm²
Q235	铸态	490	245	15	0.34
	锻态	519	304	20	0.69

2. 细化晶粒

在热加工过程中，变形的晶粒内部不断发生回复再结晶，已经发生再结晶的区域又不断发生变形，周而复始，最终使晶核数目不断增加，晶粒得到细化。但热加工后金属的晶粒大小与加工温度和变形量有很大的关系。变形量小，终止加工温度过高，加工后得到的组织粗大；反之则得到细小晶粒。

3. 形成纤维组织

热加工以后钢锭中的各种夹杂物、粗大枝晶、气孔、疏松，在高温下都具有一定塑性，沿着金属加工流动方向伸长，形成彼此平行的宏观条纹组织，即所谓锻造流线，使金属的力学性能产生明显的各向异性，通常沿流线方向（纵向）性能高于垂直流线方向（横向）性能，如表 3.3 为 45 钢的力学性能与纤维方向的关系。因此，在热加工时应尽量使工件流线分布合理。

表 3.3　45 钢的力学性能与纤维方向力的关系

材　料	纤维方向	σ_b，MPa	σ_s，MPa	δ,%	α_k，J/cm²
45 钢	纵向	900	460	17.5	0.61
	横向	700	430	10	0.29

4. 形成带状组织

当低碳钢中非金属杂质比较多时，在热加工后的缓慢冷却过程中，先共析铁素体可能依附于被拉长的夹杂物而析出铁素体带，并将碳排挤到附近的奥氏体中，使奥氏体中的碳含量逐渐增加，最后转变为珠光体。结果沿着杂质富集区析出的铁素体首先形成条状，珠光体分布在条状铁素体之间。这种铁素体和珠光体沿加工变形方向成层状平行交替的条带状组织称为带状组织。

带状组织使材料材料产生各向异性，特别是横向塑性和冲击韧性明显下降，严重时材料只能报废。在热加工生产中常采用交替改变变形方向的办法来消除这种带状组织。采用热处理，如高温加热、长时间保温以及提高热加工后的冷却速度，有时多次正火或高温扩散退火加正火，也可以减轻或消除带状组织。

第4章　二元合金相图及其应用

纯金属在工业上有一定的应用，但通常强度不高，难以满足许多机器零件和工程结构件对力学性能提出的各种要求；尤其是在特殊环境中服役的零件，有许多特殊的性能要求，例如要求耐热、耐蚀、导磁、低膨胀等，纯金属更无法胜任，因此工业生产中广泛应用的金属材料是合金。合金的组织要比纯金属复杂，为了研究合金组织与性能之间的关系，就必须了解合金中各种组织的形成及其变化规律。合金相图正是研究这些规律的有效工具。

一种金属元素同另一种或几种其他元素，通过熔化或其他方法结合在一起所形成的具有金属特性的物质称为合金。其中组成合金的独立的、最基本的单元叫做组元。组元可以是金属、非金属元素或稳定化合物。由两个组元组成的合金称为二元合金，例如工程上常用的铁碳合金、铜镍合金、铝铜合金等。二元以上的合金称多元合金。合金的强度、硬度、耐磨性等力学性能比纯金属高许多，这正是合金的应用比纯金属广泛的原因。

在合金系中，相是指金属或合金中具有相同化学成分及结构并以界面相互分开的各个均匀的组成部分。因此，凡是化学成分相同、晶体结构与性质相同的物质，不管其形状是否相同，不论其分布是否一样，统称为一个相。组织是指用金相观察方法，在金属及合金内部看到的涉及晶体或晶粒的大小、方向、形状、排列状况等组成关系的构造情况。组织能够反映合金相的组成情况，包括相的数量、形状、大小、分布及各相之间的结合状态特征。相是组成组织的基本部分，但同样的相可以形成不同的组织。

合金相图是用图解的方法表示合金系中合金状态、温度和成分之间的关系。利用相图可以知道各种成分的合金在不同温度下有哪些相，各相的相对含量、成分以及温度变化时可能发生的变化。掌握相图的分析和使用方法，有助于了解合金的组织状态和预测合金的性能，也可按要求来研究配制新的合金。在生产中，合金相图可作为制订铸造、锻造、焊接及热处理工艺的重要依据。

4.1　相图的建立

不同成分的合金，晶体结构不同，物理化学性能也不同，所以当合金发生相变时，必然伴随有物理、化学性能的变化，因此测定各种成分合金相变的温度，可以确定不同相存在的温度和成分界限，从而建立相图。由于状态图是在极其缓慢的冷却条件下测定的，一般可认为是平衡结晶过程，故又称平衡图。

现有的合金相图大都是通过实验建立的，常用的方法有热分析法、膨胀法、射线分析法等。下面以铜镍合金为例，简单介绍用热分析法建立相图的过程。

（1）配制不同成分的铜镍合金。例如：

合金Ⅰ：100％Cu；

合金Ⅱ：75％Cu＋25％Ni；

合金Ⅲ：50％Cu＋50％Ni；

合金Ⅳ：25%Cu+75%Ni；

合金Ⅴ：100%Ni。

（2）合金熔化后缓慢冷却，测出每种合金的冷却曲线，找出各冷却曲线上的临界点（转折点或平台）的温度，如图 4.1 所示。

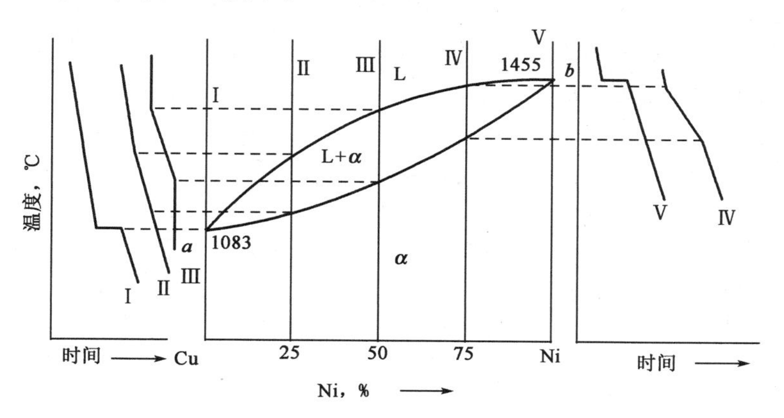

图 4.1　Cu－Ni 合金冷却曲线及相图建立

（3）画出温度—成分坐标系，在各合金成分垂线上标出临界点温度。

（4）将具有相同意义的点连接成线，标明各区域内所存在的相，即得到 Cu－Ni 合金相图。

相图上的每个点、线、区都有一定的物理意义。图 4.2 为铜镍二元合金相图，它是一种最简单的基本相图。横坐标表示合金成分（一般为溶质的质量分数），左右两端点分别表示纯组元（纯金属）Cu 和 Ni，其余的为合金系的每一种合金成分，如 *C* 点的合金成分为含 Ni20%，含 Cu80%。坐标平面上的任一点（称为表象点）表示一定成分的合金在一定温度时的稳定相状态。例如，*A* 点表示，含 30%Ni 的铜镍合金在 1200℃时处于液相 *L*+固相 *α* 的两相状态；*B* 点表示，含 60%Ni 的铜镍合金在 1000℃时处于单一 *α* 固相状态。

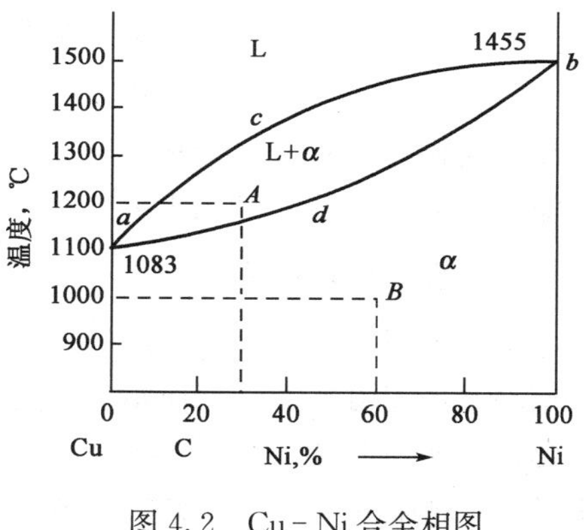

图 4.2　Cu－Ni 合金相图

4.2　二元合金相图的基本类型

铜镍合金相图比较简单，实际上多数合金的相图很复杂。但是，任何复杂的相图都是由一些简单的基本相图组成的。下面介绍几种基本的二元相图。

4.2.1　匀晶相图

二元合金中，两组元在液态无限互溶，在固态也无限互溶，冷却时发生匀晶反应，这样形成单相固溶体的一类相图称为匀晶相图。具有这类相图的合金系有 Cu－Ni、Cu－Au、Au－Ag、Fe－Cr、Fe－Ni、W－Mo 等。这类合金在结晶时都是从液相结晶出固溶体，固态下呈单相固溶体，所以这种结晶过程称为匀晶转变。几乎所有的二元相图都包含有匀晶转变部分，因此掌握这一类相图是学习二元相图的基础。现以 Cu－Ni 合金为例进行分析。

1. 相图分析

Cu－Ni 相图为典型的匀晶相图，如图 4.3（a）所示。图 4.3（a）中上面一条线为液相线，该线以上合金处于液相；下面一条线为固相线，该线以下合金处于固相。液相线和固相线表示合金系在平衡状态下冷却时结晶的始点和终点以及加热时熔化的终点和始点。L 为液相，是 Cu 和 Ni 形成的液溶体；α 为固相，是 Cu 和 Ni 组成的无限固溶体。

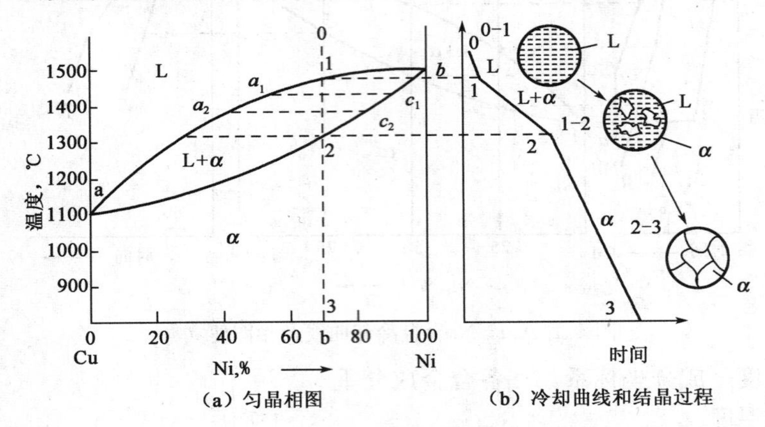

图 4.3　Cu－Ni 合金相图及结晶过程

图中有两个单相区：液相线以上的 L 液相区和固相线以下的 α 固相区。还有一个两相区：液相线和固相线之间的 L＋α 两相区。

2. 合金的结晶过程

以 b 点的成分 Cu－Ni 合金（Ni 含量为 b%）为例来分析合金结晶过程。该合金的冷却曲线和结晶过程如图 4.3（b）所示。首先利用相图画出该成分合金的冷却曲线，在 1 点温度以上，合金为液相 L。缓慢冷却至 1～2 温度之间时，合金发生匀晶反应，从液相中逐渐结晶出 α 固溶体。2 点温度以下，合金全部结晶为 α 固溶体。其他成分合金的结晶过程也完全类似。

从匀晶相图中可以看出：

（1）与纯金属一样，固溶体从液相中结晶出来的过程中，也包括有形核与长大两个过程，且固溶体更趋于呈树枝状长大。

（2）固溶体结晶在一个温度区间内进行，即为一个变温结晶过程。

（3）在两相区内，温度一定时，两相的成分（即 Ni 含量）与相对质量是确定的。

（4）固溶体结晶时成分是变化的（L 相沿 $a_1 \rightarrow a_2$ 变化，α 相沿 $c_1 \rightarrow c_2$ 变化），缓慢冷却时由于原子的扩散充分进行，形成的是成分均匀的固溶体。如果冷却较快，原子扩散不能充分进行，则形成成分不均匀的固溶体。

3. 枝晶偏析

在实际生产条件下，由于冷却速度较快，先结晶的树枝晶轴含高熔点组元（Ni）较多，后结晶的树枝晶枝干含低熔点组元（Cu）较多。结果造成在一个晶粒之内化学成分的分布不均。这种现象称为枝晶偏析。枝晶偏析对材料的力学性能、抗腐蚀性能、工艺性能都不利。生产上为了消除其影响，常把合金加热到某一高温（低于固相线 100℃左右），并进行长时间保温，使原子充分扩散，以获得成分均匀的固溶体。这种处理称为扩散退火。

4. 杠杆定律

在两相区结晶过程中，两相的成分和相对量都在不断变化，杠杆定律就是确定相图中两相区内两平衡相的成分和相对量的重要工具。

仍以 Cu－Ni 合金为例，建立过程如下：

（1）过该温度时的合金表象点作水平线，分别与相区两侧分界线相交，两个交点的成分坐标即为相应的两平衡相成分。例如图 4.4（a）中，过 b 点的水平线与相区分界线交于 a、c 点，a、c 点的成分坐标值即为含 Ni $b\%$的合金在 T_1 温度时液、固相的平衡成分。含 Ni $b\%$的合金在 T_1 温度处于两相平衡共存状态时，两平衡相的相对质量也是确定的。

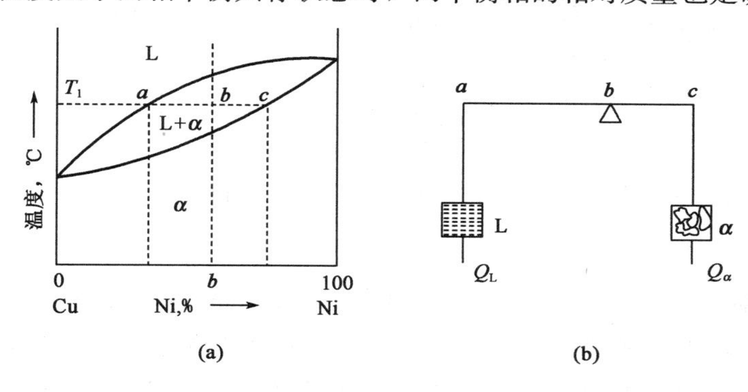

图 4.4　杠杆定律的证明及力学比喻

（2）图 4.4（a）中，表象点 b 所示合金含 Ni $b\%$，T_1 时液相 L（含 Ni $a\%$）和固相 α（含 Ni $c\%$）两相平衡共存。设该合金质量为 Q，液相、固相质量为 Q_L、Q_α。

显然，由质量平衡可得：合金中 Ni 的质量等于液、固相中 Ni 质量之和，即：

$$Q \cdot b\% = Q_L \cdot a\% + Q_\alpha \cdot c\% \tag{4-1}$$

合金总质量等于液、固相质量之和，即：

$$Q = Q_L + Q_\alpha \tag{4-2}$$

二式联立得：

$$(Q_L + Q_\alpha) \cdot b\% = Q_L \cdot a\% + Q_\alpha \cdot c\% \tag{4-3}$$

化简整理后得：

$$\frac{Q_L}{Q_\alpha} = \frac{b\% - c\%}{a\% - b\%} = \frac{bc}{ab} \text{或} Q_L \cdot ab = Q_\alpha \cdot bc \tag{4-4}$$

因该式与力学的杠杆定律表达式相同，如图 4.4（b）所示，所以把 $Q_L \cdot ab = Q_\alpha \cdot bc$ 称为二元合金的杠杆定律。杠杆两端为两相成分点 $a\%$、$c\%$，支点为该合金成分点 $b\%$。从上面计算也可以看出：

$$Q_L = bc/ac, Q_\alpha = ab/ac$$

必须指出，杠杆定律只适用于相图中的两相区，即只能在两相平衡状态下使用。

4.2.2　共晶相图

两组元在液态无限互溶，在固态有限互溶，并在结晶时发生共晶转变的相图，称为共晶相图。由一种液相在恒温下同时结晶出两种固相的反应称为共晶反应。所生成的两相混合物（层片相间）称为共晶体。具有这类相图的合金系有：Pb－Sn、Pb－Sb、Pb－Bi、Al－Si、Ag－Cu 等。

现以 Pb－Sn 合金相图为例，对共晶相图及其合金的结晶过程进行分析。

1. 相图分析

Pb－Sn合金相图，如图4.5所示，相图主要由以下部分构成。

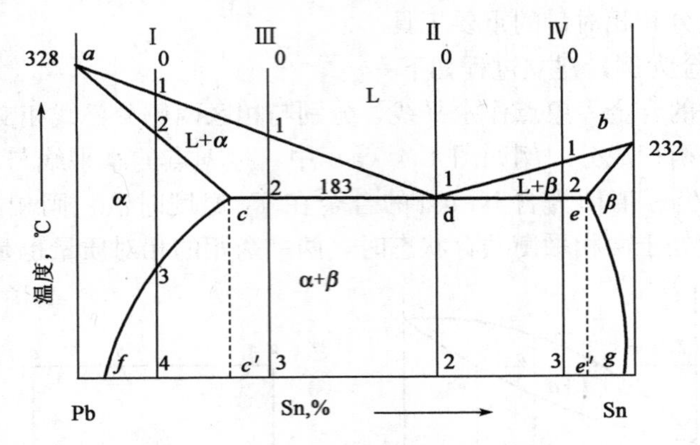

图4.5　Pb－Sn合金相图及成分线

1）点

a 点是Pb的熔点；b 点是Sn的熔点；c 点是Sn在 α 固溶体中的最大溶解度点；e 点是Pb在 β 固溶体中的最大溶解度点；d 点为共晶点，表示此点成分（共晶成分）的合金冷却到此点所对应的温度（共晶温度）时，同时结晶出 c 点成分的 α 相和 e 点成分的 β 相：

$$L_d \xrightleftharpoons{\text{恒温}} \alpha_c + \beta_e \qquad (4-5)$$

2）线

adb 为液相线；$acdeb$ 为固相线；cf 线是 α 固溶体中Sn的溶解度极限曲线；eg 线是 β 固溶体中Pb的溶解度极限曲线；cde 线是共晶反应线，是这个相图中最重要的线，只要成分在 ce 之间的合金溶液冷却到 cde 温度都会发生共晶反应。

3）相与相区

合金系有三种单相：Pb与Sn形成的液溶体L相，Sn溶于Pb中的有限固溶体 α 相，Pb溶于Sn中的有限固溶体 β 相。

相图中有三个单相区（L、α、β 相区）；三个两相区（L＋α、L＋β、α＋β 相区）；一条L＋α＋β 的三相并存线（水平线 cde）。

2. 典型合金的结晶过程

根据Pb－Sn合金相图，分析四种不同的合金结晶过程，如图4.5所示。

1）合金Ⅰ的结晶过程

合金Ⅰ的平衡结晶过程，如图4.6所示。1点以上是液相，液态合金冷却到1点温度以后，发生匀晶转变开始结晶，至2点温度液态合金完全结晶成 α 固溶体，2～3点冷却过程中，α 相不变。从3点温度开始，由于Sn在 α 中的溶解度沿 cf 线降低，从 α 中析出 $\beta_{\text{Ⅱ}}$，到室温时 α 中Sn含量逐渐变为 f 点。最后合金得到的

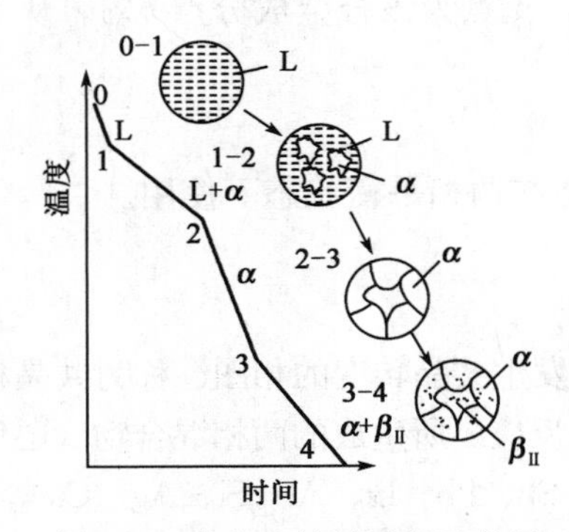

图4.6　合金Ⅰ结晶过程示意图

组织为 $\alpha+\beta_{II}$。其组成相是 f 点成分的 α 相和 g 点成分的 β 相。运用杠杆定律，两相的相对质量为：

$$\alpha\% = \frac{4g}{fg} \times 100\%$$

$$\beta\% = \frac{f4}{fg} \times 100\%$$

$$\text{或}\ \beta\% = 1 - \alpha\%$$

合金的室温组织由 α 和 β_{II} 组成，α 和 β_{II} 即为组织组成物。组织组成物是指合金组织中那些由相组成物组成的物质，具有一定形成机制和特殊形态。组织组成物可以是单相或两相混合物。

合金Ⅰ的室温组织组成物 α 和 β_{II} 皆为单相，所以它的组织组成物的相对质量与组成相的相对质量相等。

2）合金Ⅱ（共晶合金）的结晶过程

合金Ⅱ为共晶合金，其结晶过程如图 4.7 所示。合金从液态冷却到 1 点温度后，发生共晶反应：

$$L_d \xrightleftharpoons{183℃} \alpha_c + \beta_e \qquad (4-6)$$

经一定时间到 1′时反应结束，液体全部转变为共晶体（$\alpha_c+\beta_e$）。从共晶温度冷却至室温时，共晶体中的 α_c 和 β_e 均发生二次结晶，从 α 中沿 cf 析出 β_{II}，从 β 中沿 eg 析出 α_{II}。α 的成分由 c 点变为 f 点，β 的成分由 e 点变为 g 点；两种相的相对质量依杠杆定律变化。由于析出的 α_{II} 和 β_{II} 都相应地同 α 和 β 相连在一起，共晶体的形态和成分不发生变化，不用单独考虑。合金的室温组织全部为共晶体，即只含一种组织组成物（共晶体）；其组成相仍为 α 和 β 相。

3）合金Ⅲ（亚共晶合金）的结晶过程

合金Ⅲ是亚共晶合金，其结晶过程如图 4.8 所示。合金冷却到 1 点温度后，发生匀晶反应生成 α 固溶体，此乃初生 α 固溶体。从 1 点到 2 点温度的冷却过程中，某一温度下的液固两相相对含量可由照杠杆定律计算得到，初生 α 的成分沿 ac 线变化，液相成分沿 ad 线变化；初生 α 逐渐增多，液相逐渐减少。当刚冷却到 2 点温度时，合金由 c 点成分的初生 α 相

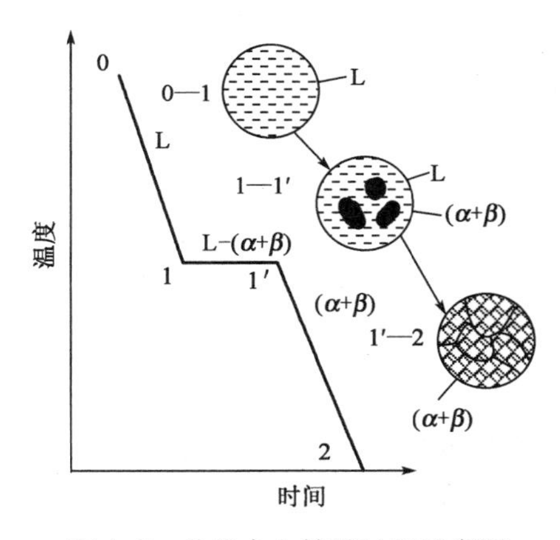

图 4.7　共晶合金结晶过程示意图

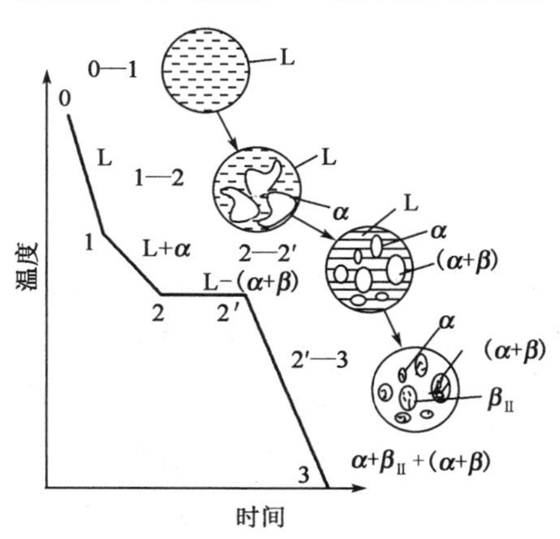

图 4.8　亚共晶合金结晶过程示意图

和 d 点成分的液相组成。然后剩余液相进行共晶反应，但初生 α 相不变化。经一定时间到 $2'$点共晶反应结束时，合金转变为 $\alpha_c+(\alpha_c+\beta_e)$。从共晶温度继续往下冷却，初生 α 中不断析出 β_{II}，成分由 c 点降至 f 点；此时共晶体如前所述，形态、成分和总量保持不变。

合金的组成相为 α 和 β，它们的相对质量为：

$$\alpha\% = \frac{3g}{fg}\times 100\%$$
$$\beta\% = \frac{f3}{fg}\times 100\% \tag{4-7}$$

合金的组织组成物为：初生 α、β_{II} 和共晶体 $(\alpha+\beta)$。它们的相对质量须应用两次杠杆定律求得。根据结晶过程分析，合金在刚冷到 2 点温度而尚未发生共晶反应时，由 α_c 和 L_d 两相组成，它们的相对质量为：

$$\alpha_c\% = \frac{2d}{cd}\times 100\%$$
$$\mathrm{L}_d\% = \frac{c2}{cd}\times 100\% \tag{4-8}$$

其中，液相在共晶反应后全部转变为共晶体 $(\alpha+\beta)$，因此，这部分液相的质量就是室温组织中共晶体 $(\alpha+\beta)$ 质量，即：

$$(\alpha+\beta)\% = \mathrm{L}_d\% = \frac{c2}{cd}\times 100\% \tag{4-9}$$

初生 α_c 冷却时不断析出 β_{II}，到室温后转变为 α_f 和 β_{II}。按照杠杆定律，β_{II} 占 $\alpha_f+\beta_{\mathrm{II}}$ 质量分数为 $\frac{fc'}{fg}\times 100\%$（注意，杠杆支点在 c'点）；α_f 占的为 $\frac{c'g}{fg}\times 100\%$。由于 $\alpha_f+\beta_{\mathrm{II}}$ 的质量等于 α_c 的重量，即 $\alpha_f+\beta_{\mathrm{II}}$ 在整个合金中的质量分数为 $\frac{2d}{cd}\times 100\%$，所以在合金室温组织中，$\beta_{\mathrm{II}}$ 和 α_f 分别所占的相对质量为：

$$\beta_{\mathrm{II}}\% = \frac{fc'}{fg}\cdot\frac{2d}{cd}\times 100\%$$
$$\alpha_f\% = \frac{c'g}{fg}\cdot\frac{2d}{cd}\times 100\% \tag{4-10}$$

这样，合金Ⅲ在室温下的三种组织组成物的相对质量为：

$$\alpha\% = \frac{c'g}{fg}\cdot\frac{2d}{cd}\times 100\%$$
$$\beta_{\mathrm{II}}\% = \frac{fc'}{fg}\cdot\frac{2d}{cd}\times 100\% \tag{4-11}$$
$$(\alpha+\beta)\% = \frac{c2}{cd}\times 100\%$$

成分在 cd 之间的所有亚共晶合金的结晶过程均与合全Ⅲ相同，仅组织组成物和组成相的相对质量不同。成分越靠近共晶点，合金中共晶体的含量越多。

4）合金Ⅳ（过共晶合金）的结晶过程

如图 4.5 中Ⅳ所示，合金Ⅳ的结晶过程可用下列流程表示：

$$\mathrm{L}\longrightarrow \mathrm{L}+\beta_{初}\longrightarrow \mathrm{L}+(\alpha+\beta)+\beta_{初}\longrightarrow \beta_{初}+(\alpha+\beta)+\alpha_{\mathrm{II}} \tag{4-12}$$

它的结晶过程与亚共晶合金相似，也包括匀晶反应、共晶反应和二次结晶等三个转变阶段；不同之处是初生相为 β 固溶体，二次结晶过程为 $\beta\longrightarrow\alpha_{\mathrm{II}}$。所以室温组织为 $\beta+\alpha_{\mathrm{II}}+(\alpha+\beta)$。

3. 标注组织的共晶相图

我们研究相图的目的是要了解不同成分的合金室温下的组织构成。因此，根据以上分析，将组织标注在相图上，以便很方便地分析和比较合金的性能，并使相图更具有实际意义。标注组织的 Pb－Sn 合金相图如图 4.9 所示。从图中可以看出，在室温下，f 点及其左边成分的合金的组织为单相 α，g 点及其右边成分的合金的组织为单相 β，$f-g$ 之间成分的合金的组织由 α 和 β 两相组成。即合金系的室温组织自左至右相继为：α、$\alpha+\beta_{\text{II}}$、$\alpha+\beta_{\text{II}}+(\alpha+\beta)$、$(\alpha+\beta)$、$\beta+\alpha_{\text{II}}+(\alpha+\beta)$、$\beta+\alpha_{\text{II}}$、$\beta$。

由于各种成分的合金冷却时所经历的结晶过程不同，组织中所得到的组织组成物及其数量是不相同的，这是决定合金性能最本质的方面。

4.2.3 包晶相图

两组元在液态无限互溶，在固态有限互溶，冷却时发生包晶反应所构成的相图称为包晶相图。具有这种相图的合金系主要有 Pt－Ag、Ag－Sn、Sn－Sb 等。

现以 Pt－Ag 合金相图为例，对包晶相图及其合金的结晶过程进行简要分析。

1. 相图分析

Pt－Ag 相图如图 4.10 所示，主要由以下几个部分构成。

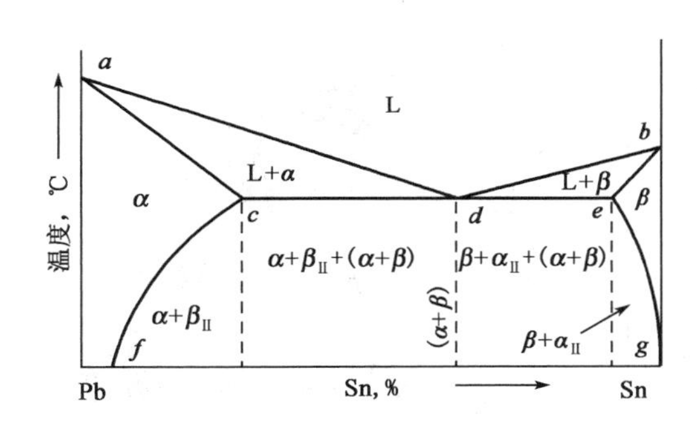

图 4.9 标注组织的共晶相图

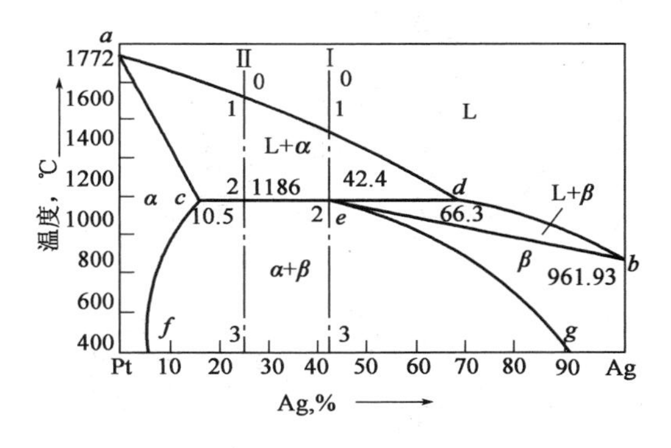

图 4.10 Pt－Ag 合金相图

1）点

a 点为 Pt 的熔点；b 点为 Ag 的熔点；e 点为包晶点。

2）线

adb 为液相线，$aceb$ 为固相线，cf 及 eg 分别为 Ag 溶于 Pt 和 Pt 溶于 Ag 的溶解度曲线，ced 为线为包晶线。

3）相区

相图中有三个单相：液相 L、固相 α 及 β，α 为 Ag 溶于 Pt 的固溶体，β 为 Pt 溶于 Ag 的固溶体。

相图中有三个单相区：L、α、β；三个两相区：L＋α、L＋β、$\alpha+\beta$；还有一个 L、α 及 β 三相共存的水平线，即 ced 线。

e 点成分的合金冷却到 e 点所对应的温度（包晶温度）时发生以下反应：

$$\alpha_e + L_d \xrightleftharpoons{1186℃} \beta_e \tag{4-13}$$

这种由一种液相与一种固相在恒温下相互作用而转变为另一种固相的反应称为包晶反应。

2. 典型合金的结晶过程

1）合金Ⅰ的结晶过程

合金Ⅰ的结晶过程如图 4.11 所示。液态合金冷却到 1 点温度以下时结晶出 α 固溶体，L 相成分沿 ad 线变化，α 相成分沿 ac 线变化。合金刚冷到 2 点温度而尚未发生包晶反应前，合金由 d 点成分的 L 相与 c 点成分的 α 相组成。此两相在 e 点温度时发生包晶反应，生成的 β 相包围 α 相而形成。反应结束后，L 相与 α 相正好全部反应耗尽，形成 e 点成分的 β 固溶体。温度继续下降时，从 β 中析出 α_{II}。最后室温组织为 $\beta+\alpha_{\text{II}}$。

2）合金Ⅱ的结晶过程

合金Ⅱ的结晶过程如图 4.12 所示。液态合金冷却到 1 点温度以下时结晶出 α 相，刚至 2 点温度时合金由 d 点成分的液相 L 和 c 点成分的 α 相组成，两相在 2 点温度发生包晶反应，生成 β 固溶体。与合金Ⅰ不同，合金Ⅱ在包晶反应结束之后，仍剩余有部分 α 固溶体。在随后的冷却过程中，β 和 α 中将分别析出 α_{II} 和 β_{II}，所以最终室温组织为 $\alpha+\beta+\alpha_{\text{II}}+\beta_{\text{II}}$。

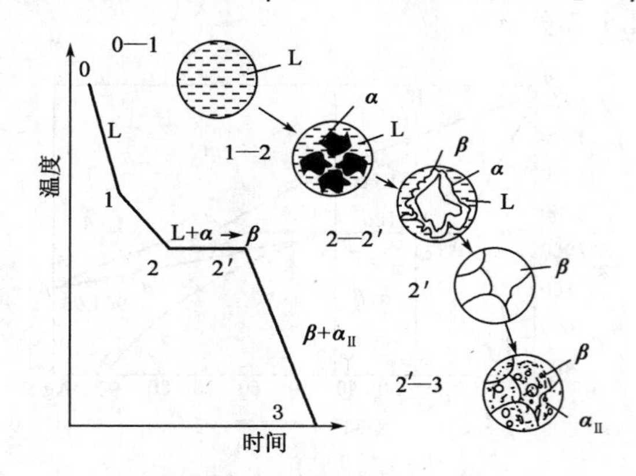

图 4.11　合金Ⅰ结晶过程示意图

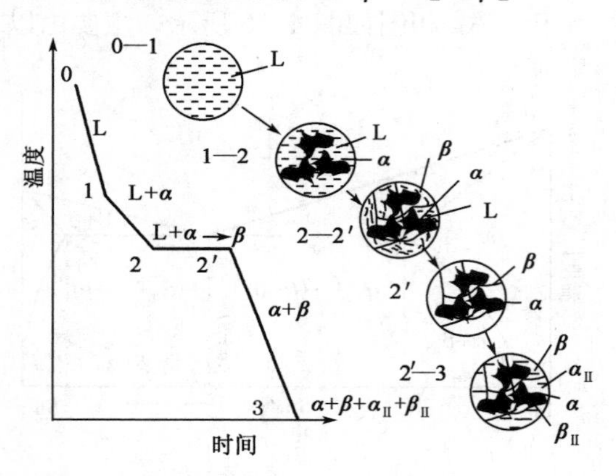

图 4.12　合金Ⅱ结晶过程示意图

4.2.4　共析相图与形成稳定化合物的相图

除了上述三个基本相图以外，还经常用到一些特殊相图，如共析相图、含有稳定化合物的相图等。

1. 共析相图

如图 4.13 所示，其下半部分为共析相图，形状与共晶相图相似。d 点成分（共析成分）的合金（共析合金）从液相经匀晶反应生成 γ 相后，继续冷却到 d 点温度（共析温度）时，发生共析反应，共析反应的形式类似于共晶反应，而区别在于它是由一个固相（γ 相）在恒温下同时析出两个不同固相（c 点成分的 α 相和 e 点成分的 β 相）。

反应式为：

$$\gamma_d \xrightleftharpoons{恒温} \alpha_c + \beta_e \tag{4-14}$$

此两相的混合物称为共析体（层片相间）。合金系中各种成分合金的结晶过程分析与共晶相图类似。但因共析反应是在固态下进行的，所以共析产物比共晶产物要细密得多。

2. 形成稳定化合物的相图

在有些二元合金系中组元间可能形成稳定化合物。稳定化合物具有一定的化学成分、固定的熔点，且熔化前不分解，也不发生其他化学反应。图 4.14 为 Mg－Si 相图，稳定化合物在相图中是一条垂线，可以把它看作成一个独立组元而把相图分为两个独立部分。

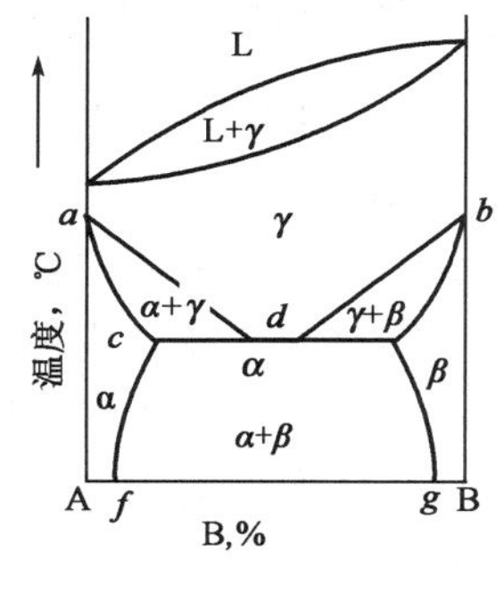

图 4.13　共析相图

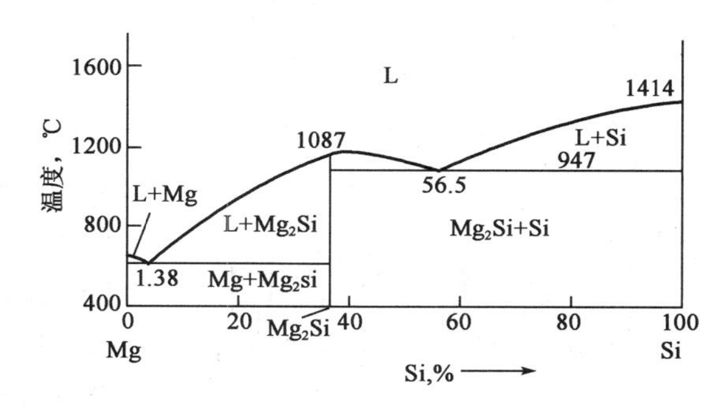

图 4.14　Mg－Si 合金相图

4.3　相图与合金性能的关系

4.3.1　相图与合金使用性能的关系

相图反映出不同成分合金室温时的组成相和平衡组织，而组成相的本质及其相对含量、分布状况又将影响合金的性能。图 4.15 表明了相图与使用性能的关系。

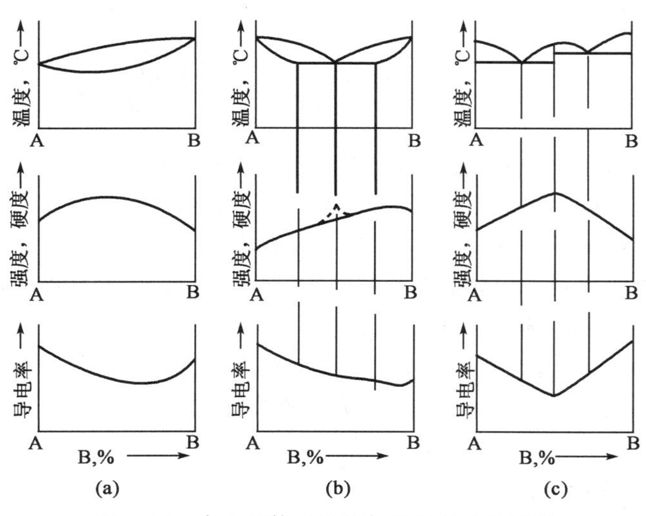

图 4.15　合金的使用性能与相图关系示意图

组织为固溶体的合金，由于固溶强化，随溶质元素含量的增加，合金的强度和硬度也随之增加。如果是无限互溶的合金，则在溶质质量为 50％附近时其强度和硬度最高，性能与合金成分之间呈曲线关系，如图 4.15（a）所示。固溶体合金的导电率随着溶质组元含量的增加，晶格畸变增大，增加了合金中自由电子的运动阻力，导致合金的电阻率减小。

从图 4.15（b）中可以看出，共晶系合金，其性能与合金成分大体呈直线关系，是两相性能的算术平均值，即合金的强度、硬度、电导率与成分呈直线关系。但两相十分细密时，合金的强度、硬度将偏离直线关系而出现峰值，如图 4.15（b）中虚线所示。

形成稳定化合物的合金，其性能成分曲线在化合物成分处出现拐点，如图 4.15（c）所示。

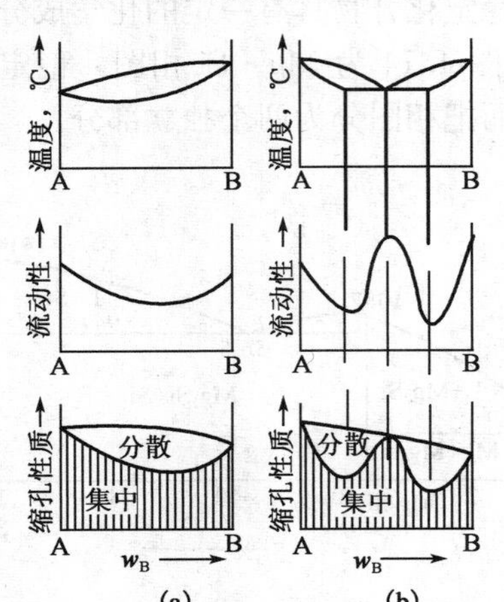

图 4.16　合金的铸造性能与相图关系示意图

4.3.2　相图与工艺性能的关系

合金的工艺性能与相图也有密切的关系。图 4.16 为合金铸造性能与相图的关系示意图。合金的铸造性能主要表现为流动性、缩孔、裂纹、偏析等。液相线与固相线间隔越大，流动性越差，越容易产生偏析；在结晶过程中，若结晶树枝比较发达，则会阻碍液体流动，从而使流动性变差，并会在枝晶内部与枝晶之间产生分散缩孔，这对铸造不利。所以铸造合金常选共晶成分或靠近共晶成分的合金，或选择结晶温度间隔较小的成分的合金。

单相固溶体合金具有较好的塑性，变形抗力小，变形较均匀，故压力加工性能良好，但切削加工性能差。

形成两相混合物的合金的塑性不如单相固溶体合金好，特别是其中含有硬而脆的相，而且是沿着另一相的晶界呈网状分布时，其塑性更差。当合金中含有低熔点共晶体时，热压力加工性能更坏。因而在加热过程中，低熔点共晶体将被熔化，并沿晶界分布，故在压力加工时易发生断裂，这种现象称之为“热脆”。但形成两相混合物的合金切削加工性能，通常均优于单相固溶体合金。

4.4　铁碳合金相图

在二元合金中，铁碳合金是现代工业使用最为广泛的合金，同时也是国民经济的重要物质基础。根据含碳量多少，可以分为碳钢和铸铁两类。含碳量在 0.0218%～2.11%的铁碳合金称为碳钢。含碳量大于 2.11%的铁碳合金成为铸铁。

铁碳合金相图是研究在平衡状态下铁碳合金成分、组织和性能之间的关系及其变化规律的重要工具，也是制定各种热加工工艺的依据。

铁碳合金相图是用实验方法做出的温度—成分坐标图。当铁碳合金的含碳量超过 6.69%时，合金太脆无法应用，所以人们研究铁碳合金相图时，主要研究简化后的 Fe-Fe_3C 相图。

4.4.1　铁碳合金相图的相

1. 基本相

1）铁素体

碳溶于 α-Fe 中形成的间隙固溶体，称为铁素体，用 F 或 α 表示；铁素体的晶格结构仍能保持α－Fe体心立方晶格，碳原子位于晶格间隙处。虽然体心立方晶格原子排列不如面心立方紧密，但因晶格间隙分散，原子难以溶入。碳在α－Fe中的溶解度很低，727℃最大，为0.0218％，室温时为0.0008％；其强度和硬度很低，具有良好的塑性和韧性。

2）奥氏体

碳在γ－Fe中形成的间隙固溶体称为奥氏体，用A或γ表示。由于γ－Fe为面心立方结构，碳原子半径较小，溶碳能力较大，在1148℃时可达2.11％。随着温度的下降溶碳能力逐渐减小。在727℃时溶碳量为0.77％。奥氏体的力学性能与其溶碳量及晶粒大小有关。一般来说，奥氏体的硬度较低，而塑性较高，易于塑性成型，其硬度为170～220HBS，延伸率δ为40％～50％。

3）渗碳体

渗碳体是具有复杂晶格的间隙化合物，每个晶胞中有一个碳原子和三个铁原子，所以渗碳体的含碳量为6.69％。渗碳体以Fe_3C表示。渗碳体的熔点约为1227℃，硬度很高（＞800HV），脆性极大，塑性和韧度几乎为零。

渗碳体在钢和铸铁中，一般呈片状、网状或球状存在。它的形状和分布对钢的性能影响很大，是铁碳合金的重要强化相。同时渗碳体又是一种亚稳定相，在一定的条件下会发生分解，形成石墨状的自由碳，即：$Fe_3C \longrightarrow 3Fe + C$（石墨）。

2. 两相机械混合物

1）珠光体

珠光体是铁素体和渗碳体的机械混合物，是交替排列的片层状组织，如同指纹。用P表示。其强度和硬度高，有一定的塑性。

2）莱氏体

莱氏体是奥氏体和渗碳体的机械混合物，称为莱氏体，常用符号L_d表示。其硬度很高，脆性很大。由于奥氏体在727℃转变为珠光体，所以，室温时的莱氏体是由珠光体和渗碳体组成，为区分起见，将727℃以上的莱氏体称为高温莱氏体，用符号L_d表示；将727℃以下的莱氏体称为低温莱氏体，用符号L_d'表示。低温莱氏体的白色基体为渗碳体，黑色麻点和黑色条状物为珠光体。低温莱氏体的硬度很高，脆性很大，耐磨性能好，常用来制造犁铧、冷轧辊等耐磨性要求高，工作时不受冲击的工件。

4.4.2　铁碳合金相图分析

1. 相图中的点、线、区

1）点

图4.17是Fe－Fe_3C相图。相图中各点温度、含碳量及含义见表4.1。字母符号属通用，一般不随意改变。

表4.1　相图中各点的温度、含碳量及含义

符　号	温度,℃	含碳量,％	说　　明
A	1538	0	纯铁的熔点
B	1495	0.53	包晶转变时液态合金的成分

续表

符　号	温度,℃	含碳量,%	说　　明
C	1148	4.30	共晶点
D	1227	6.69	Fe_3C 的熔点
E	1148	2.11	碳在 γ－Fe 中的最大溶解度
F	1148	6.69	Fe_3C 的成分
G	912	0	α－Fe⇌γ－Fe 同素异构转变点
H	1495	0.09	碳在 δ－Fe 中的最大溶解度
J	1495	0.17	包晶点
K	727	6.69	Fe_3C 的成分
N	1394	0	γ－Fe⇌δ－Fe 同素异构转变点
P	727	0.0218	碳在 α－Fe 中的最大溶解度
S	727	0.77	共析点
Q	室温	0.0008	室温时碳在 α－Fe 中的最大溶解度

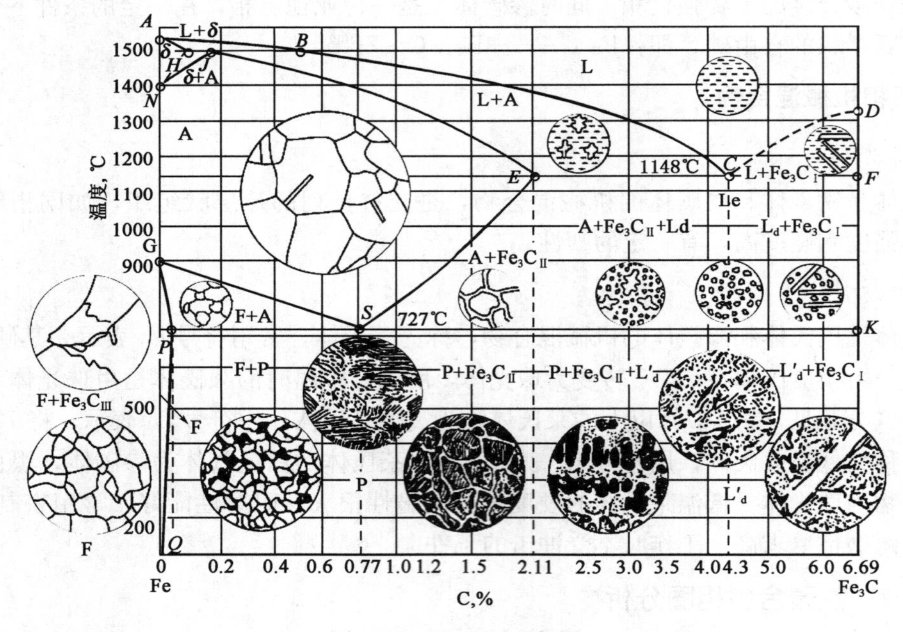

图 4.17　Fe－Fe_3C 相图

2）线

（1）相图中的 *ABCD* 为液相线；*AHJECF* 为固相线。

（2）水平线 *HJB* 为包晶反应线。碳含量在 0.09%～0.53%之间的铁碳含金在平衡结晶过程中均发生包晶反应。

（3）水平线 *ECF* 为共晶反应线。碳含量在 2.11%～6.69%之间的铁碳合金，在平衡结晶过程中均发生共晶反应。

（4）水平线 *PSK* 为共析反应线。碳含量在 0.0218%～6.69%之间的铁碳合金，在平衡结晶过程中均发生共析反应。*PSK* 线在热处理中亦称 A_1 线。

(5) GS 线是合金冷却时自 A 中开始析出 F 的临界温度线，通常称 A_3 线。

(6) ES 线是碳在 A 中的固溶线，通常称 A_{cm}线。由于在 1148℃时 A 中溶碳量最大可达 2.11%，而在 727℃时仅为 0.77%，因此碳含量大于 0.77%的铁碳合金自 1148℃冷至 727℃的过程中，将从 A 中析出 Fe_3C。析出的渗碳体称为二次渗碳体（Fe_3C_{II}）。A_{cm}线亦是从 A 中开始析出 Fe_3C_{II} 的临界温度线。

(7) PQ 线是碳在 F 中的固溶线。在 727℃时 F 中溶碳量最大可达 0.0218%，室温时仅为 0.0008%，因此碳含量大于 0.0008%的铁碳合金自 727℃冷至室温的过程中，将从 F 中析出渗碳体，称为三次渗碳体（Fe_3C_{III}）。PQ 线亦为从 F 中开始析出 Fe_3C_{III} 的临界温度线。

Fe_3C_{III} 数量极少，往往可以忽略。下面分析铁碳合金平衡结晶过程时，除工业纯铁外均忽略这一析出过程。

3）相区

相图中有五个基本相，相应有五个单相区，即液相区（L）、δ 固溶体区（δ）、奥氏体区（A 或 γ）、铁素体区（F 或 α）、渗碳体“区”（Fe_3C）。

图中还有 7 个两相区，分别为：L+δ、L+A、L+Fe_3C、δ+A、F+A、A+Fe_3C 及 F+Fe_3C，它们分别位于两相邻的单相区之间。

图中有三个三相共存点和线：J 点和 HJB 线（L+δ+A）、C 点和 ECF 线（L+A+Fe_3C）、S 点和 PSK 线（A+F+ Fe_3C）。

2. 相图中的恒温转变—包晶转变、共晶转变、共析转变

1）包晶转变（HJB 线）

HJB 线为包晶转变线，它所对应的温度（1495℃）称为包晶温度，J 点为包晶点。碳含量在 0.09%～0.53%之间的铁碳含金在平衡结晶过程中均发生包晶反应，反应式为：

$$L_{0.53} + \delta_{0.09} \xrightarrow{1495℃} A_{0.17} \tag{4-15}$$

2）共晶转变（ECF 线）

共晶转变发生于 1148℃，这个温度称为共晶温度，C 点为共晶点，其反应式为：

$$L_{4.3} \xrightarrow{1148℃} A_{2.11} + Fe_3C \tag{4-16}$$

共晶转变同样是在恒温下进行的，共晶反应的产物是奥氏体和渗碳体的机械混合物，称为莱氏体，用字母 L_d 表示。L_d 中的渗碳体称为共晶渗碳体。凡含碳量在 2.11%～6.69%内的铁碳合金冷却至 1148℃时，将会发生共晶转变，形成莱氏体组织。在显微镜下观察，莱氏体组织是块状或粒状的奥氏体 A 分布在连续的渗碳体基体之上的。

3）共析转变（PSK 线）

PSK 线为共析转变线，它所对应的温度 727℃称为共析温度，用 A_1 表示。S 点称为共析点，其反应式为：

$$A_{0.77} \xrightarrow{727℃} F_{0.0218} + Fe_3C \tag{4-17}$$

共析转变也是在恒温下进行的，反应产物是铁素体与渗碳体的混合物，称为珠光体，用 P 表示。P 中的渗碳体称为共析渗碳体。在显微镜下观察 P 的形态呈层片状。在放大倍数很高时，可清楚看到相间分布的渗碳体片（窄条）与铁素体片（宽条）。

P 的强度较高，塑性、韧度和硬度介于渗碳体和铁素体之间，其力学性能如下：

(1) 抗拉强度（σ_b）为 770MPa；

(2) 延伸率（δ）为 20%～35%；

(3) 冲击韧度（α_k）为 30～40J/cm^2；

(4) 硬度（HB）为 180kgf/mm^2。

4.4.3 典型铁碳合金结晶过程

铁碳合金相图上的各种合金，按其含碳量及组织的不同，常分为 3 类。

(1) 工业纯铁（含碳量＜0.0218%），其显微组织为铁素体。

(2) 钢（含碳量为 0.0218%～2.11%），其特点是高温固态组织为具有良好塑性的奥氏体，因而宜于锻造。根据室温组织的不同，分为 3 种：

①亚共析钢（含碳量＜0.77%），组织是铁素体和珠光体。

②共析钢（含碳量为 0.77%），组织为珠光体。

③过共析钢（含碳量＞0.77%），组织是珠光体和二次渗碳体。

(3) 白口铸铁（含碳量 2.11%～6.69%），其特点是液态结晶时都有共晶转变，因而有较好的铸造性能。它们的断口有白亮光泽，故称白口铸铁。根据室温组织的不同，白口铸铁又可分为 3 种：

①亚共晶白口铸铁（含碳量＜4.3%），组织是珠光体、二次渗碳体和低温莱氏体。

②共晶白口铸铁（含碳量为 4.3%），组织是低温莱氏体。

③过共晶白口铸铁（含碳量 4.3%～6.69%），组织是低温莱氏体和一次渗碳体。

现以上述七种典型铁碳合金为例，图 4.18 分析其结晶过程和在室温下的显微组织。

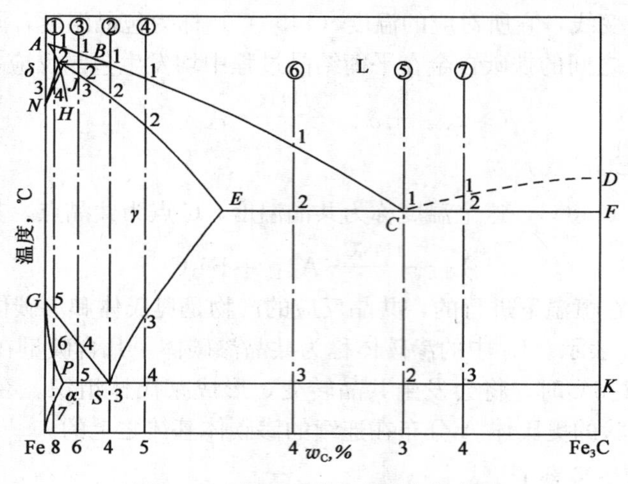

图 4.18 典型铁碳合金的化学成分

1. 工业纯铁

以含碳量为 0.01%的铁碳合金为例，在铁碳相图上的位置如图 4.18①所示，其冷却曲线和平衡结晶过程如图 4.19 所示。

合金在 1 点以上为液相 L。冷却至稍低于 1 点时，发生匀晶转变，开始从相 L 中结晶出 δ，至 2 点合金全部结晶为 δ。从 3 点起，δ 开始向奥氏体（A）转变，这一转变至 4 点结束。4—5 点间 A 冷却不变。冷却至 5 点时，从 A 中开始析出铁素体（F）。F 在 A 晶界处生核并长大，至 6 点时 A 全部转变为 F。在 6—7 点间 F 不变。铁素体冷却到 7 点时，碳在铁素体中的溶解量呈饱和状态，继续降温时，将析出少量沿 F 晶界分布的 $Fe_3C_{Ⅲ}$。因此合金的室温平衡组织为 $F+Fe_3C_{Ⅲ}$，显微组织如图 4.20 所示。

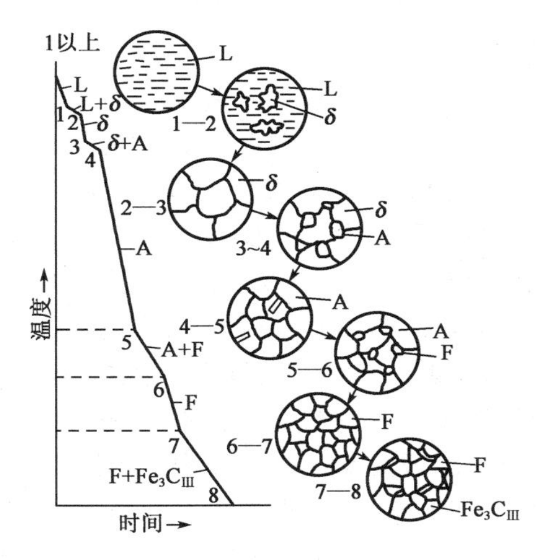

图 4.19 工业纯铁结晶过程示意图

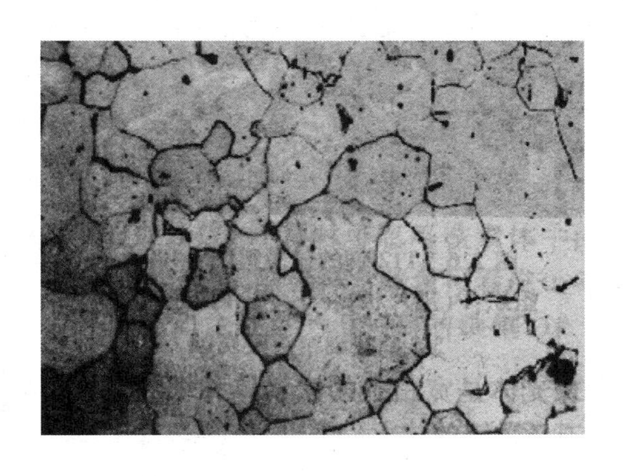

图 4.20 工业纯铁的显微组织（200×）

2. 共析钢

共析钢在铁碳相图上的位置如图 4.18 中②所示，共析钢冷却曲线和平衡结晶过程如图 4.21 所示。

合金冷却时，从 1 点起发生匀晶转变从相 L 中结晶出 A，至 2 点结晶结束，全部转变为 A。2 至 3 点为 A 的冷却过程冷却至 3 点即 727℃时，A 发生共析反应生成 P。珠光体中的渗碳体称为共析渗碳体。当温度由 727℃继续下降时，铁素体沿固溶线 *PQ* 改变成分，析出少量 $Fe_3C_{Ⅲ}$。$Fe_3C_{Ⅲ}$ 常与共析渗碳体连在一起，不易分辨，且数量极少，可忽略不计。图 4.22 是共析钢的显微组织，该组织为珠光体，是呈片层状的两相机械混合物。

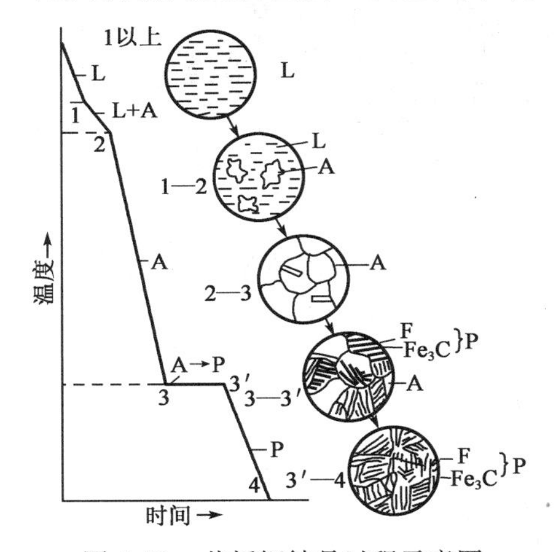

图 4.21 共析钢结晶过程示意图

图 4.22 共析钢的纤维组织图（400×）

因此共析钢的室温组织组成物为 P，而组成相为 F 和 Fe_3C，它们的相对质量为：

$$F\% = \frac{6.69-0.77}{6.69-0.0008}\times 100\% \approx 88.5\%;Fe_3C\% = 1-F\% = 11.5\% \quad (4-18)$$

3. 亚共析钢

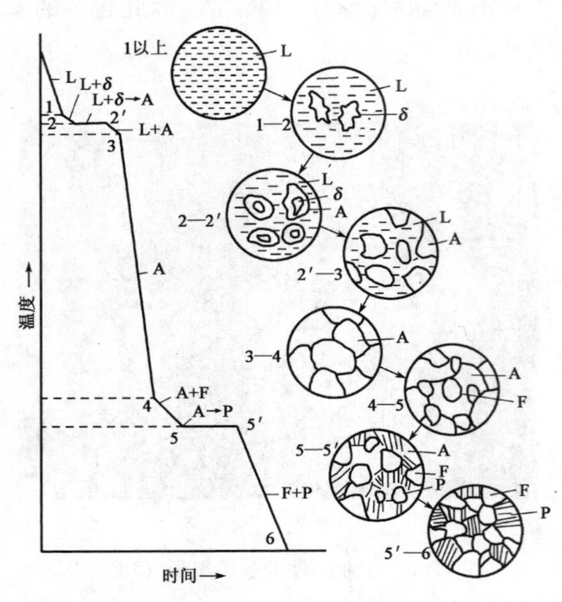

图 4.23　亚共析钢结晶过程示意图

以含碳量为0.4%的铁碳合金为例，在铁碳相图上的位置如图 4.18 中③所示，其冷却曲线和平衡结晶过程如图 4.23 所示。

合金冷却时，从 1 点起发生匀晶转变从 L 中结晶出 δ，至 2 点即 1495℃时，L 成分的 w_C 变为0.53%，δ 铁素体的 w_C 为0.09%，此时在恒温下发生包晶反应生成 $A_{0.17}$，反应结束后尚有多余的L。2 点以下，自 L 中不断结晶出 A，A 的浓度沿着 JE 线变化，至 3 点合金全部凝固成 A。温度由 3 点降至 4 点，是奥氏体单相冷却过程，没有相和组织的变化。继续降至 4 点时，由 A 中开始析出 F，F 在 A 晶界处优先生核并长大，而 A 和 F 的成分分别沿 GS 和 GP 线变化。至 5 点时，A 成分 w_C 变为 0.77%，F 成分 w_C 变为 0.0218%。此时未转变的 A 发生共析反应，转变为 P，而 F 不变化。从 5 继续冷却至 6 点，合金组织不发生变化，因此室温平衡组织为 F+P。F 呈白色块状；P 呈层片状，放大倍数不高时呈黑色块状。碳含量大于 0.6%的亚共析钢，室温平衡组织中的 F 常呈白色网状，包围在 P 周围，如图 4.24 所示。

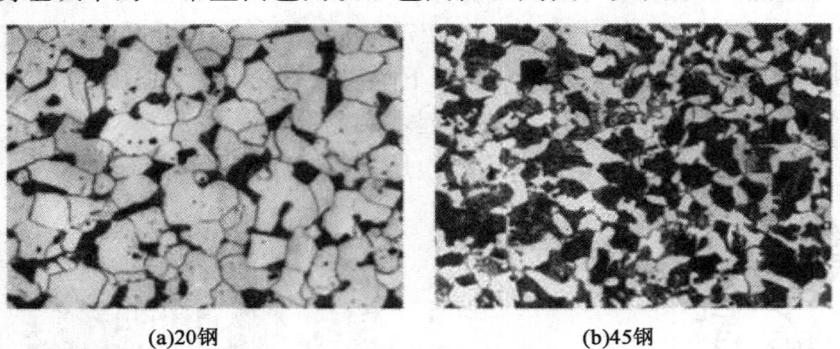

图 4.24　亚共析钢的显微组织（400×）

室温下，w_C 为 0.4%的亚共析钢的组织组成物（F 和 P）的相对质量为：

$$P\% = \frac{0.4 - 0.0218}{0.77 - 0.0218} \times 100\% \approx 50.5\%$$

$$F\% = 1 - P\% = 49.5\% \tag{4-19}$$

组成相（F 和 Fe_3C）的相对质量为：

$$F\% = \frac{6.69 - 0.4}{6.69 - 0.0008} \times 100\% \approx 94\%$$

$$Fe_3C\% = 1 - 94\% = 6\% \tag{4-20}$$

由于室温下 F 的含碳量极微，若将 F 中的含碳量忽略不计，则钢中的含碳量全部在 P 中，所以亚共析钢的含碳量可由其室温平衡组织来估算。即根据 P 的含量可求出钢的含碳量为：C%≈P%×0.77%。由于 P 和 F 的密度相近，钢中 P 和 F 的含量（质量分数）可以近似用对应的面积百分数来估算。

4. 过共析钢

以碳含量为1.2%的铁碳合金为例，在铁碳相图上的位置如图4.18中④所示，其冷却曲线和平衡结晶过程如图4.25所示。

合金冷却时，合金在1—2点之间按匀晶过程转变为奥氏体，至2点结晶结束，合金为单相奥氏体。2—3点间为单相奥氏体的冷却过程。自3点开始，由于奥氏体的溶碳能力降低，奥氏体晶界处析出二次渗碳体，Fe_3C_{II} 呈网状分布在奥氏体晶界上。温度在3—4之间，随着温度不断降低，析出的二次渗碳体也逐渐增多，与此同时，奥氏体的含碳量也逐渐沿ES线降低，当冷却至727℃即4点时奥氏体的成分达到S点（w_C 为0.77%），发生共析反应，形成珠光体，而此时先析出的 Fe_3C_{II} 保持不变。在4—5点间冷却时组织不发生转变。因此室温平衡组织为 $Fe_3C_{II}+P$。在显微镜下，Fe_3C_{II} 呈网状分布在层片状的P周围，显微组织如图4.26所示。

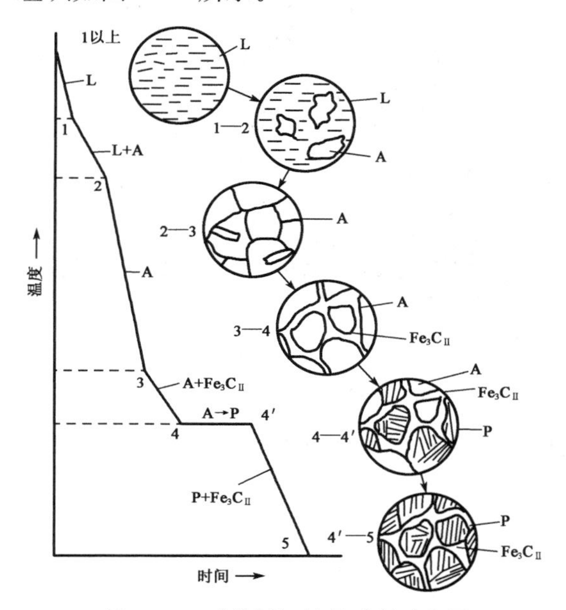

图4.25　过共析钢结晶过程示意图

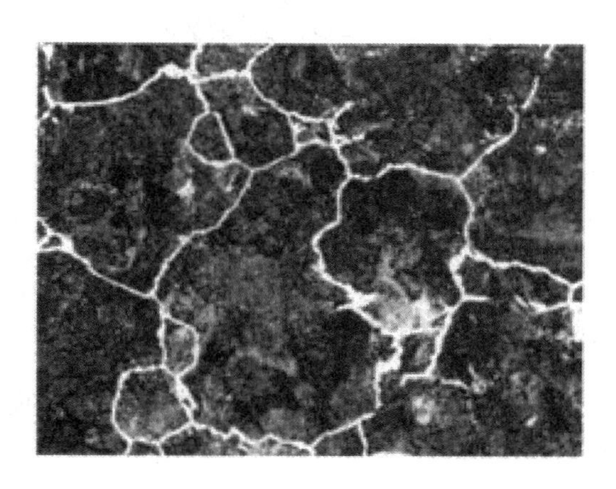

图4.26　过共析钢的显微组织（400×）

室温下，w_C 为1.2%过共析钢的组成相为F和 Fe_3C；组织组成物为P和 Fe_3C_{II}，它们的相对质量为：

$$P\% = \frac{6.69-1.2}{6.69-0.77} \times 100\% \approx 92.7\%$$

$$Fe_3C_{II}\% = 1 - P\% = 7.3\% \qquad (4-21)$$

5. 共晶白口铸铁

共晶白口铸铁在相图上的位置如图4.18中⑤所示，共晶白口铸铁的冷却曲线和平衡结晶过程如图4.27所示。

合金冷却到到1点发生共晶反应，由L转变为（高温）莱氏体 L_d，即

$$L_{4.3} \xrightarrow{1148℃} A_{2.11} + Fe_3C \qquad (4-22)$$

转变结束后，合金组织全部为莱氏体 L_d，其中的奥氏体称为共晶奥氏体 $A_{共晶}$，而渗碳

体称为共晶渗碳体 $Fe_3C_{共晶}$。它们的相对含量为：

$$A_{共晶}\%=\frac{6.69-4.3}{6.69-2.11}\times 100\%\approx 52.2\%$$

$$Fe_3C_{共晶}\%=1-52.2\%=47.8\% \tag{4-23}$$

在 1－2 点间，从共晶奥氏体中不断析出二次渗碳体 Fe_3C_{II}。Fe_3C_{II} 与共晶渗碳体 Fe_3C 无界线相连，在显微镜下无法分辨，但此时的莱氏体由 $A+Fe_3C_{II}+Fe_3C$ 组成。由于 Fe_3C_{II} 的析出，至 2 点时 A 的碳含量降为 0.77%，将发生共析反应转变为 P；高温莱氏体 L_d 转变成低温莱氏体 L_d'（$P+Fe_3C$）。从 2 至 3 点组织不变化。所以室温平衡组织仍为 L_d'，由黑色条状或粒状 P 和白色 Fe_3C 基体组成，如图 4.28 所示。

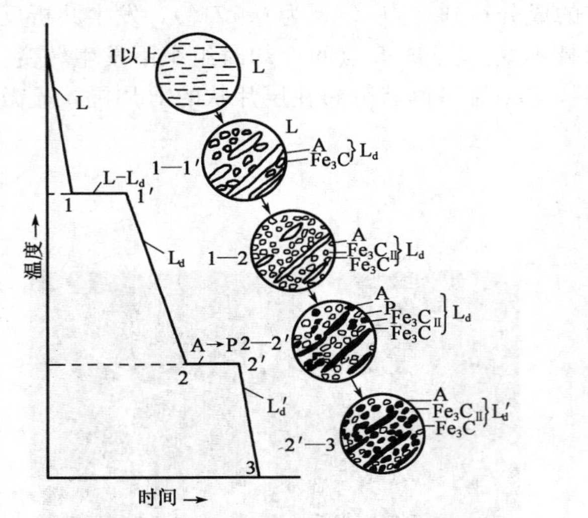

图 4.27　共晶白口铸铁结晶过程示意图

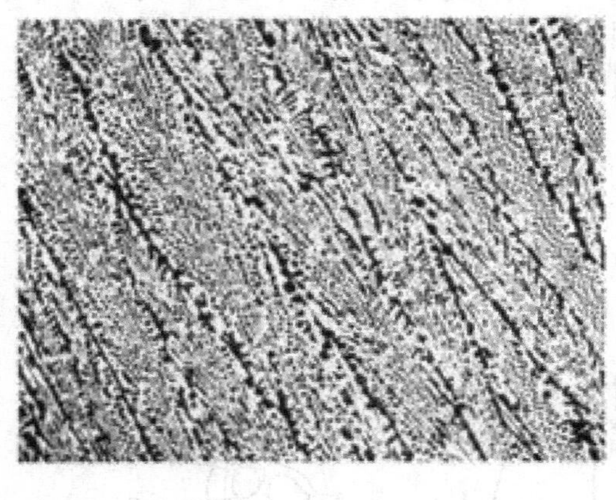

图 4.28　共晶白口铸铁的显微组织（400×）

共晶白口铸铁的组织组成物全为 L_d'，而组成相还是 F 和 Fe_3C，它们的相对质量可用杠杆定律求出。

6. 亚共晶白口铸铁

以碳含量为 3%的铁碳合金为例，在铁碳相图上的位置如图 4.18⑥所示，其冷却曲线和平衡结晶过程如图 4.29 所示。

在 1—2 点之间，液体发生匀晶转变，结晶出初晶奥氏体，随着温度的下降，生成的奥氏体成分沿 JE 线变化，而液相的成分沿 BC 线变化，当温度降至 2 点时，初晶奥氏体成分为 E 点（w_C 为 2.11%），液相成分为 C 点（w_C 为 4.3%），在恒温（1148℃）下发生共晶转变，即

$$L_{4.3}\xrightarrow{1148℃}A_{2.11}+Fe_3C \tag{4-24}$$

L 转变为高温莱氏体，此时初晶奥氏体保持不变，因此共晶转变结束时的组织为初生奥氏体和莱氏体。当温度冷却至在 2～3 区间时，从初晶奥氏体和共晶奥氏体中都析出二次渗碳体。随着二次渗碳体的析出，奥氏体的成分沿着 ES 线不断降低，当温度降至 3 点（727℃）时，所有奥氏体成分 w_C 均变为 0.77%，奥氏体发生共析反应转均变为珠光体；高温莱氏体 L_d 也转变为低温莱氏体 L_d'。在 3 至 4 点，冷却不引起转变。因此室温平衡组织为 $P+Fe_3C_{II}+L_d'$。网状 Fe_3C_{II} 分布在粗大块状 P 的周围，L_d'则由条状或粒状 P 和 Fe_3C 基体

组成，如图 4.30 所示。

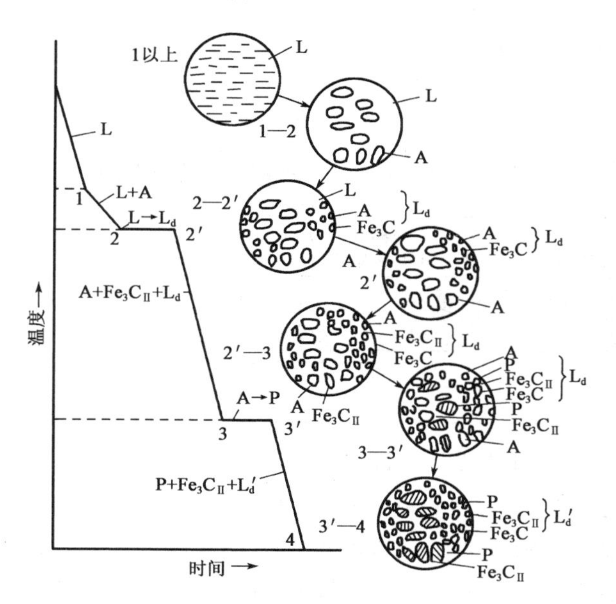

图 4.29　亚共晶白口铸铁结晶过程示意图

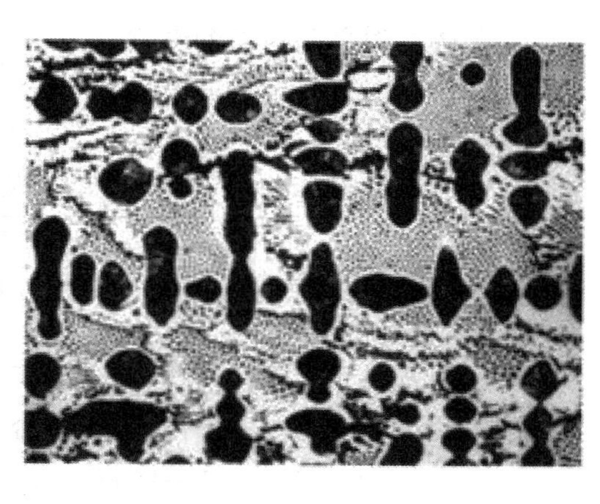

图 4.30　亚共晶白口铸铁的显微组织（400×）

室温下，亚共晶白口铸铁的组成相为 F 和 Fe_3C。组织组成物为 P、Fe_3C_{II} 和 L'_d。它们的相对质量可以利用两次杠杆定律求出。

室温下，亚共晶白口铸铁的组成相为 F 和 Fe_3C 的相对质量为：

$$F\%=\frac{6.69-3.0}{6.69}\times100\%\approx55.2\%$$

$$Fe_3C\%=1-55\%=45.8\% \qquad (4-25)$$

室温下，亚共晶白口铸铁的组织组成物的计算如下，以 w_C 为 3%的铁碳合金为例。

先求合金钢冷却到 2 点温度时初生 $A_{2.11}$ 和 $L_{4.3}$ 的相对质量：

$$A_{2.11}\%=\frac{4.3-3.0}{4.3-2.11}\times100\%\approx59.4\%$$

$$L_{4.3}\%=1-59\%=40.6\% \qquad (4-26)$$

$L_{4.3}$ 通过共晶反应全部转变为 L_d，并随后转变为低温莱氏体 L'_d，所以

$$L'_d\%=L_d\%=L_{4.3}\%=40.6\% \qquad (4-27)$$

再求 3 点温度时（共析转变前）由初生 $A_{2.11}$ 析出的 Fe_3C_{II} 及共析成分的 $A_{0.77}$ 的相对质量：

$$Fe_3C_{II}\%=\frac{2.11-0.77}{6.69-0.77}\times59\%\approx13.4\%$$

$$A_{0.77}\%=\frac{6.69-2.11}{6.69-0.77}\times59\%\approx46\% \qquad (4-28)$$

由于 $A_{0.77}$ 发生共析反应转变为 P，所以 P 的相对质量就是 46%。

7. 过共晶白口铸铁

过共晶白口铸铁的结晶过程与亚共晶白口铸铁大同小异，唯一的区别是：其先析出相是一次渗碳体（Fe_3C_I）而不是 A，而且因为没有先析出 A，进而其室温组织中除 L'_d 中的 P 以外再没有 P，即室温下组织为 $L'_d+Fe_3C_I$，组成相也同样为 F 和 Fe_3C，它们的质量分数

的计算仍然用杠杆定律计算。

4.4.4 含碳量对铁碳合金组织和性能的影响

1. 含碳量对平衡组织的影响

从图 4.31 中可以清楚地看出随着碳含量的变化，室温下铁碳合金组织变化的规律：

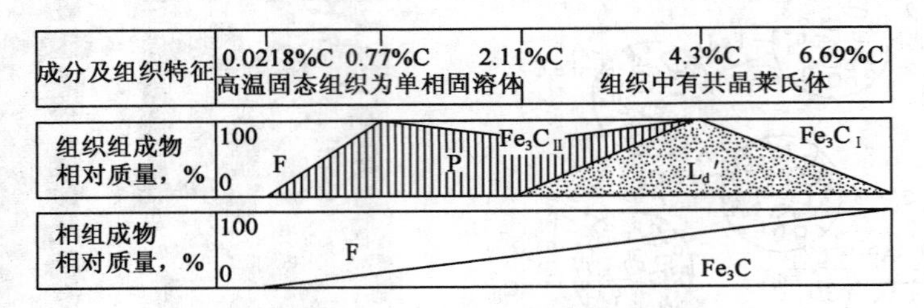

图 4.31 铁碳合金中相与组织的变化规律

$$F \rightarrow F+P \rightarrow P \rightarrow P+Fe_3C_{II} \rightarrow P+Fe_3C_{II}+L'_d \rightarrow L'_d \rightarrow L'_d+Fe_3C_I$$

从以上变化可以看出，铁碳合金的室温组织随碳质量分数的增加，铁素体的相对量减少，而渗碳体的相对量增加。当含碳量增高时，组织中不但渗碳体的数量增加，而且渗碳体的存在形式也在变化，即由分布在铁素体的基本内（如珠光体）变为分布在奥氏体的晶界上（Fe_3C_{II}）。最后当形成莱氏体时，渗碳体已作为基体出现。

根据铁碳相图，铁碳合金的室温组织均由 F 和 Fe_3C 两相组成，两相的相对重量由杠杆定律确定。随着碳含量的增加，F 的相对质量逐渐降低，而 Fe_3C 的相对质量呈线性增加。

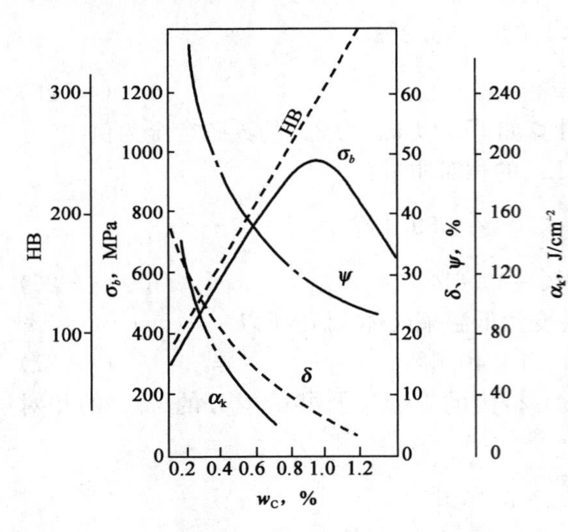

图 4.32 铁碳合金力学性能与含碳量之间的关系

2. 含碳量对铁碳合金力学性能的影响

不同含碳量的铁碳合金具有不同的组织，因而具有不同的性能。在铁碳合金中，渗碳体是硬而脆的强化相，而铁素体则是柔软的韧性相。铁碳合金的力学性能取决于铁素体和渗碳体的相对量及它们的相对分布情况。含碳量对碳钢力学性能的影响如图 4.32 所示。

硬度主要取决于组织中组成相的硬度及相对量，而组织形态的影响相对较小。随着碳含量的增加，Fe_3C 增多，所以合金的硬度呈直线关系增大。

强度是一个对组织形态很敏感的性能。如果合金的基体是铁素体，则随渗碳体数量的增多及分布越均匀，材料的强度也就越高。但是，当渗碳体相，分布在晶界上，特别是作为基体时，材料的强度将大大降低。

合金的塑性变形全部由 F 提供，所以随着碳含量的增大，当 F 量不断减小时，合金的塑性在连续下降，这也是高碳钢和白口铸铁脆性高的主要原因。

铁碳合金的冲击韧性对组织及其形态最为敏感，当含碳量增加时，脆性的渗碳体越多，不利的形态越严重，韧性下降较快，下降的趋势比塑性更急剧。

工业纯铁含碳量很低，室温组织可认为是由单相铁素体构成，故其塑性、韧度很好，强度和硬度很低。

亚共析钢室温组织是由铁素体和珠光体组成的。随着含碳量的增加，组织小的珠光体量也相应增加，钢的强度和硬度直线上升，而塑性指标相应降低。

共析钢的缓冷组织由片层状的珠光体构成。由于渗碳体是一个强化相，这种片层状的分布使珠光体具有较高的硬度和强度，但塑性指标较低。

过共析钢缓冷后的组织由珠光体和二次渗碳体所组成。随含碳量的增加，脆性的二次渗碳体数量也相应增加，到约 w_C 为 0.9%时 Fe_3C_{II} 沿晶界形成完整的网，强度便迅速降低，且脆性增加。所以工业用钢的含碳量一般不大于 1.4%。

$w_C>2.11\%$的白口铸铁，由于组织中渗碳体量太多，性能硬而脆，难以切削加工，在机械工程中很少直接应用。

第 5 章 金属热处理及表面改性

金属热处理是将金属材料在固态下通过加热、保温、冷却，以改变金属整体或表层的组织结构，从而获得所需性能的工艺。通过热处理可提高零件的强度、硬度及耐磨性并可改善钢的塑性和切削加工性，充分发挥金属材料的潜力，延长机器零件的使用寿命和节约金属材料。适当的热处理可以消除铸锻焊等热加工工艺造成的部分缺陷，细化晶粒、消除偏析、降低内应力，从而使材料的组织和性能更均匀。

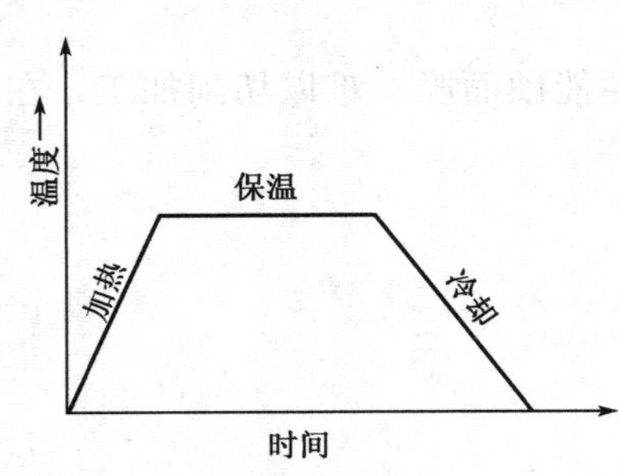

图 5.1 热处理工艺曲线示意图

热处理时金属组织转变的规律称为热处理原理，根据热处理原理制定的温度、时间及冷却方式、介质等参数称为热处理工艺，通常用热处理过程中温度与时间的曲线表示热处理工艺，如图 5.1 所示。

金属热处理可分为普通热处理、表面热处理和特殊热处理。普通热处理的主要特点是对工件整体进行加热，改变零件整体的组织和性能。表面热处理是仅对工件表层改变其化学成分、组织和性能的热处理工艺。特殊热处理包括形变热处理和真空热处理等。

5.1 钢的热处理原理

在实际热处理时，加热或冷却过程并不是极其缓慢，有过冷或过热现象，即需要有一定的过热或过冷，组织转变才能进行。因此，钢在实际加热时的临界转变温度分别用 Ac_1、Ac_3、Ac_{cm}表示，在实际冷却时的临界转变温度分别用 Ar_1、Ar_3、Ar_{cm}表示，如图 5.2 所示。由于加热或冷却速度直接影响转变温度，其通常以 30～50℃/h 的速度加热或冷却时测得的。

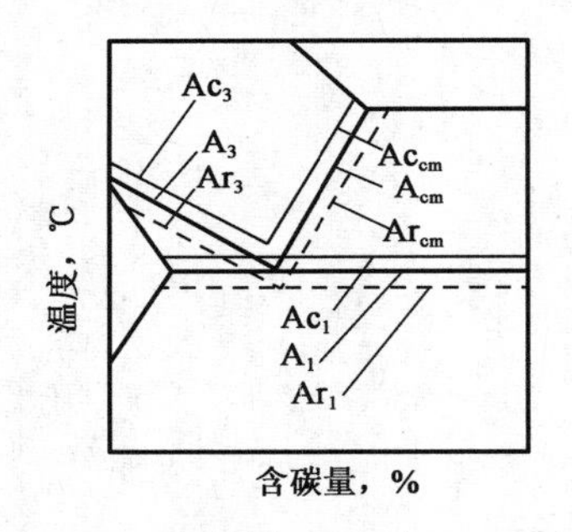

图 5.2 碳钢的临界温度

5.1.1 钢在加热时的组织转变

钢在室温下组织基本由铁素体相和渗碳体相构成，热处理加热目的是获得均匀的奥氏体组织，此奥氏体的形成过程称为奥氏体化。

1. 奥氏体的形成过程

钢在加热时奥氏体的形成过程是一个形核和长大的过程。共析钢奥氏体化过程可分为 4 个阶段，如图 5.3 所示。

第一阶段是奥氏体晶核形成，在 Ac_1 温度，珠光体处于不稳定状态，通常首先在铁素体和渗碳体相界上形成奥氏体晶核。第二阶段是奥氏体长大，在奥氏体晶核的两侧，铁素体不断向奥氏体转变和渗碳体不断向奥氏体内溶解，使得奥氏体晶粒不断长大。在奥氏体长大过程中，碳原子在奥氏体和铁素体中扩散是奥氏体化的重要条件。

第三阶段是剩余渗碳体溶解，由于铁素体向奥氏体转变的速度，比渗碳体向奥氏体溶解速度快得多，因而铁素体首先消失，而剩余渗碳体不断向奥氏体内溶解，直到全部溶解，得到单一奥氏体组织。第四阶段是奥氏体成分均匀化，剩余渗碳体刚溶解完成时奥氏体中的碳浓度仍然是不均匀的，在原渗碳体处的含碳量要高些。在其后的保温过程中，碳原子逐渐从高碳区向低碳区扩散，使奥氏体成分均匀化。由于碳原子扩散的速度缓慢，碳钢奥氏体化后必须有一定的保温时间。

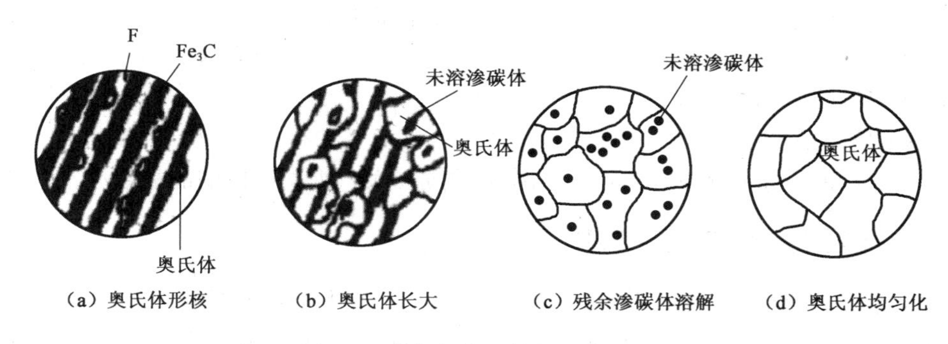

图 5.3　共析钢奥氏体的形成过程

亚共析钢的原始组织是片状珠光体+铁素体，当加热至 Ac_1 温度时，钢中原始的珠光体就转变为奥氏体，随着温度的进一步升高，铁素体不断溶入奥氏体中，奥氏体的含碳量不断降低，至 Ac_3 温度时，铁素体完全消失，最终得到单一的奥氏体组织。过共析钢的原始组织是片状珠光体+渗碳体。当加热至 Ac_1 温度时，钢中珠光体转变奥氏体，随着温度的进一步升高，渗碳体不断溶入奥氏体中，奥氏体的含碳量不断增高，直到 Ac_{cm} 温度时，渗碳体完全溶入奥氏体中，得到单一的奥氏体组织。

2. 奥氏体晶粒尺寸及其影响因素

奥氏体晶粒尺寸对冷却后钢的性能有重要的影响。一般来说，奥氏体晶粒越小，冷却转变的组织越细，钢的强度、塑性、韧性越高。因而在加热时，总是希望得到细小的奥氏体晶粒。生产中一般采用标准晶粒度等级图，由比较的方法来测定奥氏体晶粒大小。晶粒度通常分为 8 级，1～4 级为粗晶粒度，5～8 级为细晶粒度。

钢在奥氏体化过程中，奥氏体刚形成时的晶粒度称为起始晶粒度。起始晶粒度的大小受加热速度影响，加热速度越快，则起始晶粒度越大，晶粒越细小。

保温过程中，奥氏体的晶粒相互合并而长大。加热温度越高，保温时间越长，晶粒长大越明显。但是，不同成分的钢奥氏体长大的倾向是不一样的。为了比较奥氏体化后晶粒的长大倾向，通常要测定钢的本质晶粒度。其方法是：把钢加热到 930±10℃，并保温 3～8h 后，此时具有的晶粒度称为钢的本质晶粒度。

决定钢性能的晶粒度是钢的实际晶粒度，即在具体的热处理加热过程中，奥氏体化后得到的最终晶粒度。该晶粒度不仅与钢的成分有关，也决定于具体的热处理工艺。影响钢奥氏体晶粒大小的因素有：

（1）加热温度和保温时间。

奥氏体晶粒大小与原子扩散有密切关系，所以加热温度越高，保温时间越长，奥氏体晶粒就越大。

(2) 加热速度。

在加热温度相同时，加热速度越快，奥氏体的实际形成温度越高，其形核率和长大速度越大，奥氏体起始晶粒度越大，晶粒越细小。因而，在实际生产中，常利用快速加热、短时保温来获得细小的奥氏体晶粒。

(3) 钢的化学成分。

在一定范围内，随着奥氏体中碳含量增加，晶粒长大倾向增大，但碳含量超过一定值后，碳能以未溶碳化物状态存在，反而使晶粒长大倾向减小。另外，在钢中，用 Al 脱氧或加入 Ti、Zr、V、Nb 等强碳化物形成元素时，奥氏体晶粒长大倾向减小；而 Mn、P、C、N 等元素促使奥氏体晶粒长大。

(4) 钢的原始组织。

通常来说，钢的原始组织越细，碳化物弥散度越大，则奥氏体的晶粒越小。

5.1.2 钢在冷却时的组织转变

当奥氏体被冷却至 A_1 线以下时会发生组织转变，在不同冷却速度和转变温度下可转变为不同组织，性能上也有很大的差别。热处理工艺中冷却方式通常有等温冷却和连续冷却两种。

等温冷却就是钢在奥氏体化后，先以较快的冷却速度冷到 A_1 线以下一定的温度，进行保温，使奥氏体在该温度下发生组织转变。连续冷却就是奥氏体化后的钢，在温度连续下降的过程中发生组织转变。

1. 过冷奥氏体的等温转变图

将钢制成若干试样，将其加热到 A_1 线以上使其奥氏体化，然后将试样分别投入到 A_1 线以下不同温度的恒温盐浴中保温，测出奥氏体转变量与其对应的转变时间，获得不同温度保温时转变量与转变时间的关系曲线，称为等温转变图，也称 TTT 曲线。

1) 共析钢的等温转变图

共析钢的等温转变图如图 5.4 所示。因形状类似字母 C，也称作 C 曲线。在 C 曲线中，A_1 线以上是奥氏体稳定存在区；在 A_1 线以下、转变开始线以左的区域是奥氏体的不稳定存在区称为过冷奥氏体区，此区中的过冷奥氏体要经一段孕育期才开始发生组织转变；在转变终了线的右方是转变产物区；在两条曲线之间是转变过渡区，过冷奥氏体和转变产物同时存在；水平线 M_s 为马氏体转变开始温度线，M_f 为马氏体转变终了温度线，在 $M_s - M_f$ 之间为马氏体转变温度区。

过冷奥氏体在各个温度进行等温转变时，都要经过一段孕育期，即纵坐标到转变开始线之间的时间间隔。孕育期越长，表示过冷奥氏体越稳定。对于共析钢，在 550℃时孕育期最短，被称为 C 曲线的“鼻尖”。在 550℃以上，随过冷度增加孕育期缩短；在 550℃以下，随过冷度增加孕育期增加。

2) 影响 C 曲线的因素

钢的化学成分和奥氏体化过程会对 C 曲线的位置和形状产生重要影响。

(1) 含碳量的影响。

亚共析或过共析钢高温下的单相奥氏体在 A_3 或 A_{cm} 以下等温冷却会首先析出铁素体或二次渗碳体。因此，与共析钢相比，在 C 曲线上多了一条先共析相析出线，如图 5.5 所示。

对于碳钢，共析钢的过冷奥氏体最稳定，C 曲线最靠右。含碳量增加或减少都使 C 曲线左移，即过冷奥氏体越易于分解，稳定性越低。

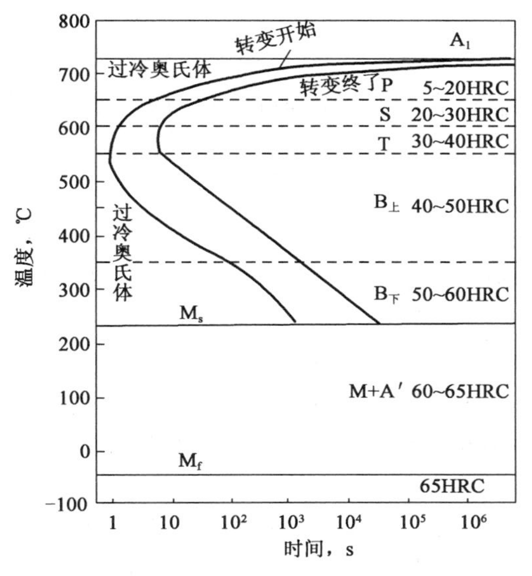

图 5.4 共析钢等温转变曲线

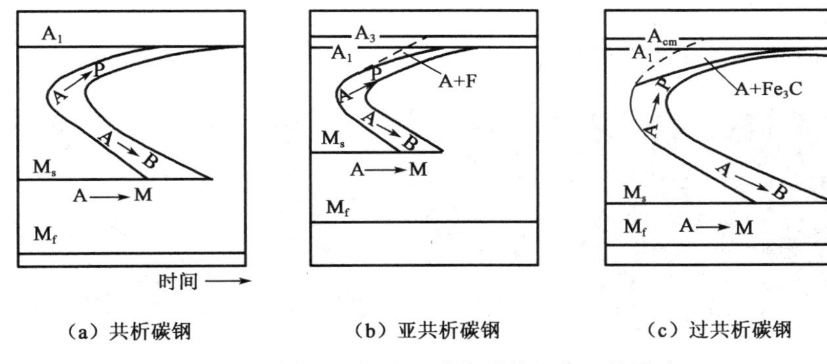

图 5.5 含碳量对钢的 C 曲线形状和位置的影响

(2) 合金元素的影响。

除钴外，所有能溶于奥氏体的合金元素均使 C 曲线右移，即增加过冷奥氏体的稳定性。强碳化物形成元素（如铬、钼、钨、钒等）还会使曲线的形状发生变化，如图 5.6 所示。

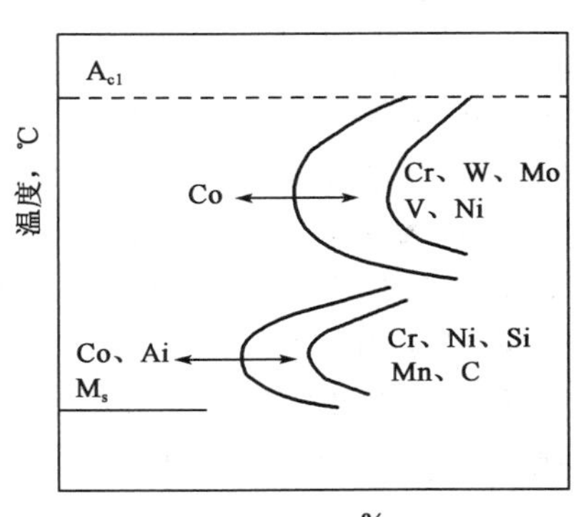

图 5.6 强碳化物形成元素对 C 曲线的影响

(3) 奥氏体化温度和保温时间的影响。

由于高温和长时间保温会导致奥氏体晶粒长大，晶界减少，奥氏体成分趋于均匀，未溶碳化物数量减少，这些都不利于过冷奥氏体的分解转变，故使 C 曲线向右移动。

2. 过冷奥氏体等温转变产物和性能

共析钢过冷奥氏体是非稳定组织，在不同的温度区间等温，将发生三种不同类型的转变，即 A_1

至“鼻尖”之间称高温转变区，其转变产物是珠光体，也称珠光体转变；“鼻尖”至 M_s 之间称中温转变区，转变产物是贝氏体，也称贝氏体转变；M_s 以下称低温转变区，转变产物是马氏体，也称马氏体转变。

1）珠光体

珠光体是铁素体和渗碳体片层相间的机械混合物。珠光体片层间的距离与过冷奥氏体的转变温度有关，转变温度越低，片层间的距离就越小。根据片层厚薄不同，可细分为三种：

（1）珠光体（P）。

在 A_1 至 650℃之间形成，片层距离较大，一般在光学显微镜下放大 500 倍即可分辨出层片状特征。

（2）索氏体（S）。

在 650℃至 600℃之间形成，片层较细，平均层间距离为 0.1～0.3μm，要用高倍显微镜（1000 倍以上）才能分辨。强度、硬度、塑性、韧性均较珠光体高（25～30HRC）。

（3）托氏体（屈氏体）（T）。

在 600℃至 550℃之间形成，片层更细，平均层间距离小于 0.1μm，只能在电子显微镜下放大 2000 倍以上才能分辨出其层片结构。其强度、硬度更高（35～40HRC）。

索氏体、屈氏体与珠光体并无本质上的差别，其显微组织如图 5.7 所示，都是珠光体类型的组织，只是形态上有粗细之分，它们之间的界限也是相对的。片间距越小，钢的强度、硬度越高，同时塑性和韧性稍有改善。

（a）珠光体(×400)

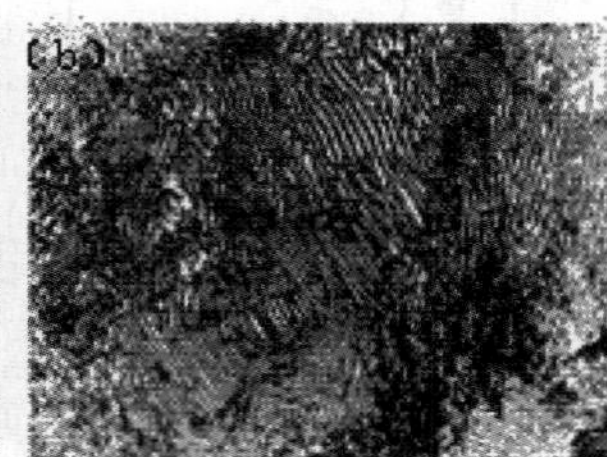

（b）索氏体(×2000)

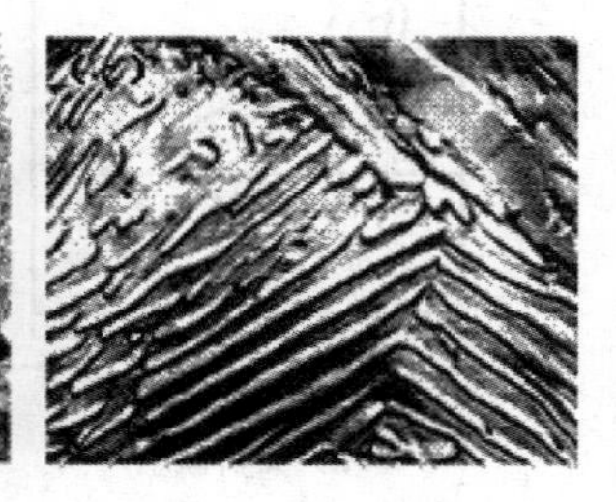

（c）托氏体(×12000)

图 5.7　珠光体、索氏体、屈氏体的显微组织

2）贝氏体

贝氏体（用 B 表示）是含碳过饱和的铁素体与渗碳体或碳化物的混合物。根据组织形态不同，可分为上贝氏体（$B_{上}$）和下贝氏体（$B_{下}$）。

上贝氏体是在 550℃～350℃之间等温转变形成的，呈羽毛状，在高倍电镜下为不连续棒状的渗碳体分布于铁素体条之间，如图 5.8（a）所示，由于韧性低，生产上很少采用。

下贝氏体是在 350℃～M_s（230℃）之间等温转变形成的，呈竹叶状，在高倍电镜下为细片状的碳化物分布于铁素体针上，并与铁素体针长轴呈 55°～60°，如图 5.8（b）所示。下贝氏体中的碳化物细小、分布均匀，不仅具有较高的强度和硬度（45～55HRC），还有良好的韧性和塑性，即具有良好的综合力学性能，是生产上常用强化组织之一。

3）马氏体

当冷却速度极大时，奥氏体被过冷到 M_s 以下，此时仅产生 γ－Fe 向 α－Fe 的晶格转变，而碳原子由于无法扩散而留在 α－Fe 中，形成碳在 α－Fe 中的过饱和固溶体，这种组织称马氏体，用 M 表示。由于含碳量的过饱和，使得 α 固溶体晶格的 c 轴被拉长，形成体心正方（$a=b\neq c$、$\alpha=\beta=\gamma=90°$）晶格。c/a 之比称为马氏体晶格的正方度，如图 5.9 所示。

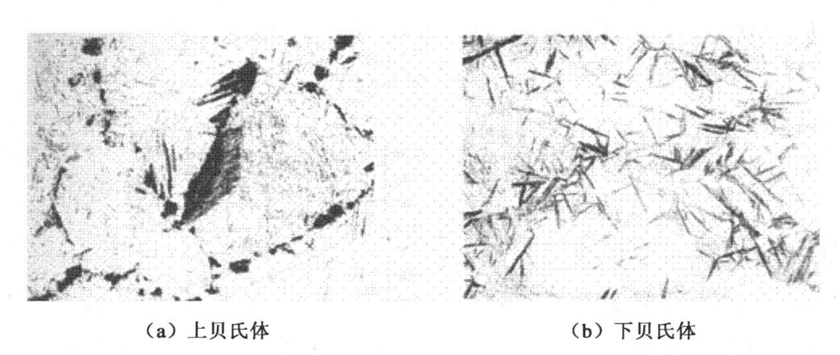

（a）上贝氏体　　（b）下贝氏体

图 5.8　上贝氏体和下贝氏体微观组织

马氏体组织形态可分为板条状和针状两大类。板条状马氏体为一束束的细条状组织，每束内条与条呈平行排列，板条内的亚结构主要为高密度的位错，因而又称为位错马氏体。针状马氏体显微组织为针状，亚结构主要是孪晶，因而又称为孪晶马氏体。马氏体形态主要取决于其含碳量。含碳量低于 0.2%时，形成板条状马氏体，强度高、韧性好；含碳量高于 1.0%时，基本上为针状马氏体，强度和硬度高，但韧性差；含碳量在 0.2%～1.0%之间为板条状马氏体与针状马氏体的混合组织。针状马氏体的显微组织如图 5.10 所示。

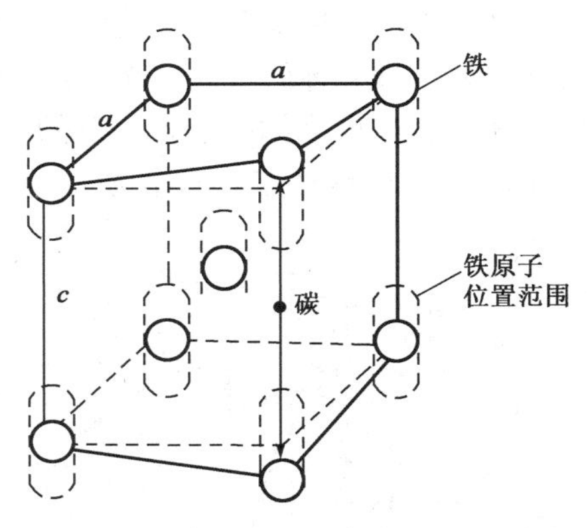

图 5.9　马氏体中固溶碳引起的晶格畸变

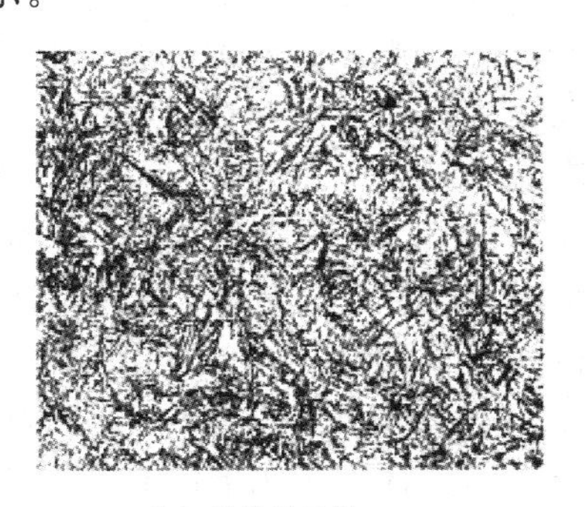

（a）针状马氏体

（b）板条状马氏体

图 5.10　马氏体微观组织

过饱和的碳使 α－Fe 的晶格产生严重畸变，产生强烈的强化作用，因而硬度很高（62～65HRC）。马氏体性能的主要特点是高硬度。马氏体的硬度取决于其含碳量，含碳量越高，其晶格的正方度就越大，则马氏体的强度和硬度越高。马氏体强化是钢的主要强化手段之一，广泛应用于工业生产。马氏体的塑性和韧性主要取决于其亚结构的形式，板条马氏体具有较好的塑性和韧性，而针状马氏体脆性大，因此马氏体含碳量增加，硬度和强度随之提高，但脆性也增大。

过冷奥氏体向马氏体转变过程是一个形核和长大的过程，因为铁和碳原子都不发生扩散，因而马氏体的含碳量与过冷奥氏体相同。由于没有扩散，晶格的转变是以切变机制进行的，切变使切变部分的形状和体积发生变化，引起相邻奥氏体随之变形，在表面上产生浮凸。同时切变使马氏体形成速度极快，瞬间形核，瞬间长大。在 $M_s \sim M_f$ 温度区间，马氏体转变随温度下降，转变量增加，冷却中止，转变停止，过冷奥氏体并不能全部转变为马氏体，甚至在 M_f 以下或多或少地保留部分奥氏体，称为残余奥氏体，用 A' 表示。马氏体转变后的残余奥氏体随含碳量增加而增加，高碳钢淬火后残余奥氏体可达10%～15%。

3. 过冷奥氏体的连续冷却转变曲线（CCT 曲线）

实际生产中，热处理的冷却多采用连续冷却，过冷奥氏体连续冷却转变图对于实际生产确定热处理工艺和选材更具意义。过冷奥氏体连续冷却转变图又称 CCT 曲线，是通过测定不同冷却速度下过冷奥氏体的转变量和转变时间的关系获得的。

共析钢的过冷奥氏体的连续冷却转变曲线（CCT 曲线）如图 5.11 所示。它没有贝氏体转变区，在珠光体转变区下多了一条转变终止线，但连续冷却曲线碰到转变终止线时，过冷奥氏体中止向珠光体转变，余下的奥氏体一直保持到 M_s 以下转变为马氏体。与 TTT 曲线相比，CCT 曲线位于其右下方。

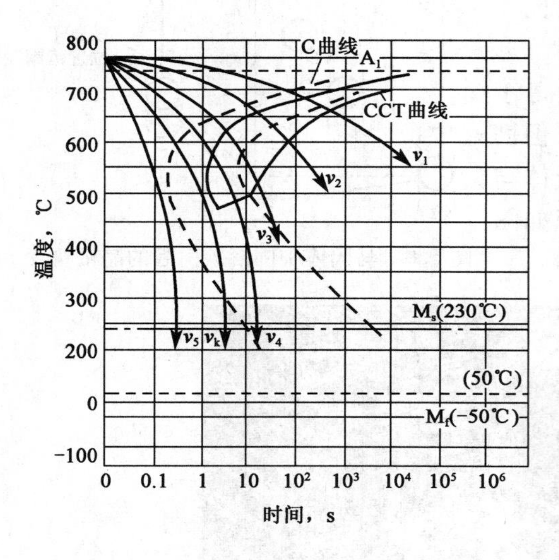

图 5.11　共析碳钢的 CCT 曲线

对连续冷却的奥氏体，存在一临界冷却速度 v_k，即当冷却速度小于 v_k 时，奥氏体就会分解形成珠光体；而当冷却速度大于 v_k 时，奥氏体就不能分解为珠光体而转变成马氏体。显然，v_k 越小，过冷奥氏体越稳定，越易获得马氏体。

由于钢在冷却介质中的冷却速度不是恒定值，且受环境因素和操作方式影响较大，因而 CCT 曲线既难以测定，也难以使用。生产中往往用 C 曲线来近似地代替 CCT 曲线，对过冷奥氏体的连续冷却组织进行定性分析。当缓慢冷却时（v_1，炉冷），过冷奥氏体转变为珠光体，室温组织为 P；冷却较快时（v_2，空冷），过冷奥氏体转变为索氏体，室温组织为 S。采用油冷时（v_4），过冷奥氏体先有一部分转变为托氏体，剩余的奥氏体在冷却到 M_s 以下转变为马氏体，室温组织为 T+M+A'。当冷却速度（v_5，水冷）大于 v_k 时，过冷奥氏体将在 M_s 以下直接转变为马氏体，室温组织为 M+A'。

过共析钢 CCT 曲线无贝氏体转变区，比共析钢 CCT 曲线多了一个奥氏体析出渗碳体转变区。由于渗碳体析出，是奥氏体碳含量下降，因而 M_s 线右端升高。亚共析钢 CCT 曲线有贝氏体转变区，还多了一个奥氏体向铁素体转变区。由于铁素体析出，使奥氏体含碳量升高，因而 M_s 线右端下降。

5.2 钢的普通热处理

5.2.1 钢的退火

退火是将钢件加热到高于或低于钢相变点的适当温度，保温一定时间，随后在炉中或埋入导热性较差的介质中缓慢冷却，以获得接近平衡状态组织的热处理工艺。

退火的目的是降低硬度，利于切削加工；细化晶粒，改善组织，提高力学性能；消除内应力，并为下道淬火工序做好准备；提高钢的塑性和韧度，便于进行冷冲压或冷拉拔等加工。

根据工件钢材的成分和退火目的的不同，常用退火工艺可分为以下几种，如图 5.12 所示。

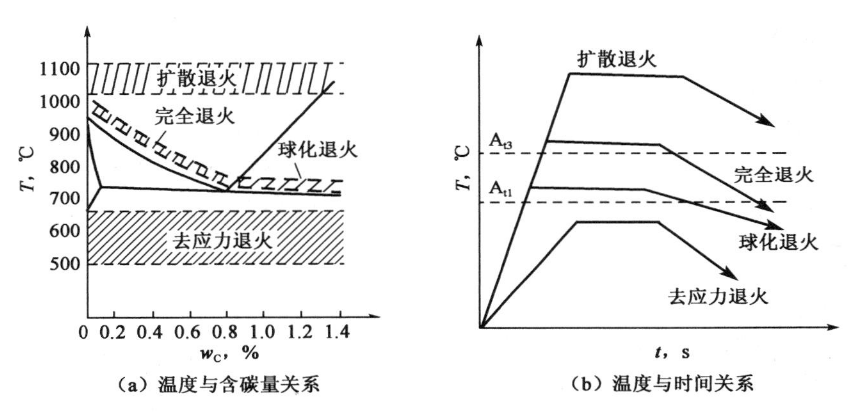

图 5.12 碳钢各种退火的工艺规范示意图

1. 完全退火

将亚共析钢加热到 Ac_3 以上 30～50℃，保温一定时间后随炉缓慢冷却，或埋入石灰中冷却，至 500℃以下在空气中冷却，如图 5.12（a）所示。所谓“完全”是指退火时钢件被加热到奥氏体化温度以上获得完全的奥氏体组织，并在冷至室温时获得接近平衡状况的铁素体和片状珠光体组织。完全退火的目的是使铸造、锻造或焊接所产生的粗大组织细化、所产生的不均匀组织得到改善、所产生的硬化层得到消除，以便于切削加工。

完全退火主要用于处理亚共析组织的碳钢和合金钢的铸件、锻件、热轧型材和焊接结构，也可作为一些不重要件的最终热处理。

2. 球化退火

将共析或过共析钢加热至 Ac_1 以上 20～30℃，保温一定时间，再冷至 Ar_1 以下 20℃左右等温一定时间，然后炉冷至 600℃左右出炉空冷，即为球化退火。在其加热保温过程中，网状渗碳体不完全溶解而断开，成为许多细小点状渗碳体弥散分布在奥氏体基体上。在随后缓冷过程中，以细小渗碳体质点为核心，形成颗粒状渗碳体，均匀分布在铁素体基体上，成为球状珠光体。

球化退火主要用于消除过共析碳钢及合金工具钢中的网状二次渗碳体及珠光体中的片状

渗碳体。由于过共析钢的层片状珠光体较硬，再加上网状渗碳体的存在，不仅给切削加工带来困难，使刀具磨损增加，切削加工性变差，而且还易引起淬火变形和开裂。为了克服这一缺点，可在热加工之后安排一道球化退火工序，使珠光体中的网状二次渗碳体和片状渗碳体都球化，以降低硬度、改善切削加工性，并为淬火作组织准备。

对存在严重网状二次渗碳体的过共析钢，应先进行一次正火处理，使网状渗碳体溶解。然后再进行球化退火。

3. 等温退火

将钢件加热到 Ac_3 以上（对亚共析钢）或 Ac_1 以上（对共析钢和过共析钢）30～50℃，保温后较快地冷却到稍低于 Ac_1 的温度，进行等温保温，使奥氏体转变成珠光体，转变结束后，取出钢件在空气中冷却。等温退火与完全退火目的相同，但可将整个退火时间缩短大约一半，而且所获得的组织也比较均匀。

等温退火主要用于奥氏体比较稳定的合金工具钢和高合金钢等。

4. 去应力退火

将钢件随炉缓慢加热（100～150℃/h）至 500～650℃，保温一定时间后，随炉缓慢冷却（50～100℃/h）至 300～200℃以下再出炉空冷，称为去应力退火。

去应力退火又称低温退火，主要用于消除铸件、锻件、焊接件、冷冲压件及机加工件中的残余应力，以稳定尺寸、减少变形。钢件在低温退火过程中无组织变化。

5. 再结晶退火

将钢件加热到再结晶温度以上 150～250℃，即 650～750℃范围内，保温后炉冷，通过再结晶使钢材的塑性恢复到冷变形以前的状况。这种退火也是一种低温退火，用于处理冷轧、冷拉、冷压等产生加工硬化的钢材。

5.2.2 钢的正火

正火是将钢件加热至 Ac_3（对于亚共析钢）或 Ac_{cm}（对于共析和过共析钢）以上 30～50℃，经保温后从炉中取出，在空气中冷却的热处理工艺。

正火与完全退火的作用相似，都可得到珠光体型组织。但二者的冷却速度不同，退火冷却速度慢，获得接近平衡状态的珠光体组织；而正火冷却速度稍快，过冷度较大，得到的是珠光体类组织，组织较细。因此，同一钢件在正火后的强度与硬度较退火后高，并且随钢的碳含量增加，用这两种方法处理的强度和硬度的差别更大。

正火的主要目的是细化晶粒，提高力学性能。对于低碳钢和低合金钢，正火可提高硬度，改善切削加工性；对于过共析钢，可消除网状二次渗碳体，利于球化退火的进行。

5.2.3 钢的淬火

淬火是将钢奥氏体化后快速冷却获得马氏体组织的热处理工艺。淬火的目的主要是为了获得马氏体，提高钢的硬度和耐磨性。它是强化钢材最重要的热处理方法之一。

1. 淬火温度

淬火温度即钢奥氏体化温度，是淬火的主要工艺参数之一。碳钢的淬火温度可利用铁碳合金相图来选择，为了防止奥氏体晶粒长大，保证获得细马氏体组织，淬火温度一般规定在临界点以上 30～50℃，如图 5.13 所示。

亚共析钢的淬火温度为 Ac_3＋30～50℃。淬火组织为马氏体，含碳量（质量分数）超过 0.5%后还有少量残余奥氏体。淬火温度过高则组织易粗大，使组织强度硬度降低。亚共析钢在 Ac_1～Ac_3之间加热，由于组织中部分铁素体未奥氏体化，存在自由铁素体，淬火后室温组织为马氏体和铁素体。钢的强度、硬度降低，但韧性得到改善。这种淬火称为亚温淬火。

共析钢和过共析钢的淬火温度为 Ac_1＋30～50℃，淬火后组织为细马氏体、二次渗碳体和少量残余奥氏体。弥散分布的少量二次渗碳体可阻止奥氏体晶粒的长大，有利于提高钢的硬度和耐磨性。如果将钢加热到 Ac_{cm}以上，则淬火后会获得较粗的马氏体和较多的残余奥氏体，这不仅降低了钢的硬度、耐磨性和韧性，而且温度高会增大淬火变形和开裂的倾向。

大多数合金元素都有阻碍奥氏体晶粒长大的作用，所以合金钢的淬火温度一般可以高些，这有利于合金元素在奥氏体中的溶解，获得较好的淬火效果。

2. 淬火介质

1）理想冷却曲线

冷却是淬火工艺的另一个重要因素。淬火要得到马氏体，从 C 曲线上看，淬火冷却速度必须大于临界冷却速度 v_k，但快冷不可避免地会造成很大的内应力，往往引起工件变形和开裂。

要想既得到马氏体又避免变形开裂，理想的冷却曲线应如图 5.14 所示，因为要淬火得到马氏体，只要在 C 曲线鼻尖附近快冷，使冷却曲线不碰上 C 曲线，而在 M_s 点附近和鼻尖以上则应尽量慢冷，以减少马氏体转变时产生的内应力和热应力。到目前这种理想淬火冷却曲线还找不到相应的冷却介质。

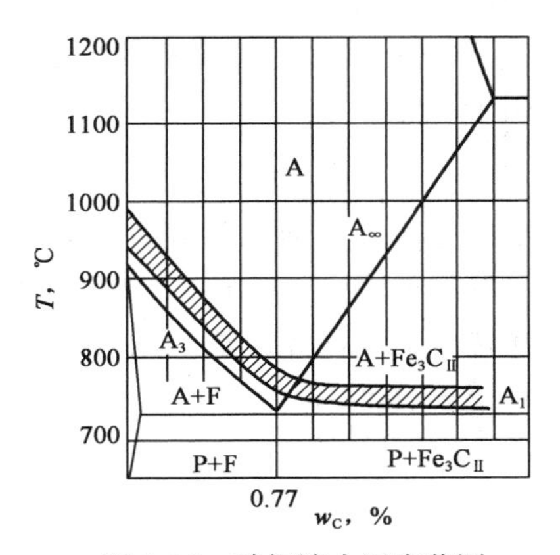

图 5.13　碳钢淬火温度范围

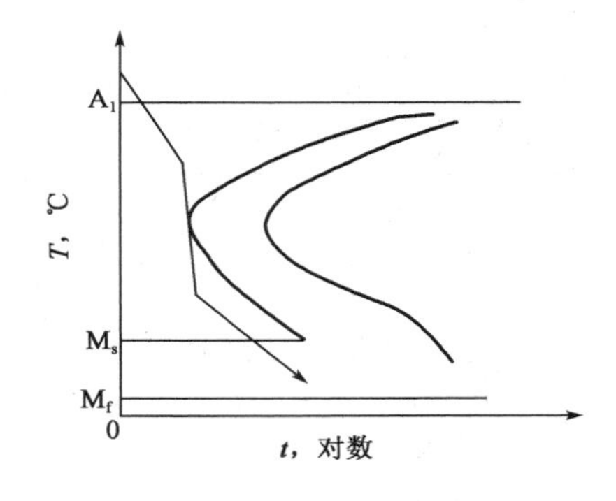

图 5.14　理想淬火冷却曲线示意图

2）淬火介质

常用的淬火介质是水、盐水、油、熔盐。

水是经济且冷却能力较强的淬火介质。它的缺点是在 650～550℃范围内冷却能力不够强，而在 300～200℃范围内又太大，所以主要用于形状简单，截面尺寸较大的碳钢件。在水中加入一些盐可明显提高水在高温区的冷却能力，常用淬火介质的冷却能力见表 5.1。

表 5.1 常用淬火介质的冷却能力

淬火冷却介质	冷却能力，℃/s	
	650～550℃	300～200℃
水（18℃）	600	270
10%NaCl 水溶液（18℃）	1100	300
10%NaOH 水溶液（18℃）	1200	300
10%Na_2CO_3 水溶液（10℃）	600	270
矿物机油	150	30
菜籽油	200	35
硝熔盐（200℃）	350	10

从表 5.1 中可以看出，油在低温区有比较理想的冷却能力，但在高温区的冷却能力太低，因此主要适用于合金钢或小尺寸碳钢工件的淬火。

熔融状态的盐也常用作淬火介质，称盐浴，它的冷却能力介于油和水之间高温区，它的冷却能力比油高，但比水低，低温区比油还低，可见熔盐是最接近理想的，但它的工作条件差，使用温度高，只能用于分级淬火和等温淬火的形状复杂和变形要求严格的小件。高分子淬火介质如聚乙烯醇等也是工业上常用的。

3. 淬火方法

由于淬火介质不能完全满足淬火质量的要求，所以热处理工艺方面就要考虑从淬火方法上去加以解决，常用的淬火方法如图 5.15 所示。

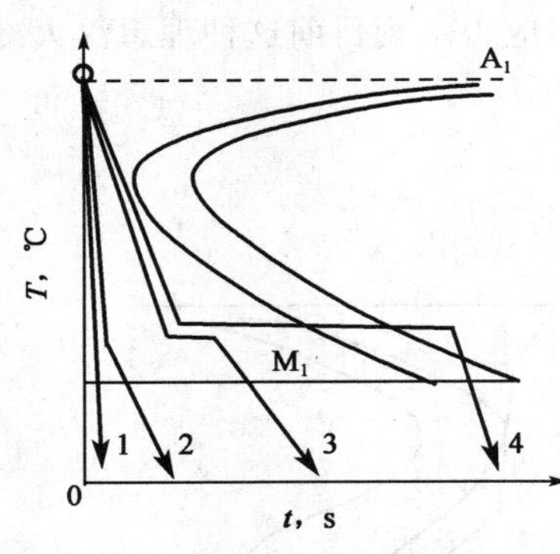

图 5.15 各种淬火方法示意图
1—单液淬火；2—双液淬火；
3—分级淬火；4—等温淬火

1）单液淬火

单液淬火是将钢件奥氏体化后在一种介质中连续冷却获得马氏体组织的淬火方法。这种方法操作简单，易实现机械化，但是用水淬火只适用于形状简单的工件，而用油淬火则只适用于小件。

2）双液淬火

双液淬火是将钢件先淬入一种冷却能力较强的介质中避免珠光体转变，然后再淬入另一种冷却能力较弱的介质中，发生马氏体转变。这种淬火法利用两种介质的优点，获得较理想的冷却条件，但这种方法操作复杂，难以控制。

3）分级淬火

分级淬火是将钢件奥氏体化后淬入稍高于 M_s 温度的熔盐中，保持到工件内外温度趋于一致后取出，使其缓慢冷却，发生马氏体转变。由于工件整个截面几乎同时发生转变，这种方法不仅减少了由工件内外温差造成的热应力，也降低了马氏体相变不均匀所造成的组织应力。它的优点是显著地减少变形和开裂的可能性，并提高了淬火钢的韧性。但受到熔盐冷却能力和容量的限制，只适用于小零件。

4）等温淬火

等温淬火是将钢件奥氏体化后淬入高于 M_s 温度的熔盐中等温保持，获得下贝氏体组织。经这种淬化处理的工件强度高，塑性高，韧性好，同时淬火应力小，变形小，它多用于处理形状复杂和要求较高的小零件。

4. 钢的淬透性

淬透性是钢的主要热处理性能，对正确制定热处理工艺和合理选材具有重要意义。

1）钢的淬透性及其表示方法

钢的淬透性是指钢在淬火后能获得淬透层深度的性质，衡量在淬火时获得马氏体的能力，淬透层越深，淬透性越好，获得马氏体能力越强。其大小采用规定条件下淬透层深度来表示，一般规定由工件表面到半马氏体区（即马氏体与珠光体型组织各占50%的区域）的深度作为淬透层深度。因为在含50%马氏体处，硬度值变化显著（图5.16），容易测定，而且金相组织也容易鉴定。因此淬火件表面至心部马氏体组织占50%处的距离为淬透层深度。淬透性与淬硬性不同，淬硬性是指钢淬火后所能达到的最高硬度，即硬化能力，主要决定于马氏体的含碳量。

淬硬层深度要获得马氏体，冷却速度必须大于临界冷却速度 v_k。淬火时，同一工件表面和心部的冷却速度是不相同的，其淬硬层深度与工件尺寸、淬火介质有关。而淬透性与工件尺寸、淬火介质无关，是在工件尺寸、淬火介质相同时，不同材料淬硬层深度来比较材料获得马氏体组织的能力。淬透性常用末端淬火法测定（GB/T 225—2006《钢淬透性的末端淬火试验方法（Jominy 试验）》）。

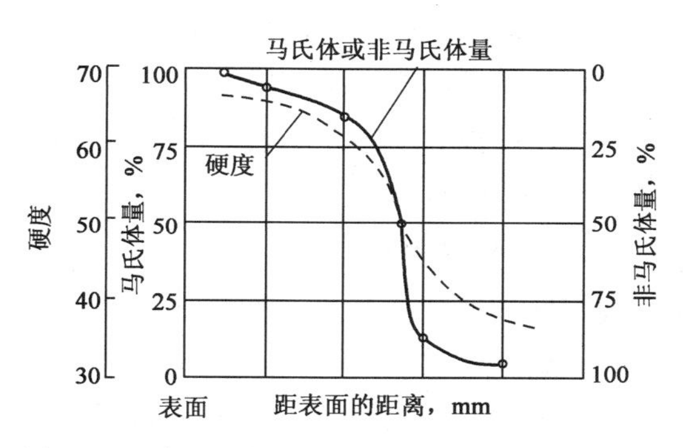

图 5.16　淬火工件截面上马氏体量与硬度的关系

生产实际中，常用临界直径来表示淬透性。临界直径是指圆形钢棒在介质中冷却时，中心被淬成半马氏体的最大直径，用 d_c 表示。在相同条件下，d_c 越大，钢的淬透性越好。

2）影响淬透性的因素

影响淬透性的决定因素是临界冷却速度（v_k）。临界冷却速度越小，钢的淬透性就越大。临界冷却速度取决于C曲线的位置，因而影响C曲线的因素都是影响临界冷却速度的因素，所以，化学成分与奥氏体化条件是影响淬透性的主要因素。

化学成分中使C曲线右移的元素增加奥氏体的稳定性，使钢的临界冷却速度减小，其淬透性越好，反之，则淬透性越差。

奥氏体化温度越高，保温时间越长，则晶粒越粗大，成分越均匀，因而过冷奥氏体越稳定，C曲线越向右移，淬火临界冷却速度越小，钢的淬透性也越好。

3）淬透性的实际应用

力学性能是机械设计中选材的主要依据，而钢的淬透性又直接影响其热处理后的力学性能。因此选材时，必须充分了解钢材的淬透性。

淬透性不同的钢材淬火后沿截面的组织和力学性能差别很大。经高温回火后，完全淬透的钢整个截面是碳化物球化的回火索氏体，力学性能较均匀。未淬透的钢虽然整个截面上的硬度接近一致，但由于内部是碳化物为片状的索氏体，强度较低、冲击韧性更低。

截面较大或形状较复杂以及受力情况特殊的重要零件，要求截面的力学性能均匀的零件，应选用淬透性好的钢。而承受扭转或弯曲载荷的轴类零件，外层受力较大，心部受力较小，可选用淬透性较低的钢种，只要求淬透层深度为轴半径的 1/3～1/2 即可，这样，既满足了性能要求又降低了成本。

截面尺寸不同的工件，实际淬透深度是不同的。截面小的工件，表面和中心的冷却速度均可能大于临界冷速 v_k，并可以完全淬透。截面大的工件只可能表层淬硬，截面更大的工件甚至表面都淬不硬。这种随工件尺寸增大而热处理强化效果逐渐减弱的现象称为“尺寸效应”，在设计中必须予以注意。

5.2.4 钢的回火

回火是指钢件淬硬后加热至 Ac_1 点以下某一温度，保温一定时间，然后冷却到室温的热处理工艺。

淬火钢一般不宜直接使用，必须进行回火，其主要目的是：减少或消除淬火时产生的内应力，提高材料的塑性；调整硬度和韧性，获得工艺所要求的良好综合力学性能；稳定工件的尺寸，使钢的组织在工件使用过程中不发生变化。

对于未经淬火的钢，回火是没有意义的。经过淬火的钢件为避免在放置过程中发生变形或开裂，应及时进行回火。

1. 回火的分类及应用

根据回火温度范围，一般将回火分为 3 种。

1） 低温回火

回火温度范围为 150～250℃。回火后的组织为回火马氏体，基本上保持了淬火后的高硬度（一般为 58～64HRC）和高耐磨性。主要用于处理各种高碳工具钢、模具、滚动轴承、渗碳、表面淬火的零件及低碳马氏体钢和中碳低碳合金超高强度钢。

2） 中温回火

回火温度范围为 250～500℃。回火后的组织为回火屈氏体。回火屈氏体的硬度一般为 35～45HRC，具有较高的弹性极限和屈服点。它们的屈强比（σ_s/σ_b）较高，一般能达到 0.7 以上，同时也具有一定的韧性，主要用于处理各种弹性元件。

3） 高温回火

回火温度范围为 500～650℃，高温回火得到回火索氏体组织。其综合力学性能优良，在保持较高强度的同时，具有良好的塑性和韧性，硬度一般为 25～35HRC。

通常将各种钢件淬火及高温回火的复合热处理工艺称为调质处理。它广泛用于要求综合力学性能优势的各种机械零件，例如轴、齿轮坯、连杆、高强度螺栓等。

2. 淬火钢回火时的组织转变

随着回火温度的升高，淬火钢的组织发生以下 4 个阶段的变化。

1） 马氏体的分解

淬火钢在 100℃以下回火时，内部组织的变化并不明显，硬度基本上也不下降。当回火温度大于 100℃时，马氏体开始分解。马氏体中的碳以 ε 碳化物（$Fe_{2.4}C$）的形式析出，使过饱和度减小。ε 碳化物是极细的并与母相保持共格（相同晶格）的薄片。这种组织称为回火马氏体，硬度略有下降。

2）残余奥氏体的转变

回火温度在200～300℃时，马氏体分解为回火马氏体。此时，体积缩小并降低了对残余奥氏体的压力，使其在此温度区内转变为下贝氏体。残余奥氏体从200℃开始分解，到300℃基本完成，得到的下贝氏体并不多，所以此阶段的主要组织仍为回火马氏体。此时硬度有所下降。

3）回火屈氏体的形成

在回火温度250～400℃阶段，因碳原子的扩散能力增加，碳化物充分析出，过饱和固溶体转变为铁素体。同时亚稳定的ε碳化物也逐渐转变为稳定的渗碳体，并与母相失去共格联系，淬火时晶格畸变所存在的内应力大大消除。此阶段到400℃时基本完成，形成尚未再结晶的铁素体和细颗粒状的渗碳体的混合物，称回火屈氏体。此时硬度继续下降。

4）渗碳体的聚集长大和铁素体再结晶

回火温度达到400℃以上时，渗碳体逐渐聚集长大，形成较大的粒状渗碳体，到600℃以上时，渗碳体迅速粗化。同时，在450℃以上铁素体开始再结晶，失去针状形态而成为多边形铁素体。这种由多边形铁素体和粒状渗碳体组成的混合物，称为回火索氏体。图5.17为钢的硬度随回火温度的变化曲线。

3. 回火脆性

回火时组织变化必然引起力学性能变化，总的趋势是随着回火温度的提高，钢的强度、硬度下降，塑性、韧性提高。但钢的韧性并不总是连续提高的，而在250～400℃和450～650℃两个温度区间内出现明显的下降，如图5.18所示。这种随回火温度提高韧性下降的现象称为钢的回火脆性。根据回火脆性出现的温度范围，可将其分为低温回火脆性和高温回火脆性两类。

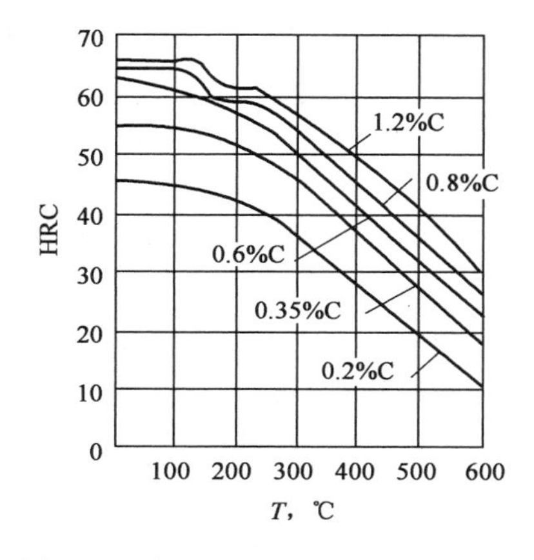

图5.17　钢的硬度随回火温度的变化

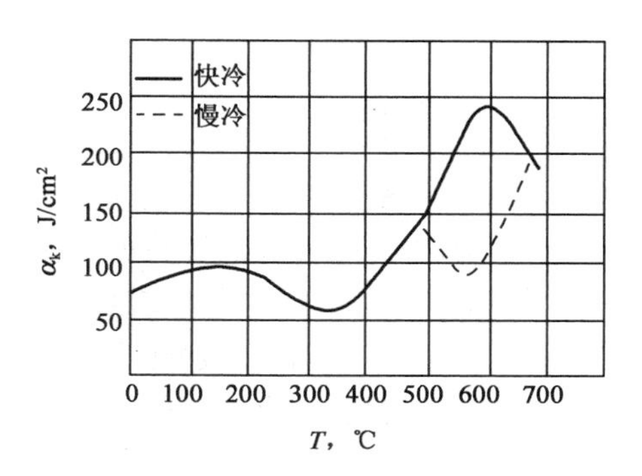

图5.18　钢的冲击韧性随回火温度的变化

1）低温回火脆性

低温回火脆性是指发生在250～400℃的脆性，也称第一类回火脆性。几乎所有的钢在300℃左右回火时都程度不同地产生这种脆性，并且回火后的冷却速度对脆性的产生与否不起作用。其产生的原因尚不明了，但普遍认为在250℃以上回火时，ε碳化物转变为薄片状渗碳体，并且沿马氏体晶界析出，破坏了马氏体之间的连续性，使其韧性下降。

这类回火脆性一旦产生，消除后再也不会发生。如发生低温回火脆性的钢在较高温度下进行回火，这种脆性将消除并不会重新产生，即使再次在 300℃左右回火，也不会出现脆性。因此，这种回火脆性又称为不可逆回火脆性。

为避免这类回火脆性的产生，应采取的措施为：

(1) 不在脆化温度范围内回火，通常钢都不在中温回火区域回火，只有弹簧钢及热锻模具钢除外。

(2) 采用含 Si 的钢，Si 能把脆化温度向高温推移。

(3) 采用等温淬火得到下贝氏体组织，但它只适用于中碳以上的钢。

2) 高温回火脆性

高温回火脆性是指发生在 450～650℃的脆性，也称第二类回火脆性或可逆回火脆性。这类脆性消除后，还会发生。如在 450～650℃回火保温后快速冷却，脆化现象会消失或受到抑制，若将已消除脆性的钢件重新加热到 450～650℃回火保温后缓慢冷却，脆化现象会再次出现。

这类回火脆性是由于杂质和合金元素在晶界处偏聚所造成的。因此，中碳合金钢易产生高温回火脆性。为避免这类回火脆性的产生，应采取的措施为：

(1) 回火后快速冷却，抑制杂质和合金元素在晶界处偏聚。

(2) 选用含 Mo、W 等元素的钢，阻止杂质元素的扩散，削弱它们在晶界处的偏聚。

5.3 钢的表面热处理

有些零件的工作表面要求具有高的硬度和耐磨性，而心部要求有足够的韧性和塑性，如汽车、拖拉机的传动齿轮、曲轮轴和曲轴等，多采用表面热处理。

表面热处理是指仅对工件表面进行热处理以改变其组织和性能的工艺。表面热处理可以归纳为表面淬火和化学热处理两类。

5.3.1 表面淬火

表面淬火是将钢件表面进行快速加热，使其表面组织转变为奥氏体，然后快速冷却，表面层转变为马氏体的一种局部淬火的方法。

表面淬火的目的在于获得高硬度的表面层和有利的残余应力分布，以提高工件的耐磨性或疲劳强度。表面淬火的快速加热方法有电感应、火焰、电接触、浴炉、激光等。我国目前最常用的有电感应加热、火焰加热和激光加热。

1. 电感应加热

感应加热的基础是电磁感应、集肤效应和热传导三项基本原理。

图 5.19 为感应加热表面淬火示意图。感应线圈中通以交流电时，即在线圈内部和空间产生一个和电流相同频率的交变磁场。如果磁场中有钢件存在，则在钢件内部产生感应电流而被加热。由于交流电的集肤效应，感应电流在工件截面上的分布是不均匀的，表面的电流密度最大，而中心几乎为零。

感应加热表面淬火的加热速度极快，一般只需几秒或几十秒，而且淬火加热温度高

(Ac_3以上 80～150℃)，因此奥氏体形核多且不易长大，淬火后能获得细隐针马氏体。表面硬度比一般淬火高 2～3HRC，且脆性较低、疲劳强度较高，一般工件可提高 20%～30%。工件表面不易氧化脱碳，而且变形也小。淬硬层深度易于控制，操作易于实现机械化自动化生产。感应加热表面淬火一般用于中碳钢或中碳低合金钢，也可用于高碳工具钢或铸铁。为了给感应表层加热准备合适的原始组织，并保证心部良好的力学性能，一般在表面淬火前先进行正火或调质。表面淬火后需进行低温回火，减少淬火应力和降低脆性。

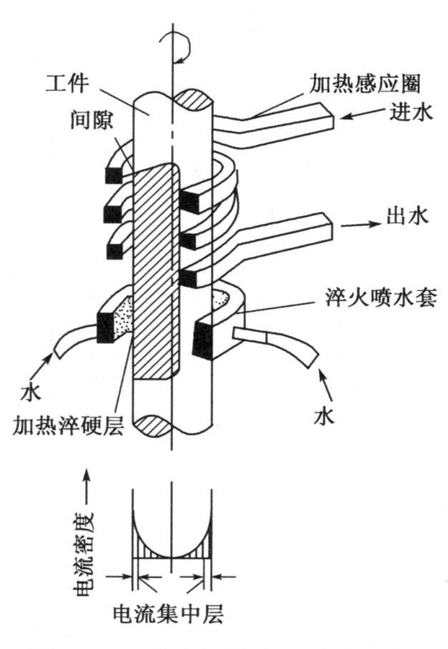

图 5.19 感应加热表面淬火示意图

2. 火焰加热

火焰表面淬火是应用氧—乙炔（或其他可燃气）火焰，对零件表面进行加热，随之淬火冷却的工艺。这种方法和其他表面加热淬火法比较，其优点是设备简单、成本低。但生产率低，质量较难控制，因此只适用于单体、小批量生产或大型零件，例如大型齿轮、轴、轧辊等的表面淬火。

3. 激光加热

激光加热表面淬火是一种新型的高能量密度的强化方法。它利用激光束扫描工作表面，使工件表面迅速加热到钢的临界点以上，当激光束离开工件表面时，由于基体金属的大量吸热而表面迅速冷却，因此无需冷却介质。

5.3.2 化学热处理

化学热处理是将钢件放入一定的化学介质中加热和保温，使介质中的活性原子渗入工件表面，使表面化学成分发生变化，从而改变金属的表面组织和性能的工艺过程。

化学热处理的目的是使工件心部有足够的强度和韧性，而表面具有高的硬度和耐磨性；增高工件的疲劳强度；提高工件表面抗蚀性、耐热性等性能。

根据渗入的元素不同，化学热处理分为渗碳、渗氮、碳氮共渗、渗硼和渗硫等。

1. 渗碳

渗碳是向钢的表面渗入碳原子，使其表面达到高碳钢的含碳量（质量分数）。渗碳主要有固体渗碳和气体渗碳两种方法，应用广泛的是气体渗碳法。

气体渗碳法是将工件放入密封的加热炉中如图 5.20 所示，加热到 900～950℃，然后滴入煤油、甲醇、甲烷等碳氢化合物，它们在炉膛内分解出活性碳原子，被工件表面吸收，并逐渐溶入奥氏体，向内扩散形成渗碳层。渗碳层的厚度决定于渗碳时间。气体渗碳可按每小时渗入 0.2mm 计，一般渗碳层的厚度在 0.5～2mm 之间。渗碳以后零件表面含碳量（质量分数）约为 0.8%～1.0%，由表面至内部，含碳量（质量分数）逐渐降低。渗碳时，工件上不允许渗碳部分（如装配孔或螺纹），应采用镀铜保护。

渗碳后，为了获得外硬内韧的性能要求，必须进行淬火与低温回火，表面硬度达 60～65HRC。

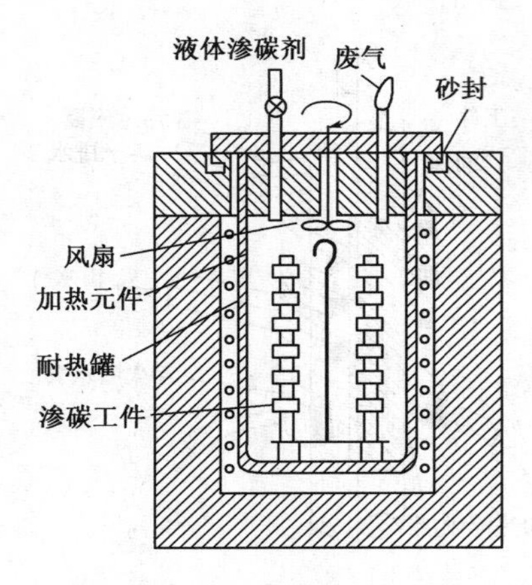

图 5.20　气体渗碳法示意图

渗碳工艺主要用于低碳钢或低碳合金钢制成的齿轮、活塞销、轴类等重要零件，能够满足表面硬而耐磨，心部强而韧，具有较高的疲劳极限的性能要求。

2. 渗氮（氮化）

渗氮是将氮原子渗入钢件表面，形成以氮化物为主的渗氮层，以提高渗层的硬度、耐磨性、抗蚀性、疲劳强度等多种性能。渗氮种类很多，有气体渗氮法、盐浴氮化法、软氮化、离子氮化等。

气体渗氮法应用较广泛，这种方法是利用氮在 500～560℃加热时分解出活性氮原子，被零件表面吸收并向内部扩散形成氮化层。氮化层的化学稳定性高，与渗碳层相比硬度、耐磨性高，抗蚀性也较高。氮化层的高硬度（1000～1100HV 相当于 70HRC）可以维持到 500℃，而渗碳层硬度在 200℃以上就明显下降。由于氮化的加热温度较低，所以变形很小。渗氮以后不再进行热处理，因此，为保证零件内部的力学性能，在氮化前要进行调质处理。氮化的主要缺点是时间太长，要得到 0.2～0.5mm 的氮化层，氮化时间约需 30～50h。另外，氮化层较脆、较薄，所以不能承受太大的接触压力。所用的钢材也受到限制，需使用含 Al、Cr、Mo、Ti、V 等元素的合金钢。

氮化常用于在交变载荷下工作的各种结构零件，尤其是要求耐磨性和高精密度及在高温下工作的零件，如内燃机的曲轴、齿轮、量规、铸模、阀门等。

3. 碳氮共渗

钢件表面同时渗入碳和氮原子，形成碳氮共渗层，以提高工件的硬度、耐磨性和疲劳强度的处理方法，又称为氰化。

高温碳氮共渗（820～920℃）以渗碳为主，渗后直接淬火，加低温回火。气体中含有一定氮时，碳的渗入速度比相同的温度下单独渗碳的速度高，而且在处理温度和时间相同时，碳氮共渗层要厚于渗碳层。

低温碳氮共渗（软氮化 520～580℃）以渗氮为主，主要用于硬化层要求薄、载荷小但变形要求严格的各种耐磨件以及刃具、量具、模具等。

4. 渗硼

钢件置于渗硼介质中（800～1000℃），保温 1～6h，使活性硼原子渗入表层，获得高硬度（1200～1800HV），高耐磨性和良好的耐热性的表层。目前已有用结构钢渗硼代替工具钢制造刃具、模具，还可用一般碳钢渗硼代替高合金耐热钢、不锈钢制造受热、受蚀零件。为提高工件心部的性能，渗硼后应进行调质处理。

5. 渗硫

渗硫是向工件表层渗入硫的过程。低温（150～250℃）电解渗硫可降低摩擦系数，提高抗咬合性能，但不提高硬度，适用于碳素工具钢、渗碳钢、低合金工具钢、轴承钢等制造的工件。中温硫氮（硫氰）共渗（520～600℃、1～3h）可获得减磨、耐磨与抗疲劳性能。对刃具和模具具有良好的强化效果，特别是对钻头、铰头、铣刀、推刀和铲刀片等刃具的使用寿命提高显著。

5.4 金属材料表面处理技术

5.4.1 化学转化膜技术

化学转化膜技术就是通过化学或电化学手段，使金属表面形成稳定的化合物膜层的工艺过程。

化学转化膜技术，主要用于工件的防腐和表面装饰，也可用于提高工件的耐磨性能等方面。它是利用某种金属与某种特定的腐蚀液相接触，在一定条件下两者发生化学反应，由于浓差极化作用和阴、阳极极化作用等，在金属表面上形成一层附着力良好的、难溶的腐蚀生成物膜层。这些膜层，能保护基体金属不受水和其他腐蚀介质的影响，也能提高对有机涂膜的附着性和耐老化性。在生产中，采用的转化膜技术主要有和磷化处理和氧化处理。

1. 磷化处理

磷化是将钢铁材料放入磷酸盐的溶液中，获得一层不溶于水的磷酸盐膜的工艺过程。

钢铁材料磷化处理工艺过程如下：化学除油→热水洗→冷水洗→磷化处理→冷水洗→磷化后处理→冷水洗→去离子水洗→干燥。

磷化膜由磷酸铁、磷化锰、磷酸锌等组成，呈灰白或灰黑色的结晶。膜与基体金属结合非常牢固，并具有较高的电阻率。与氧化膜相比，磷化膜有较高的抗腐蚀性，特别是在大气、油质和苯介质中均有很好耐腐蚀性，但在酸、碱、氨水、海水及水蒸气中的耐腐蚀性较差。

磷化处理的主要方法为浸渍法、喷淋法和浸喷组合法。根据溶液温度不同，磷化又分为室温磷化、中温磷化和高温磷化。

浸渍法适用于高温、中温和低温磷化工艺，可处理任何形状的工件，并可获得不同厚度的磷化膜，且设备简单，质量稳定。厚磷化膜主要用于工件的防腐处理和增强表面的减摩性。喷淋法适用于中温和低温磷化工艺，可以处理面积大的工件，如汽车壳体、电冰箱、洗衣机等大型工件作为油漆底层和冷变形加工等。这种方法处理时间短，成膜速度快，但只能获得较薄和中等厚度的磷化膜。

2. 氧化处理

1）钢铁的氧化处理

钢铁的氧化处理也称发蓝，是将钢铁工件放入某些氧化性溶液中，使其表面形成厚度约为0.5～1.5μm致密而牢固的Fe_3O_4薄膜的工艺方法。发蓝通常不影响零件的精密度，常用于工具、仪器的装饰防护。它能提高工件表面的抗腐蚀能力，有利于消除工件的残余应力，减少变形，还能使表面光泽美观。氧化处理以碱性法应用最多。

钢铁的氧化处理所用溶液成分和工艺条件，可根据工件材料和性能要求确定。常用溶液由为500g/L的氢氧化钠、200g/L的亚硝酸钠和余量水组成，在溶液温度为140℃左右时处理6～9min。

2）铝及铝合金的氧化处理

（1）阳极氧化法。

阳极氧化法是将工件置于电解液中，然后通电，得到硬度高、吸附力强的氧化膜的方法。常用的电解液有浓度为15%～20%的硫酸、3%～10%的铬酸、2%～10%的草酸。阳极氧化膜可用热水煮，使氧化膜变成含水氧化铝，因体积膨胀而封闭。也可用重铬酸钾溶液处理而封闭，以阻止腐蚀性溶液通过氧化膜结晶间隙腐蚀基体。

(2) 化学氧化法

化学氧化法是将工件放入弱碱或弱酸的溶液中，获得与基体铝结合牢固的氧化膜的方法。主要用于提高工件的抗腐蚀性和耐磨性，也用于铝及铝合金的表面装饰，如建筑用的防锈铝，标牌的装饰膜等。

5.4.2 热喷涂技术

将热喷涂材料加热至熔化或半熔化状态，用高压气流使其雾化并喷射于工件表面形成涂层的工艺称为热喷涂。利用热喷涂技术可改善材料的耐磨性、耐蚀性、耐热性及绝缘性等，已广泛用于包括航空航天、原子能、电子等尖端技术在内的几乎所有领域。

1. 涂层的结构

热喷涂层是由无数变形粒子相互交错呈波浪式堆叠在一起的层状结构，粒子之间不可避免地存在着孔隙和氧化物夹杂缺陷。孔隙率因喷涂方法不同，一般在4%～20%之间，氧化物夹杂是喷涂材料在空气中发生氧化形成的。孔隙和夹杂的存在将使涂层的质量降低，可通过提高喷涂温度、喷速。采用保护气氛喷涂及喷后重熔处理等方法减少或消除这些缺陷。

喷涂层与基体之间以及喷涂层中颗粒之间主要是通过镶嵌、咬合、填塞等机械形式连接的，其次是微区冶金结合及化学键结合。

2. 热喷涂方法

常用的热喷涂方法如下：

(1) 火焰喷涂，多用氧—乙炔火焰作为热源，具有设备简单、操作方便、成本低的特点，但涂层质量不太高，目前应用较广。

(2) 电弧喷涂，是以丝状喷涂材料作为自耗电极，以电弧作为热源的喷涂方法。与火焰喷涂相比，具有涂层结合强度高、能量利用率高、孔隙率低等优点。

(3) 等离子喷涂，是一种利用等离子弧作为热源进行喷涂的方法，具有涂层质量优良、适用材料广泛的优点，但设备较复杂。

3. 热喷涂工艺

热喷涂的工艺过程一般为：表面预处理→预热→喷涂→喷后处理。

表面预处理主要是在去油、除锈后，对表面进行喷砂粗化。预热主要用于火焰喷涂。喷后处理主要包括封孔、重熔等。

4. 热喷涂的特点及应用

热喷涂的特点如下：

(1) 工艺灵活：热喷涂的对象小到几十毫米的内孔，大到像桥梁等大型工件；即可在整体表面上进行，也可以在局部上进行。

(2) 基体及喷涂材料广泛：基体可以是金属和非金属，涂层材料可以是金属陶瓷等；

(3) 工件变形小：热喷涂是一种冷工艺，基体材料温度不超过250℃；

（4）热喷涂层可控：从几十微米到几毫米；

（5）生产效率高。

由于涂层材料的种类很多，所获得的涂层性能差异很大，可应用于各种材料的表面保护、强化及修复，并满足特殊功能的需要。

5.4.3 气相沉积技术

气相沉积技术是指将含有沉积元素的气相物质，通过物理或化学的方法沉积在材料表面形成薄膜的一种新型镀膜技术。根据沉积过程的原理不同，气相沉积技术可分为物理气相沉积（PVD）和化学气相沉积（CVD）两大类。

1. 物理气相沉积

物理气相沉积（PVD）是指在真空条件下，用物理的方法，使材料汽化成原子、分子或电离成离子，并通过气相过程，在材料表面沉积一层薄膜的技术。物理沉积技术主要包括真空蒸镀、溅射镀和离子镀 3 种基本方法。

真空蒸镀是蒸发成膜材料使其汽化或升华沉积到工件表面形成薄膜的方法。根据蒸镀材料熔点的不同，其加热方式有电阻加热、电子束加热、激光加热等多种。真空蒸镀的特点是设备、工艺及操作简单，但因汽化粒子动能低，镀层与基体结合力较弱，镀层较疏松，因而耐冲击、耐磨损性能不高。

溅射镀是在真空下通过辉光放电来电离氩气，产生的氩离子在电场作用下加速轰击阴极，被溅射下来的粒子沉积到工件表面成膜的方法；其优点是气化粒子动能大、适用材料广泛（包括基体材料和镀膜材料）、均镀能力好，但沉积速度慢、设备昂贵。

离子镀是在真空下利用气体放电技术，将蒸发的原子部分电离成离子，与同时产生的大量高能中性粒子一起沉积到工件表面成膜的方法。其特点是镀层质量高、附着力强、均镀能力好、沉积速度快，但存在设备复杂、昂贵等缺点。

物理气相沉积具有适用的基体材料和膜层材料广泛；工艺简单、省材料、无污染；获得的膜层膜基附着力强、膜层厚度均匀、致密、针孔少等优点。已广泛应用于机械、航空航天、电子、光学和轻工业等领域制备耐磨、耐蚀、耐热、导电、绝缘、光学、磁性、压电、滑润超导等薄膜。

2. 化学气相沉积

化学气相沉积（CVD）是指在一定温度下，混合气体与基体表面相互作用而在基体表面形成金属或化合物薄膜的方法。

化学气相沉积的特点是：沉积物种类多，可分为沉积金属、半导体元素、碳化物、氮化物、硼化物等；并能在较大范围内控制膜的组成及晶型；能均匀涂敷几何形状复杂的零件；沉积速度快，膜层致密，与基体结合牢固；易于实现大批量生产。

由于化学气相沉积膜层具有良好的耐磨性、耐蚀性、耐热性及电学、光学等特殊性能，已被广泛应用于机械制造、航空航天、交通运输、煤化工等工业领域。

5.4.4 三束表面改性技术

三束表面改性技术是指将激光束、电子束和离子束（合称“三束”）等具有高能量密度的能源施加到材料表面，使之发生物理、化学变化，以获得特殊表面性能的技术。三束对材料表面的改性是通过改变材料表面的成分和结构来实现的。由于这些束流具有极高的能量密度，可对材料表面进行快速加热和快速冷却，使表层的结构与成分发生大幅度改变（如形成微晶、纳米晶、非晶、亚稳成分固溶体和化合物等），从而获得所需要的特殊性能。此外，束流技术还具有能量利用率高、工件变形小、生产效率高等特点。

1. 激光束表面改性技术

激光是由受激辐射引起的并通过谐振放大了的光。激光与一般光的不同之处是纯单色，具有相干性，因而具有强大的能量密度。由于激光束能量密度高（10^6 W/cm^2），可在短时内将工件表面快速加热或熔化，而心部温度基本不变；当激光当激光辐射停止后，由于散热速度快，又会产生“自激冷”。激光束表面改性技术主要应用于以下几方面：

1）激光表面淬火

激光表面淬火，又称激光相变硬化：激光表面淬火件硬度高、耐磨、耐疲劳，变形极小，表面光亮，已广泛用于发动机缸套、滚动轴承圈、机床导轨、冷作模具等。

2）激光表面合金化

预先用镀膜或喷涂等技术把所要求的合金元素元素涂敷到工件表面，再用激光束照射涂敷表面，使表面膜与基体材料表层融合在一起并迅速凝速凝固，从而形成成分与结构均不同于基体的、具有特殊性能的合金化表层。利用这种方法可以进行局部表面合金化，使普通金属零件的局部表面经处理后可获得高级合金的性能。该方法还具有层深层宽可精密控制、合金用量少、对基体影响小、可将高熔点合金涂敷到低熔点合金表面等优点。已成功用于改善发动机阀座和活塞环、涡轮叶片等零件的性能和寿命。

激光束表面改性技术也可用于激光涂敷，以克服热喷涂层的气孔、夹杂和微裂纹缺陷。还可用于气相沉积技术，以提高沉积层与基体的结合力。

2. 电子束表面改性技术

电子束表面改性技术是以在电场中高速移动的电子作为载能体，电子束的能量密度最高可达 10^9 W/cm^2。除所使用的热源不同外，电子束表面改性技术与激光束表面改性技术的原理和工艺基本类似。凡激光束可进行的热处理，电子束也都可以进行。

与激光束表面改性技术相比，电子束表面改性技术还具有以下特点：

(1) 由于电子束具有更高的能量密度，加热的尺寸范围和深度更大；

(2) 设备投资较低，操作较方便；

(3) 因需要真空条件，故零件的尺寸受到限制。

3. 离子注入表面改性技术

离子注入是指在真空下，将注入元素离子在几万至几十万电子伏特电场作用下高速注入材料表面，使材料表面层的物理、化学和力学性能发生变化的方法。

离子注入的特点是：可注入任何元素，不受因溶度和热平衡的限制；注入温度可控，不氧化、不变形；注入层厚度可控；注入元素分布均匀；注入层与基体结合牢固，无明显界面；可同时注入多种元素，也可获得两层或两层以上性能不同的复合层。

通过离子注入可提高材料的耐磨性、耐蚀性、抗疲劳性、抗氧化性及电、光特性。

第6章　工 业 用 钢

钢铁是工业中使用最广、用量最大的金属材料。工业用钢中碳素钢价格便宜、便于冶炼、容易加工，且通过热处理可使其性能改善，能满足很多生产上的要求。但是，随着工业的急速发展，对钢铁材料的性能提出了更高要求，碳钢已不能满足要求。为了提高性能，在碳钢的基础上加入一种或几种合金元素，获得以铁为基体的合金即合金钢。为此，需要正确了解钢铁的分类、牌号、性能及用途，以便合理选择、使用钢铁。

6.1　钢的分类和编号

钢材品种繁多、性能各异，为了便于生产、使用和管理，可对钢进行分类及编号。

6.1.1　钢的分类

1. 按用途分类

钢按用途可分为结构钢、工具钢和特殊性能钢三类。

(1) 结构钢包括制造各种工程结构用钢和机器零件用钢。工程结构用钢，又称为工程用钢或构件用钢，用于船舶、桥梁、车辆、压力容器等；机器零件用钢包括渗碳钢、调质钢、弹簧钢、滚动轴承钢等，用于轴、齿轮、各种连接件等。

(2) 工具钢是用于制造各种加工工具的钢种。

(3) 特殊性能钢是指具有特殊物理性能或化学性能的钢种，包括不锈钢、耐热钢、耐磨钢、电工钢等。

2. 按化学成分分类

钢按化学成分可分为碳素钢和合金钢两类。

(1) 碳素钢根据含碳量分为含碳量≤0.25%的低碳钢、含碳量为0.25%～0.6%的中碳钢、含碳量>0.6%的高碳钢。

(2) 合金钢根据合金元素总量分为合金元素总量≤5%的低合金钢、合金元素总量为5%～10%的中合金钢、合金元素总量>10%的高合金钢。

另外，根据钢中主要合金元素种类，也可分为锰钢、铬钢、铬镍钢、硼钢等。

3. 按显微组织分类

(1) 钢按平衡状态或退火状态组织，可分为亚共析钢、共析钢、过共析钢。

(2) 钢按正火状态组织，可分为珠光体钢、贝氏体钢、马氏体钢、奥氏体钢、铁素体钢等。

4. 按质量分类

钢的质量主要是指钢中的磷、硫的含量。根据磷、硫的含量可分为普通钢（P≤

0.045%、S≤0.045%)、优质钢(P≤0.035%、S≤0.035%)、高级优质钢(P≤0.030%、S≤0.030%)。

6.1.2 钢的编号方法

我国钢的编号一般由化学元素符号、汉语拼音字母和阿拉伯数字三部分组成。化学元素符号表示钢中所含的合金元素种类;汉语拼音字母表示钢的种类、用途、特性和工艺方法等;阿拉伯数字用来表示合金元素的含量或钢性能的数值。

1. 碳素钢(非合金钢)

1)普通碳素结构钢

普通碳素结构钢(简称普钢)。普通碳素结构钢的牌号由代表屈服强度的拼音字母"Q"、屈服强度数值(钢材厚度或直径≤16mm)、质量等级符号(A、B、C、D四级)和脱氧方法(F、B、Z、TZ)等四部分按顺序组成。例如,Q235-AF表示屈服强度为235MPa、沸腾钢、质量等级为A级的碳素结构钢。F、B、Z、TZ依次表示沸腾钢、半镇静钢、镇静钢、特殊镇静钢,一般情况下符号Z与TZ在牌号表示中可省略。

2)优质碳素结构钢

优质碳素结构钢,简称优质碳结构钢或优钢。优质碳素结构钢的牌号用两位数字表示,这两位数字表示钢的平均含碳量,以0.01%为单位。例如,45钢表示平均含碳量为0.45%。高级优质钢在牌号后面加"A"表示,特级优质钢则在牌号后面加"E"表示。沸腾钢则加"F"表示。钢的含锰量为0.70%~1.00%时,在牌号后面加锰元素符号"Mn"。

3)碳素工具钢

碳素工具钢的牌号是在T的后面附以数字来表示,数字代表钢中碳的平均质量分数,以0.1%为单位。例如,T12表示碳的平均质量分数为1.2%的碳素工具钢。如果是高级优质碳素工具钢,则在数字后面加"A"。例如T12A表示平均碳的质量分数为1.2%的高级优质碳素工具钢。

4)碳素铸钢

碳素铸钢的牌号由代表铸钢的拼音字母"ZG"和两组数字组成,前一组数字表示最低屈服强度,后一组数字表示最低抗拉强度。例如,ZG200-400表示最低屈服强度为200MPa、最低抗拉强度为400MPa的碳素铸钢。

2. 合金钢

1)合金结构钢

合金结构钢的牌号采用"二位数字+元素符号+数字"表示。前面二位数字表示钢的平均碳含量,以0.01%为单位;元素符号表示钢所含的合金元素;后面数字表示该元素的质量分数。当合金元素的含量小于1.5%时,牌号中只标明元素符号,而不标明含量;如果含量大于1.5%、2.5%、3.5%等,则相应地在元素符号后面标注2、3、4等。例如60Si2Mn(或60硅2锰),表示平均含碳量为0.6%、含硅量约为2%、含锰量小于1.5%。

2)合金工具钢

合金工具钢的牌号表示方法与合金结构钢相似,其区别在于用一位数字表示平均碳含量，以 0.1%为单位。当碳含量大于或等于 1.00%时则不予标出。例如，9SiCr（或 9 硅铬），其中平均碳含量为 0.9%，Si、Cr 的含量都小于 1.5%；Cr12MoV 表示平均碳含量大于 1.00%，铬含量约为 12%，Mo、V 的含量都小于 1.5%的合金工具钢。

除此之外，还有一些特殊专用钢，为表示钢的用途在钢号前面冠以汉语拼音，而不标出含碳量。例如，GCr15 为滚珠轴承钢，“G”为“滚”的汉语拼音字首。还应注意：在滚珠轴承钢中，铬元素符号后面的数字表示铬含量的千分数，其他元素仍用质量分数表示。例如，GCr15SiMn 表示铬含量为 1.5%，硅、锰含量均小于 1.5%的滚珠轴承钢。

合金钢一般均为优质钢。合金结构钢若为高级优质钢，则在钢号后面加“A”，如 38CrMoAlA。合金工具钢一般都是高级优质钢，所以其牌号后面可不再标“A”。

6.2 钢中常存元素与合金元素

6.2.1 钢中常存元素及其作用

实际使用的碳钢，除了铁和碳元素，由于冶炼方式、条件等因素的影响，残留有其他元素，如硅、锰、硫、磷、氢、氧、氮等。这些元素称为常存元素，对钢的性能产生一定影响。

1. 硅和锰

硅和锰被称为有益元素。硅溶入铁素体中，产生固溶强化作用；此外，硅有较强的脱氧能力，可有效清除 FeO，提高钢的质量。在室温下，锰大部分溶入铁素体中形成固溶体，产生一定的强化作用，同时锰还能形成合金渗碳体。锰的脱氧能力较好，能很大程度上减少钢中的 FeO，还能与硫化合生成 MnS，减轻硫的有害作用。

2. 硫和磷

硫和磷在钢中属于有害元素。硫在钢中常以 FeS 的形式存在，FeS 与 Fe 形成低熔点的共晶体，分布在奥氏体的晶界上，当钢材进行热加工时，共晶体过热甚至熔化，减弱了晶粒间的联系，使钢材强度降低，韧性下降，即热脆。磷能溶于 α－Fe 中，但有碳存在时，磷在 α－Fe 中的溶解度急剧下降。磷的偏析倾向十分严重，在组织中析出脆性很大的化合物 Fe_3P，并且偏聚于晶界上，使钢的脆性增加，韧脆转化温度升高，即发生冷脆。因此，对钢中的硫和磷都要严格控制，其含量是钢质量的重要评价指标。

钢在冶炼时还会吸收和溶解一部分气体，如氧气、氢气、氮气等，给钢的性能带来不利的影响。尤其是氢气，它使钢变脆（称为氢脆），也能使钢产生微裂纹（称为白点）。

6.2.2 钢中合金元素及其作用

1. 合金元素在钢中的分布

在碳钢中加入一种或几种元素，形成合金钢，用以提高钢性能，所加的元素称为合金元素。钢中常加入的合金元素有硅、锰、铬、镍、钼、钨、钒、钛、铌、锆、铝、硼、稀土等。这些元素或溶于钢中的相，或形成新相。

（1）合金元素溶入基体中，形成固溶体，起固溶强化作用。合金元素溶入铁素体对其性能的影响如图 6.1 所示。可以看出，硅、锰的固溶强化效果最显著，但应控制在一定含量内。

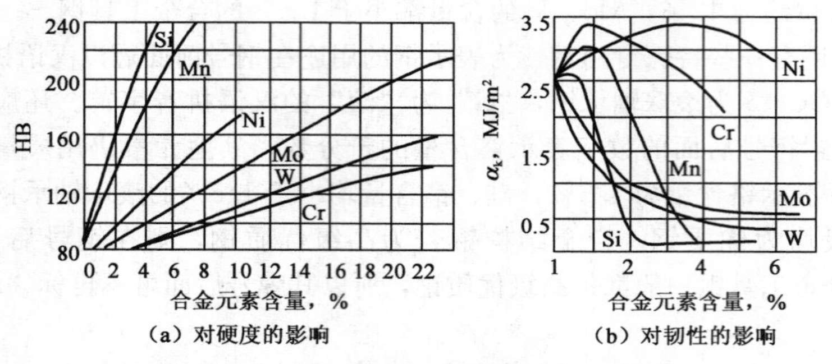

图 6.1 合金元素对铁素体性能的影响（退火状态）

（2）合金元素碳化形成碳化物，或溶入碳化物中形成合金碳化物。合金元素与碳的亲和能力不同，由强到弱的顺序为：Hf→Zr→Ti→Ta→Nb→V→W→Mo→Cr→Mn→Fe。当碳化物形成元素含量较高时，可形成复杂碳化物，如 Cr_7C_3、$Cr_{23}C_6$。其中的中强或强碳化物形成元素则多形成简单而稳定的碳化物，如 VC、NbC、TiC 等。碳化物是钢中重要的组成相之一，其类型、形态、数量、大小及分布对性能会产生重要的影响。

此外，合金元素有时也形成非金属夹杂物，有时也以单质形式分布。合金元素在钢中如何分布，主要取决于合金元素的本质，即合金元素与铁和碳的相互作用。

2. 合金元素对钢组织及其转变的影响

1）合金元素对相图的影响

Cr、Mo、W、Ti、Si、Al、B 等可使 Fe－Fe_3C 相图中的奥氏体相区缩小，如图 6.2（a）所示。Ni、Mn、Co、Cu、Zn、N 等元素可使奥氏体相区扩大，如图 6.2（b）所示。缩小奥氏体相区的元素将增高 A_3、A_1 温度，在一定条件下可使奥氏体相区消失，得到单相铁素体；扩大奥氏体相区的元素将降低 A_3、A_1 温度，在一定条件下可使奥氏体相区扩大到室温而得到单相奥氏体。同时，大部分合金元素还能使 Fe－Fe_3C 相图中的 S、E 左移，即降低了共析点的含碳量及碳在奥氏体中的最大溶解度，从而使含碳量相同的碳钢和合金钢具有不同的组织。

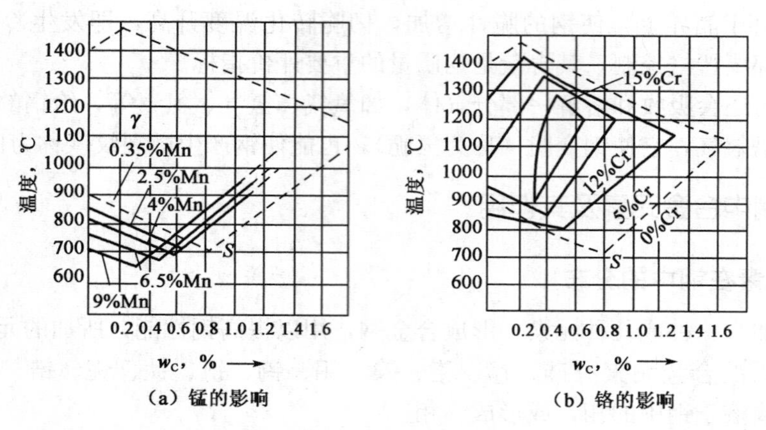

图 6.2 合金元素对奥氏体区的影响

2）合金元素对钢在加热时奥氏体化的影响

钢中大部分合金元素，特别是强碳化物形成元素，都可减缓奥氏体的形成过程，从而提高奥氏体化加热温度，同时延长了保温时间。此外，合金元素对奥氏体晶粒度也有不同的影响。例如，P、Mn促使奥氏体晶粒长大，Ti、Nb、N等可强烈阻止奥氏体晶粒长大，W、Mo、Cr等对奥氏体晶粒长大起到一定的阻碍作用。

3）合金元素对淬透性的影响

实践证明，除Co、Al外，能溶入奥氏体中的合金元素，均可减慢奥氏体的分解速度，使C曲线右移并降低M_s点（图6.3），提高钢的淬透性。除C外，常用来提高淬透性的合金元素是Cr、Mn、Ni、W、Mo、V、Ti。

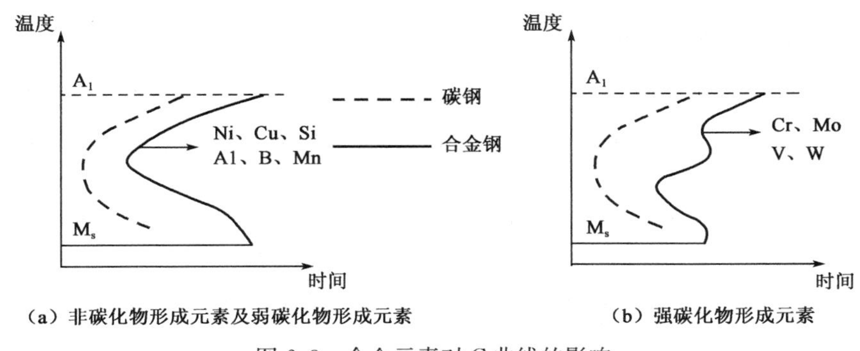

（a）非碳化物形成元素及弱碳化物形成元素　　（b）强碳化物形成元素

图6.3　合金元素对C曲线的影响

4）合金元素对回火转变的影响

多数合金元素均能提高钢的回火稳定性。由于合金元素能使铁碳原子扩散速度减慢，使淬火钢回火时马氏体分解减慢，析出的碳化物也难于聚集长大，保持一种较细小、分散的状态，从而使钢具有一定的回火稳定性。

高合金钢在500～600℃范围回火时，其硬度并不降低，反而升高，这种现象称为二次硬化。产生二次硬化的原因是合金钢在该温度范围内回火时，析出细小、弥散的特殊化合物，如Mo_2C、W_2C、VC等。这类碳化物硬度很高，在高温下非常稳定，难以聚集长大，提高了合金强度和硬度。例如，具有高热硬性的高速钢就是靠W、Mo、V的这种特性来实现的。

在某一温度下对淬火钢进行回火时，会发生脆性增大的现象，称为回火脆性。在350℃附近回火时发生的脆性，称为第一类回火脆性。无论碳钢或合金钢，都会发生这种脆性，这种脆性产生后无法消除，所以应尽量避免在此温度区间内回火。在500～650℃回火时，将发生第二类回火脆性，主要出现在合金结构钢（如铬钢、锰钢等）中。当出现第二类回火脆性时，可将其加热至500～600℃，经保温后，快冷予以消除。对于不能快冷的大型结构件，加入适量的W或Mo可防止第二类回火脆性的发生。

3. 合金元素对钢力学性能的影响

合金元素在钢中固溶于基体、形成碳化物等，通过对钢组织的影响，产生对力学性能的影响。合金元素主要通过固溶强化、第二相弥散强化、细化晶粒强化等机制使钢强度增加。

（1）固溶强化。合金元素溶于铁素体，有固溶强化作用，使钢的强度、硬度提高，但也使韧性、塑性下降。

（2）第二相弥散强化。一些强碳化物形成元素如钛、铌、钒、钨、钼等，可通过热处理，形成细小、弥散分布的碳化物质点，使钢的强度、硬度提高，起到明显的弥散强化作用。

（3）细化晶粒强化。强碳化物形成元素钛、铌、钒及强氮化物形成元素铝可形成高熔点碳化物、氮化物质点，阻碍奥氏体晶粒长大，从而细化铁素体晶粒。细化晶粒可提高钢的强度、硬度，也可提高钢的塑性、韧性。

6.3 碳　素　钢

6.3.1 普通碳素结构钢

普通碳素结构钢，简称普钢，其产量约占钢总产量的70％～80％，其中大部分用作钢结构，少量用作机器零件。由于这类钢易于冶炼、价格低廉，性能也能满足一般工程构件的要求，所以在工程上用量很大。

普钢对化学成分要求不甚严格，钢的磷、硫含量较高（P≤0.045％，S≤0.055％），但必须保证其力学性能。普钢通常以热轧状态供应，一般不经热处理强化，必要时可进行锻造、焊接等热加工，亦可通过热处理调整其力学性能。表6.1为碳素结构钢的牌号、化学成分、力学性能及用途。

表6.1　普通碳素结构钢的化学成分和力学性能

牌号	等级	化学成分，％			脱氧方法	力学性能			用途
		w_{C}	w_{S}	w_{P}		R_{el} MPa	R_{m} MPa	A ％	
Q195	—	0.06～0.12	≤0.050	≤0.045	F、b、Z	195	315～390	≥33	用于制造承受载荷不大的金属结构件、铆钉、垫圈、地脚螺栓、冲压件及焊接件
Q215	A	0.09～0.15	≤0.050	≤0.045	F、b、Z	215	335～410	≥31	
	B	—	≤0.045	—	—	—	—	—	
Q235	A	0.14～0.22	≤0.050	≤0.045	F、b、Z	235	375～460	≥26	用于制造金属结构件、钢板、钢筋、型钢、螺栓、螺母、短轴、心轴；Q235C、Q235D可用于制造重要焊接结构件
	B	0.12～0.20							
	C	≤0.18	≤0.040	≤0.040	Z				
	D	≤0.17	≤0.035	≤0.035	TZ				
Q255	A	0.18～0.28	≤0.50	≤0.045	Z	255	410～510	≥24	键、销、转轴、拉杆、链轮、链环片等
	B		≤0.45						
Q275	—	0.28～0.38	≤0.050	≤0.045	Z	275	490～610	≥20	

6.3.2 优质碳素结构钢

优质碳素结构钢，简称优钢，广泛用于较重要的机械零件。优质碳素结构钢既要保证其力学性能，又要保证其化学成分，钢中的磷、硫含量较低（S、P 含量均不大于 0.035%）。这类钢使用前一般都要进行热处理。部分优质碳素结构钢的力学性能和用途见表 6.2。

表 6.2 部分优质碳素结构钢的力学性能和用途

牌号	力学性能					用途
	R_{el}，MPa	R_m，MPa	A,%	Z,%	A_K，J	
08	195	325	33	60	—	这类低碳钢由于强度低、塑性好，易于冲压与焊接，一般用于制造受力不大的零件，如螺栓、螺母、垫圈、小轴、销子、链等。经过渗碳或氰化处理后，可用于制造表面要求耐磨、耐腐蚀的机械零件
10	205	335	31	55	—	
15	225	375	27	55	—	
20	245	410	25	55	—	
25	275	450	23	50	71	
30	295	490	21	50	63	这类中碳钢综合力学性能和切削加工性均较好，可用于制造受力较大的零件，如主轴、曲轴、齿轮、连杆、活塞销等
35	315	530	20	45	55	
40	335	570	19	45	47	
45	355	600	16	40	39	
50	375	630	14	40	31	
55	380	645	13	35	—	这类钢有较高的强度、弹性和耐磨性，主要用于制造凸轮、车轮、板弹簧、螺旋弹簧和钢丝绳等
60	400	675	12	35	—	
65	410	695	10	30	—	
70	420	715	9	30	—	

注：以上力学性能是正火后的试验测定值，但 A_K 值试样应进行调质处理。

6.3.3 碳素铸钢

碳素铸钢适用于一些形状复杂、难以用压力加工方法成型的零件。碳素铸钢的含碳量一般在 0.15%～0.60%范围内，铸造工艺性差，易出现浇不足、晶粒较粗大及缩孔缩松等缺陷，偏析严重、内应力较大，使钢的塑性和韧性下降。一般要通过退火或正火来消除内应力、细化晶粒，从而改善材料性能。碳素铸钢的成分、力学性能和用途见表 6.3。

6.3.4 碳素工具钢

碳素工具钢可分为优质碳素工具钢和高级优质碳素工具钢两类。碳素工具钢的含碳量一般在 0.65～1.35%，随着碳含量的增加，钢的硬度无明显变化，但耐磨性增加、韧性下降。

碳素工具钢的预备热处理一般为球化退火，其目的是降低硬度以便于切削加工，并为淬火作组织准备。但若锻造组织不良（如出现网状碳化物等缺陷），则应在球化退火之前先进行正火处理，以除去网状碳化物。其最终热处理为淬火＋低温回火（回火温度一般 180～200℃），正常组织为隐晶回火马氏体＋细粒状渗碳体＋少量残余奥氏体。

碳素工具钢的优点是成本低、冷热加工工艺性好，在手用工具和机用低速切削工具上有较广泛的应用。与合金工具钢相比，碳素工具钢的淬透性低、组织稳定性差且热硬性差、综合力学性能欠佳，故一般只用于尺寸不大、形状简单、要求不高的低速切削工具。其中，T7 、T8 钢适于制造承受一定冲击而韧性较高的工具，如大锤、手锤、冲头、凿子、木工工具、剪刀等；T10、T10A 钢应用较广；T11 钢适于制造冲击较小，要求高硬度、高耐磨性的工具，如丝锥、板牙、小钻头、冷冲模、手工锯条等；T12、T13 钢的硬度和耐磨性很高，但韧性较差，用于制造不受冲击的工具，如锉刀、刮刀、剃刀、量具等。

表 6.3　碳素铸钢的成分、力学性能和用途

<table>
<tr><th rowspan="2">牌号</th><th colspan="3">化学成分，%</th><th colspan="5">室温下力学性能</th><th rowspan="2">用　途</th></tr>
<tr><th>w_C</th><th>w_{Si}</th><th>w_{Mn}</th><th>R_{el}或$\sigma_{0.2}$
MPa</th><th>R_m
MPa</th><th>A
%</th><th>Z
%</th><th>A_{KV}
J</th></tr>
<tr><td>ZG200－400</td><td>0.20</td><td rowspan="3">0.50</td><td>0.80</td><td>200</td><td>400</td><td>25</td><td>40</td><td>30</td><td>有良好的塑性、韧度和焊接性能。用于制造受力不大、要求韧度高的各种机械零件，如机座、变速箱壳等</td></tr>
<tr><td>ZG230－450</td><td>0.30</td><td rowspan="4">0.90</td><td>230</td><td>450</td><td>22</td><td>32</td><td>25</td><td>有一定强度和较好的塑性、韧性和焊接性。用于制造受力不大、要求韧度较高的各种机械零件，如砧座、外壳、轴承盖、底板等</td></tr>
<tr><td>ZG270－500</td><td>0.40</td><td>270</td><td>500</td><td>18</td><td>25</td><td>22</td><td>有较高强度和较好的塑性，铸造性能良好，焊接性能尚好，切削性好。用于制造轧钢机机架、轴承座、连杆、曲轴、缸体等</td></tr>
<tr><td>ZG310－570</td><td>0.50</td><td rowspan="2">0.60</td><td>310</td><td>570</td><td>15</td><td>21</td><td>15</td><td>强度和切削性良好，塑性、韧度较低。用于制造载荷较高的零件，如大齿轮，缸体、制动轮、辊子等</td></tr>
<tr><td>ZG340－640</td><td>0.60</td><td>340</td><td>640</td><td>10</td><td>18</td><td>10</td><td>有高的强度、硬度和耐磨性，切削性良好，焊接性较差，流动性好。用于制造起重运输机齿轮、棘轮、联轴器等重要零件</td></tr>
</table>

6.4　合　金　钢

6.4.1　合金结构钢

合金结构钢按用途可分为工程结构用钢和机械零件用钢。工程结构用钢要求有足够的强度、韧性，也能满足一定的工艺要求。机械零件用钢是在优质或高级优质碳素结构钢的基础上加入合金元素制成的合金钢，主要用于制造各种机械零件。机械零件用钢一般都要经过热处理才能发挥其性能特点，根据用途和热处理工艺特点，可以分为合金渗碳钢、合金调质钢、合金弹簧钢等。

1. 低合金高强度结构钢

低合金高强度结构钢，也称低合金高强钢，是在低碳钢的基础上加入少量合金元素（总合金含量<5%）而得到的，具有较高强度，主要用于制造桥梁、船舶、车辆、锅炉、高压容器、输油输气管道、大型钢结构等。

低合金钢中，碳的质量分数一般不超过0.20%，以提高韧性、满足焊接和冷塑性成型要求。加入以Mn为主的合金元素，并加入铌、钛或钒等附加元素，来提高材料的性能。在需要有些抗腐蚀能力时，加入少量的铜（≤0.4%）和磷（0.1%左右）等。

一般低合金高强钢的屈服强度在300MPa以上，同时有足够的塑性、韧性和良好的焊接性能。在低温下工作的构件，必须具有良好的韧性，大型工程结构大都采用焊接制造，所以这类钢具有良好的焊接性能。此外，许多大型结构在大气、海洋中使用，还要求有较高的抗腐蚀能力。这类钢一般在热轧、空冷状态下使用，不需要专门的热处理。若为改善焊接区性能，可进行正火。

常用的低合金高强度结构钢的牌号、力学性能，以及新旧牌号的对照和用途见表6.4。

表6.4 低合金高强度结构钢的力学性能

牌号	等级	厚度>16～35mm	R_m MPa	A,%	A_{KV}，J +20℃	旧标准	用途
		R_{el}，MPa≥		≥			
Q295	A B	275 275	390～570 390～570	23 23	34	09MnV、9MnNb、09Mn2、12Mn	用于制造车辆的冲压件、冷弯型钢、螺旋焊管、拖拉机轮圈、低压锅炉气包、中低压化工容器、输油管道、储油罐、油船等
Q345	A B C D E	325 325 325 325 325	470～630 470～630 470～630 470～630 470～630	21 21 22 22 22	34	12Mn、14MnNb、16Mn、18Nb、16MnRE	用于制造船舶、铁路车辆、桥梁、管道、锅炉、压力容器、石油储罐、起重及矿山机械、电站设备厂房钢架等
Q390	A B C D E	370 370 370 370 370	490～650 490～650 490～650 490～650 490～650	19 19 20 20 20		15MnTi、16MnNb、10MnPNbRE、15MnV	用于制造中高压锅炉气包、中高压石油化工容器、大型船舶、桥梁、车辆、起重机及其他较高载荷的焊接结构件等
Q420	A B C D E	400 400 400 400 400	520～680 520～680 520～680 520～680 520～680	18 18 19 19 19	34	15MnVn、14MnVTiRE	用于制造大型船舶、桥梁、电站设备、起重机械、机车车辆、中高压锅炉及容器及其大型焊接结构件等

续表

牌号	等级	厚度>16～35mm	R_m MPa	A,%	A_{KV}，J +20℃	旧标准	用途
		R_{el}，MPa≥		≥			
Q460	C	440	550～720	17			可淬火加回火后用于制造大型挖掘机、起重运输机械、钻井平台等
	D	440	550～720	17			
	E	440	550～720	17			

2. 渗碳钢

渗碳钢通常是指经渗碳处理后使用的钢。渗碳钢主用于制造要求高耐磨性、并承受动载荷的零件，如汽车、拖拉机中的变速齿轮、内燃机上的凸轮轴、活塞销等机器零件。

1）*成分特点*

含碳量不超过 0.25%。钢中含有的合金元素，如锰、铬、镍、钨、钒、钛、硅等，渗碳后在表面形成碳化物，提高硬度和耐磨性。钛和钒还可以阻止奥氏体晶粒粗化。钢中含有的非碳化物形成元素镍、硅等提高基体淬透性、强度和韧性，并使渗碳层的碳浓度变化平缓。

2）*热处理特点*

在渗碳前一般采用正火处理作为预备热处理，对高淬透性的渗碳钢，则采用空冷淬火+高温回火，以获得回火索氏体组织，改善切削加工性能。一般渗碳热处理温度为 930℃。渗碳后进行淬火并低温回火作为最终热处理。20CrMnTi 钢齿轮在 930℃渗碳后，可以预冷到 870℃直接淬火，预冷中渗碳层析出部分二次渗碳体，油淬后减少渗碳体层中残留奥氏体，提高耐磨性和接触疲劳强度，而心部有较高的强度和韧性。

渗碳后的钢件，经淬火和低温回火后，表面硬度可达 58～64HRC，具有高的耐磨性。而心部组织则视钢的碳含量及淬透性高低而定，全部淬透时可得到低碳马氏体（40～48HRC），具有较高的强度和韧性。在多数未淬透的情况下，得到珠光体或铁素体等组织，具有良好塑性与韧性的同时，有一定的强度。

常用渗碳钢见表 6.5。

3. 调质钢

调质钢通常是指经调质后使用的钢，一般为中碳钢或中碳合金钢，主要用于承受较大变动载荷或各种复合应力的零件，如制造汽车、拖拉机、机床和其他机器上各种重要零件（齿轮、轴类件、连杆、高强度螺栓等）。

1）*成分特点*

碳含量中等，通常在 0.25%～0.50%，要求以强度、硬度、耐磨性为主的零件，碳含量偏上限；要求具有较高塑性、韧性的零件，碳含量偏下限。调质钢中主加合金元素是 Mn、Si、Cr、Ni、Mo、B 等，主要作用是提高钢的淬透性，并能强化铁素体，起固溶强化作用。辅加元素有 Mo、W、V、Al、Ti 等，其中 Mo、W 的作用是防止或减轻第二类回火脆性，并增加回火稳定性；V、Ti 的作用是细化晶粒；Mo 能防止高温回火脆性；Al 能加速渗氮过程。

表 6.5 常用渗碳钢

种类	钢号	化学成分，%			力学性能				用途举例
		w_C	w_{Mn}	w_{Si}	R_{el} MPa	R_m MPa	Z %	A_K (α_k) J (J/cm^2)	
低淬透性合金渗碳钢	20Mn2	0.17～0.24	1.40～1.80	0.17～0.37	590	785	40	47 (60)	代替 20Cr
	15Cr	0.12～0.18	0.40～0.70	0.17～0.37	490	735	45	55 (70)	船舶主机螺钉、活塞销、凸轮及心部韧性高的渗碳零件
	20Cr	0.18～0.24	0.50～0.80	0.17～0.37	540	835	40	47 (60)	机床齿轮、齿轮轴、蜗杆活塞销及汽门顶杆
	20MnV	0.17～0.24	1.30～1.60	0.17～0.37	590	785	40	55 (70)	代替 20Cr
中淬透性合金渗碳钢	20CrMnTi	0.17～0.23	0.80～1.10	0.17～0.37	853	1080	45	55 (70)	作汽车、拖拉机的齿轮、凸轮，是 Cr－Ni 钢代用品
	20Mn2B	0.17～0.24	1.50～1.80	0.17～0.37	785	980	45	55 (70)	代替 20Cr、20CrMnTi
	12CrNi3	0.10～0.17	0.30～0.60	0.17～0.37	685	930	50	71 (90)	大齿轮、轴
	20CrMnMo	0.17～0.23	0.90～1.20	0.17～0.37	885	1175	45	55 (70)	代替含镍较高的渗碳钢作大型拖拉机齿轮、活塞销等
	20MnVB	0.17～0.23	1.20～1.60	0.17～0.37	885	1080	45	55 (70)	代替 20CrNi、20CrMnTi
高淬透性合金渗碳钢	12Cr2Ni4	0.10～0.16	0.30～0.60	0.17～0.37	835	1080	50	71 (90)	大齿轮、轴
	20Cr2Ni4	0.17～0.23	0.30～0.60	0.17～0.37	1080	1175	45	63 (80)	大型渗碳齿轮、轴及飞机发动机齿轮
	18Cr2Ni4WA	0.17～0.19	0.30～0.60	0.17～0.37	835	1175	45	78 (100)	同 12Cr2Ni4，用作高级渗碳零件

2）热处理特点

调质钢锻造毛坯应进行预备热处理，以降低硬度，便于切削加工。预备热处理一般采用正火或退火。对淬透性低的调质钢可采用正火，能节约处理时间；淬透性高的钢，若采用正火，其后须加高温回火。例如40CrNiMo钢正火后硬度在400HBS以上，经正火＋高温回火后硬度降低到207～240HBS，满足了切削要求。调质钢的最终热处理为淬火后高温回火，回火温度一般为500～600℃，以获得回火索氏体组织，使钢件具有高强度、高韧性相结合的良好综合力学性能。

常用调质钢牌号、成分、热处理、性能与用途见表6.6。

4. 弹簧钢

弹簧钢主要制造各种弹簧和弹性元件。弹簧是机器和仪表中的重要零件，主要在冲击、振动和周期性扭转、弯曲等交变应力下工作。弹簧利用其弹性变形吸收和释放能量，所以要有高的弹性极限；为防止在交变应力下发生疲劳和断裂，弹簧应具有高的疲劳强度和足够的塑性和韧性；在某些环境下，还要求弹簧具有导电、无磁、耐高温和耐腐蚀性等性能。

1）成分特点

常用的弹簧材料是碳素钢或合金钢。碳素弹簧钢含碳量在0.60％～1.05％范围。合金弹簧钢的碳质量分数一般为0.50％～0.64％，常加入Si、Mn、Cr、W、Mo、V等合金元素。Si、Mn的主要作用是提高淬透性，并使铁素体得到强化，使屈强比和弹性极限提高；Si使弹性极限提高的作用很突出，但易产生表面脱碳；Mn能增加淬透性，但也使钢的过热和回火脆性倾向增大。另外，弹簧钢中还加入Cr、W、Mo、V等，可减少硅锰弹簧钢脱碳和过热的倾向，同时可进一步提高弹性极限、屈强比、耐热性和耐回火性。V能细化晶粒，提高韧性。

2）热处理特点

弹簧钢一般采用淬火加中温回火处理，以获得回火托氏体组织。对弹簧丝直径或弹簧钢板厚度大于10～15mm的螺旋弹簧或板弹簧，通常在热态下成型，即把钢加热到比淬火温度高50～80℃热卷成型，利用成型后的余热立即淬火并中温回火。对于截面尺寸＜8～10mm的弹簧常采用冷拔钢丝冷卷成型，不再进行淬火，只需在250～300℃进行一次去应力退火，以防弹簧变形。

常用弹簧钢的牌号、成分、性能、热处理及用途见表6.7。

5. 滚动轴承钢

滚动轴承钢主要用来制造滚动轴承的滚动体、内外套圈等，也用于制造精密量具、冷冲模、机床丝杠等耐磨件。

轴承钢在工作时承受很高的交变接触压力，同时滚动体与内外套筒之间还产生强烈的摩擦，并受到冲击载荷的作用以及大气和润滑介质的腐蚀作用。这就要求轴承钢必须具有高而均匀的硬度和耐磨性，高的抗压强度和接触疲劳强度，足够的韧性和对大气、润滑油的耐蚀能力。

1）成分特点

碳含量通常在0.95～1.15％，铬含量在0.4～1.65％。高碳是为了获得高的强度和硬度、耐磨性，铬的作用是提高淬透性，增加回火稳定性。为进一步提高淬透性，还可以加入Si、Mn等元素，以适于制造大型轴承。轴承钢的纯度要求极高，P、S含量限制极严（w_S＜0.020％、w_P＜0.027％）。

表 6.6 常用调质钢

种类	牌号	化学成分,%			热处理		力学性能				用途
		w_C	w_{Mn}	w_{Si}	淬火温度 ℃	回火温度 ℃	R_{el} MPa	R_m MPa	Z %	A_K (α_k) J (J/cm²)	
低淬透性合金调质钢	45Mn2	0.42～0.49	0.17～0.37	1.40～1.80	840 油	550 水、油	735	685	45	47 (60)	用于制造万向接头轴、蜗杆、齿轮、连杆、摩擦盘
	40Cr	0.37～0.45	0.17～0.37	0.50～0.80	850 油	520 水、油	785	980	45	47 (60)	用于制造重要调质零件，如齿轮、轴、曲轴、连杆、螺栓
	35SiMn	0.32～0.40	1.10～1.40	1.10～1.40	900 水	570 水、油	735	885	45	47 (60)	代替 40Cr 作调质零件
	42SiMn	0.39～0.45	1.10～1.40	1.10～1.40	880 油	590 水、油	735	885	40	47 (60)	与 35SiMn 同，并可作淬火零件
	40MnB	0.37～0.44	0.17～0.37	1.10～1.40	850 油	500 水、油	785	980	45	47 (60)	代替 40Cr
中淬透性合金调质钢	40CrMn	0.37～0.45	0.17～0.37	0.90～1.20	840 油	550 水、油	835	980	45	47 (60)	代替 42CrMo 作高速载荷而冲击不大的零件
	40CrNi	0.37～0.44	0.17～0.37	0.50～0.80	820 油	500 水、油	785	980	45	55 (70)	用于制造汽车、拖拉机、机床、轴齿轮连接螺栓、电动机轴
	42CrMo	0.38～0.45	0.17～0.37	0.50～0.80	850 油	560 水、油	930	1080	45	63 (80)	代替含 Ni 较高的调质钢
	30CrMnSr	0.27～0.34	0.90～1.20	0.80～1.10	880 油	520 水、油	885	1080	45	39 (50)	用于制造高载荷砂轮轴、联轴器、离合器等调质件
	35CrMo	0.32～0.40	0.17～0.37	0.40～0.70	850 油	550 水、油	835	980	45	63 (80)	代替 40CrNi 用于制造大断面齿轮与轴、汽轮发电机转子

续表

种类	牌号	化学成分,%			热处理		力学性能				用途
		w_C	w_{Mn}	w_{Si}	淬火温度 ℃	回火温度 ℃	R_{el} MPa	R_m MPa	Z %	A_K（α_k） J（J/cm^2）	
中淬透性合金调质钢	38CrMoAlA	0.35～0.42	0.20～0.45	0.30～0.60	940 水、油	640 水、油	835	980	50	71（90）	用于制造高级氮化钢，如镗床镗杆、蜗杆、高压阀门
高淬透性调质钢	37GNi3	0.34～0.41	0.17～0.37	0.30～0.60	820 油	800 水、油	980	1130	80	47（60）	用于制造活塞销、凸轮轴、齿轮、重要螺栓拉杆

表 6.7　常用弹簧钢

种类	牌号	化学成分,%					热处理		力学性能（不小于）			
		w_C	w_{Si}	w_{Mn}	w_{Cr}	w_V	淬火温度 ℃	回火温度 ℃	R_{el} MPa	R_m MPa	A %	Z %
碳素弹簧钢	65	0.62～0.70	0.17～0.37	0.50～0.80	—	—	840 油	500	800	1000	9	35
	85	0.82～0.90	0.17～0.37	0.50～0.80	—	—	820 油	480	1000	1150	6	30
	65Mn	0.62～0.70	0.17～0.37	0.90～1.20	—	—	830 油	540	800	1000	8	30
合金弹簧钢	55Si2MnB	0.52～0.60	1.50～2.00	0.60～0.90	—	—	870 油	480	1200	1300	6	30
	60Si2Mn	0.56～0.64	1.50～2.00	0.60～0.90	—	—	870 油	480	1200	1300	5	25
	50CrVA	0.46～0.54	0.17～0.37	0.50～0.80	0.80～110	0.10～0.20	850 油	500	1150	1300	10（δ_5）	40
	60Si2CrVA	0.56～0.64	1.40～1.80	0.40～0.70	0.90～1.20	0.10～0.20	850 油	410	1700	1900	6（δ_5）	20

2）热处理特点

轴承钢的热处理包括预备热处理、球化退火和最终热处理（淬火与低温回火）。球化退火的目的是为获得球状珠光体组织，以降低钢的硬度，有利于切削加工，并为淬火作好组织准备。淬火低温回火可获得极细的回火马氏体和均匀、细小的粒状合金碳化物及少量残余奥氏体组织，硬度为 61～65HRC。对于精密轴承，为了稳定组织，可在淬火后进行冷处理（－60～－80℃），以减少残余奥氏体量，然后再进行低温回火和磨削加工，最后再进行一次稳定尺寸的时效处理（在 120～130℃保温 10～20h），以彻底消除内应力。

常用轴承钢见表 6.8。最有代表性的是 GCr15，用于制造中、小型轴承，也常用来制造冷冲模、量具、丝锥等。GCr15SiMn，用于制造大型轴承。

表 6.8　常用滚动轴承钢

牌　　号	化学成分,%				热　处　理		回火后硬度 HRC	用　　途
	w_C	w_{Cr}	w_{Si}	w_{Mn}	淬火温度 ℃	回火温度 ℃		
GCr9	1.00～1.10	0.90～1.20	0.15～0.35	0.25～0.45	810～830 水、油	150～170	62～64	用于制造直径＜20mm 的滚珠、滚柱及滚针
GCr9SiMn	1.00～1.10	0.90～1.20	0.45～0.75	0.95～1.25	810～830 水、油	150～160	62～64	用于制造壁厚＜12mm、外径＜250mm 的套圈，直径为 25～50mm 的钢球，直径＜22mm 的滚子
GCr15	0.95～1.05	1.40～1.65	0.15～0.35	0.25～0.45	820～840 水、油	150～160	62～64	与 GCr9SiMn 相同
GCr15SiMn	0.95～1.05	1.40～1.60	0.45～0.75	0.95～1.25	820～840 水、油	150～170	62～64	用于制造套圈、钢球、滚子

6.4.2　合金工具钢

合金工具钢是在碳素工具钢的基础上，加入合金元素（Si、Mn、Cr、V 等）制成的。由于合金元素的加入，提高了材料的热硬性、耐磨性，改善材料的热处理性能。合金工具钢常用来制造各种切削刃具、模具、量具，因此分为刃具钢、模具钢、量具钢。

1. 刃具钢

切削时刃具受切削力作用且产生大量的热量，还要承受一定的冲击和震动。对刃具钢的性能要求是高的抗弯、抗压强度，高硬度、高耐磨性，足够的塑性和韧性。还需具有在高温下保持高硬度的能力，称为热硬性或红硬性。

合金刃具钢分为低合金刃具钢和高速钢。

1）低合金刃具钢

低合金刃具钢中碳的质量分数一般为 0.9%～1.1%，并加入 Cr、Mn、Si、W、V 等合金元素，这类钢的最高工作温度不超过 300℃。主要热处理是机械加工前退火、加工后淬火和低温回火。

常用合金刃具钢的牌号、成分、热处理及用途见表 6.9。典型钢种是 9SiCr，广泛用于制造各种低速切削的刃具如板牙、丝锥等，也常用作冷冲模。8MnSi 钢符合我国资源，由于其中不含 Cr 而且价格较低，其淬透性、韧性和耐磨性均优于碳素工具钢。

表 6.9 常用合金工具钢

牌号	化学成分，%					试样淬火		退火 HBS≥	用途
	w_C	w_{Mn}	w_{Si}	w_{Cr}	$w_{其他}$	淬火温度 ℃	HRC≥		
Cr06	1.30～1.45	≤0.40	≤0.40	0.50～0.70	—	780～810 水	64	241～187	用于制造锉刀、刮刀、刻刀、刀片、剃刀
Cr2	0.95～1.10	≤0.40	≤0.40	1.30～1.65	—	830～860 油	62	229～179	用于制造车刀、插刀、铰刀、冷轧辊等
9SiCr	0.85～0.95	0.30～0.60	1.20～1.60	0.95～1.25	—	830～860 油	62	241～179	用于制造丝锥、板牙、钻头、铰刀、冷冲模等
8MnSi	0.75～0.85	0.80～1.10	0.30～0.60	—	—	800～820 油	62	≤229	用于制造长铰刀、长丝锥
9Cr2	0.85～0.95	≤0.40	≤0.40	—	Cr1.30～1.70	820～850 油	62	217～179	用于制造尺寸较大的铰刀、车刀等刃具

为改善刃具的切削效率和提高耐用度，生产上经常采用表面强化处理。表面强化处理主要有化学热处理和表面涂层处理两大类。前者包括蒸气处理、气体软氮化、离子氮化、氧氮化、多元共渗等；后者处理方法很多，发展也很快，如 PVD、CVD、激光重熔等，主要是在金属表面形成耐磨的碳化钛、氧化钛等覆层。

2）高速钢

高速钢的碳含量在 0.7%以上，最高可达 1.5%左右，铬含量大约 4%，加入一定的 W、Mo，保证高的热硬性，加入 V 提高耐磨性。

高速钢的加工、热处理工艺复杂，其要点如下：

高速钢铸态组织中含有大量粗大共晶碳化物，并呈鱼骨状分布，大大降低钢的性能。这些碳化物不能用热处理来消除，因此高速钢的锻造具有成型和改善碳化物形态和分布的双重作用。锻造后进行球化退火，便于机械加工，并为淬火作组织准备。球化退火后的基体为索氏体基体和均匀分布的细小粒状碳化物。高速钢的导热性很差，淬火温度又很高，所以淬火加热时必须进行预热。高速钢淬火后的组织为隐针马氏体、残余合金碳化物和大量残余奥氏体。高速钢通常在二次硬化峰值温度或稍高一些的温度（550～570℃）下，回火三次。W18Cr4V 钢淬火后约有 30%残余奥氏体，经一次回火后约剩 15%～18%，二次回火后降到 3%～5%，第三次回火后仅剩 1%～2%。具体工艺曲线如图 6.4 所示。

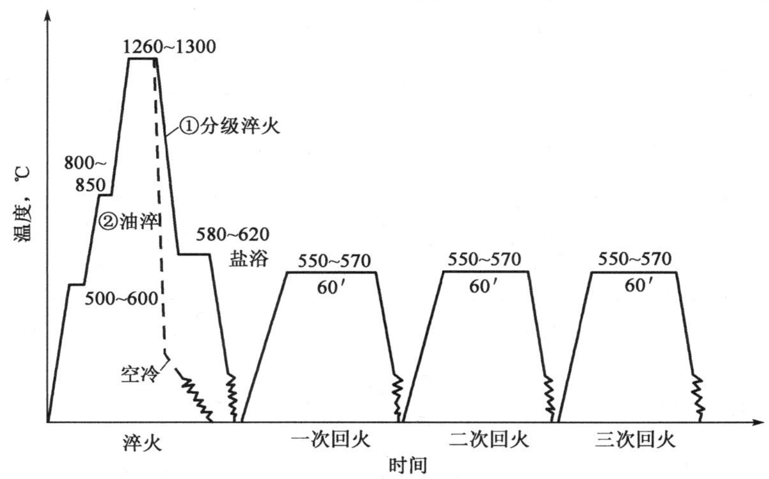

图 6.4　W18Cr4V 钢热处理工艺曲线示意图

我国常用的高速钢见表 6.10。钨系 W18Cr4V 钢是发展最早、应用最广泛的高速工具钢，它具有较高的热硬性，过热和脱碳倾向小，但碳化物较粗大，韧性较差。钨钼系 W6Mo5Cr4V2 钢用钼代替了部分钨。钼的碳化物细小，韧性较好，耐磨性也较好，但热硬性稍差，过热与脱碳倾向较大。近年来我国研制的含钴、铝等高速工具钢已用于生产，其淬火回火后硬度可达 60～70HRC，热硬性高，但脆性大，易脱碳，不适宜制造薄刃刀具。

2. 模具钢

模具钢分为冷模具钢和热模具钢。冷模具钢用于制造各种冷冲模、冷镦模、冷挤压模和拉丝模等，工作温度不超过 200～300℃。热模具钢用于制造各种热锻模、热挤压模和压铸模等，工作时型腔表面温度可达 600℃以上。

常用模具钢的牌号、成分、热处理、性能及用途见表 6.11。

冷模具工作时，承受很大压力、弯曲力、冲击载荷和摩擦。主要损坏形式是磨损，也常出现崩刃、断裂和变形等失效现象。因此冷模具钢应具有高硬度、高耐磨性、足够的韧性与疲劳抗力、热处理变形小等基本性能。冷模具钢的碳含量分数多在 1.0%以上，有时高达 2.0%以上；加入 Cr、Mo、W、V 等合金元素，强化基体，形成碳化物，提高硬度和耐磨性等。

热模具钢在工作中承受很大的冲击载荷、强烈的摩擦、剧烈的冷热循环，存在较大的热应力，以及高温氧化，常出现崩裂、塌陷、磨损、龟裂等失效现象。因此热模具钢的主要性能要求是：高的热硬性和高温耐磨性；高的抗氧化能力；高的热强性和足够的韧性；高的热疲劳抗力，以防止龟裂破坏。此外，由于热模具一般较大，还要求有较高的淬透性和导热性。热模具钢的碳含量分数一般为 0.3%～0.6%；加入 Cr、Ni、Mn 等元素，提高钢的淬透性，提高强度等性能；加入 W、Mo、V 等元素，防止回火脆性，提高热稳定性及红硬性；适当提高 Cr、Mo、W 在钢中的含量，可提高钢的抗热疲劳性。热模具钢的最终热处理一般为淬火后高温（或中温）回火，以获得均匀的回火索氏体组织，硬度在 40HRC 左右，并具有较高的韧性。

3. 量具钢

量具钢用于制造各种测量工具，如卡尺、千分尺、螺旋测微仪、块规和塞规等。

表 6.10 常用高速钢

种类	牌号	化学成分,%						热处理		硬度			红硬性[①] HRC
		w_C	w_{Mn}	w_W	w_{Mo}	w_V	$w_{其他}$	预热温度 ℃	淬火温度 ℃	回火温度 ℃	退火 HBS	淬火+回火 HRC≥	
钨系	W18Cr4V (18-4-1)	0.70~0.80	3.80~4.40	17.50~19.00	≤0.30	1.00~1.40	—	820~870	1270~1850	550~570	≤255	63	61.5~62
钨钼系	CW6Mo5CrV2	0.95~1.05	3.80~4.40	5.50~6.75	4.50~5.50	1.75~2.20	—	730~840	1190~1210	540~560	≤255	65	—
	W6Mo5CrV2 (6-5-4-2)	0.80~0.90	3.80~4.40	5.50~6.75	4.50~5.50	1.75~2.20	—	730~840	1210~1230	540~560	≤255	64	60~61
	W6Mo5CrV3 (6-5-4-3)	1.10~1.20	3.80~4.40	6.00~7.00	4.50~5.50	2.80~3.30	—	840~885	1200~1240	560	≤255	64	64
超硬系	W13Cr4V2Co8	0.75~0.85	3.80~4.40	17.50~19.00	0.50~1.25	1.80~2.40	Co7.00~9.50	820~870	1270~1290	540~560	≤285	64	64
	W6Mo5Cr4V2Al	1.05~1.20	3.80~4.40	5.50~6.75	4.50~5.50	1.75~2.20	Al0.80~1.20	850~870	1220~1250	540~560	≤269	65	65

注:①红硬性是将淬火回火试样在600℃加热4次,在每次1h的条件下测定的。

表 6.11 常用模具钢的牌号、成分、热处理及用途

类别	钢号	化学成分,%							热处理					用途
									淬火			回火		
		w_C	w_{Mn}	w_{Si}	w_{Cr}	w_W	w_V	w_{Mo}	淬火温度 ℃	冷却介质	硬度 HRC	回火温度 ℃	硬度 HRC	
冷模具钢	Cr12	2.00～2.30	≤0.35	≤0.40	11.5～13.0	—	—	—	980	油	62～65	180～220	60～62	冷冲模冲头、冷切剪刀、钻套、量规冶金粉模、落料模、拉丝模、木工工具
									1080	油	45～50	500～520	59～60	
	Cr12MoV	1.45～1.70	≤0.35	≤0.40	11.0～12.5	—	0.15～0.30	0.40～0.60	1030	油	62～63	160～180	61～62	冷切剪刀、圆锯、切边模、滚边模、缝口模、标准工具与量规、拉丝模等
									1120	油	41～50	510（三次）	60～61	
热模具钢	5CrNiMo	0.50～0.60	0.50～0.80	≤0.35	0.50～0.80	镍 1.40～1.80	—	0.15～0.30	830～860	油	≥47	530～550	HB364～402	料压模、大型锻模等
	5CrMnMo	0.50～0.60	1.20～1.60	0.25～0.60	0.60～0.90	—	—	0.15～0.30	820～850	油	≥50	560～580	HB324～364	中型锻模等
	6SiMnV	0.55～0.65	0.90～1.20	0.80～1.10	—	—	0.15～0.30	—	820～860	油	≥56	490～510	HB374～444	中、小型锻模等
	3Cr2W8V	0.30～0.40	0.20～0.40	≤0.35	2.20～2.70	7.50～9.00	0.20～0.50	—	1050～1100	油	>50	560～580（三次）	44～48	高应力压模、螺钉或铆钉热压模、热剪切刀、压铸模等

量具钢在使用过程中主要受磨损，要求材料有高的硬度（不小于56HRC）和耐磨性，高的尺寸稳定性。

量具钢的成分与低合金刃具钢相似，为高碳（0.9%～1.5%）并且常加入Cr、W、Mn等。

量具钢的热处理关键在于保证量具的尺寸稳定性，因此，常采用下列措施：尽量降低淬火温度，以减少残余奥氏体量；淬火后立即进行－70～－80℃的冷处理，使残余奥氏体尽可能地转变为马氏体，然后进行低温回火；精度要求高的量具，在淬火、冷处理和低温回火后还需进行时效处理。

6.4.3 特殊性能钢

特殊性能钢是指具有特殊的物理、化学性能的钢。本节主要介绍不锈钢、耐热钢和耐磨钢。

1. 不锈钢

不锈钢是指在腐蚀性介质中具有高度化学稳定性的合金钢。能在酸、碱、盐等腐蚀性较强的介质中使用的钢，又进一步称为耐蚀钢。

腐蚀是由外部介质引起金属破坏的过程。腐蚀分两类：一类是化学腐蚀，指金属与介质发生纯化学反应而破坏，例如钢的高温氧化、脱碳、在燃气中腐蚀等；另一类是电化学腐蚀，指金属在酸碱盐等溶液中，由于原电池的作用而引起的腐蚀。

对于金属材料，电化学腐蚀是出现最多、破坏性最大腐蚀形式。钢在介质中，由于本身各部分电极电位的差异，在不同区域产生电位差。电位低的区域为阳极，电位高的区域为阴极。电介质溶液在这两个区发生不同的反应，在阳极发生氧化反应：$Fe \longrightarrow Fe^{2+} + 2e$，即铁原子变成离子进入溶液；在阴极，介质中的氢离子接受阳极流来的电子发生还原反应：$2H^{+} + 2e = H_2$。显然，这种腐蚀是形成了原电池作用的结果，电位较低的阳极区不断被腐蚀，而电位较高的阴极区受到保护。不幸的是，金属的电极电位较低，总是成为阳极而被腐蚀。钢的腐蚀原电池是由于电化学不均匀引起的，钢的组织和成分不均匀，在介质中会产生原电池，发生电化学腐蚀。合金中不同相之间的电位差越大，阳极的电极电位越低，其腐蚀速度越快。

在材料中加入合金元素，提高本身的耐蚀性是控制腐蚀的重要途径。在钢中加入Cr、Ni、Si等元素，提高金属的电极电位，可有效地提高耐蚀性。

铬是提高基体的电极电位，提高耐蚀性的最主要元素。当基体中铬含量大于11.6%时，会使基体的电极电位突然增高而变为正值，其耐腐蚀性显著提高。而同时，铬是铁素体形成元素，当基体中铬含量超过12.7%时，可使钢呈单一的铁素体组织。铬在氧化性介质中，生成致密的氧化膜，对金属有很好的保护作用。铬在非氧化性酸（如盐酸、稀硫酸和碱溶液等）中的钝化能力差，加入Mo、Cu等元素，可提高钢的耐蚀能力。加入钛、铌等元素，优先同碳形成稳定的碳化物，使Cr保留在基体中，从而减轻钢的晶间腐蚀倾向。加入镍、锰、氮等获得奥氏体组织，在改善力学性能的同时，能提高不锈钢在有机酸中的耐蚀性。

不锈钢中碳以碳化物形式存在时，会降低基体中的含铬量，又增加了原电池的数量，因此不锈钢的碳含量越低越好，高级不锈钢的碳含量一般小于0.1%。

不锈钢主要用来制造在各种腐蚀介质中工作的零件或构件，例如化工装置中的各种管道、阀门和泵，医疗手术器械、防锈刃具和量具等。

对不锈钢的性能要求最主要的是耐蚀性。此外，制作工具的不锈钢，还要求高硬度、高耐磨性；制作重要结构零件时，要求有高强度。

按组织不同，不锈钢可分为马氏体型不锈钢、铁素体型不锈钢、奥氏体型不锈钢和双相不锈钢。

1）马氏体型不锈钢

马氏体型不锈钢含铬量为13%～18%，含碳量为0.1%～1.0%。典型钢号有1Cr13、2Cr13、3Cr13、4Cr13、9Cr18等。马氏体不锈钢一般要经过淬火并回火处理，以得到强度、硬度高的马氏体组织。因只用Cr进行合金化，故只在氧化性介质中耐蚀。马氏体不锈钢的耐蚀性能稍差，但强度硬度高，适用制造力学性能要求高、耐蚀性要求低的场合。

2）铁素体型不锈钢

铁素体型不锈钢含碳量低，含铬量高，为单相铁素体组织，其耐蚀性比Cr13钢更好。主要用作耐蚀性要求很高，而强度要求不高的构件。

3）奥氏体型不锈钢

奥氏体型不锈钢是工业上应用最广泛的不锈钢。典型的奥氏体型不锈钢均是18—8型不锈钢，含铬量为18%左右，含镍量为8%。常用的是1Cr18Ni9Ti。这类不锈钢中碳质量分数大多在0.1%左右。具有单一的奥氏体组织，其有很好的耐蚀性，同时具有优良的抗氧化性和高的力学性能。其在强氧化性、中性及弱氧化性介质中耐蚀性远比铬不锈钢好，室温及低温韧性、塑性及焊接性也是铁素体不锈钢不能比拟的。

4）奥氏体—铁素体双相不锈钢

奥氏体—铁素体双相钢是在18－8型钢的基础上，降低碳含量，并提高铬含量，或加入其他铁素体形成元素而形成的，具有奥氏体加铁素体双相组织。双相钢兼有奥氏体和铁素体的优点，不仅耐蚀性优异，而且具有很好的力学性能。

常用不锈钢的牌号、成分、性能及主要用途见表6.12。

2. 耐热钢

耐热钢是指在高温下工作并具有一定强度和抗氧化、耐腐蚀能力的合金钢。耐热钢包括热稳定钢和热强钢。热稳定钢是指在高温下抗氧化或抗高温介质腐蚀而不破坏的钢。热强钢是指在高温下具有足够强度，而不产生大量变形、且不开裂的钢。

为了提高钢的抗氧化性，加入Cr、Si和Al合金元素，在钢的表面形成完整稳定的氧化物保护膜。但Si和Al含量较多时钢材会变脆，所以一般都以加Cr为主。为了提高钢的热强性，加入Ti、Nb、V、W、Mo、Ni等合金元素。

耐热钢主要用于石油化工的高温反应设备和加热炉、火力发电设备的汽轮机和锅炉、汽车和船舶的内燃机、飞机的喷气发动机以及热交换器等设备。耐热钢按组织不同可分为珠光体型耐热钢、马氏体型耐热钢、奥氏体型耐热钢。

1）珠光体型耐热钢

珠光体型耐热钢的工作温度在450℃～600℃范围内，按含碳量及应用特点可分为低碳耐热钢和中碳耐热钢。低碳耐热钢主要用于制造锅炉、钢管等。常用珠光体型耐热钢的牌号有12CrMo、15CrMo、12CrMoV等。中碳耐热钢则用于制造耐热紧固件、汽轮机转子、叶轮等承受载荷较大的耐热零件，如30CrMo、35CrMoV、25Cr2MoVA等。

表 6.12　不锈钢的牌号、成分、热处理、性能及用途

种类	钢号	化学成分				热处理温度℃ A：油或水淬； B：油淬；C：回火	力学性能					特性及用途
		w_C	w_{Cr}	w_{Ni}	w_{Ti}		R_m MPa	R_{el} MPa	A %	Z %	HRC	
马氏体型	1Cr13	0.08～0.15	12～14			A：1000～1050 C：700～790	≥600	≥420	≥20	≥60		用于制造能抗弱腐蚀性介质、能受冲击载荷的零件，如汽轮机叶片、水压机阀、结构架、螺栓、螺帽等
	2Cr13	0.16～0.24	12～14			A：1000～1050 C：700～790	≥660	≥450	≥16	≥55		
	3Cr13	0.25～0.34	12～14			B：1000～1050 C：200～300 回火					48	用于制造较高硬度和耐磨性的医疗工具、量具、滚珠轴承等
	4Cr13	0.35～0.45	12～14			B：1000～1050 C：200～300					50	
	9Cr18	0.90～1.00	17～19			B：950～1050 C：200～300					55	用于制造不锈切片机械刃具、剪切刃具、手术刀、高耐磨、耐蚀件
铁素体型	1Cr17	≤0.12	16～18			750～800 空冷	≥400	≥250	≥20	≥50		用于制造硝酸工厂设备，如吸收塔、热交换器、酸槽、输送管道、食器工厂设备等
奥氏体型	0Cr18Ni9	≤0.08	17～19	8～12		固溶处理 1050～1100 水淬	≥500	≥180	≥40	≥60		具用良好的耐蚀及耐晶间腐蚀性能，为化学工业用的良好耐蚀材料
	1Cr18Ni9	≤0.14	17～19	8～12		固溶处理 1100～1150 水淬	≥560	≥200	≥45	≥60		用于制造耐硝酸、冷磷酸、有机酸及盐、碱溶液腐蚀的设备零件
	0Cr18Ni9Ti 1Cr18Ni9Ti	≤0.08≤0.12	17～19	8～11	0.4～0.8	固溶处理 1100～1150 水淬	≥560	≥200	≥40	≥55		用于制造耐酸容器及衬里、输送管道等设备和零件，抗磁仪表，医疗器械
奥氏体铁素体型	1Cr21Ni5Ti	0.09～0.14	20～22	4.8～5.8	0.4～0.8	950～1100 水或空淬	≥600	≥350	≥20	≥40		用于制造硝酸及硝铵工业设备及管道、尿素液蒸发部分设备及管道
	1Cr18Mn10Ni5 Mo3N	≤0.10	17～19	4～6	Mo2.8～3.5	1100～1150 水淬	≥700	≥350	≥45	≥65		用于制造尿素及尼龙生产的设备及零件、其他化工、化肥等部门的设备及零件

2）马氏体型耐热钢

马氏体型耐热钢的工作温度在550～750℃范围内。其成分是含铬为10%～13%的铬钢或铬硅钢。向Cr13型不锈钢中加入Mo、W、V等合金元素，形成马氏体耐热钢，常用牌号有1Cr13Mo、1Cr13、Cr11MoV、4Cr9Si2等，常用于制造汽车发动机、柴油机的排气阀，故称为气阀用钢。

3）奥氏体型耐热钢

奥氏体型耐热钢含有较高的镍、锰、氮等奥氏体形成元素，高温下有较高的强度和组织稳定性，一般工作温度在600～700℃范围内。常用牌号如0Cr19Ni9、0Cr18Ni11Ti、4Cr14NiW2Mo等。奥氏体型耐热钢切削加工性差，但其耐热性、可焊性、冷作成型性较好，得到广泛的应用。奥氏体耐热钢常用于制造一些比较重要的零件，如燃气轮机轮盘和叶片、发动机气阀、喷气发动机的某些零件等。这类钢使用前一般需要进行固溶处理和时效处理。

3. 耐磨钢

耐磨钢主要用于承受严重磨损和强烈冲击的零件，如车辆履带板、挖掘机铲斗、破碎机颚板和铁轨分道叉、防弹板等。耐磨钢的性能要求是具有很高的耐磨性和韧性。

常用耐磨钢主要是高锰钢。高锰钢一般含有较高的碳和锰，碳含量在1.0%～1.3%，并含有11%～14%的锰，还含有一定量硅以改善钢的流动性。其牌号主要是ZGMn13-1到ZGMn13-5。

高锰钢室温为奥氏体组织，加热冷却并无相变。其处理工艺一般都采用水韧处理，即将钢加热1000～1100℃，保温一段时间，使碳化物全部溶解，然后迅速水淬，在室温下获得均匀单一的奥氏体组织。此时钢的硬度很低而韧性很高，当在工作中受到强烈冲击或强大压力而变形时，表面层产生强烈的形变硬化，并且还发生马氏体转变，使硬度显著提高，心部则仍保持为原来的高韧性状态。

6.5 铸　　铁

铸铁是含碳量大于2.11%，并含有铁、碳、硅、锰等元素的多元铁基合金。通常铸铁的碳含量为2.5%～4.0%，硅的含量为0.8%～3.0%。铸铁具有良好的铸造性、耐磨性、减震性和切削加工性，而且生产简单、价格便宜，在工业生产中获得广泛的应用。经合金化后，铸铁还可具有良好的耐热、耐磨或耐蚀等特殊性能。

6.5.1 铸铁的基本知识

1. 铸铁中碳的存在形式及铁碳双重相图

1）铸铁中碳的存在形式

铸铁中的碳除极少量固溶于铁素体中外，大部分以碳化物状态和游离状态的石墨两种形式存在。

（1）碳化物状态。

如果铸铁中碳几乎全部以碳化物形式存在，其断口呈银白色，则称为白口铸铁。对非合金铸铁，其碳化物是硬而脆的渗碳体（Fe_3C）；对合金铸铁，有合金碳化物。

（2）游离状态的石墨（常用 G 来表示）。

如果铸铁中碳主要以石墨形式存在，则断口呈暗灰色。根据石墨形态的不同，可分为灰铸铁、球墨铸铁、可锻铸铁和蠕墨铸铁等。石墨的晶格类型为简单立方晶格，其基面中的原子间距为 0.142nm，结合力较强；两基面之间的距离为 0.340nm，结合力弱。

2）铁碳双重相图

渗碳体是亚稳相，在一定条件下将发生分解：$Fe_3C \longrightarrow 3Fe + C$，形成游离状态石墨。因此铁碳合金存在两个相图，即 Fe－Fe_3C 相图和 Fe－G 相图，这两个相图几乎重合，习惯上把 Fe－G 相图和 Fe－Fe_3C 相图合画在一起，称为铁碳双重相图，如图 6.5 所示。

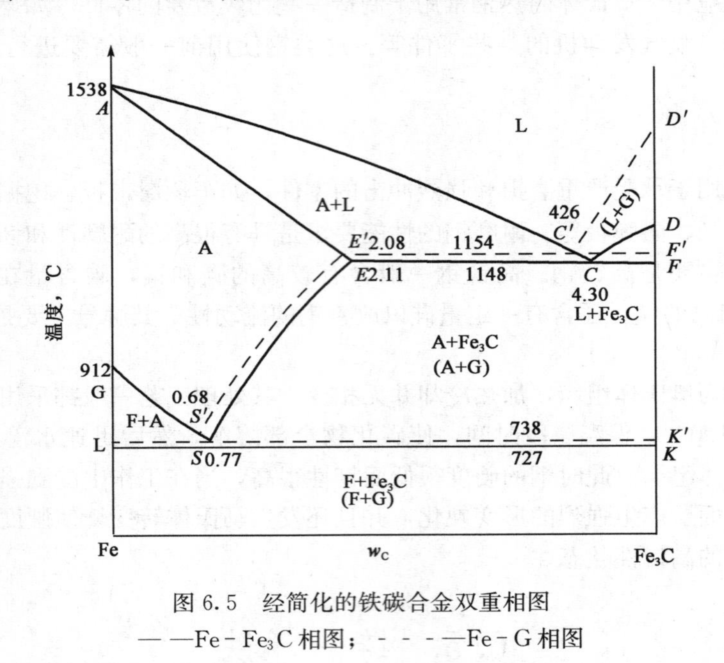

图 6.5　经简化的铁碳合金双重相图

——Fe－Fe_3C 相图；－－－－Fe－G 相图

2. 铸铁的石墨化过程及影响因素

1）铸铁的石墨化过程

铸铁中碳原子析出形成石墨的过程称为石墨化。铸铁中的石墨可以在结晶过程中析出，也可由渗碳体加热时分解得到。其石墨化过程分为三个阶段：

（1）液态合金在 1154℃发生共晶反应，同时析出奥氏体和共晶石墨，即 $L'_C \longrightarrow (A'_E +$ G 晶$)$，称为第一阶段石墨化。

（2）在共晶温度和共析温度之间（1154～738℃），随着温度降低，从奥氏体中不断析出二次石墨，即 $A'_E \longrightarrow A'_S + G_{II}$ 称为第二阶段石墨化。

（3）在共析温度（738℃）以下，奥氏体发生共析反应，同时析出铁素体和共析石墨，即 $A'_S \longrightarrow (F'_p +$ G 析$)$，称为第三阶段石墨化。

控制石墨化进行的程度，即可获得不同的铸铁组织。如果第一、二阶段石墨化充分进行，获得灰口组织；如果第一、二阶段石墨化未充分进行，获得麻口组织；如果第一、二阶段石墨化完全被抑制，获得白口组织。铸铁的基体组织一般决定于其第三阶段石墨化进行的程度，如进行充分，P分解为F+G组织，如进行不充分就会得到P+G、F+P+G等基体组织。

2）影响石墨化的因素

影响石墨化的主要因素是化学成分和冷却速度。

（1）化学成分。

各种元素对石墨化的影响互有差异，促进石墨化的元素按其作用由强到弱的排列顺序为：Al、C、Si、Ti、Cu、P；阻碍石墨化的元素按作用由弱至强的排列顺序为：W、Mn、Mo、S、Cr、V、Mg。

C和Si都是强烈促进石墨化的元素。在生产实际中，调整C和Si含量是控制铸铁组织最基本的措施之一。为了综合考虑C和Si对铸铁组织及性能的影响，引入碳当量C_{eq}和共晶度S_e。

$$C_{eq}=w_C+(w_{Si}+w_P)/3$$

$$S_e=w_C/[4.26\%-(w_P+w_{Si})/3]$$

式中　w_C，w_{Si}，w_P——铸铁中C、Si、P的质量分数。

随着C_{eq}和S_e的增大，石墨化能力增强，碳倾向于以石墨状态存在。

P能够促进石墨化，但其作用不如C强烈。S和Mn都是阻碍石墨化元素，但其中Mn与S结合成MnS，削弱S的有害作用，同时也间接地促进了石墨化。

（2）冷却速度。

一般来说，铸件冷却速度越缓慢，越有利于石墨化过程的进行。铸件冷却速度太快，将阻碍原子的扩散，不利于石墨化的进行。尤其是在共析阶段的石墨化，由于温度较低，冷却速度增大，原子扩散更加困难，所以通常情况下，共析阶段的石墨化难以完全进行。由于冷却速度的差异，将有可能使同一化学成分的铸铁得到不同的组织，如图6.6所示。

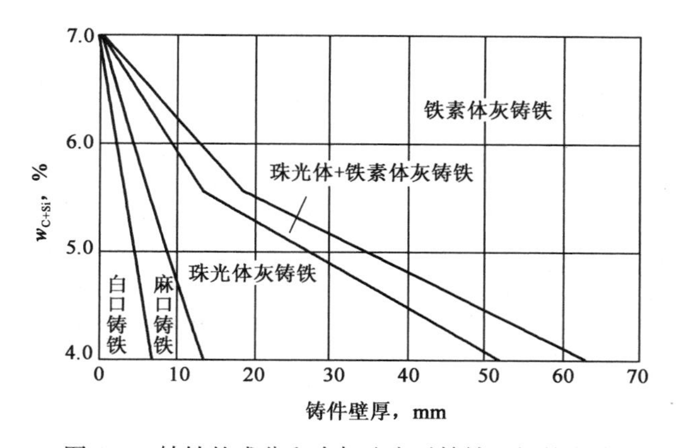

图6.6　铸铁的成分和冷却速度对铸铁组织的影响

6.5.2 常用铸铁

常用铸铁有灰铸铁、球墨铸铁、可锻铸铁、蠕墨铸铁等。

1. 灰铸铁

由于石墨的晶体结构特点，正常的石墨结晶时长成片状。因此，灰铸铁的显微组织是由金属基体与片状石墨所组成，相当于在钢的基体上嵌入了大量的石墨片如图 6.7 所示。灰铸铁按金属基体不同分为铁素体灰铸铁、珠光体灰铸铁和铁素体—珠光体灰铸铁。

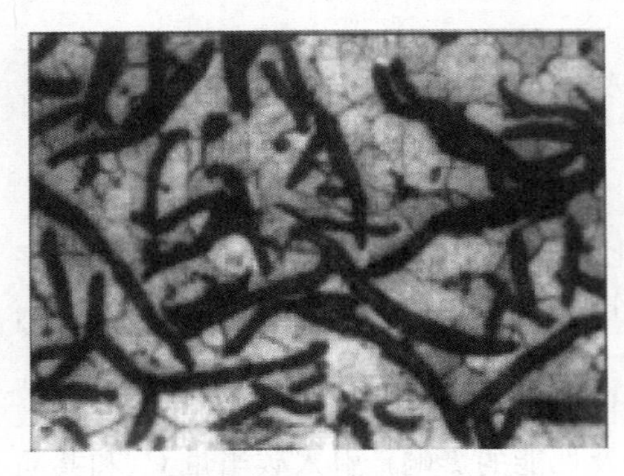

图 6.7　灰铸铁的显微组织

石墨的强度、塑性和韧性极低，接近于零，因此灰铁的组织相当于钢的基体上存在很多裂纹。这就决定了灰铸铁的力学性能较差，抗拉强度很低（σ_b=100～400MPa)，塑性几乎为零。但抗压强度与钢接近，并且具有良好的铸造性能、减振性、耐磨性和低的缺口敏感性。另外，由于灰铁成本低廉，所以应用广泛。

为了改善灰铸铁的强度和其他性能，生产中常进行孕育处理。孕育处理就是在浇注前往铁液中加入孕育剂，使石墨细化、基体组织细密。常用的孕育剂是含硅量为 75%的硅铁，加入量为铁水质量的 0.25%～0.6%。孕育铸铁的强度、硬度比普通灰铸铁显著提高。孕育铸铁适用于静载荷下要求有较高强度、高耐磨性或高气密性的铸件，特别是厚大的铸件。HT300 和 HT350 称为孕育铸铁（或称变质铸铁)，适用于制造力学性能要求较高、截面尺寸变化较大的大型铸件。

灰铸铁的性能与壁厚尺寸有关，厚壁件的性能低一些。例如，壁厚为 30～50mm 的 HT250 零件，其抗拉强度为 200MPa；壁厚为 10～20mm 时，其抗拉强度则为 240MPa。

灰铸铁的牌号以其汉语拼音的缩写 HT 及 3 位数的最小抗拉强度值来表示，例如 HT200 表示用该灰铸铁浇铸的 ϕ30mm 的单铸试棒，抗拉强度值不小于 200MPa。灰铸铁的牌号及用途见表 6.13。

表 6.13　灰铸铁的牌号、力学性能及用途

牌　号	种　类	铸件壁厚 mm	最小抗拉强度 R_m Pa	用　途
HT100	铁素体灰铸铁	2.5～10	130	用于制造低载荷和不重要零件，如盖、外罩、手轮、支架、重锤等
		10～20	100	
		20～30	90	
		30～50	80	
HT150	珠光体+铁素体灰铸铁	2.5～10	175	用于制造承受中等应力（抗弯应力小于 100MPa）的零件，如支柱、底座、齿轮箱、工作台、刀架、端盖、阀体、管路附件及一般无工作条件要求的零件
		10～20	145	
		20～30	130	
		30～50	120	
HT200	珠光体灰铸铁	2.5～10	220	用于制造承受较大应力（抗弯应力小于 300MPa）和较重要零件，如汽缸体、齿轮、机座、飞轮、床身、缸套、活塞、刹车轮、联轴器、齿轮箱、轴承座、液压缸等
		10～20	195	
		20～30	170	
		30～50	160	
HT250		4.0～10	270	
		10～20	240	
		20～30	220	
		30～50	200	

续表

牌　号	种　类	铸件壁厚 mm	最小抗拉强度 R_m Pa	用　途
HT300	孕育铸铁	10～20	290	用于制造承受弯曲应力（小于500MPa）及抗拉应力的重要零件，如齿轮、凸轮、车床卡盘、剪床和压力机的机身、床身、高压油压缸、滑阀壳体等
		20～30	250	
		30～50	230	
HT350		10～20	340	
		20～30	290	
		30～50	260	

2. 球墨铸铁

正常的石墨结晶时长成片状，如果在铁水中加入镁、稀土等元素，它们促使石墨生长成球状，这样的铸铁称为球墨铸铁。

球墨铸铁的金相组织为基体上分布着球状石墨如图6.8所示。根据不同的成分和加工工艺，球墨铸铁可以有不同的基体组织。随着基体由F、F+P、P到M或B，球墨铸铁的强度不断升高而塑性下降。铁素体基体的球墨铸铁强度较低，塑性、韧性较高；珠光体球墨铸铁强度高，耐磨性好，但塑性、韧性较低。铸铁的力学性能除了与基体组织类型有关外，主要决定于球状石墨的形状、大小和分布。一般地说，石墨球越细、球的直径越小、分布越均匀，则球墨铸铁的力学性能越高。

由于球状石墨对基体组织的割裂作用和应力集中作用很小，基体强度利用率可达70%～90%。所以球墨铸铁的力学性能优于灰铸铁，接近于碳钢。珠光体球墨铸铁的抗拉强度、屈服点和疲劳强度高于正火45钢，特别是屈强比高于45钢，其硬度和耐磨性也高于高强度灰铸铁。因此，广泛用球墨铸铁制造各种受力复杂，强度、韧性和耐磨性能要求较高的零件。例如，柴油机的曲轴、轮机、连杆，拖拉机的减速齿轮，大型冲压阀门，轧钢机的轧辊等。

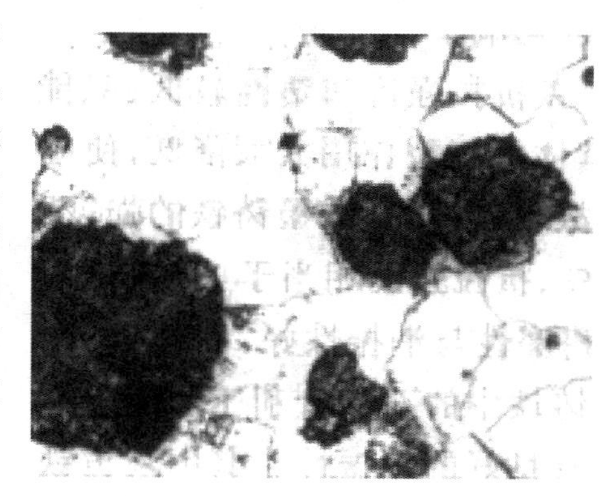

图6.8　球墨铸铁的显微组织

球墨铸铁牌号由QT和两组数字组成，前一组数字表示最低抗拉强度（R_m），后一组数字表示最低伸长率（A）。球墨铸铁的牌号、力学性能及用途见表6.14。

表6.14　球墨铸铁的牌号及力学性能

牌　号	主要基体组织	R_m，MPa	$R_{0.2}$，MPa	A,%	HBS
		不小于			
QT400-18	铁素体	400	250	18	130～180
QT400-15	铁素体	400	250	15	130～180
QT450-10	铁素体	450	310	10	160～210
QT500-7	铁素体+珠光体	500	320	7	170～230
QT600-3	珠光体+铁素体	600	370	3	190～270

续表

牌　　号	主要基体组织	R_m，MPa	$R_{0.2}$，MPa	A,%	HBS
		不小于			
QT700－2	珠光体	700	420	2	220～305
QT800－2	珠光体或回火组织	800	480	2	245～335
QT900－2	贝氏体或回火马氏体	900	600	2	280～360

球墨铸铁有效保证了基体的承受载荷能力，热处理能有效的改变基体组织，从而提高其性能。生产中常用退火、正火、调度处理、等温淬火等热处理工艺，改变球墨铸铁的基体组织，以改善球墨铸铁的性能，满足不同的使用要求。

球墨铸铁兼有钢的高强度和灰铸铁的优良铸造性能，是一种有发展前途的铸造合金，目前已成功地代替了一部分可锻铸铁、铸钢件和锻钢件，用于制造受力复杂、力学性能要求高的铸件。但是，球墨铸铁凝固时收缩率大，对原铁液成分要求较严，对熔炼工艺和铸造工艺要求较高。

3. 蠕墨铸铁

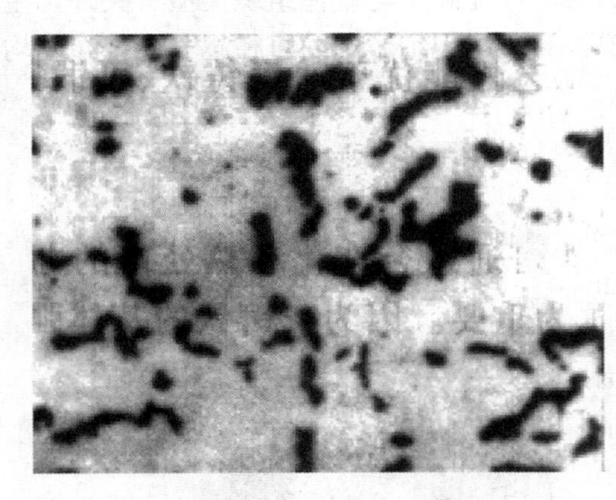

图 6.9　蠕墨铸铁的显微组织

蠕墨铸铁是一种新型铸铁，其中碳主要以蠕虫状形态存在，如图 6.9 所示。其石墨形状介于片状和球状之间，它类似于片状，但片状短而厚，头部较圆，形似蠕虫。

蠕墨铸铁的工艺性能和力学性能优良，同时克服了灰铸铁力学性能差和球墨铸铁工艺性能差的缺点。目前主要用于制造汽缸盖、排气管、钢锭模等铸件。其主要缺点在于成本偏高，并且生产技术尚不成熟。蠕墨铸铁的力学性能介于相同基体组织的灰铸铁和球墨铸铁之间。铸造性能、减震能力以及导热性能都优于球墨铸铁，并接近灰铸铁。

蠕墨铸铁的牌号用 RuT（蠕铁）加一组数字表示，数字表示最小抗拉强度值。例如 RuT420 表示抗拉强度不低于 420MPa 的蠕墨铸铁。

4. 可锻铸铁

可锻铸铁是由白口铸铁经可锻化退火，而获得的具有团絮状石墨的铸铁。由于石墨呈团絮状分布，削弱了片状石墨的割裂及应力集中作用，故其力学性能有所提高，特别是韧性和塑性提高明显，但远未达到“可锻”的程度。

可锻铸铁的生产过程分两步：第一步先浇出白口铸件；第二步进行石墨化退火，使渗碳体分解出团絮状石墨。为缩短石墨化退火的周期，常在浇注前往铁液中加入少量铝—铋、硼—铋、硼—铋—铝等多元复合孕育剂，进行孕育处理。

根据基体不同可锻铸铁分为铁素体可锻铸铁和珠光体可锻铸铁。铁素体可锻铸铁是指铁素体基体上分布团絮状石墨的铸铁，又称黑心可锻铸铁；珠光体可锻铸铁是指珠光体基体上分布团絮状石墨的铸铁。可锻铸铁的金相组织如图 6.10 所示。

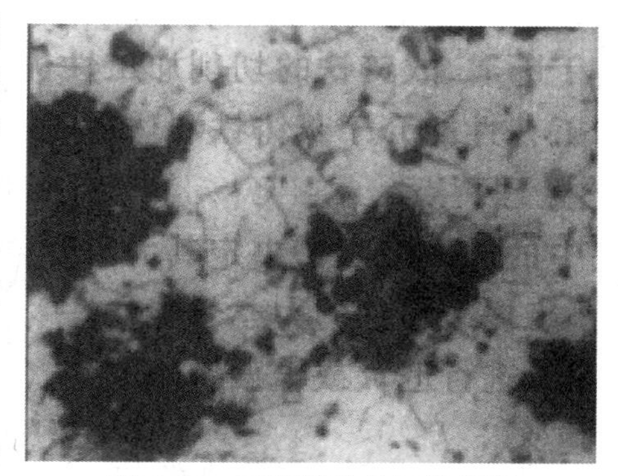

图 6.10 可锻铸铁的显微组织

由于可锻铸铁性能优于灰铸铁，在铁液处理、质量控制等方面又优于球墨铸铁，故常用可锻铸铁制作截面薄、形状复杂、强韧性要求较高的零件，如低压阀门、管接头、曲轴、连杆、齿轮等。

可锻铸铁的牌号用 KT 及其后的 H（表示黑心可锻铸铁）或 Z（表示珠光体可锻铸铁），再加上分别表示其最小抗拉强度和伸长率的两组数字组成。黑心可锻铸铁和珠光体可锻铸铁的牌号及力学性能见表 6.15。

表 6.15　黑心可锻铸铁和珠光体可锻铸铁的牌号及力学性能

牌号及分级		试样直径 d mm	R_m，MPa	$R_{0.2}$，MPa	A,%（$L_0=3d$）	HBS
A	B		不小于			
KTH300-06 KTH350-10	KTH330-08 KTH370-12	12 或 15	300 330 350 370	— 200 — —	6 8 10 12	≤150
KTZ450-06 KTZ550-04 KTZ650-02 KTZ700-02		12 或 15	450 550 650 700	270 340 430 530	6 4 2 2	150～200 180～250 210～260 240～290

注：(1) 试样直径 12mm 只适用于主要壁厚小于 10mm 的铸件；
(2) 牌号 KTH300-06 适用于气密性零件；
(3) 牌号 B 系列为过渡牌号。

6.5.3 特种铸铁

随着生产的发展，对铸铁不仅要求具有较高的力学性能，而且有时还要求具有某些特殊的性能。为此，在熔炼时有意加入一些合金元素，制成合金铸铁，又称特殊性能铸铁。合金铸铁与合金钢相比，熔炼简单，成本低廉，能满足特殊性能的要求，但力学性能较差，脆性较大。

常用的合金铸铁有耐磨铸铁、耐热铸铁和耐蚀铸铁。

1. 耐磨铸铁

铸铁件经常在摩擦条件下工作，承受不同形式的磨损。为了保证铸铁件的使用寿命，除力学性能外，还要求铸铁有耐磨性能。

耐磨性要求材料具有高的硬度，耐磨铸铁应具有均匀的高硬度组织。含有石墨的铸铁其耐磨性就很差，而白口铸铁则是较好的耐磨铸铁。但普通白口铸铁脆性大，不能承受冲击载荷。

生产中常采用金属型铸造铸件上要求耐磨的表面，而其他部位用砂型，同时适当调整铁液化学成分（如减少含硅量），保证白口层的深度，而心部为灰口组织，从而使整个铸件既有较高的强度和耐磨性，又能承受一定的冲击。这种铸铁称激冷铸铁，或冷硬铸铁。

在铸铁中加入合金元素，改善基体的组织，使之形成马氏体基体，提高其耐磨性；同时在铸铁中形成大量的合金碳化物，能有效地提高铸铁的耐磨性。随着生产的发展，先后出现了几代耐磨铸铁，其耐磨损能力越来越强。它们是低合金白口铸铁、镍硬铸铁、高铬铸铁。后两者能够应用在强磨损工况，如球磨机衬板、砂泵等。

2. 耐热铸铁

在高温下工件的铸铁件，如炉底板、换热器、坩埚、炉内运输链条和钢锭模等，要求有良好的耐热性。铸铁的耐热性主要是指铸铁在高温下抗氧化和抗生长能力。

在铸铁中加入 Si、铝等合金元素，使表面形成一层致密的 SiO_2、Al_2O_3、Cr_2O_3 等化合物，保证铸铁内部不被氧化。此外，这些元素还有提高铸铁的临界点，使铸铁在使用温度范围内不发生固态相变，使基体组织为单相铁素体等作用，因而提高了铸铁的耐热性。

常用的耐热铸铁有中硅球墨铸铁（w_{Si}＝5.0％～6.0％）、高铝球墨铸铁（w_{Al}＝21％～24％）、铝硅球墨铸铁（w_{Al}＝4.0％～5.0％、w_{Si}＝4.4％～5.4％）和高铬耐热铸铁（w_{Cr}＝32％～36％）等。

3. 耐蚀铸铁

在酸、碱、盐、大气、海水等腐蚀性介质中工作的铸铁，需要具有较高的耐蚀能力。普通铸铁的金相组织由石墨、渗碳体、和铁素体、珠光体等基体所组成，其耐腐蚀性能很差。

为提高铸铁的耐蚀性，常加入 Cr、Si、Mo、Cu、Ni 等元素来改变基体并提高基体的耐腐蚀能力，也在铸铁中加入 Si、Al、Cr 等元素，使它们在铸铁表面生成牢固而致密的保护膜。常用耐蚀铸铁有高硅、高铬、高铝等耐蚀铸铁。

第7章　有色金属及其合金

有色金属是相对于黑色金属而言的。黑色金属主要指钢和铁，因此有色金属也称非铁金属，是不含铁、锰、铬的金属。有色金属可分为轻金属（铝、镁、钛等）、重金属（铜、铅、锌、锡等）、贵金属（金、银、铂等）、稀土金属及稀有金属（锂、铍、钼等）五大类。常用的有色金属有铝、镁、铜、锌、铅、锡、钛及其合金。这些常用有色金属由于具有一系列可贵的性能，许多有色金属具有密度小、比强度高、耐热、耐蚀和良好的导电性及某些特殊的物理性能，有些性能明显优于普通钢，是现代工业中不可缺少的金属材料。

7.1　铝及铝合金

7.1.1　概述

1. 铝合金的性能特点

(1) 加工性能良好。铝及铝合金（退火状态）的塑性好，可以冷塑性成型；硬度不高，切削性能良好。超高强度铝合金成型后经热处理，可达到很高的强度；铸造铝合金的铸造性能极好。

(2) 密度小、比强度高。纯铝的密度只有2.7，约为铁的1/3。采用各种手段强化后，铝合金强度可以达到低合金高强度钢的水平，因此其比强度比一般高强度钢高。

(3) 有优良的物理、化学性能。铝的导电性好，仅次于银、铜和金，在室温下的导电率约为铜的64%。铝及铝合金有相当好的抗大气腐蚀能力，其磁化率极低，接近于非铁磁性材料。而且铝资源丰富，成本较低。

由于具有以上优点，铝及铝合金在航空航天、机械和轻工业中有广泛的用途。

2. 铝合金的热处理

铝中加入合金元素后，可获得较高的强度，并保持良好的加工性能。许多铝合金能通过冷变形提高强度，而且能通过热处理大幅度地改善其性能。因此，铝合金可用于制造承受较大载荷的零件和构件。

铝合金通常具有图7.1类型的相图。

将成分位于相图中D-F之间的合金加热到α相区，经保温获得单相α固溶体后迅速水冷，可在室温得到过饱和的α固溶体。其组织不稳定，有分解出强化相过渡到稳定状态的倾向。因此在室温下放置或低温加热时，强度和硬度有明显的提高，这种现象称为时效。在常温下进行的时效，称为自然时效；在加热条件下进行的时效，称为人工时效。显然，铝合金能进行时效的条件是：在高温能形成均匀的固溶体，并且固溶体中溶质的溶解度必须随温度的降低而显著降低。

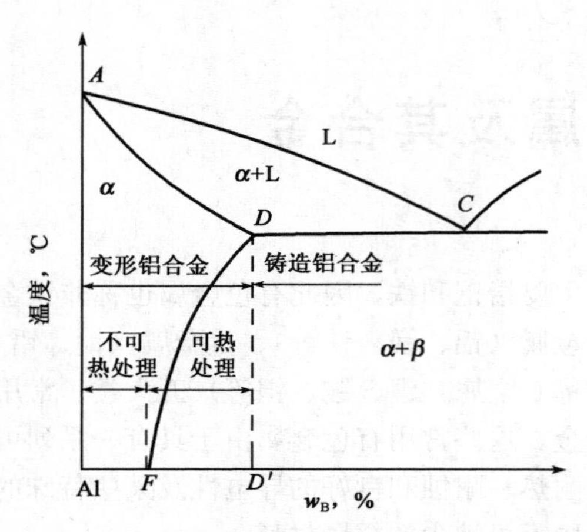

图 7.1　铝合金状态图的一般类型

为获得优良的综合力学性能，铝合金在使用前一般需经热处理，主要工艺方法有退火处理、固溶处理和时效。退火主要用于变形加工产品和铸件，固溶处理和时效是铝合金进行沉淀强化处理的具体手段。

3. 铝合金的分类

根据成分及成型方法不同，铝合金分为铸造铝合金和变形铝合金两类。

如图 7.1 所示，成分低于 D 的合金，在加热时能形成单相固溶体组织，因其塑性较好适宜压力加工，故称为变形铝合金。变形铝合金中成分低于 F 的合金，因不能采用热处理强化，称为不能热处理强化的铝合金；成分位于 F、D 之间的铝合金，由于 α 固溶体成分随温度变化，可进行固溶时效强化，称为可热处理强化的铝合金。成分高于 D 的合金，由于冷却时有共晶反应发生，流动性好，适于铸造，称为铸造铝合金。

7.1.2　变形铝合金

变形铝合金包括硬铝合金、防锈铝合金、锻铝合金等。其主要的牌号、化学成分、机械性能及用途见表 7.1。

表 7.1　常用变形铝合金的主要牌号、成分、力学性能及用途

种类	代号	化学成分（余量为 Al），%					热处理状态	力学性能			用　途
		w_{Cu}	w_{Mg}	w_{Mn}	w_{Zn}	$W_{其他}$		R_m MPa	A %	HBS	
防锈铝合金	LF5		4.0～5.5	0.3～0.6			退火	280	20	70	用于制造焊接油箱、油管、焊条、铆钉及中载零件
	LF21			1.0～1.6			退火	130	20	30	用于制造焊接油箱、油管铆钉及轻载零件
硬铝合金	LY1	2.2～3.0	0.2～0.5				淬火＋自然时效	300	24	70	用于制造 100℃ 以下工作的中等强度结构件，如铆钉
	LY11	3.8～4.8	0.4～0.8	0.4～0.8			淬火＋自然时效	420	18	100	用于制造中等强度结构件，如骨架、叶片、铆钉等
	LY12	3.8～4.9	1.2～1.8	0.3～0.9			淬火＋自然时效	470	17	105	用于制造 150℃ 以下工作的高强度结构件构件
	LC4	1.4～2.0	1.4～2.8	0.2～0.6	5.0～7.0	Cr0.1～0.25	淬火＋人工时效	600	12	150	用于制造主要受力构件，如飞机大梁、桁架等
	LC6	2.2～2.8	2.5～3.2	0.2～0.5	7.6～8.6	Cr0.1～0.25	淬火＋人工时效	680	7	190	用于制造主要受力构件，如飞机大梁、桁架等

续表

种类	代号	化学成分（余量为Al），%					热处理状态	力学性能			用途
		w_{Cu}	w_{Mg}	w_{Mn}	w_{Zn}	$W_{其他}$		R_m MPa	A %	HBS	
锻铝合金	LD5	1.8～2.6	0.4～0.8	0.4～0.8		Si0.7～1.2	淬火＋人工时效	420	13	105	用于制造形状复杂、中等强度的锻件
	LD7	1.9～2.5	1.4～1.8			Ti0.02～0.1 Ti1.0～1.5 Fe1.0～1.5	淬火＋人工时效	415	13	120	用于制造高温下工件的复杂锻件及结构件
	LD10	3.9～4.8	0.4～0.8	0.4～1.0		Si0.5～1.2	淬火＋人工时效	480	19	135	用于制造承受重载荷的锻件

1. 硬铝合金

硬铝合金是在Al－Cu系合金基础上发展起来的，具有较高的力学性能。它们可以进行时效强化，属于可热处理强化类。合金中的Cu、Mg可形成强化相θ及s相；Mn主要提高抗蚀性，并起固溶强化作用，因其析出倾向小，没有时效作用；少量钛或硼可细化晶粒，提高合金强度。

1）低合金硬铝

例如LY1、LY10等，Mg、Cu元素含量较低，塑性好、强度低。采用固溶处理和自然时效提高其强度和硬度，时效速度较慢，主要用于制造铆钉、承力结构零件、蒙皮等。

2）标准硬铝

例如LY11等，合金元素含量中等，强度和塑性属中等水平。退火后成型加工性能良好，时效后切削加工性能也较好。主要用于制造轧材、锻材、冲压件和螺旋桨叶片等重要零件。

3）高强度硬铝

例如LY12、LY6等，合金元素含量较多，强度和硬度较高，塑性变形性能较差。主要用于制造航空模锻件，重要的锻件、销、轴等零件。

2. 锻铝合金

锻铝合金为Al－Mg－Si－Cu、Al－Cu－Mg－Ni－Fe系合金。牌号有LD5、LD7、LD10等。这类合金的元素种类多但用量少，有良好的热塑性、铸造性能、锻造性能、较高的机械性能。可用于制造各种锻件，通常要进行固溶处理和人工时效。

3. 防锈铝合金

防锈铝是在大气、水和油等介质中具有良好抗腐蚀性能的变形铝合金，其中主要合金元素是Mn和Mg。Mn的主要作用是提高抗腐蚀能力，并起固溶强化的作用。Mg亦有固溶强化作用，同时能降低密度。防锈铝合金锻造退火后是单相固溶体，抗蚀性能高，塑性好。这类合金不能进行时效强化，属于不可热处理强化的铝合金，但可冷变形，可利用加工硬化提高强度。

4. 超硬铝合金

超硬铝合金为Al-Mg-Zn-Cu系合金，并含有少量的铬和锰。牌号有LC4、LC6等。锌、铜、镁与铝形成固溶体和多种复杂的第二相（例如$MgZn_2$、Al_2CuMg、AlMgZnCu等），合金经固溶处理和人工时效后，可获得很高的强度和硬度，所以对它进行合金时效强化的效果最为显著。但其抗腐蚀性差，高温下迅速软化。用包铝法提高其抗蚀性。超硬铝合金多用于飞机结构中重要受力件，如飞机大梁、桁架、起落架等。

7.1.3 铸造铝合金

铸造铝合金的铸造性能好。常用铸造铝合金的牌号、成分、机械性能及用途见表7.2，其热处理种类和应用见表7.3。

1. Al-Si铸造铝合金

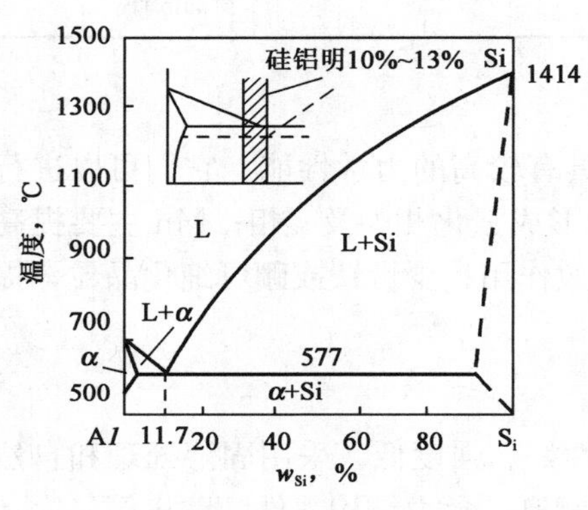

图7.2 Al-Si合金相图

图7.2为Al-Si合金相图。Al-Si铸造铝合金通常称为硅铝明。含10%～13% Si的简单硅铝明（ZL102）具有优良的铸造性能，铸造后全部为共晶组织（α+Si）。但在一般情况下，ZL102的共晶体由粗针状硅晶体和α固溶体构成，如图7.3（a）所示，强度和塑性都较差。因此生产上常采用变质处理，即浇注前向合金液中加入占合金质量2%～3%的变质剂（常用钠盐混合物），以细化合金组织，提高合金的强度和塑性。经变质处理后的组织是细小均匀的共晶体＋初生α固溶体，如图7.3（b）所示。在加入钠盐进行变质处理时，在迅速冷却凝固条件下，共晶点右移，使合金获得亚共晶组织。

（a）ZL102合金(变质前)的铸态组织

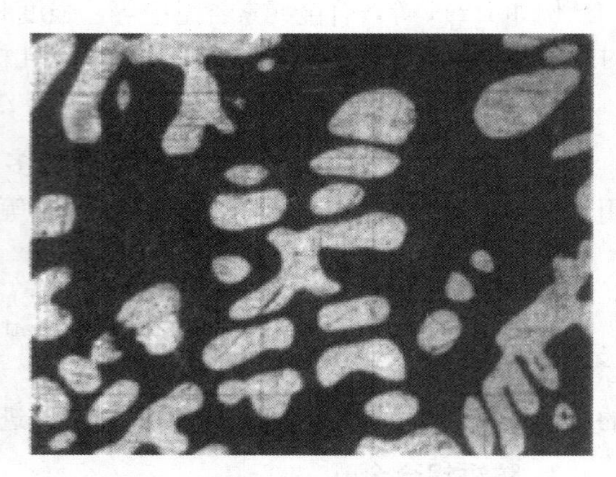
（b）ZL102合金(变质后)的铸态组织

图7.3 ZL102合金的铸态组织

ZL102铸造性能和焊接性能很好，并有相当好的耐蚀性和耐热性。但它不能时效强化，强度较低，经变质处理后R_m最高达到180MN/m²。因此该合金仅适于制造形状复杂但强度要求不高的铸件，如仪表、水泵壳体及一些承受低载荷的零件。

表 7.2 常用铸造铝合金的牌号、成分、机械性能及用途

种类	牌号	代号	化学成分（余量为 Al），%						铸造方法	热处理	力学性能			用途
			w_{Si}	w_{Cu}	w_{Mg}	w_{Mn}	w_{Ti}	$w_{其他}$			R_m MPa	A %	HBS	
铝硅合金	ZAlSi7Mg	ZL101	6.50～7.50		0.25～0.45		0.08～0.20		金属型 砂型变质	淬火＋自然时效 淬火＋人工时效	190 230	4 1	50 70	用于制造飞机、仪器零件
	ZAlSi12	ZL102	10.00～13						砂型变质 金属型		143 153	4 2	50 50	用于制造仪表抽水机壳体等复杂件
	ZAlSi9Mg	ZL101	8.00～10.5		0.17～0.30	0.20～0.50			金属型 金属型	人工时效 淬火＋人工时效	200 240	1.5 2	70 70	用于制造电动机壳体、汽缸体等
	ZalSi5Cu1Mg	ZL104	4.50～5.50	1.00～1.50	0.40～0.60				金属型 金属型	淬火＋不完全时效 淬火＋稳定回火	200 180	0.5 1	70 65	用于制造发动机气缸头、油泵壳体
	ZAlSi12Cr1Mg1Ni1	ZL105	11.00～13.00	0.50～1.5	0.80～1.3			Ni：0.8～1.50	金属型 金属型	人工时效 淬火＋人工时效	200 250	0.5 —	90 100	用于制造活塞及高温下工作零件
铝铜合金	ZAlCu5Mn	ZL201		4.5～5.3		0.60～1	0.15～0.35		砂型 砂型	淬火＋自然时效 淬火＋不完全时效	300 340	8 4	70 90	用于制造内燃机汽缸头、活塞等
	ZAlCu10	ZL202		9.00～11.00					砂型 金属型	淬火＋人工时效 淬火＋人工时效	170 170	— —	100 100	用于制造高温不受冲击的零件
铝镁合金	ZalMg10	ZL301				9.50～11.0			砂型	淬火＋自然时效	280	9	60	用于制造舰船配件
	ZalMg5Si1	ZL303	0.80～1.30		4.50～5.50	0.1～0.4			砂型 金属型	—	150	1	55	用于制造氨用泵体
铝硅合金	ZalZn11Si7	ZL401	6.00～8.00		0.1～0.3			Zn：9.0～13：00	金属型	人工时效	250	1.5	90	用于制造结构形状复杂的汽车、飞机、仪器的零件
	ZAZn6Mg	ZL402			0.5～0.6		0.15～0.25	Zn：5.0～6.5 Cr：0.40～0.60	金属型	人工时效	240	4	70	

表 7.3　铸造铝合金的热处理种类和应用

热处理类别	表示符号	工 艺 特 点	目的和应用
不淬火	T1	铸件快冷（金属型铸造、压铸或精密铸造后进行时效。时效前并不淬火）	改善切削加工性能，提高表面光洁度
退火	T2	退火温度一般为 290℃、保温 2～4h	消除铸造内应力后加工硬化，提高合金的塑性
淬火＋自然时效	T4		提高零件的强度和耐蚀性
淬火＋不完全时效	T5	淬火后进行短时间时效（时效温度较低或者时间较短）	得到一定的强度，保持较好的塑性
淬火＋人工时效	T6	时效温度较高（约 180℃），时间较长	得到高强度
淬火＋稳定回火	T7	时效温度比 T5＼T6 高，接近零件的工作温度	保持较高的组织稳定性和尺寸稳定性
淬火＋软化回火	T8	回火温度高于 T7	降低硬度提高塑性

为了提高硅铝明的强度，在合金中加入 Cu、Mg 等元素，形成强化相 $CuAl_2$（θ 相）、MgSi（β 相）、Al_2CuMg（S 相）等，以使硅铝明能进行时效硬化。如 ZL104、ZL104 的热处理工艺为：530～540℃加热，保温 5h，在热水中淬火，然后在 170～180℃时效 6～7h。经热处理后，合金的强度 R_m 可达 200～230MN/m²。可用来制造低强度的、形状复杂的铸件，如电动机壳体、气缸体及一些承受低载荷的零件。

ZL107 中含有少量铜，能形成强化相 $CuAl_2$，可进行时效硬化，强度可达 250～280MN/m²，用于制造强度和硬度要求较高的零件。

ZL105、ZL108、ZL109、ZL110 等合金中含有铜与镁，因而能形成 $CuAl_2$、Mg_2Si、Al_2CuMg 等多种强化相，经淬火时效后可获得很高的强度和硬度。用于制造形状复杂，性能要求较高、在较高温度下工作的零件。

2. Al－Zn 铸造铝合金

Al－Zn 铸造合金价格便宜，铸造性能良好，经变质处理和时效处理后强度较高，但抗蚀性差，热裂倾向大，常用于制造汽车、医疗器械、结构复杂的仪器元件，也可用来制造日用品。

3. Al－Cu 铸造铝合金

Al－Cu 铸造合金的强度较高，耐热性好，但铸造性能和耐蚀性差。经淬火时效，适于制造 300℃以下工作的形状简单、承受重载的零件。

4. Al－Mg 铸造铝合金

Al－Mg 铸造合金强度高，密度小，有良好的耐蚀性，但铸造性能差，易氧化和产生裂纹。它可进行时效处理，主要用于制造受冲击载荷、耐海水腐蚀、外形不太复杂的零件，如舰船配件、发动机机匣等。

随着高强度铸造铝合金和铸造工艺的发展，铸造铝合金在飞机结构及其他工业产品中被广泛地应用。铸造铝合金常适于砂型、金属型、压铸、熔模等铸造方法，能生产出各种形状复杂的铸件。

7.2 铜及铜合金

铜及铜合金具有下列优良特性：

（1）良好的加工性能。铜及其合金塑性很好，容易进行冷、热加工成型，铸造铜合金有很好的铸造性能。

（2）色泽美观。

（3）优异的物理、化学性能。铜及其合金的导电、导热性很好，对大气和水的抗蚀能力很高，同时铜是抗磁性物质。

（4）某些特殊机械性能。如某些铜合金有优良的减摩性和耐磨性，高的弹性极限和疲劳极限。

铜及铜合金在电气、仪表、造船及机械制造工业部门中获得了广泛的应用。但铜的储量较小，价格较贵，属于应节约使用的材料，只有在特殊需要的情况下，例如要求有特殊的磁性、耐蚀性、加工性能、机械性能及特殊的外观等条件下，才考虑使用。

7.2.1 纯铜（紫铜）

纯铜呈紫红色，常称紫铜，广泛用于制造电线、电刷、铜管、铜棒及作为配制合金的原料。根据纯度的大小，纯铜分为 T1、T2、T3、T4 四种。编号越大，纯度越低。

除工业纯铜外，还有一类无氧铜，其氧含量极低，不大于 0.003%。牌号有 TU1、TU2，主要用于电真空器件。无氧铜能抵抗氢的作用，不发生氢脆。

纯铜的强度低，不宜作结构材料。

7.2.2 铜合金

铜中加入合金元素后，可获得较高的强度，同时保持纯铜的某些优良性能。铜合金按其色泽不同分为黄铜、青铜和白铜三大类。

1. 黄铜

由锌和铜组成的合金称为黄铜。按照化学成分不同，黄铜分为普通黄铜和特殊黄铜两种。

1）普通黄铜

普通黄铜是铜锌二元合金，其相图如图 7.4 所示。

图 7.4 中 α 相是锌溶于铜中的固溶体，具有面心立方晶格，塑性好，可以进行冷、热加工，并有优良的锻造、焊接和镀锡性能。β 相是以电子化合物 CuZn 为基的固溶体，具有体心立方晶格，塑性好，可进行热加工。γ 相是以电子化合物 $CuZn_3$ 为基的固溶体，具有六方晶格。普通黄铜按退火后组织分为单相黄铜（α 黄铜）和双相黄铜（$\alpha+\beta$ 黄铜）。黄铜不仅有良好的变形加工性能，而且有优良的铸造性能。黄铜的耐蚀性较好，与纯铜接近，超过铸铁、碳钢及普通合金钢。因为有残余应力的存在，黄铜在潮湿的大气或海水中，特别是在含有氨的介质中，容易开裂，称为季裂。黄铜中含锌量越大，季裂倾向越大。生产中可通过去应力退火来消除应力，减轻季裂倾向。

常用单相黄铜的牌号有 H90、H70、H68 等。“H”为“黄铜”，数字表示平均铜含量。

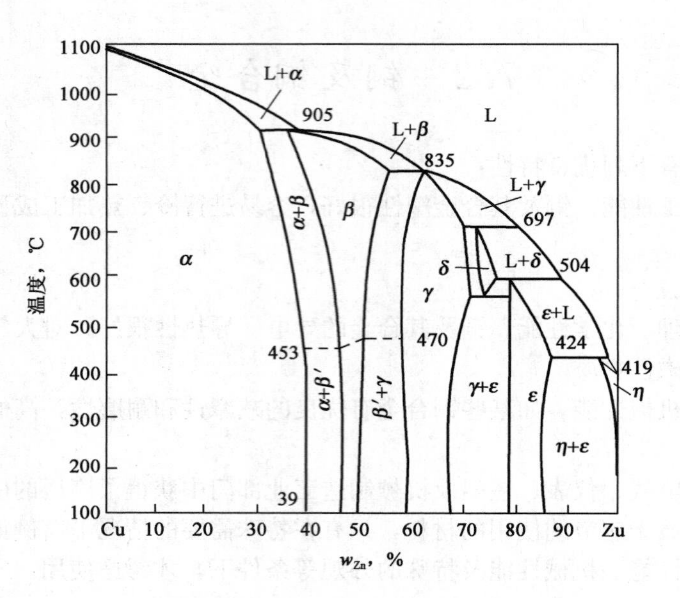

图 7.4　Cu－Zn 二元合金相图

由于单相黄铜塑性很好，可进行压力加工，用于制造各种板材、线材、形状复杂的深冲零件。

常用双相黄铜的牌号有 H62、H59 等，因高温塑性好，通常热轧成棒材、板材。这类黄铜也可铸造。普通黄铜的牌号、成分、性能和用途见表 7.4。

表 7.4　部分普通黄铜的牌号、成分、力学性能及用途

牌号	主要化学成分（质量分数），%		制品种类或铸造方法	力学性能			用　途
	Cu	Zn 及其他元素		R_m MPa	A %	HBS	
H90	88～91	Zn 余量	板、带锆、棒线、管	260	45	53	用于制造导管、冷凝器、散热片及导电零件；冷冲、冷挤零件，如弹壳、铆钉、螺母、垫圈
H68	67～70			320	40	—	
H62	60.5～63.5			330	40	56	
HPb59－1	57～60	Pb=0.8%～1.9% Zn 余量	板、带锆、棒线	350	25	49	用于制造结构零件，如销、螺钉、螺母、衬套、垫圈
HMn58－2	57～60	Mn=1%～2% Zn 余量	板、带棒、线	390	30	85	用于制造船舶和弱电用零件
ZCuZn16Si4	79～81	Si=2.5%～4.5% Zn 余量	S	345	15	90	用于制造在海水、淡水和蒸气条件下工作的零件，如支座、法兰盘、导电外壳
			J	390	20	100	
ZCuZn40Pb2	58～63	Pb=0.5%～2.5% Al=0.2%～0.8% Zn 余量	S	220	15	80	用于制造选矿机大型轴套及滚珠轴承套

2）特殊黄铜

为了获得更高的强度、抗蚀性和良好的铸造性能，在铜锌合金中加入铝、铁、硅、锰、镍等元素后形成的铜合金，称为特殊黄铜。其编号方法是：H＋主加元素符号＋铜含量＋主元素含量，如 HPb60－1。铸造黄铜则在编号前加“Z”字，如 ZCuZn16Si4。

2. 青铜

青铜原指铜锡合金，但目前已将铝、硅、铅、铍、锰等的铜基合金统称为无锡青铜。青铜包括锡青铜、铝青铜、铍青铜等。它也可分为压力加工青铜和铸造青铜两类。青铜的编号方法是：Q＋主加元素符号＋主加元素含量＋其他元素含量。“Q”为“青铜”，如 QSn4－3。铸造青铜是在编号前加“Z”字。

以锡为主加元素的铜基合金，称为锡青铜。α 相是锡溶于铜中的固溶体，它具有面心立方晶格，而且塑性好，容易进行冷、热变形。β 相是以电子化合物 Cu_5Sn 为基的固溶体，具有体心立方晶格，在高温下塑性良好，可热变形。γ 相是以电子化合物 Cu_3Sn 为基的固溶体。δ 相是以电子化合物 $Cu_{31}Sn_8$ 为基的固溶体，具有复杂立方晶格。

锡原子在铜中的扩散比较困难，生产条件下的铜锡合金组织，与平衡状态相差很远。在一般铸造条件下，只有锡含量低于 5％～6％时，才能获得 α 单相组织。锡含量大于 5％～6％Sn 时，组织中出现 $\alpha+\delta$。

锡对青铜铸态时机械性能的影响如图 7.5 所示。锡含量的增加会使强度和塑性增大，但锡含量大于 6％～7％后，合金中出现硬脆的 δ 相，塑性急剧下降，而强度继续增高。当锡含量大于 20％后，大量的 δ 相使强度显著下降，合金变得硬而脆，无经济价值。在工业中锡青铜适于热加工，锡含量大于 10％的锡青铜适于铸造。

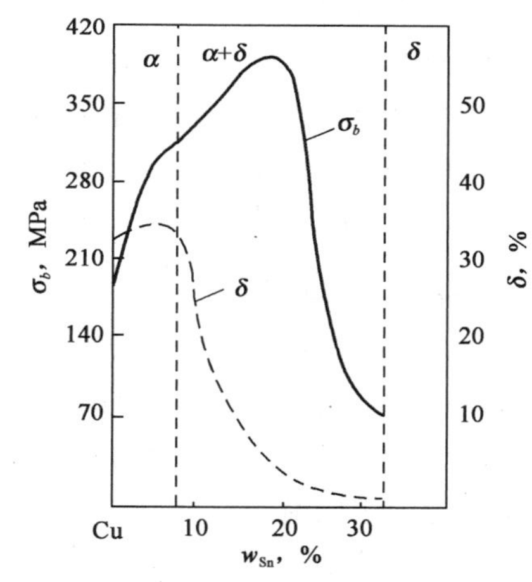

图 7.5　铸造锡青铜的力学性能与锡含量的关系

锡青铜的铸造收缩率很小，可铸造形状复杂的零件。但铸件易生成分散缩孔，使密度降低，在高压下容易渗漏。锡青铜在大气、淡水、海水及高压蒸气中的耐蚀性比纯铜和黄铜高，但耐酸腐蚀能力差。

锡青铜在机械、化工、造船、仪表等工业中广泛应用，主要制造轴承、轴套等耐磨零件和弹簧等弹性元件。

7.3　钛及钛合金

由于钛及钛合金具有比强度高、耐热性好、抗蚀性优良等性能，因此成为化工工业、航空航天、造船等行业中的重要结构材料。

7.3.1　纯钛

钛的力学性能与纯度有关，钛中常存有 O、N、H、C 等元素，能与钛形成间隙固溶体，显著提高钛的硬度与强度，降低韧性与塑性。

纯钛的牌号有 TA1、TA2、TA3。T 为钛的汉语拼音字首，序号越大纯度越低。工业纯钛常用于制造在350℃以下工作，强度要求不高的各种零件，如飞机骨架、发动机部件、阀门等。

7.3.2 钛合金

工业钛合金按其退火组织可分为α钛合金、β钛合金和$\alpha+\beta$钛合金三大类。其牌号分别以TA、TB、TC代表。

1. α钛合金

组织全部为α相的钛合金。它具有良好的焊接性和铸造性、高的蠕变抗力、具有良好的热稳定性；但它塑性较低，对热处理强化和组织类型不敏感，只能进行退火处理。它具有中等的强度和高的热强性，长期工作温度可达450℃。主要用于制造发动机零件、叶片等。

2. β钛合金

钛合金加入Mo、Cr、V等合金元素后，可获得亚稳组织的β相。它的强度较高、具有良好的压力加工性能和焊接性能，经淬火和时效处理后，析出弥散的α相，强度进一步提高。主要用于制造气压机叶片、轴、轮盘等重载荷零件。

3. $\alpha+\beta$钛合金

钛中加入稳定β相元素，再加入稳定α相元素，在室温下即可获得（$\alpha+\beta$）双相组织。这类合金热强度和加工性能处于α钛和β钛之间；可通过淬火＋时效进行强化，且塑性较好，具有良好综合性能。双相钛在海水中抗应力腐蚀的能力很好。主要用于在400℃长期工作的零件，如火箭发动机外壳、航空发动机叶片、导弹的液氢燃料箱等。

4. 低温用钛合金

近年来，随着新技术的飞速发展，要求在低温和超低温条件下工作的结构件日益增多。如宇宙飞行器中的液氧贮箱，工作温度为－183℃；液氢贮箱为－253℃等。在这样低的工作温度下，要求材料必须保持良好的力学性能和物理性能。

钛合金用作低温合金材料时，比强度高，可减轻构件的重量；强度随温度的降低而提高，又能保证良好塑性；在低温下冷脆敏感性小。此外，钛合金的导热性低、膨胀系数小。适宜制造火箭、管道等结构件。

目前，专用的低温钛合金有Ti－5Al－2.5Sn，其使用温度可达－253℃，用于制造宇宙飞船的液氢容器；Ti－6Al－4V使用温度为－196℃，用于制造低温高压容器，导弹储氦容器等。钛合金用作高、低温条件下的结构材料，具有广阔的发展前景。

7.4 轴承合金

7.4.1 概述

用于制作滑动轴承轴瓦和轴套的合金称为轴承合金。当轴承支撑轴进行工作时，由于轴在旋转，轴瓦和轴产生强烈的摩擦，并承受周期性载荷。因此轴承合金应具有如下性能要求：

（1）良好的工艺性，便于制造，且价格低。

（2）足够的强度和硬度，以承受轴颈较大的压力。

（3）和轴之间具有良好的磨合能力，并可存储润滑油。

（4）足够的塑性和韧性，以保证轴与轴承良好配合并抵抗冲击和振动。

（5）良好的耐蚀性、导热性、较小的膨胀系数，防止摩擦升温而发生咬合。

轴承材料不能选用高硬度的金属，以免轴颈受到磨损；也不能选用软的金属，防止承载能力过低。因此轴承合金的组织是软基体上分布硬质点，或者在硬基体上分布软质点。若轴承合金的组织是软基体上分布硬质点，则运转时软基体受磨损而凹陷，硬质点将凸出于基体上，使轴和轴瓦的接触面积减少，而凹坑能储存润滑油，降低轴和轴瓦之间的摩擦系数，从而减少轴和轴承的磨损。另外，软基体能承受冲击和震动，使轴和轴瓦能很好的结合，并能起镶嵌外来硬物，保证轴颈不被擦伤。

若轴承合金的组织是硬基体上分布软质点时，也可达到上述同样的目的。

常用的轴承合金按主要成分可分为锡基、铅基、铝基、铜基等数种，前两种称为巴氏合金，其编号方法为：ZCh＋基本元素符号＋主加元素符号＋主加元素含量＋辅加元素含量。其中“Z”和“Ch”分别表示“铸造”和“轴承”。例如，ZChSnSb11－6 即表示含 11％Sb 和 6％Cu 的锡基铸造轴承合金。

7.4.2 锡基轴承合金

锡基轴承合金是一种软基体硬质点类型的轴承合金。常用的牌号是 ZChSnSb11－6。α 相是锑溶解于锡中的固溶体，为软基体。β' 是以化合物 SnSb 为基的固溶体，为硬质点。

ZChSnSb11－6 的显微组织为 $\alpha+\beta'+Cu_6Sn_5$。

锡基轴承合金的摩擦系数和膨胀系数小，塑性和耐磨性好，适于制造运转速度高、承受压力和冲击载荷的轴承，如汽轮机、汽车、压气机用高速轴瓦。但锡基轴承合金的疲劳强度较差，工作温度也较低。

7.4.3 铝基轴承合金

铝基轴承合金是一种新型减摩材料，具有原料丰富、价格低廉，比重小，导热性好、疲劳强度高和耐蚀性好等优点，但其膨胀系数大，运转时容易与轴颈咬合。铝基轴承合金分为高锡铝基轴承合金和铝锑镁轴承合金。

高锡铝基轴承合金的成分为 20％Sn、1％Cu，其余为 Al。由于在固态时锡在铝中的溶解度极小，合金经轧制与再结晶退火后，显微组织为铝基体上均匀分布着软的锡质点。合金中加入铜，溶于铝使基体强化。该合金也可用 08 钢为衬背，轧制成双合金带。这类合金疲劳强度高，耐热性、耐磨性、耐蚀性好，可代替铝锑镁合金和铜基轴承合金，适宜制造载荷小于 $28MN/m^2$、滑动速度小于 3m/s 的轴承，目前已在汽车、拖拉机、内燃机上广泛使用。

铝锑镁轴承合金成分为 3.5％～4.5％Sb、0.3％～0.7％Mg，其余为 Al。室温显微组织为 $Al+\beta$。Al 为软基体，β 相是铝锑化合物，为硬质点，分布均匀。加入镁可提高合金的屈服强度。它可用 08 钢作衬背，一起轧制成双合金带，由此改进轴瓦的生产工艺，并提高了轴瓦的承载能力。这种合金有高的抗疲劳性和耐磨性，但承载能力较小，适宜制造载荷不超过 $20MN/m^2$、滑动速度不大于 10m/s 工作条件下的轴承，如承受中等载荷内燃机上的轴承。

7.4.4 铅基轴承合金

铅基轴承合金是一种软基体硬质点的轴承合金。铅锑系的铅基轴承合金应用很广，典型牌号有 ZChPbSb16－16－2，成分为 16％Sb、16％Sn、2％Cu、其余为 Pb。

ZChPbSb16－16－2 的显微组织为（$\alpha+\beta$）$+\beta+Cu_6Sn_5$，α 为锑在铅中的固溶体，β 为铅在锑中的固溶体。

该合金铸造性能和耐磨性较好，价格较低，用于制造中等载荷、高速低载的轴承，如汽车、拖拉机上曲轴的轴承和电动机、破碎机轴承。

7.4.5 铜基轴承合金

铜基轴承合金是以铅为主加元素，常用的有 ZQPb30、ZQSn10－1 等合金。

ZQPb30 的成分为 30％Pb，其余为 Cu。这是一种硬基体软质点类型的轴承合金。铜和铅在固态时互不溶解，室温显微组织为 Cu＋Pb。Cu 为硬基体，粒状 Pb 为软质点。这类合金耐疲劳、耐热性好，摩擦系数小，承载能力强。常用于制造大载荷、高压下工作的轴承，如航空发动机轴承。

ZQSn10－1 成分为 10％Sn、1％P，其余为 Cu。显微组织为 $\alpha+\delta+Cu_3P$。α 固溶体为软基体，δ 相和 Cu_3P 为硬质点。该合金具有高的强度，适于制造高速度、高载荷的柴油机轴承。

由于不含锡的铅青铜、铅基、锡基轴承合金的强度较低，不能承受较大的压力，所以使用时必须将其镶在钢的轴瓦上，形成一层薄而均匀的内衬，做成双金属轴承。含锡的铅青铜，锡溶于铜中使合金强化，获得较高的强度，所以不必做成双金属，而可直接做成轴承、轴套使用。

7.5 镁及镁合金

7.5.1 纯镁

镁是地壳中第三种含量丰富的金属元素，储量占地壳的 2.5％，仅次于铝和铁。镁的原子序号为 12，相对原子质量为 24.32。镁的晶体结构为密排六方。

镁是常用结构材料中最轻的金属，密度为 1.738g/cm^3。镁的体积热容比其他所有的金属都低，其升温或降温速度比其他金属快。

镁的电极电位很低，化学性质很活泼。镁在潮湿大气、海水、无机酸、无机盐、有机酸、甲醇等介质中均会产生剧烈的腐蚀；但镁在干燥的大气、碳酸盐、氟化物、铬酸盐、氢氧化钠、四氯化碳、汽油、煤油及润滑油中却很稳定。在室温下，镁的表面能与空气中的氧起反应，形成氧化镁薄膜，但由于氧化镁薄膜比较脆，而且不致密，对内部金属无明显的保护作用。

镁的室温塑性很差。纯镁单晶体的临界切应力只有（48～49）$\times10^5$Pa，纯镁的强度和硬度也很低，因此不能直接用作结构材料，主要用来配制其他合金。纯镁的力学性能见表 7.5。

表 7.5　纯镁的力学性能

加工状态	抗拉强度 R_m MPa	屈服强度 R_{el} MPa	弹性模量 E GPa	伸长率 A %	断面收缩率 Z %	硬度 HBS
铸态	11.5	2.5	45	8	8	30
变形状态	20.0	9.0	45	11.5	12.5	36

7.5.2　镁合金

1. 镁的合金化及分类

工业纯镁的力学性能很低，不能直接用做结构材料，但通过形变硬化、晶粒细化、合金化、热处理等多种方法，镁的力学性能会得到大幅度改善。在这些方法中，镁的合金化是最基本的强化途径，通过合金化，其力学性能、抗蚀性和耐热性能均会得到提高。

镁合金中常加入的合金元素有 Al、Zn、Mn、Zr 及稀土元素。Al 在镁中产生固溶强化作用，又可析出沉淀强化相 $Mg_{17}Al_2$，有助于提高合金的强度和塑性；Zn 在镁中除固溶强化作用外，也可产生时效强化相 MgZn，但强化效果不如 Al 显著，一般需与其他元素同时加入；Mn 加入镁中可提高合金的耐热性和耐蚀性，并改善焊接性能；镁中加入 Zr，除细化晶粒外，还可减少热裂倾向、并提高机械性能；稀土元素则具有细化晶粒、提高耐热性、改善铸造性能和焊接性能等多种作用。镁合金中的杂质以 Fe、Cu、Ni 的危害最大，需要严格控制其含量。

工业中应用的镁合金主要集中于 Mg－Al－Zn、Mg－Zn－Zr、Mg－RE－Zr、Mg－Th－Zr 和 Mg－Ag－Zr 等几个合金系，其中前两个合金系应用较多。根据生产工艺，将上述镁合金分为变形镁合金和铸造镁合金两大类。我国镁合金的牌号，是用两个汉语拼音字母和合金顺序号（阿拉伯数字）组成，合金的顺序号代表合金的化学成分。

2. 镁合金的热处理

镁合金常用的热处理工艺有人工时效（T1）、退火（T2）、淬火不时效（T4）和淬火加人工时效（T6）等，具体工艺规范根据合金成分及性能需要确定。

镁合金的热处理方式与铝合金类似，但由于组织结构上的差别，与铝合金相比，呈现以下几个特点：

（1）镁合金的组织比较粗大，因此淬火加热温度较低；

（2）合金元素在镁中的扩散速度较慢，淬火加热时间较长；

（3）铸造镁合金及未经退火的变形镁合金一般具有不平衡组织，淬火加热速度不宜过快，通常采用分段方式加热；

（4）镁合金在自然时效时，沉淀相析出速度太慢，故镁合金大都采用人工时效处理；

（5）镁合金的氧化倾向大，加热炉内需保持中性气氛，普通电炉一般通入 SO_2 气体或在炉内放置一定数量的碎块状硫铁矿石，并要密封。

3. 变形镁合金

我国变形镁合金的牌号以“MB”加数字表示，共有八个牌号，其主要化学成分及力学性能如表 7.6 和表 7.7 所示。按化学成分，这些合金分为 Mg－Mn 合金系变形镁合金、Mg－Al－Zn 系变形镁合金和 Mg－Zn－Zr 系变形镁合金三类。

表 7.6　变形镁合金的主要化学成分

合 金 牌 号	主要化学化学成分，%
MB1	Mn1.3～2.5
MB2	Al3.0～4.0、Zn0.4～0.6、Mn0.2～0.6
MB3	Al3.5～4.5、Zn0.8～1.4、Mn0.3～0.6
MB5	Al5.0～7.0、Zn2.0～3.0、Mn0.15～0.5
MB6	Al5.0～7.0、Zn2.0～3.0、Mn0.2～0.5
MB7	Al7.8～9.2、Zn0.2～0.8、Mn0.15～0.5
MB8	Mn 1.5～2.5、Ce0.15～0.35
MB15	Zn5.0～6.0、Zr0.3～0.9、Mn0.1

表 7.7　变形镁合金的力学性能

牌号	品种	状态	R_m，MPa	$R_{0.2}$，MPa	A,%	HB
MB1	板材	退火	206	118	8	441
MB2	棒材	挤压	275	177	10	441
MB3	板材	退火	280	190	18	——
MB5	棒材	挤压	294	235	12	490
MB6	棒材	挤压	320	210	14	745
MB7	棒材	时效	340	240	15	628
MB8	板材	退火	245	157	18	539
MB15	棒材	时效	329	275	6	736

Mg－Mn 系有 MB1 和 MB8 两个牌号。该类合金具有良好的耐蚀性能和焊接性能，可进行冲压、挤压等塑性变形，一般在退火状态下使用，其板材用于制作蒙皮、壁板等焊接结构件，模锻件可制作外形复杂的耐蚀件。

Mg－Al－Zn 系共有五个牌号，即 MB2、MB3、MB5、MB6 和 MB7，这类合金强度较高、塑性较好。其中 MB2 和 MB3 具有较好的热塑性和耐蚀性，故应用较多，其余三种合金应力腐蚀倾向较大，且塑性较差，应用受到了限制。

Mg－Zn－Zr 系只有 MB15 一种，其抗拉强度和屈服强度明显高于其他变形镁合金。MB15 合金可进行热处理强化，通常在热变形后进行人工时效，时效温度一般为 160～170℃，保温 10～24h。MB15 主要用来制作承载较大的零构件，使用温度不超过 150℃，同时因焊接性能较差，所以一般不用作焊接结构。MB15 是航天工业中应用最多的变形镁合金。

除上述镁合金外，近年来 Mg－Li 合金有很大的发展。该类合金的密度比其他镁合金的低 15%～30%，同时具有较高的弹性模量、比强度和比模量。Mg－Li 合金还具有良好的工艺性能，可进行冷加工和焊接，并可热处理强化，在航天和航空领域具有良好的应用前景。

4. 铸造镁合金

我国的铸造镁合金有八个牌号，表示方法为“ZM”加数字。

根据合金的化学成分和性能特点，铸造镁合金分为高强度铸造镁合金和耐热铸造镁合金两大类。

高强度铸造镁合金的有 ZM1、ZM2、ZM7 和 ZM8，属于 Mg-Al-Zn 系和 Mg-Zn-Zr 系。这些合金一般在淬火或淬火并时效后使用，具有较高的强度、良好的塑性，适于制造各种类型的零件。但高强度铸造镁合金耐热性较差，使用温度不能超过 150℃。其中 ZM5 在航空和航天工业中应用很广，用于制造飞机、发动机、卫星及导弹仪器舱中承载较高的结构件。

耐热铸造镁合金有 ZM3、ZM4 和 ZM6，属于 Mg-RE-Zr 系。该类合金铸造工艺性能良好、热裂倾向小、铸件致密。合金的常温强度和塑性较低，但耐热性高，长期使用温度为 200～250℃，短时使用温度可达 300～350℃。

第8章　新型材料

新型材料是指以新制备工艺制成的或正在发展中的材料，这些材料比传统材料具有更优异的特殊性能。

8.1　复合材料

8.1.1　复合材料的定义及特点

1. 复合材料的定义

复合材料是指将两种或两种以上物理、化学性质不同的物质，通过一定方法复合得到的一种新的多相固体材料，它既能保留原组成材料的主要特色，并通过复合效应获得原组分所不具备的性能。复合材料是多相材料，主要包括基体相和增强相。基体相是连续相，它把增强相材料固结成一体；增强相起承受应力（结构复合材料）和显示功能（功能复合材料）的作用。

复合材料可以通过设计使各组分的性能互相补充并彼此关联，从而获得新的优越性能。与一般材料的简单混合有本质的区别：

（1）复合材料不仅保留了原组成材料的特点，而且通过各组分的相互补充和关联可以获得原组分所没有的新的优越性能；

（2）复合材料的可设计性，如结构复合材料不仅可根据材料在使用中受力的要求进行组元选材设计，更重要的是还可进行复合结构设计，即增强体的比例、分布、排列和取向等的设计。

2. 复合材料的特点

复合材料的最大特点是其性能比组成材料的性能优越很多，或克服了单一组成材料的弱点，从而能够按零件的结构、受力情况以及按预定的、合理的配套性能进行最佳设计，甚至可创造单一材料不具备的双重（或多重）功能，或者在不同时间（或条件）下发挥不同的功能。复合材料具有以下特点：

1）比强度和比模量高

比强度、比模量是指材料的强度或弹性模量与其密度之比。如果材料的比强度或比模量越高，构件的质量（或体积）就会越小。通常，复合材料的复合结果是密度大大减小，因而高的比强度和比模量是复合材料的突出性能特点。

2）抗疲劳性能和抗断裂性能良好

通常，复合材料中的纤维缺陷少，因而本身抗疲劳性能良好；而基体的塑性和韧度好，能够消除或减少应力集中，不易产生微裂纹；塑性变形的存在又使得微裂纹产生钝化，从而减缓了其扩展。这样就使得复合材料具有很好的抗疲劳性能。例如，碳纤维增强树脂的疲劳强度为拉伸强度的70%～80%，一般金属材料却仅为30%～50%。由于基体中有大量细小纤维，较大载荷下部分纤维断裂时载荷由韧度好的基体重新分配到未断裂纤维上，构件不会瞬间失去承载能力而断裂。

3）高温性能优越

铝合金在100℃时，其强度仅为室温时的10%以下，而复合材料可以在较高温度下具有与室温时几乎相同的性能。如聚合物基复合材料的使用温度为100～350℃；金属基复合材料的使用温度为350～1100℃，SiC纤维、Al_2O_3纤维陶瓷复合材料在1200～1400℃范围内可保持很高的强度。碳纤维复合材料在非氧化气氛下，可在2400～2800℃长期使用。

4）减摩、耐磨、减振性能良好

复合材料摩擦系数比高分子材料的低得多，少量的短切纤维大大提高了其耐磨性。复合材料比弹性模量高．自振频率也高，其构件不易共振，纤维与基体界面有吸收振动能量的作用，产生的振动也会很快衰减，可以起到很好的减振效果。

5）其他特殊性能

金属基复合材料具有局韧度和抗热冲击性能；玻璃纤维增强塑料具有优良的电绝缘件，不受电磁作用，不反射无线电波，且其耐辐射性、蠕变性能高，具有特殊的光、电、磁等性能。

8.1.2 复合材料的组成及分类

结构复合材料由基体、增强体和两者之间的界面组成，复合材料的性能则取决于增强体和基体的比例以及三个组成部分的性能。

复合材料的基体是复合材料中的连续相，起到将增强体联结成整体，并赋予复合材料一定形状、传递外界作用力、保护增强体免受外界环境侵蚀的作用。复合材料所用基体主要有聚合物、金属、陶瓷、水泥和碳等。其中聚合物基复合材料是复合材料的主要品种，其产量远远超过其他基体的复合材料。

增强体是高性能结构复合材料的关键组分，在复合材料中起着增加强度、改善性能的作用。增强体按形态分为颗粒状、纤维状、片状、立方编制物等。按化学特征区分为无机非金属类（共价键和离子键）、有机聚合物类（共价键、高分子链）和金属类（金属键）。增强体在复合材料中的增强机制主要有颗粒增强复合材料和纤维增强复合材料两种。

1）颗粒增强复合材料

对于颗粒复合材料，基体承受载荷时，颗粒的作用是阻碍分于链或位错的运动。增强的效果同样与颗粒的体积分数、分布、尺寸等密切相关。通常，颗粒直径为几微米到几十微米；颗粒的体积分数应在20%以上，否则达不到最佳强化效果；颗粒与基体之间应有一定的结合强度。

2）纤维增强复合材料

纤维增强相是具有强结合键的材料或硬质材料（陶瓷、玻璃等），内部含微裂纹，易断裂，因而脆性大；将其制成细纤维可降低裂纹长度和出现裂纹的几率，使脆性降低，极大地发挥了增强相的强度。高分子基复合材料中，纤维增强相可有效阻止基体分子链的运动；金属基复合材料中，纤维增强相可有效阻止位错运动，从而强化基体。

复合材料种类繁多，分类方法也不尽相同。原则上讲，复合材料可以由金属材料、高分子材料和陶瓷材料中任意两种或几种制备而成。复合材料的分类如图 8.1 所示。

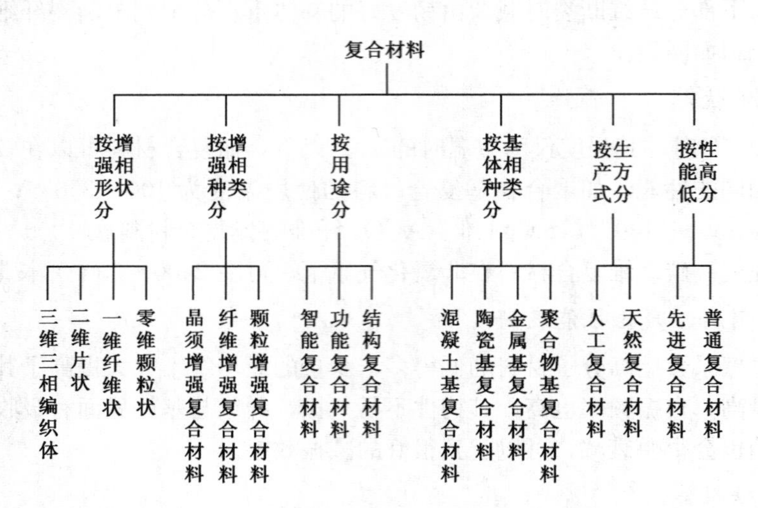

图 8.1　复合材料的分类

8.1.3　常用复合材料及其应用

1. 玻璃钢

玻璃纤维增强聚合物复合材料俗称玻璃钢，其中热固性玻璃钢主要用于机器护罩、车辆车身、绝缘抗磁仪表、耐蚀耐压容器和管道及各种形状复杂的机器构件和车辆配件。热塑性玻璃钢的强度不如热固性玻璃钢的强度，但成型性好、生产率高。尼龙 66 玻璃钢可用做轴承、轴承架、齿轮等精密件，以及电工件、汽车仪表、前后灯等；ABS 玻璃钢可用做化工装置、管道、容器；聚苯乙烯玻璃钢可用做汽车内装饰、收音机机壳、空洞叶片；聚碳酸酯玻璃钢可用做耐磨件、绝缘仪表。

2. 碳纤维树脂复合材料

碳是六方结构的晶体（石墨），共价键结合，其强度比玻璃纤维的强度高，其弹性模量也比其高几倍；高温低温性能好；具有很高的化学稳定性、导电性和低的摩擦系数，是很理想的增强剂；脆性大，与树脂的结合力不如玻璃纤维，进行表面氧化处理可改善其与基体的结合力。

碳纤维环氧树脂、碳纤维酚醛树脂和碳纤维聚四氟乙烯等广泛应用于宇宙飞船和航天器的外层材料，人造卫星和火箭的机架、壳体，各种精密机器的齿轮、轴承以及活塞、密封圈、化工容器和零件等。

3. 硼纤维树脂复合材料

硼纤维的比强度与玻璃纤维的相近，其耐热性比玻璃纤维的高，其弹性模量比玻璃纤维的高出约 5 倍。硼纤维树脂复合材料抗压强度和剪切强度都很高（优于铝合金、钛合金），且蠕变小、硬度和弹性模量高，疲劳强度高，耐辐射及导热性极好。硼纤维环氧树脂、硼纤维聚酰亚胺树脂等复合材料多用于航空航天器、宇航器的翼面、仪表盘、转子、压气机叶片、螺旋桨的传动轴等。

4. 陶瓷基复合材料

陶瓷基复合材料具有高强度、高模量、低密度，耐高温、耐磨、耐蚀，以及良好的韧度。目前已研发出颗粒增韧复合材料（如 Al_2O_3 - TiC 颗粒）、晶须增韧复合材料（如 SiC - Al_2O_3 晶须）、纤维增韧复合材料（如 SiC -硼硅玻璃纤维）。陶瓷基复合材料常用于制造高速切削工具和内燃机部件。由于这类材料发展较晚，其潜能尚待进一步发挥。目前的研究重点是将其作为高温材料和耐磨耐蚀材料应用，如大功率内燃机的增压涡轮、航空航天器的热部件，以及代替金属制造车辆发动机、石油化工容器、垃圾焚烧处理设备等。

5. 金属陶瓷

金属陶瓷是金属（通常为 Ti、Ni、Co、Cr 等及其合金）和陶瓷（通常为氧化物陶瓷、碳化物陶瓷、硼化物陶瓷和氮化物陶瓷等）组成的非均质材料，是颗粒增强型的复合材料，常用粉末冶金方法成型。金属和陶瓷按不同配比可组成工具材料（陶瓷为主）、高温结构材料（金属为主）和特殊性能材料。

氧化物金属陶瓷多以 Co 或 Ni 作为黏结金属，热稳定性和抗氧化能力较好，韧度高，不仅可用做高速切削工具材料，还可用做高温下工作的耐磨件，如喷嘴、热拉丝横以及机械密封环等。碳化物金属陶瓷是应用最广泛的金属陶瓷，通常以 Co 或 Ni 作为金属黏结剂，根据金属质量分数不同，可用做耐热结构材料或工具材料。碳化物金属陶瓷用做工具材料时，通常被称为硬质合金。

6. 碳基复合材料

碳纤维增强碳基复合材料，简称 C - C 材料。其研制开始于 20 世纪 50 年代，在 60 年代后期成为新型工程材料，到了 80 年代，C - C 材料的研究进入了提高性能和扩大应用的阶段。最引人注目的是航天飞机的鼻锥幅和机冀前缘使用了抗氧化 C - C 材料，目前用量最大的 C - C 产品是高超音速飞机的刹车片。

C - C 材料具有耐高温、耐腐蚀、较低的热膨胀系数和较好的抗热冲击性。它与石墨一样具有化学稳定性，与一般的酸、碱、盐的溶液不起反应，与有机溶剂不起作用，只是与浓度高的氧化性酸溶液起反应。C - C 材料的力学性能受很多因素影响，一般与增强纤维的方向和体积分数、界面结合状况、碳基体、温度等因素有关。

C - C 材料除了在航空航天上的应用外，还可用来制作发热元件和机械紧固件，可在 2500℃的高温下工作；C - C 材料可代替钢材和超塑成型的吹塑模、粉末冶金中的热压模，具有质量轻、成型周期短、产品质量好、寿命长的特点。在生物医学方面，已反复证明 C - C 复合材料与人体组织的生理相容性良好。C - C 材料还可用于氦冷却的核反应堆热交换管道、化工管道、容器衬里、高温密封件、核轴承等。目前常用的复合材料见表 8.1。

表 8.1 常用复合材料

类别	名 称	主要性能及特点	用 途
纤维复合材料	玻璃纤维复合材料	热固性树脂与纤维复合，抗拉强度、抗弯、强度、抗压强度、抗冲击强度高，脆性降低，收缩减小。热塑性树脂与纤维复合，抗拉强度、抗弯强度、抗压强度、弹性模量、抗蠕变性均提高，热变形温度显著上升，冲击韧度下降，缺口敏感性改善	主要用于制造耐磨件、减摩件及一般机械零件、管道、泵阀、汽车及船舶壳体

续表

类别	名　　称	主要性能及特点	用　　途
纤维复合材料	碳纤维、石墨纤维复合材料	碳—树脂复合、C—C复合、碳—金属复合、碳—陶瓷复合材料等，比强度、比刚度高，线膨胀系数小，减摩性、耐磨性和自润滑性好	在航空、宇航、原子能等工业中用于制造压气机叶片、发动机壳体、轴瓦、齿轮等
	硼纤维复合材料	硼与环氧树脂复合，比强度高	用于制造飞机、火箭构件，可减少质量25%～40%
	晶须复合材料	晶须是单晶，无一般材料的空穴、位错等缺陷，力学强度特别高，有Al_2O_3、SiC等晶须。用晶须毡与环氧树脂复合的层压板，抗弯模量可达70000MPa	可用于制造涡轮叶片
	石棉纤维复合材料	有温石棉及闪石棉，前者不耐酸；后者耐酸，较脆	与树脂复合，用于制造密封件、制动件、绝热材料等
	植物纤维复合材料	木纤维或棉纤维与树脂复合而成的纸板、层压布板，综合性能好，绝缘	用于制造电绝缘件、轴承
	合成纤维复合材料	少量尼龙或聚丙烯腈纤维加入水泥，可大幅度提高冲击韧度	用于制造承受强烈冲击的零件
颗粒复合材料	金属粒与塑料复合材料	金属粉中加入塑料，可改善导热性及导电性，降低线胀系数	高质量分数铅粉塑料可用做γ射线的罩屏及隔音材料，铅粉加入氟塑料可用于制造轴承材料
	陶瓷粒与金属复合材料	提高高温耐磨损、耐腐蚀、润滑等性能	氧化物金属陶瓷可用于制造高速切削材料及高温材料；碳化铬可用于制造耐蚀、耐磨喷嘴，重载轴承，高温无油润滑件；钴基碳化钨可用于制造切割工具、拉丝模、阀门；镍基碳化钨可用于制造火焰管喷嘴等高温零件
	弥散强化复合材料	将硬质粒子氧化钇等均匀分布到合金（如镍铬合金）中，能耐1100℃以上高温	用于制造耐热件
复合材料层叠	多层复合材料	钢—多孔性青铜—塑料三层复合	用于制造轴承、热片、球头座耐磨件
	玻璃复层材料	两层玻璃板间夹一层聚乙烯醇缩丁醛	用于制造安全玻璃
	塑料复层材料	普通铜板上覆一层塑料，以提高耐蚀性	用于制造化工及食品工业
复合材料骨架	多孔浸渍材料	多孔材料浸渗低摩擦系数的油脂或氟塑料	可用于制造油枕及轴承，浸树脂的石墨可用做耐磨材料
	夹层结构材料	质轻，抗弯强度大	可用于制造飞机机翼、舱门、大电机罩等

8.2 形状记忆合金

形状记忆合金是一种新型功能材料，它具有温度感知和驱动性能。将这种合金在一定温度下变形后，再加热到某一温度之上，它能向形变前的形状恢复，这种现象称为形状记忆效应（Shape Memory Effect，简称 SME）。具有形状记忆效应的合金称为形状记忆合金（Shape Memory Alloy，简称 SMA），普通的金属材料在外力作用下先发生弹性形变，达到屈服点后产生塑性变形，外力去除后留下永久变形，不论加热到多高温度其形状也不能恢复。同时，形状记忆合金的形状记忆效应也不同于普通金属的热胀冷缩，它是由于马氏体相变而引起的，其应变变化量比一般热膨胀量大 2～3 个数量级，因此有很大的工业应用价值。

8.2.1 形状记忆合金的分类及特点

目前形状记忆合金主要分为 Ni－Ti 系、Cu 系和 Fe 系合金等。

1. Ni－Ti 系形状记忆合金

这是最有实用化前景的一种形状记忆合金。其室温抗拉强度可达 1000MPa 以上，密度较小，为 6.45g/cm^3，疲劳强度高达 480MPa（2.5×10^7 循环周次），而且还有很好的耐蚀性。美国曾将其大量用于 F－14 战斗机油路连接系统中。

日本开发了添加微量的 Fe 或 Cr 的 Ni－Ti 形状记忆合金，使其转变温度降至－100℃以下，特别适合用于制作低温环境下工作的驱动器等，从而进一步扩大了 Ni－Ti 形状记忆合金的应用范围。

2. Cu 系形状记忆合金

目前主要是 Cu－Zn－A1 合金和 Cu－Ni－A1 合金，它们是实用合金的开发对象。它们与 Ni－Ti 合金相比，制造加工容易，价格便宜，具有较好的记忆性能，而且相交点可在－100～300℃范围内调节，因此对该种材料的研究较具实用意义。但是目前 Cu 系形状记忆合金还不如 Ni－Ti 系形状记忆合金那样成熟，实用化程度还不高，阻碍 Cu 系形状记忆合金实用化的主要原因是合金的热稳定性差和容易引起晶界破坏。解决其脆性、晶粒粗大和循环失效等问题的主要途径是加入 Ti、Mn、V、B 及 Zr 等稀土微量元素，使合金晶粒细化。

3. Fe 系形状记忆合金

Fe 系形状记忆合金的研究要晚于前两项。主要有 Fe－Pt、Fe－Pd、Fe－Ni－Co－Ti 等系列合金，另外目前已知高锰钢和不锈钢也具有不完全性质的形状记忆效应。

在价格上，Fe 系形状记忆合金比 Ni－Ti 系和 Cu 系形状记忆合金低很多，因此具有明显的竞争优势。但 Fe 系形状记忆合金的研究与应用尚处于开始阶段，有待进一步发展。

8.2.2 形状记忆合金的用途

1. 工程应用

形状记忆合金的最早应用是在管接头和紧固件上。如用形状记忆合金加工成内径比欲连接管的外径小 4％的套管，然后在液氮温度下将套管扩径约 8％，装配时将这种套管从液氮取出，把欲连接的管子从两端插入。当温度升高至常温时，套管收缩即形成紧固密封。这种连接方式接触紧密能防渗漏、装配时间短，远胜于焊接，特别适合于在航天、航空、核工业及海底输油管道等危险场合应用。

2. 医学应用

形状记忆效应和超弹性可广泛用于医学领域。如制造血栓过滤器、棒、牙齿矫形弓丝、接骨板、人工关节、人工心脏等。

3. 智能应用

形状记忆合金是一种集感知和驱动双重功能为一体的新型材料，因而可广泛地应用于各种自动调节和控制装置，也称作智能材料。如人们正在设想利用形状记忆材料研制像半导体集成电路那样的集记忆材料—驱动源—控制为一体的机械集成元件，形状记忆薄膜和细丝可能成为未来超微型机械手和机器人的理想材料，它们除温度外不受任何其他环境条件的影响，可在核反应堆、加速器、太空实验室等高技术领域中大显身手。

8.3 减振合金

8.3.1 减振合金的分类及特点

使振动衰减的方法有系统减振、结构减振和材料减振三种。系统减振在外部设置衰减系统来吸收振动能；结构减振是在金属材料和金属材料中间夹入黏弹性高分子材料，制成夹心结构；材料减振不同于依靠金属以外的物质来防振的消极的系统减振和结构减振，而是利用金属材料本身具有大的衰减能力去消除振动或噪声的发生源，就是像Cu和Mg那样发不出金属声，但却像钢一样坚固的材料，即衰减能大、强度高的材料。在实用上，材料减振具有以下三方面的优点：

(1) 防止振动。如可使导弹仪器控制盘或导航仪等精密仪器免除发射引起的剧烈冲击。

(2) 防止噪声。如将其用在潜水艇或鱼雷推进器上，可防止敌视的声纳探索。

(3) 增加疲劳寿命。如用于汽轮机叶片上，可增加疲劳寿命。

从金属学的机理对减振合金进行分类，大体上可分为复合型、强磁性型、位错型和双晶型四类。

1. 复合型

在强韧性的基体中，如果析出软的第二相，在基体和第二相的界面上，容易产生塑性流动或黏性流动，外部振动能在这些流动中被消耗掉，于是振动被吸收掉，但界面的作用还不甚清楚。

2. 强磁性型

对于铁磁材料，在受磁场作用时，会改变尺寸，这种现象称磁致伸缩效应。外力作用于这些材料时，会产生磁致逆效应。此效应中的能量损耗就是吸收振动的主要原因。如由Fe、Cr、Al组成的消声合金便是依据这种原理设计的。这类合金常在居里点以下使用。

3. 位错型

位错型材料是利用位错运动中的能量损耗作为减振的主要原因。Mg－Zr、Mg－Mg_2Ni

等合金系便属此类。这类合金使用温度常在15℃以下。

4. 双晶型

双晶型材料是利用记忆合金的热弹性行为作为减振的主要原因。双晶型虽具有在高温下$T<M_S$不能使用的缺点。但作为减振材料的主角，目前最引人注目。

8.3.2 减振合金的应用及发展

减振合金可广泛用于汽车车身、变速箱、刹车装置、发动机传动部件、空气净化器等汽车部件；冲压、各式齿轮等机械工程方面；桥梁、钢梯、削岩机等建筑部件；船舶用发动机的旋转部件、锥进器等；以及空调、洗衣机、变压器用防噪声罩和音响设备的喇叭等家电，此外还有打字机、穿孔机等办公设备。在航空、宇宙技术中可用作火箭、导弹、喷气式飞机的控制盘或导航仪等精密仪器以及发动机罩、汽轮机叶片等发动机部件。

另外，微晶超塑性材料将来在减振材料中可能占有相当的地位。随着晶粒细化技术的进展，将更加引人注目。有人认为这类材料的减振机理可能是由晶界引起的应力缓和松弛。

8.4 纳米材料

纳米材料（Nano Materials）是指尺寸在1～100nm（$1nm=10^{-9}m$）范围内的纳米粒子、由纳米粒子凝聚成的纤维、薄膜、块体及与其他纳米粒子或常规材料（薄膜、块体）组成的复合材料。

8.4.1 纳米材料的特性

当颗粒尺寸进入纳米数量级时，其本身和由它构成的固体主要具有三个方面的效应，并由此派生出传统固体不具备的许多特殊性质。

1. 四个效应

1）*表面与界面效应*

表面与界面效应是指纳米晶体粒表面原子数与总原子数之比随粒径变小而急剧增大后所引起的性质上的变化。例如粒子直径为10nm时，微粒包含4000个原子，表面原子占40%；粒子直径为1nm时，微粒包含有30个原子，表面原子占99%。主要原因就在于直径减少，表面原子数量增多。再例如，粒子直径为10nm和5nm时，比表面积分别为$90m^2/g$和$180m^2/g$。如此高的比表面积会出现一些极为奇特的现象，如金属纳米粒子在空中会燃烧，无机纳米粒子会吸附气体等等。

2）*小尺寸效应*

当纳米微粒尺寸与光波波长，传导电子的德布罗意波长及超导态的相干长度、透射深度等物理特征尺寸相当或更小时，它的周期性边界被破坏，从而使其声、光、电、磁，热力学等性能呈现出“新奇”的现象。例如，铜颗粒达到纳米尺寸时就变得不能导电；绝缘的二氧化硅颗粒在20nm时却开始导电；高分子材料加纳米材料制成的刀具比金刚石制品还要坚硬。利用这些特性，可以高效率地将太阳能转变为热能、电能，此外又有可能应用于红外敏感元件、红外隐身技术等。

3）量子尺寸效应

当粒子的尺寸达到纳米量级时，费米能级附近的电子能级由连续态分裂成分立能级。当能级间距大于热能、磁能、静电能、静磁能、光子能或超导态的凝聚能时，会出现纳米材料的量子效应，从而使其磁、光、声、热、电、超导电性能变化。例如，有种金属纳米粒子吸收光线能力非常强，在 1.1365kg 水里只要放入千分之一这种粒子，水就会变得完全不透明。

4）宏观量子隧道效应

微观粒子具有贯穿势垒的能力称为隧道效应。纳米粒子的磁化强度等也有隧道效应，它们可以穿过宏观系统的势垒而产生变化，这种现象被称为纳米粒子的宏观量子隧道效应。

2. 物理特性

（1）低的熔点、烧结开始温度及晶化温度。如大块铅的熔点为 327℃，而 20nm 铅微粒熔点低于 15℃。

（2）具有顺磁性或高矫顽力。如 10～25nm 铁磁金属微粒的矫顽力比相同的宏观材料大 1000 倍，而当颗粒尺寸小于 10nm 时矫顽力变为零，表现为超顺磁性。

（3）光学特性。

①宽频吸收，纳米微粒对光的反射率低，吸收率高，因此金属纳米微粒几乎都呈黑色。

②蓝移现象，即发光带或吸收带由长波长移向短波长的现象。

（4）电特性。随粒子尺寸降到纳米数量级，金属由良导体变为非导体，而陶瓷材料的电阻则大大下降。

3. 化学特性

由于纳米材料比表面积大，处于表面的原子数量多，键态严重失配，表面出现非化学平衡、非整数配位的化学价，化学活性高，很容易与其他原子结合。如纳米金属的粒子在空气中会燃烧，陶瓷材料的纳米粒子暴露在大气中会吸附气体并与其反应。

4. 结构特性

纳米微粒的结构受到尺寸的制约和制备方法的影响。如常规 α—Ti 为典型的密排六方结构，而纳米 α－Ti 则为面心立方结构。

5. 力学性能特性

高强度、高硬度、良好的塑性和韧度是纳米材料引人注目的特性。如纳米 Fe 多晶体（粒径为 8nm）的断裂强度比常规 Fe 高 12 倍，纳米 SiC 的断裂韧性比常规材料提高 100 倍，纳米技术为陶瓷材料的增韧带来了希望。

8.4.2 纳米材料的分类

（1）按纳米颗粒结构状态，可分为纳米晶体材料（又称纳米微晶材料）和纳米非晶态材料。

（2）按结合键类型，可分为纳米金属材料、纳米离子晶体材料、纳米半导体材料及纳米陶瓷材料。

（3）按组成相数量，可分为纳米相材料（由单相微粒构成的固体）和纳米复相材料（每个纳米微粒本身由两相构成）。

8.5 非晶态材料

非晶态金属原子结构上是典型的玻璃态，故又称为金属玻璃。非晶态金属及合金在力学、电学、磁学及化学性能等方面均有独特之处，其性能的决定因素是非晶态的结构特征。

8.5.1 强度与韧性

非晶态金属及合金的重要特性是具有高的强度和硬度。例如非晶合金 $Fe_{80}B_{20}$ 抗拉强度达 3530MPa，$Fe_{30}P_{13}C_7$ 抗拉强度达 3040MPa，而超高强度钢（晶态）的抗拉强度仅为 1800～2000MPa。可见非晶合金的强度远非合金钢所及。

非晶态合金伸长率低但并不脆，而且具有很高的韧性，许多淬火态的金属玻璃薄带可以反复弯曲，即使弯曲 180°也不会断裂。

8.5.2 铁磁性

非晶合金磁性材料具有高导磁率、高磁感、低铁损和低矫顽力等特性，且无磁各向异性，是非晶合金的重要应用领域。

8.5.3 耐腐蚀性

非晶合金具有很强的抗腐蚀性，其主要原因是能迅速形成致密、均匀、稳定的高纯度钝化膜。这是它具有广阔应用前景的原因之一。

总之，非晶金属和合金作为一种新型金属材料，具有许多优良特性。除以上所述外，还有超导性、低居里温度等特性。应用前景广阔，是材料科学瞩目的新领域。

8.6 磁性材料

由于磁体具有磁性，所以在功能材料中备受重视。磁体能够进行电能转换（变压器）、机械能转换（磁铁、磁致伸缩扳子）和信息存储（磁带）等。传统的磁性材料分为金属磁性材料和铁氧化磁性材料两大类，近年来，聚合物磁性体的开发，开拓了新的研究领域。

8.6.1 软磁材料

软磁材料对磁场的反应敏感。软磁材料的矫顽力很小，磁导率很大，故亦称高磁导率材料或磁芯材料。大量应用于变压器、发动机、电动机及磁记录中的磁头等。

Fe 是最早使用的磁芯材料。但只适用于直流电动机，作为交流电动机中磁芯材料时，能量损耗（Fe 损）较大。在 Fe 中加入 Si 可使磁致伸缩系数下降，电阻率增大，可用作交流电动机磁芯材料。$w_{Si\text{-}Fe}$ 为 1%～3%合金用于转动机械中，$w_{Si\text{-}Fe}$ 为 3%～5%合金用于变压器。

Fe－Ni、Fe－Al－Si、Fe－Al 及 Fe－Al－Si－Ni 合金作为磁芯材料，在电子器件中有广泛应用。如作交流磁芯材料，其耐磨性良好，可用于磁头材料。Fe－A1－Si 合金硬度高（500HV）、韧性低、易粉碎，一般作为压粉磁芯在低频下使用。

8.6.2 硬磁材料

硬磁材料（永磁材料）不易被磁化，一旦磁化，则磁性不易消失。目前使用的硬磁材料大体分为四类，即阿尔尼科（A1nico）磁铁、铁氧体磁铁、稀土类Co系磁铁和Nd－Fe－B系稀土永磁合金。

硬磁材料主要用了各种旋转机械（如电动机、发动机）、小型音响机械、继电器、磁放大器以及玩具、保健器材、装饰品、体育用品等。

聚合物磁性材料分为结构型和复合型。前者指本身具有强磁性的聚合物，又分为含金属原子型和不含金属原子型；复合型聚合物主要以橡胶或塑料为基体，再混合磁粉加工制成。目前以橡胶复合磁体应用最广，可做冰箱、冷库门的密封条。

8.7 光学功能材料

光学功能材料是指在力、声、热、电、磁和光等外加场作用下，其光学性质发生变化，从而起光的开关、调制、隔离、偏振等功能作用的材料。

8.7.1 激光材料

激光，又名镭射（LASER），来源于经受激辐射引起光频放大的英文（Light Amplification by Stimulated Emission of Radiatton的缩写）。原意表示光的放大及其放大的方式，现在用作由特殊振荡器发出的品质好、具有特定频率的光波之意。自第一台激光器诞生后，激光技术便成为一门新兴科学发展起来，并且激光的出现又大大促进了光学材料的发展。

1. 激光的产生及特点

1）激光的产生过程

当激光工作物质的粒子（原子或分子）吸收了外来能量后，就要从基态跃迁到不稳定的高能态，很快无辐射跃迁到一个亚稳态能级。粒子在亚稳态的寿命较长，所以粒子数目不断积累增加，这就是泵浦过程。当亚稳态粒子数大于基态粒子数，即实现粒子数反转分布，粒子就要跌落到基态并放出同一性质的光子，光子又激发其他粒子也跌落到基态，释放出新的光子，这样便起到了放大作用。如果光的放大在一个光谐振腔里反复作用，便构成光振荡，并发出强大的激光。

2）激光的特点

（1）相干性好，所有发射的光具有相同的相位；

（2）单色性纯，因为光学共振腔被调谐到某一特定频率后，其他频率的光受到相消干涉；

（3）方向性好，光腔中不调制的偏离轴向的辐射经过几次反射后被逸散掉；

（4）亮度高，激光脉冲有巨大的亮度，激光焦点处的辐射亮度比普通光高108～1010倍。

2. 常用激光材料

激光工作物质分为固体、液体和气体激光工作物质。它们构成的激光器中固体激光器是最重要的一种，它不但激活离子密度大，振荡频带宽并能产生谱线窄的光脉冲，而且具有良好的机械性能和稳定的化学性能。固体激光工作物质又分为晶体和玻璃两种。

8.7.2　红外材料

1800 年，英国物理学家赫舍尔发现太阳光经棱镜分光后所得到光谱中还包含一种不可见光。它通过棱镜后的偏折程度比红光还小，位于红光谱带的外侧，所以称为红外线。红外材料是指与红外线的辐射、吸收、透射和探测等相关的一些材料。

1. 红外辐射材料

理论上，在 0K 以上时，任何物体均可辐射红外线，故红外线是一种热辐射，有时也叫热红外。但工程上，红外辐射材料只指能吸收热物体辐射而发射大量红外线的材料。红外辐射材料可分为热型、“发光”型和热—“发光”混合型三类。红外加热技术主要采用热型红外辐射材料。

红外辐射材料的辐射特性决定于材料的温度和发射率。而发射率是红外辐射材料的重要特征值，它是相对于热平衡辐射体的概念。热平衡辐射体是指当一个物体向周围发射辐射时，同时也吸收周围物体所发射的辐射能，当物体与外界进行能量交换慢到使物体在任何短时间内仍保持确定温度时，该过程可以看作是平衡的。

当红外辐射辐射到任何一种材料的表面上时，一部分能量被吸收，一部分能量被反射，还有一部分能量被透过。

2. 透红外材料

1）透红外材料的性质

透红外材料指的是对红外线透过率高的材料。对透红外材料的要求，首先是红外光谱透过率要高，透过的短波限要低，透过的频带要宽。透过率定义与可见光透过率相同，一般透过率要求在 50%以上，同时要求透过率的频率范围要宽，透红外材料的透射短波限，对于纯晶体，决定于其电子从价带跃迁到导带的吸收，即其禁带宽度。透射长波限决定于其声子吸收，和其晶格结构及平均原子量有关。

对用于窗口和整流罩的材料要求折射率低，以减少反射损失。对于透镜、棱镜和红外光学系统要求尽量宽的折射率。

对透红外材料的发射率要求尽量低，以免增加红外系统的目标特征，特别是军用系统易曝露。

2）透红外材料的种类

目前实用的光学材料有二三十种，可以分为晶体、玻璃、透明陶瓷、塑料等。

（1）利用晶体作为光学材料。

在红外区域，晶体也是使用最多的光学材料。与玻璃相比，其透射长波限较长，折射率和色散范围也较大。不少晶体熔点高，热稳定性好，硬度大。而且只有晶体才具有对光的双折射性能。但晶体价格一般较贵，且单晶体不易长成大的尺寸，因此，应用受到限制。

（2）利用玻璃作为光学材料。

玻璃的光学均匀性好，易于加工成型，便宜。缺点是透过波长较短，使用温度低于 500℃。

红外光学玻璃主要有以下几种：硅酸盐玻璃、铝酸盐玻璃、镓酸盐玻璃、硫属化合物玻璃。氧化物类玻璃的有害杂质是水分，其透过波长不超过 7μm。硫族化合物玻璃透过红外波长范围加宽。

（3）利用陶瓷作为光学材料。

烧结的陶瓷，由于进行了固态扩散，产品性能稳定，目前已有十多种红外透明陶瓷可供选用。

Al_2O_3 透明陶瓷不只是透过近红外，而且还可以透过可见光，它的熔点高达 2050℃，性能和蓝宝石差不多，但价格却便宜得多。稀有金属氧化物陶瓷是一类耐高温的红外光学材料，其中的代表是氧化钇透明陶瓷。它们大都属于立方晶系，因而光学上是各向同性的，与其他晶体相比晶体散射损失小。

（4）塑料也是红外光学材料，但近红外性能不如其他材料，故多用于远红外。

8.7.3 发光材料

发光是一种物体把吸收的能量，不经过热的阶段，直接转换为特征辐射的现象。

发光现象广泛存在于各种材料中，在半导体、绝缘体、有机物和生物中都有不同形式的发光。发光材料的种类也很多。它们可以提供作为新型和有特殊性能的光源，可以提供作为显示、显像、探测辐射场及其他技术手段。

按激发方式可分为光致发光材料、电致发光材料、阴极射线致发光材料、热致发光材料、等离子发光材料。

1. 发光机理

发光材料的发光中心受激后，激发和发射过程发生在彼此独立的、个别的发光中心内部的发光就称为分立中心发光。它是单分子过程，有自发发光和受迫发光两种情况。

自发发光是指受激发的粒子（如电子）受粒子内部电场作用从激发态 A 回到基态 G 时的发光。特征是，与发射相应的电子跃迁的几率基本决定于发射体的内部电场，而不受外界因素的影响。

2. 发光特征

1）颜色特征

发光材料的发光颜色彼此不同，有各自的特征。已有发光材料的种类很多，它们发光的颜色也足可覆盖整个可见光的范围。材料的发光光谱可分为下列三种类型：

（1）宽带：半宽度——100nm，如 $CaWO_4$；

（2）窄带：半宽度——50nm，如 $Sr_2(PO_4)Cl:Eu^{3+}$；

（3）线谱：半宽度——0.1nm，如 $GdVO_4:Eu^{3+}$。

一个材料的发光光谱属于哪一类，既与基质有关，又与杂质有关。随着基质的改变，发光的颜色也可改变。

2）强度特征

发光强度随激发强度而变，通常用发光效率来表征材料的发光本领。发光效率有：量子效率、能量效率及光度效率三种表示方法。量子效率是指发光的量子数与激发源输入的量子数的比值；能量效率是指发光的能量与激发源输入的能量的比值；光度效率是指发光的光度与激发源输入的能量的比值。

3）持续时间特征

最初发光分为荧光及磷光两种。荧光是指在激发时发出的光，磷光是指在激发停止后发出的光。发光时间小于 10～8s 为荧光，大于 10～8s 为磷光。当时对发光持续时间很短的发光无法测量，才有这种说法。现在瞬态光谱技术已经把测量的范围缩小到 10～12s 以下，最快的脉冲光输出可短到 8fs（1fs＝10～15s）。所以，荧光、磷光的时间界限已不清楚。但发光总是延迟于激发的。

8.7.4 光色材料

变色眼镜片在较强阳光照射下，能在几十秒钟内自动变暗，而无光照射时几分钟内又可自动复明，某些天然矿物，如方钠石和荧石等，在阳光下也会发生颜色变化。材料受光照射着色，停止光照时，又可逆地退色，这一特性称为材料的光色现象。这类材料称为光色材料。

1. 光色玻璃

到目前为止，已发现几百种光色材料，光色玻璃是其中的一种重要材料。

根据照相化学原理制成的含卤化银的玻璃是一种光色材料。它是以普通的碱金属硼硅酸盐玻璃的成分为基础，加入少量的卤化银如氯化银（AgCl）、溴化银（AgBr）、碘化银（AgI）或它们的混合物作为感光剂，再加入极微量的敏化剂制成。

加入敏化剂的目的是为了提高光色互变的灵敏度。敏化剂为砷、锑、锡、铜的氧化物，其中氧化铜特别有效。将配好的原料采用和制造普通玻璃相同的工艺，经过熔制、退火和适当的热处理就可制得卤化银光色玻璃。

2. 光色晶体

一些单晶体也具有光色互变特性，用白光照射掺稀土元素（Sm）和铕（Eu）的氟化钙（CaF_2）单晶体时，能透过晶体的光的波长为 500～550nm，绿光较多，晶体呈绿色；如果这晶体用紫外光照射一下，绿色就退去，变成无色，如再用白光照射，又会变成绿色。

对于光色晶体颜色的可逆变化，通常是由于材料中（含微量掺杂物）存在两种不同能量的电子陷阱，它们之间发生光致可逆电荷转移。在热平衡时（光照处理前），捕获的电子先占据能量低的 A 陷阱，吸收光谱为 A 带。当在 A 带内曝光时，电子被激发至导带，并被另一陷阱 B（能量高于 A 陷阱）捕获，材料转换成吸收光谱为 B 带的状态，即被着色了。如果把已着色的材料在 B 带内曝光（或用升高温度的热激发）时，处于 B 陷阱内的电子被激发到导带，最后又被 A 陷阱重新捕获，颜色被消除。

3. 光储存材料

光色材料一个重要用途是作为光存储材料，由于光色材料的颜色在光照下发生可逆变化，所以产生两种型式的光学存储，即“写入”型与“消除”型，写入型是用适当的紫光或紫外线辐射来“转换”最初处于热稳定或非转换态的材料。消除型是用适当的可见“消除”光对预先在转换辐射下均匀曝光而变黑了的材料进行有选择的光学消除。通常记录全息图都采用消除型。当样品材料在干涉型消除光下曝光时，就形成吸收光栅。入射光最弱的地方为最大吸收（消除效果差），入射光最强的地方为最小吸收（消除效果好）。

信息读出时，照明光通过吸收光栅，光栅衍射以再现所存储的信息。为消除全息图，只需用光照射晶体使其重新均匀着色，恢复到原来的状态。光色材料用于全息存储具有如下特点：

（1）存储信息可方便地擦除，并能重复进行信息的擦写；

（2）具有体积存储功能，利用参考光束的入射角度选择性，可在一个晶体中存储多个全息图；

（3）可以实现无损读出，只要读出时的温度低于存储时的使用温度。

8.7.5 液晶材料

一般物质，在温度较低时为晶体，加热后变为液体。然而，有相当多的有机物质，在从固态转变为液态之前，经历了一个或多个的中间态，它们的性质，介于晶体与液体之间，称为液晶。

1888 年奥地利植物学家莱尼茨尔发现将结晶的胆甾醇苯甲酸酯加热到 145.5℃时，熔解为混浊黏稠的液体，当继续加热到 178.5℃时，则形成透明的液体。1889 年德国物理学家莱曼将 145.5～178.5℃之间的黏稠混浊液体用偏光显微镜观察时，发现它具有双折射现象。莱曼把这种具有光学各向异性、流动性的液体称为液晶。

液晶在电子学方面可用于液晶电子光快门、微温传感器、压力传感器等方面。液晶显示器是液晶在电子学方面的重要应用，已用于各种计量仪器、家用电器、电子计算器、手表、计算机等方面。

8.8 绿色材料

8.8.1 绿色材料的概念

传统材料的研究、开发与生产往往过多地追求良好的使用性能，而对材料的生产、使用和废弃过程中需消耗大量的能源和资源，并造成严重的环境污染，危害人类生存的严峻事实重视不够。从材料的生产—使用—废弃的过程来看，这是一个将大量的资源提取出来，又将大量的废弃物排回到自然环境的过程。可以说，人类在创造社会文明的同时，也在不断地破坏人类赖以生存的环境空间，几千年来人类文明的不断进步，也使人类与环境的矛盾日益尖锐。现实要求人类从节约资源和能源、保护环境，以及人类社会可持续发展的角度出发，重新评价过去研究、开发、生产和使用材料的活动，改变单纯追求高性能、高附加值的材料，而忽视生存环境恶化的做法；探索发展既有良好性能或功能，又对资源和能源消耗较低，并且与环境协调性较好的材料及制品。

1988 年，第一届国际材料科学研究会提出了“绿色材料”的概念。1992 年，国际学术界明确提出：绿色材料是指在原料采取、产品制造、使用或者再循环以及废料处理等环节中对地球环境负荷最小和有利于人类健康的材料。所谓环境负荷，主要包括资源的摄取量、能源的消耗量、污染物的排放量及其危害、废弃物排放量及其回收处置的难易程度等因素。

8.8.2 绿色材料的特点及评价

1. 绿色材料的特点

绿色材料最大特点是与环境具有良好的协调性。这主要表现在两个方面：

（1）在其生命周期全程（原材料获取、生产、加工、使用、废弃、再生等）具有很低的环境负荷值。环境负荷值是评价一种材料对生态和环境的污染程度及再生利用率高低的综合指标。具有高的再生利用率并对生态和环境的污染小的材料具有低的环境负荷值。该值通常有标准设定值，该设定值可作为评判标准。由于科学技术的进步和人类环境意识的提高，环境污染标准和等级应不断修改和提高，其值表现出一定的动态性。有些材料从某一过程看，它是与环境相协调的，但从其全过程来看，就不一定了。如有些高分子材料，在制备过程中，其环境污染较小，而在废弃处置过程中环境污染却很大。又如某些环境净化材料，虽然在使用阶段具有净化环境的能力，但它在生产和废弃处理过程中的环境污染量可能大于其净化量，这些材料都不能说具有良好的环境协调性，也不能认为是绿色材料。

（2）具有很高的循环再生率。绿色材料本身就可以节约资源、能源，减少原材料生产制造过程中的污染。从某种意义上讲，具有很高的循环再生率也是具有较低环境负荷的表现之一。

2. 绿色材料的评价

材料是否是绿色材料，绿色程度有多大，这对材料比较和选择具有重要作用，这种材料的选择决策就是绿色材料评价。常用的材料绿色程度的评价方法如下：

（1）材料的 LCA（Life Cycle Assessment）评价。生命周期评价 LCA 是一个对产品从原材料取得阶段到最终废弃处理的全过程中对社会和环境影响的评价方法。它把环境分析和产品设计联系起来。其主要内容有成本分析、能源分析、二氧化碳分析、灾害分析、材料的 LCA、产品的 LCA、社会的 LCA 和企业的 LCA 等。

（2）泛环境函数法。这是一个能量、资源和环境影响的综合评价方法。材料的评价不仅要考虑污染物的直接危害，还要考虑资源消耗和能源消耗的间接危害。这些危害和影响涉及的范围称为泛环境（Panenvironment），可用一个函数，即泛环境函数来描述。

（3）材料再生循环利用度的评价及表示系统。这是日本学者中野加都之提出的一种面向消费者的普及型绿色材料评价方法，它将产品（商品）的所有零部件分类并加以标识与说明：可以再生循环利用的原材料；再生循环利用；再生循环利用度。

8.8.3 绿色材料的分类

绿色材料是人类历史上继天然材料、金属材料、合成材料、复合材料、智能材料之后的又一新概念材料。从学科发展来看，分类代表了学科研究的程度，由于绿色材料还是一门刚刚兴起的学科，还没有一个统一的分类方法，不同的研究者从不同的角度或根据自己所掌握的材料和学识，可以有不同的分类方法。

1. 按照材料的组成和结构分类

按照材料的组成和结构，绿色材料可分为金属类绿色材料、无机非金属材料类绿色材料、有机高分子类绿色材料和生物资源高分子材料。

2. 按照材料的功能和用途分类

按照材料的用途，绿色材料可分为生物降解材料、循环再生材料、绿色建筑材料等。

1）生物降解材料

生物降解材料主要包括生物降解塑料和可降解无机磷酸盐陶瓷材料。在可持续发展的先进材料中，生物降解塑料一直是近几年的最热门课题之一。由于白色垃圾的压力，加之传统塑料回收利用的成本较高，且再生塑料制品的性能往往不尽如人意，生物降解塑料及其制品日趋流行。目前，市场上主要有两类产品，一类是淀粉基热塑性塑料制品，另一类是脂肪族完全生物降解塑料，在世界上已工业化规模生产，尤其是光与生物共降解塑料的开发是目前研究和工业规模化开发的重点，具体的工作包括：结构、成分对降解性能的影响，合成工艺与塑料可降解性能的关系，生物降解塑料的生产工艺条件研究等。另外，关于改进普通塑料生产过程使之与环境协调的工作也有研究，如采用新的工艺流程和新的催化剂等。

2）循环与再生材料

材料的再生利用是节约资源、实现可持续发展的一个重要途径，同时，也减少了污染物的排放，避免了末端处理的工序，增加了环境效益。废弃物再生利用在全世界已比较流行，特别是材料再生及循环利用的研究几乎覆盖了材料应用的各个方面。例如，各种废旧塑料、农用薄膜的再生利用，铝罐、铁罐、塑料瓶、玻璃瓶等旧包装材料的回收利用，冶金炉渣的综合利用，废旧电池材料、工业垃圾中金属的回收利用等，正在进行工业化规模的实施。目前研究的热点是各种先进的再生、循环利用的工艺及设备系统等。

一般来说，可再生循环制备和使用的材料具有以下特征：

（1）多次重复循环使用；

（2）废弃物可作为再生资源；

（3）废弃物的处理消耗能量最少；

（4）废弃物的处理对环境不产生二次污染或对环境影响最小。

3）净化材料

开发门类齐全的环境保护工程材料，改善地球的生态环境，也是绿色材料研究的一个重要方面。一般来说，环境工程材料可分为治理大气污染或水污染、处理固态废弃物等不同用途的材料。在治理大气污染方面，目前的主要热点是开发脱除、转化燃煤和汽车废气排放的氮氧化物的技术和材料，主要有吸附技术、分离技术和催化转化技术及其相应的材料。

4）绿色建筑材料

世界上用量最多的材料是建筑材料（简称建材），特别是培体材料和水泥，我国用量为 20×10^{8} t/a，其原料来源于绿色土地，每年约有 5×10^{8} m² 的土地遭到破坏。同时，工业废渣、建筑垃圾和生活垃圾的堆放也占用大量的绿色土地，造成了地球环境的恶化。另外，人类有一半以上的时间在建筑物中度过，人们更需要改变居住的小环境。为此，对建材的要求是：最大限度地利用废弃物，具有节能、净化、有利于健康的功能。绿色建筑材料是指采用清洁生产技术，不用或少用天然资源和能源，大量使用工业、农业或城市固态废弃物生产的无毒害、无污染、无放射性，达到使用周期后可回收利用，有利于环境保护和人体健康的建筑材料。

3. 按照材料对环境的影响程度分类

1）天然材料

天然材料是指取自于自然界，不经或经过少量基本加工的材料，分为天然有机材料和天然无机材料两大类，主要包括天然岩石、矿物、天然木材、各种生物质等在利用这些材料时不需要过多地消耗能源，且在废弃时也不会产生太多的污染。

2）循环再生材料

循环再生材料是指可多次重复循环使用，废弃物可作为再生资源的材料，如普通钢铁、铝等、有机高分子材料、玻璃、陶瓷等。

3）低环境负荷材料

低环境负荷材料是指废弃物在处理或处置过程中不形成二次污染、能耗和物耗很小的材料，主要包括一些有机高分子材料（如生物降解、光生物降解塑料薄膜）和无机材料（如部分矿渣等）。这类材料对环境的影响相对较小。

4）环境功能材料

环境功能材料是指在使用中具有净化、治理、修复环境的功能，材料本身易于回收或再生的材料。各类具有环境净化、修复功能的材料不断面世，例如，汽车尾气净化材料、污水环境处理材料、废气处理材料、隔声材料、隔热材料、电磁屏蔽材料、抗菌材料、光自动调节材料等。

第9章 铸 造

铸造是将熔融金属浇注、压射或吸入铸型型腔，冷却凝固后获得一定形状和性能的零件或毛坯的金属成型工艺。它是金属材料液态成型的一种重要方法。

在一般机械设备中，铸件约占整个机械设备重量的45%～90%，如汽车中铸件重量约占40%～60%，拖拉机中铸件重量约占70%，金属切削机床中铸件重量约占70%～80%等。铸件之所以被广泛应用，是因为铸造与其他金属加工方法相比，具有以下一些特点：

(1) 使金属一次成型，工艺灵活度大，能够制造各种尺寸和形状复杂，特别是具有复杂内腔的铸件，如设备的箱体、机座等；

(2) 铸件的轮廓尺寸可小至几毫米，大至十几米；质量可小至几克，大至数百吨；

(3) 铸件的形状和尺寸与零件很接近，因而节省了金属材料和加工的工时；

(4) 各种金属和合金都可以用铸造方法制成铸件，特别是有些塑性差的材料，只能用铸造方法制造毛坯；

(5) 铸造设备投资少，所用的原材料来源广泛而且价格较低，因此铸件的价格低廉。

铸造生产也存在着不足之处：

(1) 铸造组织的晶粒比较粗大，且内部常有缩孔、缩松、气孔、砂眼等铸造缺陷，因而铸件的机械性能一般不如锻件；

(2) 铸造生产工序繁多，工艺过程较难控制，致使铸件的废品率较高；

(3) 铸造工人的工作条件较差、劳动强度比较大。

随着科学技术的不断进步，铸造技术也获得了飞速发展。现代铸造技术是集计算机技术(如计算机凝固模拟、应力计算、计算机辅助铸造工艺设计、计算机熔炼控制及型砂质量监控、铸件检验及尺寸测量等)、信息技术、自动控制技术、真空技术、电磁技术、激光技术、新材料技术、现代管理技术与传统铸造技术之大成，形成了优质、高效、低耗、清洁、灵活的铸造生产的系统工程。这些现代技术的应用使铸件的表面精度、内在质量和力学性能都有显著提高，使铸造的生产率及铸件的成品率大大提高，也使工人的劳动强度减小，劳动条件大为改善。21世纪，铸造生产将朝着绿色、高度专业化、智能化和集约化生产的方向发展。

9.1 铸件成型理论基础

在液态合金成型过程中，合金铸造性能的优劣对能否获得优质铸件有着重要影响。合金铸造性能包括液态合金的充型能力、收缩、偏析、氧化和吸气等。液态合金的充型及收缩是影响成型工艺及铸件质量的两个最基本的问题，许多工艺参数及工艺方案（如熔炼和浇注温度、浇冒系统位置及尺寸等）和铸造缺陷（如冷隔、浇不足、缩松、缩孔、变形、应力、裂纹等）都与这两大问题有关。

9.1.1 液态合金的充型能力

液态合金充满铸型型腔，获得形状完整、轮廓清晰的铸件的能力，称为液态合金的充型能力。充型能力不足时，铸件易形成冷隔、浇不足等缺陷。液态合金的充型能力首先取决于合金本身的流动性，同时又受某些工艺因素的影响。

1. 合金的流动性

合金的流动性是指液态合金本身的流动能力。液态合金具有良好的流动性，不仅易于获得形状复杂、轮廓清晰的薄壁铸件，而且有利于气体和夹杂物在凝固过程中向液面上浮和排出，有利于补缩，从而能有效地防止铸件出现冷隔、浇不足、气孔、夹渣及缩孔等铸造缺陷。因此，合金的流动性是衡量铸造合金的铸造性能优劣的主要标准之一。

合金流动性的大小通常用浇注螺旋形流动性试样的方法来衡量。它是将液态合金在相同的浇注温度或相同的过热度条件下，浇注成如图 9.1 所示的试样，然后比较各种合金浇注的试样的长度。浇注的试样越长，合金的流动性越好。表 9.1 为常用铸造合金流动性的比较。由表可见，灰口铸铁和硅黄铜的流动性最好，铸钢的流动性最差。

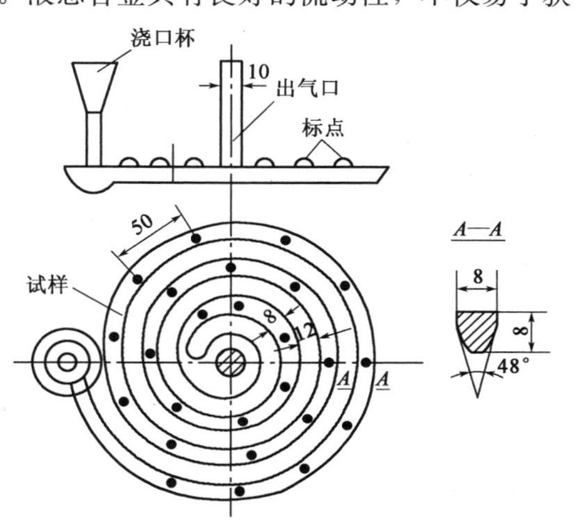

图 9.1 测定合金流动性的螺旋形试样

表 9.1 常用合金流动性举例

合金		造型材料	浇注温度,℃	螺旋线长度，mm
灰铸铁	$w_{C+Si}=5.2\%$	砂型	1300	1800
	$w_{C+Si}=5.2\%$	砂型	1300	1000
	$w_{C+Si}=4.2\%$	砂型	1300	600
铸钢	$w_C=0.4\%$	砂型	1600	100
		砂型	1640	200
锡青铜	$w_{Sn}=0.9\%\sim11\%$ $w_{Zn}=2\%\sim4\%$	砂型	1040	420
硅黄铜	$w_{Si}=1.5\%\sim4.5\%$	砂型	1100	1000
铝合金（硅铝明）		金属型（300℃）	680～720	700～800

2. 影响合金流动性的因素

影响合金流动性的主要因素有合金的成分、温度、物理性质、不溶杂质和气体等。

1）合金的成分

液态合金的流动性主要取决于合金的成分。不同成分的合金具有不同的结晶特性。纯金属和共晶成分合金是在恒温下凝固的，液体金属在充填过程中，从表层开始逐层向中心凝固，如图 9.2（a）所示。由于已凝固层和未凝固层之间界面分明、光滑，对金属液的阻力较小，金属流动的距离长。同时，在相同浇注温度下共晶成分合金凝固温度最低，相对说来，液态金属的过热度大，推迟了液态金属的凝固，因此，纯金属和共晶成分合金的流动性最好。而其他成分的合金是在一定温度范围内凝固的，如图 9.2（b）所示，即经过一个液态和固态并存的双相区域。此时，金属的结晶是在一定宽度的凝固区域内同时进行的。在这个区域内，初生的树枝状晶体阻碍液态金属的流动，并且导热快，使液体的冷却速度加快，使其流动性变差。合金的结晶间隔越宽，其流动性越差。

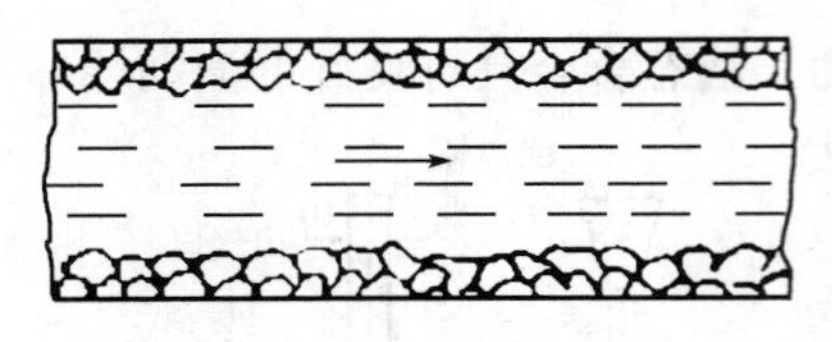

(a) 在恒温下凝固的合金

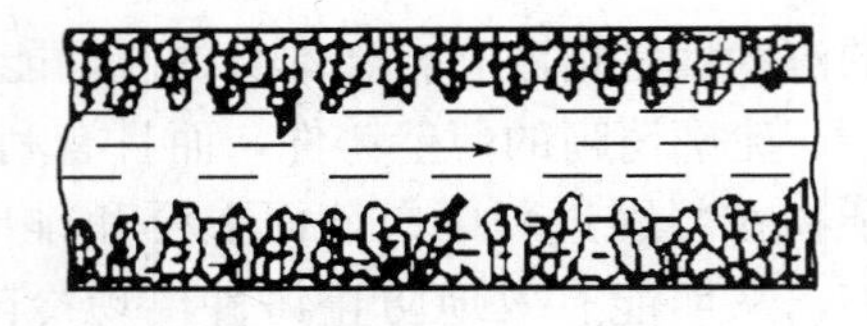

(b) 在一定的温度范围凝固的合金

图 9.2　结晶特性对流动性的影响

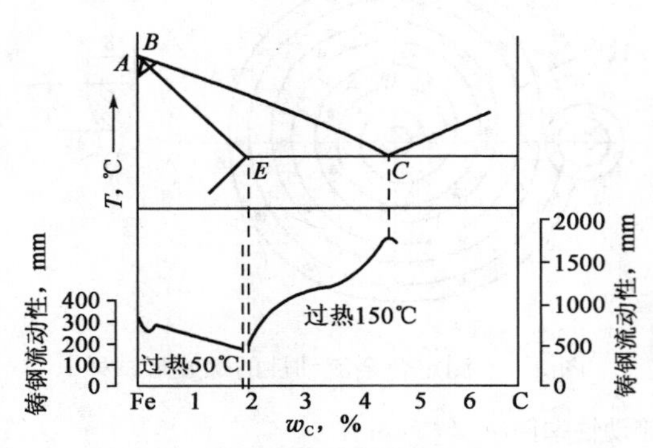

图 9.3　铁碳合金流动性与含碳量的关系

在相同过热度的条件下，铁碳合金的流动性与含碳量的关系如图 9.3 所示。可见，纯铁的流动性好，随含碳量的增加，合金的凝固温度范围增大，流动性也随之下降，大概在 2%处，流动性最差。在亚共晶铸铁中，越靠近共晶成分，合金的凝固温度范围越小，其流动性越好；共晶成分铸铁在恒温下凝固，流动性最好。

液态合金中所含的有些合金元素，对其流动性也有一定影响，如灰口铸铁随含磷量的增加，开始凝固的温度下降，其流动性有所提高。另外，液态合金中的不溶杂质和气体对流动性也有很大影响。

因此，从合金流动性的角度考虑，在铸造生产中，都应尽量选择共晶成分、近共晶成分或凝固温度范围小的合金作为铸造合金。

2）合金的物理性质

与合金的流动性有关的合金的物理性质有比热容、密度、导热系数、结晶潜热和黏度等。液态合金的比热容和密度越大、导热系数越小，凝固时结晶潜热释放得越多，都能使合金较长时间的保持液态，因而流动性越好；液态合金的黏度越小，流动时的内摩擦力也就越小，流动性自然越好。

3）液态合金的温度

在一定温度范围内，液态合金的流动性随其温度的升高而大幅上升。但如液态合金的温度过高，会造成液态合金的氧化、吸气非常严重，易使铸件产生气孔、夹渣、黏砂、缩松、缩孔等铸造缺陷。因此液态合金的浇注温度必须合理。

3. 液态合金的充型能力及影响因素

液态合金的充型能力主要取决于合金本身的流动性和各种工艺因素。对于流动性较差的合金，可通过改善工艺条件来提高其充型能力。

影响液态合金充型能力的工艺因素主要有如下几项。

1）铸型性质

在液态金属充型时，凡是增加液态金属的流动阻力，降低其流动速度，及提高其冷却能力的因素，均降低液态合金的充型能力，比如铸型的蓄热系数（$J/m^2 \cdot ℃ \cdot s^{1/2}$）、铸型的密度（$kg/m^3$）、铸型的比热容（J/kg·℃）、铸型的导热系数（W/m·℃）、铸型的温度（℃）、铸件结构、铸型涂料层以及铸型的发气性和透气性等。

（1）铸型的蓄热系数。

铸型的蓄热系数越大，即铸型从液态合金吸收并储存热量的能力越强，铸型对液态合金的冷却能力越强，使合金保持在液态的时间就越短，充型能力下降，如液态合金在金属型中比砂型中的充型能力差。

（2）铸型的发气和透气性。

在液态金属的热作用下铸型中将产生大量的气体，如果铸型的排气能力差，型腔中气体的压力增大，则阻碍液态金属充型。因而在砂型铸造中，应设法减少型腔中的气体，提高其透气性，必要时可在远离浇口的最高部位开出气口。

（3）铸型温度。

铸型温度越高，铸型对液态金属的冷却能力越小，可使液态金属较长时间保持液态，因而提高了其充型能力。

（4）铸件结构。

铸件结构越复杂，铸件壁厚越薄，液态金属充型越困难。

2）浇注条件

（1）浇注系统的结构。

浇注系统越复杂，液态合金流动的阻力越大，其充型能力有所下降。在设计浇注系统时，必须合理地布置内浇道在铸件上的位置，选择恰当的浇注系统结构及各组元的尺寸。

（2）充型压力。

浇注时，液态合金所受的静压力越大，其充型能力就越好。在砂型铸造中，常用加高直浇道等工艺措施提高金属的静压力；在压力铸造和低压铸造等特种铸造中，液态合金在压力下充型，能有效地提高其充型能力。

（3）浇注温度。

浇注温度越高，合金的流动性越好。因而提高浇注温度能显著地提高液态合金的充型能力。实际生产中提高液态合金的充型能力主要是通过提高浇注温度来实现的。但对铸件质量而言，并非浇注温度越高越好，应在保证充型能力的前提下，采用较低的浇注温度。对铸铁件，可采用“高温出炉、低温浇注”，高温出炉能使铁水中一些难熔的固体质点熔化，铁水中的未熔质点和气体在浇包中的镇静阶段有机会上浮而除去。在保证铁水具有足够流动性的条件下，应选择尽可能低的浇注温度。

通常，灰口铸铁的浇注温度为1200～1380℃；碳素铸钢为1500～1550℃；铝合金为680～780℃。

（4）外力场。

外力场是指如压力、真空、离心、振动等的影响。

综上所述，对影响因素的分析，其目的在于掌握它们的规律以后，能够采取有效的工艺措施提高液态金属的充型能力。

9.1.2 铸件的凝固与收缩

随着温度的降低，浇入铸型的金属液将发生凝固，并伴随着收缩过程，合金从液态转变为固态的状态变化，称为一次结晶或凝固，许多常见铸造缺陷，如浇不足、缩孔、缩松、热裂、析出性气孔、偏析、非金属夹杂等，都是在凝固过程产生的。所以，认识铸件的凝固规律，研究凝固过程的控制途径，对于防止产生铸造缺陷、改善铸件组织、提高铸件的性能，从而获得健全优质铸件，有着十分重要的意义。

1. 铸件的凝固方式及影响因素

在铸件的凝固过程中，其断面上一般存在固相区、凝固区和液相区三个区域，其中，对铸件质量影响较大的是液相和固相并存的凝固区的宽窄。铸件的“凝固方式”就是依据凝固区的宽窄［图 9.4（c）中 S］来划分的。

1）逐层凝固

纯金属或共晶成分合金在凝固过程中因不存在液、固并存的凝固区［图 9.4（b）］，故断面上外层的固体和内层的液体由一条界限清楚地分开。随着温度的下降，固体层不断加厚，液体层不断减少，直达铸件的中心，这种凝固方式称为逐层凝固。

2）糊状凝固

如果合金的结晶温度范围很宽，且铸件的温度分布较为平坦，则在凝固的某段时间内，铸件表面并不存在固体层，而液、固并存的凝固区贯穿整个断面［图 9.4（d）］。这种凝固方式是先呈糊状而后固化，故称为糊状凝固。

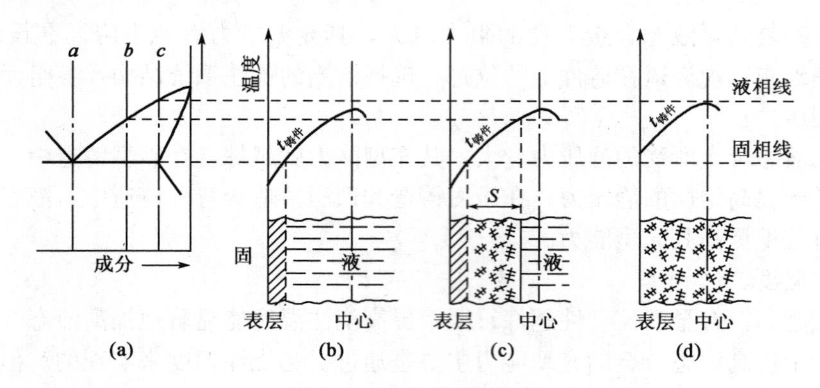

图 9.4 铸件的凝固方式

3）中间凝固

大多数合金的凝固介于逐层凝固和糊状凝固之间［图 9.4（c）］，称为中间凝固方式。

铸件质量与其凝固方式密切相关。逐层凝固时，合金的充型能力强，便于防止缩孔和缩松；糊状凝固时，难以获得组织致密的铸件。因此，倾向于逐层凝固的合金，如灰口铸铁、铝合金等，便于铸造。

从上述可见，凝固区域的宽度，也即铸件的凝固方式，是由合金的结晶温度范围与温度降的比值确定的，它们的比值小于 1 时，铸件的凝固倾向于逐层凝固方式，大于 1 时，倾向于体积凝固方式。

2. 合金的收缩

液态金属浇入铸型后，由于铸型的吸热，金属温度下降，空穴数量减少，原子集团中原子间距缩短，液态金属的体积减少。温度继续下降时，液态金属凝固，发生由液态到固态的状态变化，金属体积显著减小。金属凝固完毕后，在固态下继续冷却时，原子间距还要缩短，固态的金属体积减小。

铸件在液态、凝固态和固态冷却的过程中所发生的体积减小现象称为收缩。因此，收缩是铸造合金本身的物理性质。

收缩是铸件中许多缺陷（如缩孔、缩松、热裂、应力、变形和冷裂等）产生的根本原因。合金的收缩量是用体收缩率和线收缩率来表示的。体收缩率是以单位体积的相对变化量来表示；线收缩率是以单位长度的相对变化量表示。当温度由 $t_0 \rightarrow t_1$ 时，金属的体收缩率和线收缩率各为：

$$\varepsilon_V = \frac{V_0 - V_1}{V_0} \times 100\% = \alpha_V (t_0 - t_1) \times 100\% \tag{9-1}$$

$$\varepsilon_l = \frac{l_0 - l_1}{l_0} \times 100\% = \alpha_l (t_0 - t_1) \times 100\% \tag{9-2}$$

式中　V_0，V_1——金属在 t_0、t_1 时的单位体积；

l_0，l_1——金属在 t_0、t_1 时的单位长度；

α_V，α_l——金属在 $t_0 \rightarrow t_1$ 温度范围内的体收缩系数和线收缩系数，1/℃。

任何一种液态金属注入铸型以后，从浇注温度冷却到常温都要经历液态收缩阶段、凝固收缩阶段、固态收缩阶段三个互相联系的收缩阶段。

铸造合金在不同阶段的收缩特性是不同的，而且对铸件质量也有不同的影响。

1）*液态收缩*

液态收缩是指合金从浇注温度冷却到液相线温度过程中的收缩。浇注温度高，过热度大，液态收缩增加。

2）*凝固收缩*

凝固的收缩是指合金凝固过程中的收缩。对于纯金属和共晶温度范围的合金，凝固期间的体收缩是由于状态的改变，与温度无关；具有结晶温度范围的合金，凝固收缩是由状态改变和温度下降两部分产生。

液态收缩和凝固收缩使金属液体积缩小，一般表现为铸型内液面降低，因此常用单位体积收缩量（即体收缩率）来表示。体收缩是铸件产生缩孔和缩松的基本原因。

3）*固态收缩*

固态收缩是指合金从固相线温度冷却到室温时的收缩。固态收缩通常直接表现为铸件外型尺寸的减少，故一般用线收缩率来表示。线收缩率对铸件形状和尺寸精度影响很大，是铸造应力变化、变形和裂纹等缺陷产生的基本原因。

影响收缩的因素有化学成分、浇注温度、铸件结构和铸型条件等。不同成分的铁碳合金收缩率也不同，见表 9.2。铸钢收缩大而灰铸铁的收缩小。灰铸铁收缩小是由于其中大部分碳是以石墨状态存在。铸钢的收缩随含碳量的提高而增大，这是因为钢液的比热容及其结晶温度范围随含碳量的提高而增加所致。

表 9.2　几种铁碳合金的体积收缩率

合金种类	w_C,%	浇注温度,℃	液态收缩,%	凝固收缩,%	固态收缩,%	总体积收缩,%
碳素铸钢	0.35	1610	1.6	3	7.86	12.46
白口铸铁	3.0	1400	2.4	4.2	5.4～6.3	12～12.9
灰铸铁	3.5	1400	3.5	0.1	3.3～4.2	6.9～7.8

9.1.3　铸件的常见缺陷

1. 铸件中的缩孔与缩松

铸件在凝固过程中，由于合金的液态收缩和凝固收缩，往往在铸件最后凝固的部位出现空洞，称为缩孔。容积大而集中的孔洞称为集中缩孔，简称缩孔；细小而分散的孔洞称为分散性缩孔，简称缩松。缩孔的形状不规则，表面不光滑，可以看到发达的树枝晶末梢，故可以和气孔区别开来。

1）缩孔和缩松的形成

液态合金在冷凝过程中，若其液态收缩和凝固收缩得不到补充，则在铸件最后凝固的部位形成一些孔洞。按照孔洞的大小和分布，可将其分为缩孔和缩松两类。

（1）缩孔。

缩孔是集中在铸件上部或最后凝固的部位，并且容积较大的孔洞。缩孔多呈倒圆锥形，内表面粗糙，可以看到发达的枝晶末梢，通常隐藏在铸件的内层。有时也暴露在铸件的上表面，呈明显的凹坑。

缩孔的形成过程如图 9.5（a）至图 9.5（e）所示。当铸件逐层凝固时，靠近型腔表面的金属很快凝结成一层外壳［图中 9.5（b)］，而内部仍然是高于凝固温度的液体。随着温度下降，合金的液态收缩和凝固收缩使液面下降，液体与硬壳的顶部脱离。随着外壳加厚，内部液体液面不断下降，直到完全凝固，在铸件上部形成了一个倒锥形的缩孔［图中 9.5（e)］。

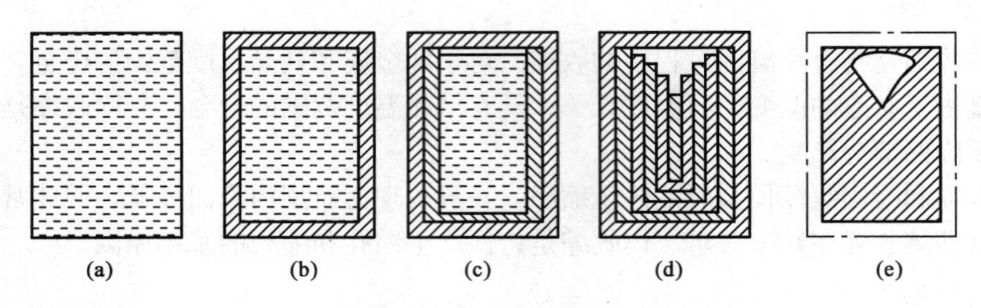

图 9.5　缩孔形成过程示意图

（2）缩松。

分散在铸件某区域内的细小缩孔，称为缩松。

缩松的形成过程如图 9.6 所示。其形成的基本原理与缩孔一样，是由于合金的液态收缩和凝固收缩形成的。形成缩松的基本条件是合金的结晶范围较宽，合金呈糊状凝固，凝固时生成发达的树枝晶，当粗大树枝晶相互连接后，将尚未凝固的液态金属分割成一个个互不相通的熔池，最后形成分散的缩孔，即缩松。

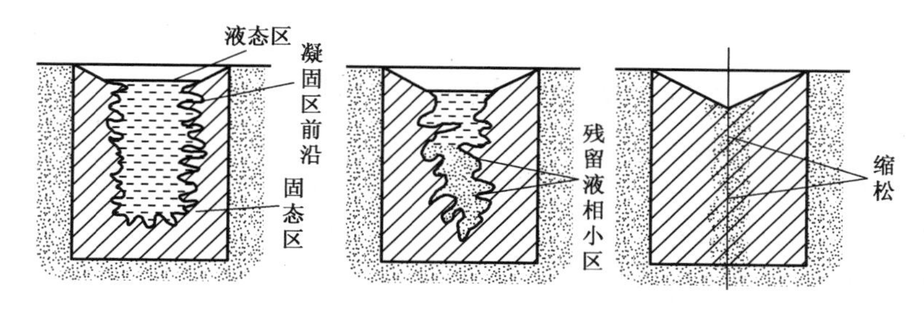

图 9.6　铸件缩松形成过程示意图

2）缩孔和缩松的防止

在铸件中存在任何形态的缩孔和缩松，都会由于它们减小受力的有效面积，以及在缩孔和缩松处产生应力集中现象，而使铸件的机械性能显著降低。由于缩孔和缩松的存在，还降低铸件的气密性和物理化学性能。因此，缩孔和缩松是铸件的主要缺陷之一，必须设法防止。

缩孔、缩松的防止措施是采取加放冒口、冷铁等工艺措施，使铸件上远离冒口的部位（图 9.7 中Ⅰ）先凝固，然后是靠近冒口部位（图 9.7 中Ⅱ、Ⅲ）凝固，最后才是冒口本身的凝固，铸件的这种凝固称为顺序凝固原则，也称为定向凝固原则。按照这样的凝固顺序，铸件先凝固部位的收缩，由后凝固部位的金属液来补充；后凝固部位的收缩，由冒口中的金属液来补充，最后将缩孔转移到冒口之中，从而获得优质铸件。

冒口是铸型中能储存一定的金属液，可对铸件进行补缩，以防止产生缩孔和缩松的工艺“空腔”。

冷铁是用来控制铸件冷却速度的一种激冷物。图 9.8 所示铸件的热节不止一个，若仅靠顶部冒口，难以向底部凸台补缩，为此，在该凸台的型壁上安放了两个外冷铁。由于冷铁加快了该处的冷却速度，使厚度较大的凸台反而最先凝固，从而实现了自下而上的顺序凝固，防止了凸台处缩孔、缩松的产生。

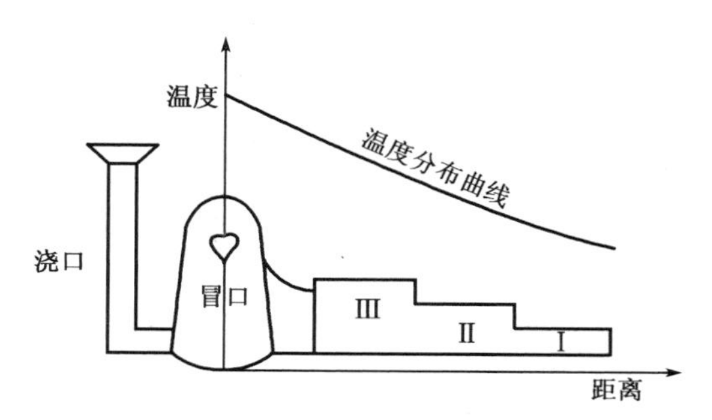

图 9.7　缩孔、缩松的防止措施

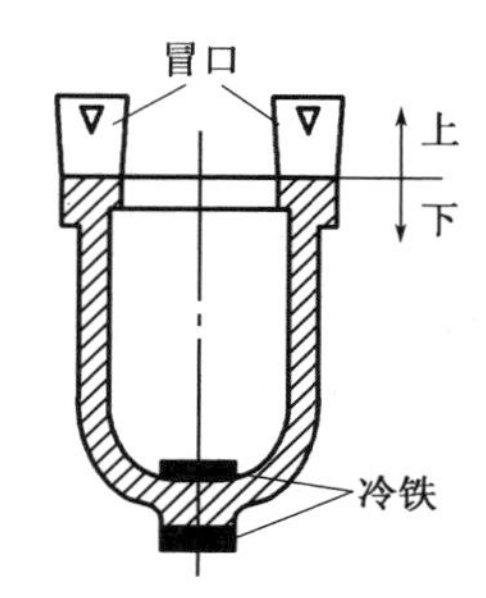

图 9.8　冷铁的应用

顺序凝固的实质是采取各种措施，保证铸件在整个凝固过程中始终存在着和冒口连通的“楔形”补缩通道，使冒口发挥补缩作用。

2. 铸造应力、变形和裂纹

铸件凝固后将在冷却至室温的过程中继续收缩，若收缩受到阻碍，或有些合金发生固态相变而引起收缩或膨胀，会使铸件内部产生内应力。铸件内应力是铸件产生变形和裂纹的主要原因。

1）内应力的形成

按照内应力的产生原因，可分为热应力和机械应力两种。

（1）热应力。

由于铸件的壁厚不均匀、各部分冷却速度不同，造成在同一时期内铸件各部分收缩不一致而引起的内应力，称为热应力。

金属在冷却过程中，从凝固终止温度到再结晶温度阶段，处于塑性状态。在较小的外力下，就会产生塑性变形，变形后应力可自行消除。低于再结晶温度的金属处于弹性状态，受力时产生弹性变形，变形后应力减小。

下面用图 9.9 所示的框形铸件来分析热应力的形成。该铸件中杆Ⅰ比杆Ⅱ直径大［图 9.9（a）］。凝固开始时，两杆均处于塑性状态，冷却速度虽不同、收缩不一致，但瞬时的应力均可通过塑性变形而自行消失。继续冷却后，冷速较快的杆Ⅱ已进入弹性状态，而杆Ⅰ仍处于塑性状态。由于细杆Ⅱ冷却快，收缩大于粗杆Ⅰ，所以细杆Ⅱ受拉伸、粗杆Ⅰ受压缩［图 9.9（b）］，形成暂时内应力，但这个内应力随之便被粗杆Ⅰ的微量塑性变形压短而消失［图 9.9（c）］。进一步冷却，已被塑性压短的粗杆Ⅰ也处于弹性状态，此时尽管两杆的长度相同，但所处的温度不同。粗杆Ⅰ的温度较高，还会进行较大的收缩；细杆Ⅱ的温度较低，收缩已停止。因此，粗杆Ⅰ的收缩必然受到细杆Ⅱ的强烈阻碍，所以，杆Ⅱ受压缩，杆Ⅰ受拉伸，直到室温，形成了内应力［图 9.9（d）］。

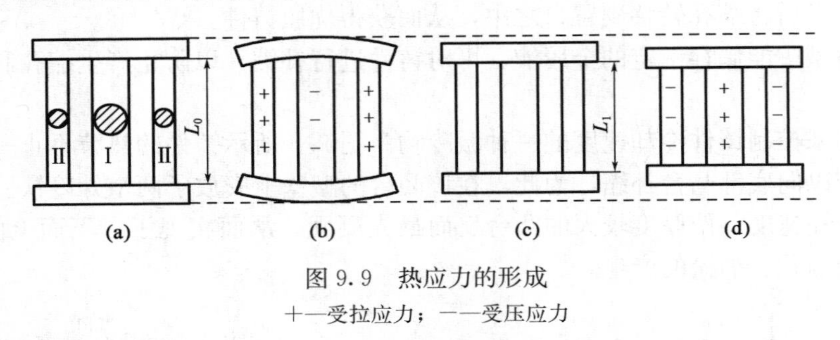

图 9.9　热应力的形成

+—受拉应力；-—受压应力

综上所述，固态收缩使铸件厚壁或心部受拉伸，薄壁或表层受压缩。合金的固态收缩率越大，铸件的壁厚差别越大，形状越复杂，热应力就越大。预防热应力的基本途径是尽量减少铸件各部位间的温度差，使其均匀地冷却。

（2）机械应力。

铸件的收缩受到铸型、型芯及浇注系统的机械阻碍而形成的内应力。铸型或型芯退让性良好，机械应力则小。

2）铸件的变形与防止

如果铸件存在内应力，则铸件处于不稳定状态。铸件厚的部分受拉伸、薄的部分受压缩，如果内应力超过合金的屈服点时，铸件本身总是力图通过变形来减缓内应力，因此细而长或大又薄的铸件易产生变形。

如图 9.10 所示，车床床身的导轨部分因厚而受拉应力，床壁部分因薄而受压应力，于是导轨下挠。图 9.11 为一平板铸件，尽管其壁厚均匀，但其中心部分比边缘散热慢，而铸型上面又比下边冷却快，所以该平板发生如图所示方向的变形。

为防止铸件变形，除在铸件设计时尽可能使铸件的壁厚均匀或形状对称外，在铸造工艺上采取工艺措施保证铸件上各部分之间温差尽量小，以便冷却均匀，使各部分同时冷却。这样可使铸件内应力较小，产生变形和裂纹的倾向减小。这个原则称为同时凝固原则，主要用于凝固收缩小的合金以及壁厚均匀、结晶温度范围宽，而对致密性要求不高的铸件。此外，对于长而易变形的铸件，还可采用“反变形”工艺（将模样制成与铸件变形方向相反的形状）；也可在薄壁处附加工艺肋。

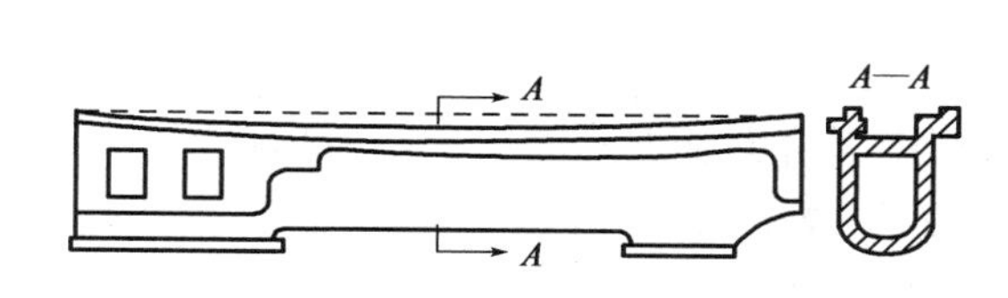

图 9.10　车床床身的弯曲变形

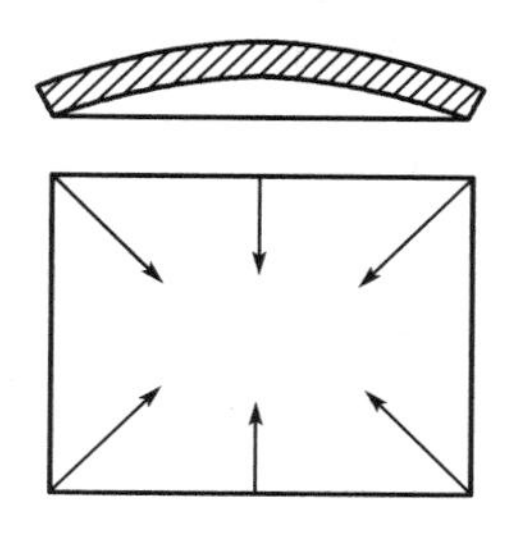

图 9.11　平板铸件的变形

实际上，变形后铸件的内应力有所减缓，但并未彻底去除。这样，铸件经机械加工之后，由于内应力的作用，还将发生微量变形，使零件丧失了应有的精度。为此，对于机床床身等重要的、精密的零件，还须进行去应力退火或时效处理，将残余应力消除。

3）铸件的裂纹与防止

当铸件内应力超过金属的强度极限时，铸件便将产生裂纹。裂纹是铸件的严重缺陷，多使铸件报废。裂纹可分为热裂和冷裂两种。

（1）热裂。

热裂是铸件在凝固后期高温下产生的裂纹，主要是由于收缩受到机械阻碍而产生的。其形态特征是：裂纹短，缝隙宽，形态曲折，缝内呈氧化色、无金属光泽，裂口沿晶界产生和发展等。热裂在铸钢和铝合金中常见。

防止热裂的主要措施是：除了使铸件的结构合理外，应合理选用型砂或芯砂的黏结剂，以改善其退让性；大的型芯可中空或内部填以焦炭；严格限制铸钢和铸铁中硫的含量；选用收缩率小的合金。

（2）冷裂。

冷裂是在低温下形成的裂纹，常出现在铸件受拉伸部位，特别是在应力集中的地方。其形态特征是：裂纹细小，呈连续直线状，缝内干净，有时呈轻微氧化色。

壁厚差别大，形状复杂或大而薄的铸件易产生冷裂，特别是应力集中处（如尖角、缩孔、夹渣等缺陷附近）。故凡是能减少铸造内应力或降低合金脆性的因素，都能防止冷裂的形成。同时，除应设法减小铸造内应力外，还应控制钢、铁中的含磷量。

3. 铸件中的气孔

铸件中往往有各种气体，以不同的形式存在着，它们对铸件的质量有不同程度的影响。只有仔细地讨论了气体的来源、溶解和析出过程以及存在的形式以后，才有可能采取减少铸件中气体含量的方法，本小节只就不同类型的气孔做相关叙述。

气体在铸件中有固溶体、化合物和气孔三种形态。

气孔是气体在铸件中形成的孔洞。气孔破坏了金属的连续性，减少了有效的承载面积，并引起应力集中，因而降低了铸件的机械性能，特别是冲击韧性和疲劳强度显著降低。弥散性气孔还可促使显微缩松的形成，降低了铸件的气密性。

按照气体的来源，气孔可分为侵入气孔、析出气孔和反应气孔三类。

1）侵入气孔

由于砂型表面层聚集的气体侵入金属液中而形成的气孔，多位于上表面附近，尺寸较大，呈椭圆形或梨形，孔的内表面被氧化。侵入铸件的气体主要来自造型材料中的水分、黏结剂和各种附加物。预防侵入气孔的基本途径是降低型砂的发气量和增加铸型的排气能力。

2）析出气孔

由于溶解于金属液中的气体，在冷凝过程中因溶解度下降而析出，所形成的气孔。H_2、N_2、O_2 等可从炉料、炉气等进入金属液之中而形成析出性气孔。析出气孔的特征是：分布面积较广，有时遍及整个铸件截面，而气孔的尺寸较小。

3）反应气孔

由于液态金属与铸型材料、型芯撑、冷铁或熔渣之间相互作用，发生反应产生气体，而形成的气孔，多分布在铸件表层下 1～2mm 处，多呈皮下气孔。

9.2 砂型铸造

砂型铸造是将液态金属浇注到砂型型腔内，从而获得铸件的生产方法。砂型铸造是传统的铸造方法，它适用于各种形态、大小及各种合金铸件的生产。掌握砂型铸造是合理选择铸造方法和正确设计铸件的基础。

9.2.1 生产过程

砂型铸造是应用最广泛的铸造方法，其生产过程如图 9.12 所示。

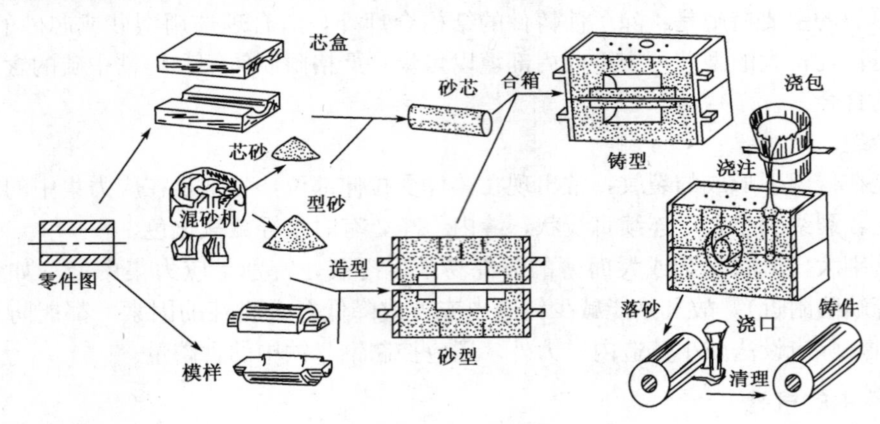

图 9.12 砂型铸造流程图

9.2.2 砂型铸造工艺

铸造工艺概括地说明了铸件生产的基本过程和方法，它包括的内容和范围很广，其中重点是浇注位置、分型面和工艺参数的选择。确定合理而先进的铸造工艺方案，对获得优质铸件，简化工艺过程，提高生产率，降低铸件成本起着决定性的作用。

1. 浇注位置的确定原则

浇注位置是指浇注时铸件所处的位置。铸件浇注位置要符合于铸件的凝固方式，保证铸型的充填，注意以下几个原则：

（1）体积收缩大的合金及壁厚差较大的铸件，应按定向凝固的原则，将壁厚较大的部位和铸件的热节部置于上部或侧部，以便设置冒口进行补缩。

（2）一般情况下，铸件的上半部分比下半部分的铸造缺陷多，所以应将铸件的重要加工面或主要受力处放到下面，若有困难则可放到侧面或斜面。例如机床床身，其导轨面是关键部分，应当把导轨面放到最下面，如图 9.13 所示。

（3）浇注位置的选择应有利于型腔中气体的排出，所以薄壁铸件应将薄而大的平面放到下面或侧立、倾斜，以防止出现浇不足或冷隔缺陷。图 9.14 为箱盖的两种浇注位置，图 9.14（a）是合理的，它将铸件大面积的薄壁部分放在铸型的下面，使这部分能在较高的金属液压力下充满铸型，防止浇不足。

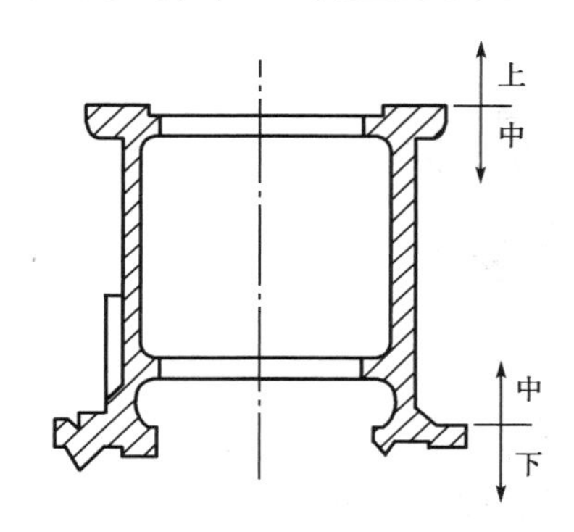

图 9.13　床身浇注位置

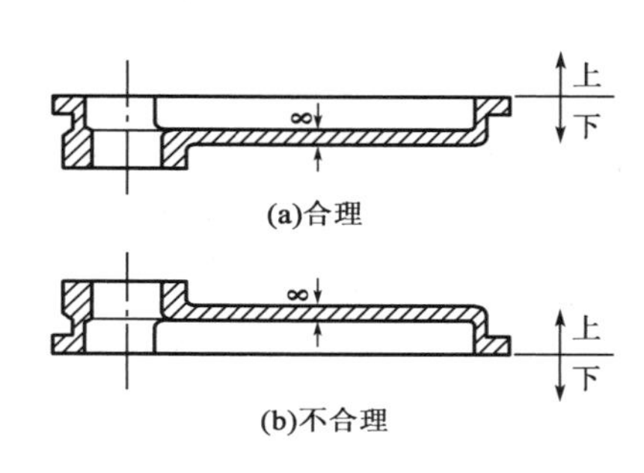

图 9.14　箱盖浇注位置的比较

（4）对于具有大平面的铸件，应将铸件的大平面放在铸型的下面。例如，在浇注带有筋条的平板时，应选如图 9.15 所示的浇注位置，这样可使铸件的大平面不容易产生夹砂等缺陷。

2. 铸型分型面的确定原则

分型面是指两半个铸型相互接触的表面，是保证铸件能否合理取出的关键。分型面的选择合理与否，对铸件质量、制模、造型、制芯、合箱或清理等工序影响很大。分型面的确定原则如下：

（1）分型面应选在铸件的最大截面上，并力求采用平面。这样可使模样顺利取出，简化造型工艺，不用或少用挖砂造型或假箱造型，如图 9.16 所示。

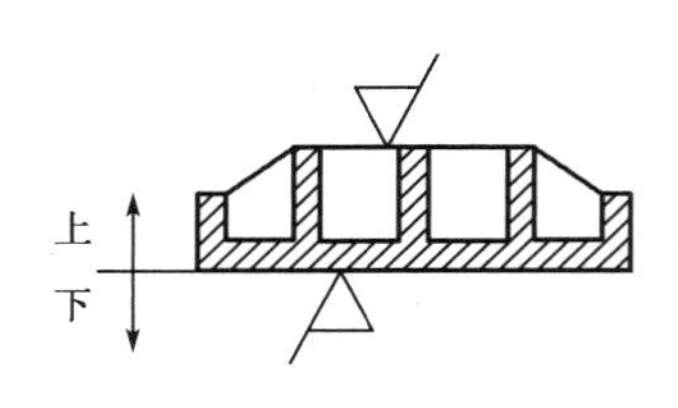

图 9.15　大平面的浇注位置

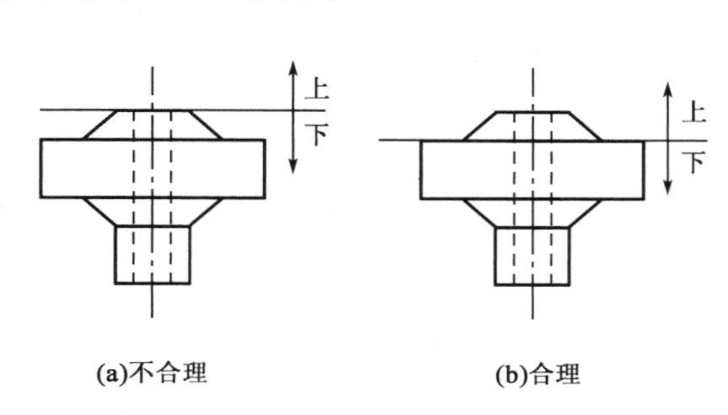

图 9.16　分型面应选在铸件最大截面上

（2）尽量将铸件的重要加工面或大部分加工面与加工基准面放在同一个砂箱中，如图 9.17 所示。若铸件的加工面很多，又不可能全部与基准面放在分型面的同一侧时，则应使加工基准面与大部分加工面处于分型面的同一侧。

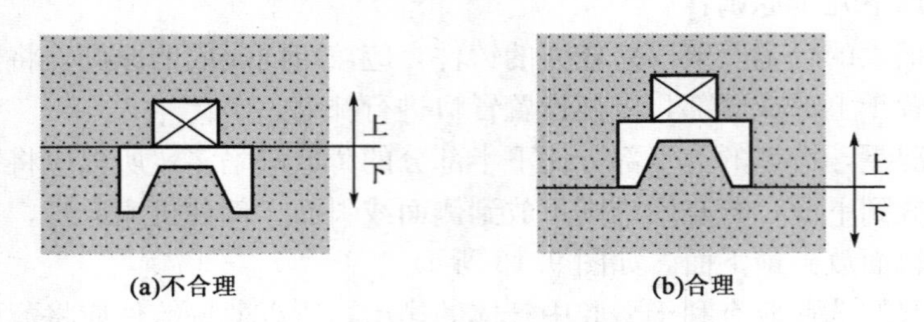

图 9.17 螺栓塞头的分型面

（3）为了简化操作过程，保证铸件尺寸精度，应尽量减少分型面的数目，减少活块的数目，如图 9.18 所示。

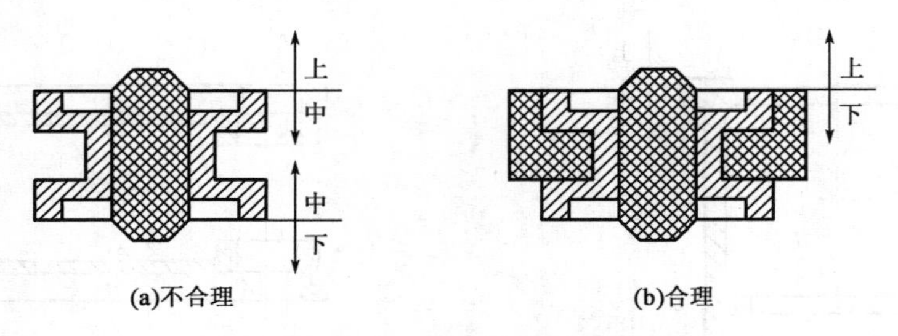

图 9.18 三通的分型面方案

（4）分型面应尽量采用平直面，如图 9.19（b）的分模方案，避免了挖砂或假箱造型。

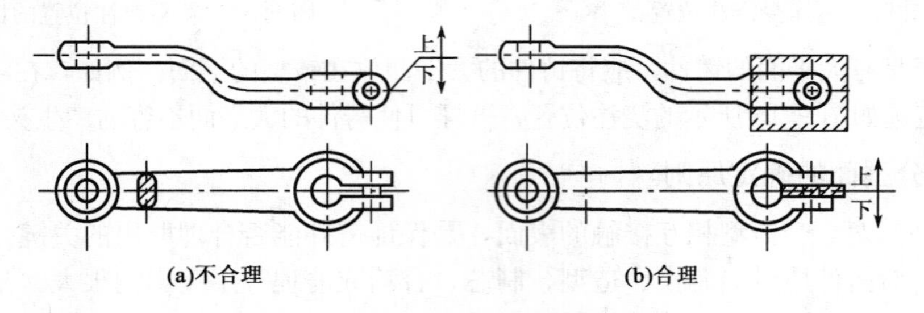

图 9.19 起重臂的分型面方案

（5）应尽量减少砂芯的数目。图 9.20 是一接头的分型面选择，若按图 9.20（a）图所示对称分型，则必须制作砂芯，但按图 9.20（b）图所示分型，内孔用堆吊砂，这样不仅铸件披缝少，而且易清理。

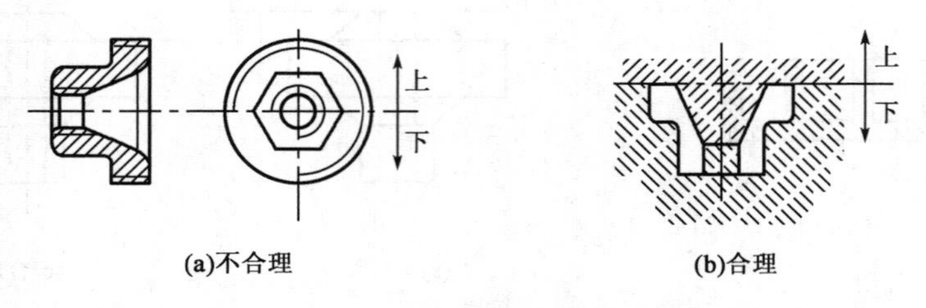

图 9.20 接头的分型面

（6）分型面的选择应尽量与铸型浇注时位置一致。

（7）尽量将铸件全部或大部分放在同一砂箱以防止错型、飞边、毛刺等缺陷，保证铸件尺寸的精确，如图 9.21 所示。

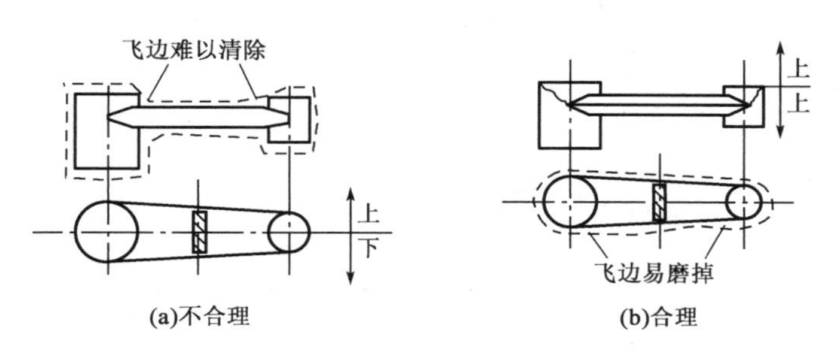

图 9.21　起重臂的分型面方案

（8）铸件在非加工面上尽量避免有披缝。

上述各原则，对于某个具体铸件来说很难全面满足，有时甚至互相矛盾。对质量要求很高的铸件，应在满足浇注位置要求的前提下，再考虑造型工艺的简化；对于没有特殊质量要求的一般铸件，则以简化铸造工艺、提高效率为主要依据。因此，必须抓住主要矛盾，全面考虑，根据生产的具体情况，选出最优的方案。

3. 工艺参数的选择

铸造工艺参数通常是指铸型工艺设计时需要确定的某些工艺数据，这些工艺参数一般都与模样和芯盒尺寸有关，既与铸件的精度有关，同时也与造型、制芯、下芯及合箱的工艺过程有联系。铸造工艺参数包括铸造收缩率、机械加工余量、起模斜度、最小铸出孔的尺寸等。工艺参数选择的正确合适，能够保证铸件的尺寸、形状精度，还能使造型过程大为简便，有利于提高生产率，降低成本。

1）铸造收缩率

由于合金的线收缩，铸件冷却后的尺寸将比型腔尺寸略为缩小，为保证铸件的应有尺寸，模型尺寸必须比铸件大，所大的量为该合金的收缩量。

在铸件冷却过程中，其线收缩率除受到铸型和型芯的机械阻碍，还受到铸件各部分之间的相互制约。因此，铸造收缩率除与合金的种类和成分有关外，还与铸件结构、大小和砂芯的退让性能、浇冒口系统的类型和开设位置、砂箱的结构等有关。表 9.3 为砂型铸造时，各种合金的铸造收缩率的经验数据。

表 9.3　铸造合金线缩率

铸 件 种 类		收缩率，%	
		阻 碍 收 缩	自 由 收 缩
灰铸铁	中小型铸铁件	0.8～1.0	0.9～1.1
	大型铸铁件	0.7～0.9	0.8～1.0
	特大型铸铁件	0.6～0.8	0.7～0.9
球墨铸铁	珠光体球墨铸铁件	0.6～0.8	0.9～1.1
	铁素体球墨铸铁件	0.4～0.6	0.8～1.0
蠕墨铸铁	蠕墨铸铁件	0.6～0.8	0.8～1.2

续表

铸件种类			收缩率,%	
			阻碍收缩	自由收缩
可锻铸铁	黑心可锻铸铁件	壁厚＞25mm	0.5～0.6	0.6～0.8
		壁厚＜25mm	0.6～0.8	0.8～1.0
	白口可锻铸铁件		1.2～1.8	1.5～2.0
铸钢	碳钢与合金结构钢铸件	1.3～1.7	1.6～2.0	
	奥氏体、铁素体钢铸件	1.5～1.9	1.8～2.2	
	纯奥氏体钢铸件	1.7～2.0	2.0～2.3	

2）机械加工余量

为了保证零件的尺寸精度和表面质量，在铸件加工表面上留出的准备切去的金属层厚度称为机械加工余量。加工余量过大，浪费金属和机械加工工时；加工余量过小，工件会因残留黑皮而报废，或者因表层的黏砂和黑皮硬度高而加快刀具磨损。机械加工余量的大小，要根据铸件的合金种类、生产方法、尺寸大小和复杂程度，以及加工面的要求和所处的浇注位置等因素来确定。一般铸钢件的加工余量比铸铁件要大些；机器造型比手工造型生产的铸件精度高，故加工余量要小些；尺寸大、结构复杂、精度不易保证的铸件，比小铸件加工余量大些；铸件加工面在浇注时的位置，一般上面比下面和侧面的加工余量要大些。表 9.4 列出了灰口铸铁的机械加工余量。

表 9.4　与铸件尺寸公差配套使用的铸件机械加工余量

CT		11		12			13			14		15	
MA		G	H	G	H	J	G	H	J	H	J	H	J
基本尺寸		加工余量数值											
大于	至												
—	100	4.0 3.0	4.5 3.5	4.5 3.0	5.0 3.5	6.0 4.5	6.0 4.0	6.5 4.5	7.5 5.5	7.5 5.0	8.5 6.0	9.0 5.5	10 6.5
100	160	4.5 3.5	5.5 4.5	5.5 4.0	6.5 5.0	7.5 6.0	7.0 4.5	8.0 5.5	9.0 6.5	9.0 6.0	10 7.0	11 7.0	12 8.0
160	250	6.0 4.5	7.0 5.5	7.0 5.0	8.0 6.0	9.5 7.5	8.5 6.0	9.5 7.0	11 8.5	11 7.5	13 9.0	13 8.5	15 10
250	400	7.0 5.5	8.5 7.0	8.0 6.0	9.5 7.5	11 9.0	9.5 6.5	11 8.0	13 10	13 9.0	15 11	15 10	17 12
400	630	7.5 6.0	9.5 8.0	9.0 6.5	11 8.5	14 11	11 7.5	13 9.5	16 12	15 11	18 13	17 12	20 14

3）起模斜度

为了方便起模，在模样或芯盒的出模方向留有一定斜度，以免损坏砂芯。这个在铸造工艺设计时所规定的斜度称为起模斜度。如图 9.22 所示，起模斜度的大小应根据模样的高度，模样的尺寸和表面光洁度以及造型方法来确定，通常模样越高，起模斜度越小；机器造型应比手工造型的斜度小。起模斜度在工艺图上用角度或宽度表示。

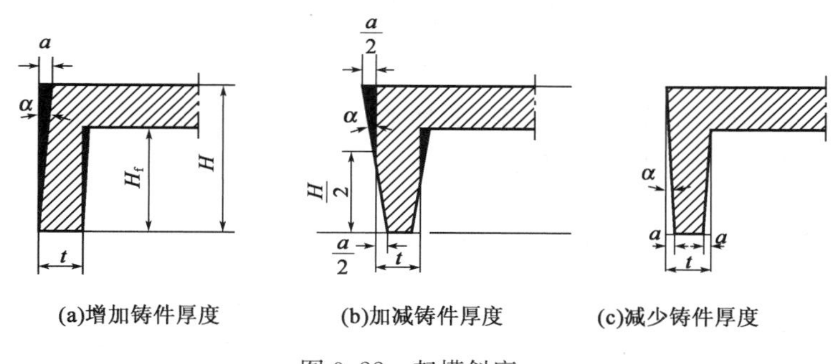

图 9.22　起模斜度

4）最小铸出孔

机械零件上往往有许多孔，一般来说，应尽可能铸出，这样既可节约金属，减少机械加工的工作量，又可使铸件壁厚比较均匀，减少形成缩孔、缩松等铸造缺陷的倾向。但是，当铸件上的孔尺寸太小，会增加铸造难度。为了铸出小孔，必须采用复杂而且难度较大的工艺措施，而实现这些措施还不如机械加工孔更为方便和经济；有时由于孔距要求很精确，铸孔很难保证质量。因此，一般小孔都不铸出，而是加工出。表 9.5 所列为最小铸出孔的数值，供参考。

表 9.5　铸件的最小铸出孔

生 产 批 量	最小铸出孔直径，mm	
	灰 铸 铁 件	铸　钢　件
大量生产	12～15	
成批生产	15～30	30～50
单件小批量生产	30～50	50

注：（1）若是加工孔，则孔的直径应为加上加工余量后的数值。
（2）有特殊要求的铸件例外。

5）芯头

芯头是指伸出铸件以外不与金属接触的砂芯部分。其主要作用是定位、支撑和排气。为了承受砂芯本身重力及浇注时液体金属对砂芯的浮力，芯头的尺寸应足够大才不致破损；浇注后，砂芯所产生的气体，应能通过芯头排至铸型以外。在设计芯头时，除了要满足上面的要求外，还应使下芯、合箱方便，应留有适当斜度，芯头与芯座之间要留有间隙且间隙不易过大，只要便于放入芯头、定位即可。图 9.23 为芯头与芯座间隙的形成。

6）分型负数

分型负数是指为抵消铸件在分型部位的增厚，在模样上相应减去的尺寸。砂型的分型面一般不可能很平整，因此干型或表面烘干型合型后，上下型不能密合，金属液就有可能从分型面处溢出，即“跑火”。为了防止跑火，就要在下型的分型面上铺设泥条、油泥条或石棉绳等，使上、下型接触面密封，这样就使上箱抬高，增加了铸件的高度或铸件顶面的厚度。制作模样时，为了使模样符合零件图

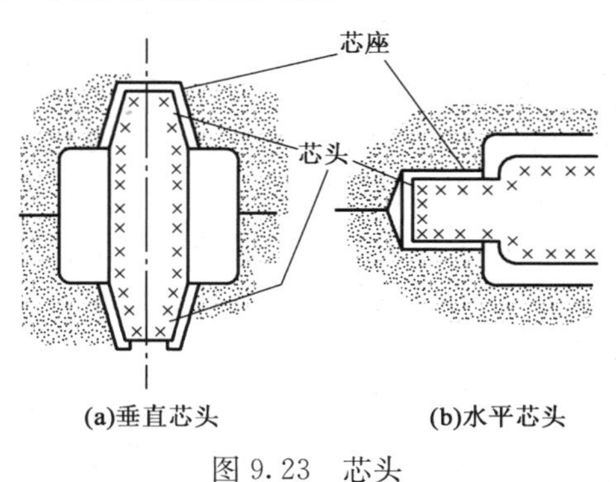

图 9.23　芯头

上尺寸的要求，在模样上相应减去这个抬高的尺寸，即为分型负数。

7）工艺补正量

由于工艺上的原因，在铸件相应部位非加工面上增加的金属厚度称为工艺补正量。工艺补正量可粗略地按下述经验公式来确定：

$$e \leqslant 0.002L \tag{9-3}$$

式中 e——工艺补正量，mm；

L——加工面到加工基准面间的距离，mm。

4. 铸造工艺图

铸造工艺图是在零件图上以规定的红、蓝等色符号表示铸造工艺内容所得到的图形，是铸造行业所特有的一种图样。其主要内容包括：浇注位置、分型面、铸造工艺参数（机械加工余量、起模斜度、铸造圆角、收缩率、芯头等）。铸造工艺图是指导铸造生产的技术文件，也是验收铸件的主要依据。完整的铸造工艺图一般还包括铸件（毛坯）图、模型（芯盒）图和铸型装配图（图中未画出），如图 9.24 所示。

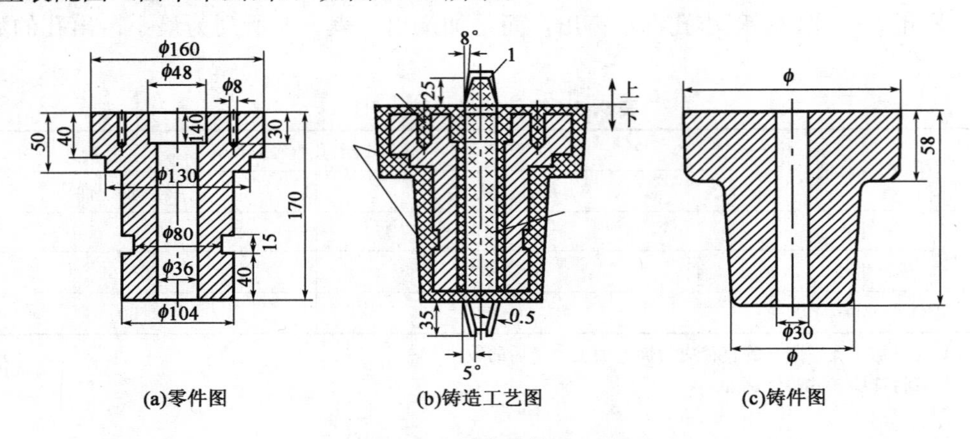

图 9.24 衬套的铸造工艺图

9.3 特种铸造

随着科学技术的发展和生产水平的提高，对铸件质量、劳动生产率、劳动条件和生产成本有了进一步的要求，因而铸造方法有了长足的发展。所谓特种铸造，是指有别于砂型铸造方法的其他铸造工艺。目前特种铸造方法已发展到几十种。常用的有熔模铸造、金属型铸造、离心铸造、压力铸造、低压铸造、陶瓷型铸造、磁型铸造、低压铸造、石墨型铸造、真空吸铸和流变铸造等。

与砂型铸造相比，这些铸造工艺的优点可归纳如下：

（1）铸件的尺寸精度和表面光洁度较高，如压力铸造时，铸件的尺寸精度可达 3 级，表面光洁度达∇7。

（2）铸件的力学性能、内部质量较好。如金属型铸造时，与砂型铸造时相比，铝硅合金的抗拉强度可提高 20%以上，延伸率的增加量大于 25%，冲击性能值增加了一倍；离心铸造时，钢管的机力学性能可满足锻钢件性能的要求。

(3) 在生产一些结构特殊的铸件时，具有较好的技术经济效果，如管状铸件用离心铸造、连续铸造或真空吸铸法生产时，铸件的质量、生产效率都提高很多。

(4) 使铸造生产达到不用砂或少用砂的目的，降低了材料的消耗，改善了劳动条件。除熔模铸造和陶瓷型铸造外，其他铸造工艺过程都简化很多，并使生产过程易于实现机械化和自动化。

9.3.1 熔模铸造

熔模铸造是用易熔材料制成模样，然后在模样上涂上耐火材料，经硬化之后，再将模样熔化，排出型外，获得无分型面的铸型，浇注即可获得铸件。这种方法也称为失蜡铸造。它是发展较快的一种精密铸造方法。

1. 熔模铸造的工艺过程

1) 压型制造

压型是用来制造蜡模的专用模具，一般用钢、铜或铝经机械加工而成，要求有较高的精度和表面光洁度，主要用于大批量生产。对于小批量生产，为了降低成本，减轻生产准备时间，常采用易熔合金（Sn、Pb、Bi 等组成的合金）、塑料或石膏直接向模样（母模）上浇注而成。

2) 蜡模制造

制造蜡模的材料生产中最常用的是 50%硬脂酸的混合料。如图 9.25 所示，将蜡模加热至糊状，在一定的压力下压入压型内，待蜡料冷却凝固便可从压型内取出，然后修去分型面上的毛刺，即得单个蜡模。同样的方法，再合型、注蜡，就可生产出许多个蜡模。

3) 蜡模组装

熔模铸件一般均较小，为提高生产率，降低成本，通常将若干个蜡模焊在一个预先制好的蜡制浇口棒上，制成了蜡模组，如图 9.25 所示，从而实现一箱多铸。

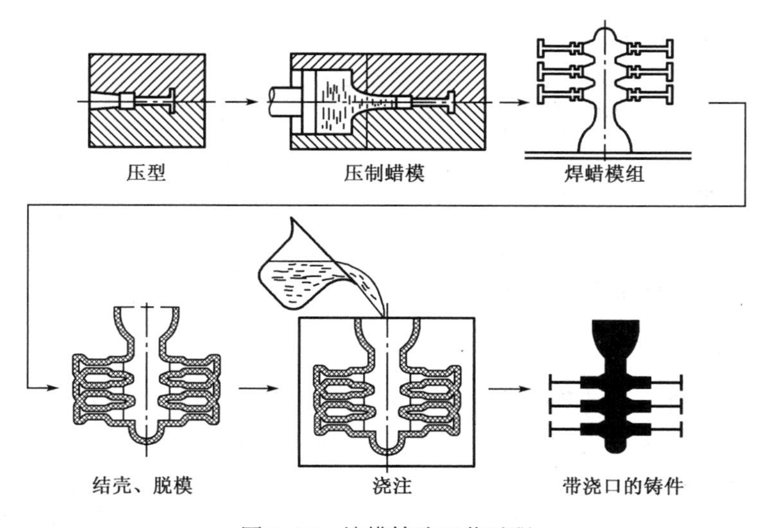

图 9.25　熔模铸造工艺过程

4）结壳

结壳即是制造型壳的过程。首先将蜡模组侵入涂料中，使涂料均匀地覆盖在模组表面。涂料是由耐火材料（常用石英粉）、黏砂剂（水玻璃、硅溶胶等）搅拌均匀混合而成，然后向模组上撒石英砂，将模组侵入氯化氨质量分数为25%左右的水溶液中进行硬化，分解出来的硅溶胶，将石英砂黏牢。如此重复5～7遍，制成5～10mm的耐火型壳。

5）脱蜡

将包着蜡模的型壳侵入约90℃的热水中，使蜡料熔化，经浇道上浮，倒掉型壳中的水，就制得了型壳。

6）焙烧、浇注

为了提高型壳的强度，防止浇注时型壳变形而破裂，可将型壳放入铁箱中，周围用干砂填紧，此过程称为造型。为进一步去除型壳中的水分、残余蜡料和其他杂质，浇注前，将型壳送入加热炉内，加热到850℃以上进行焙烧，焙烧后趁热进行浇注。

7）落砂和清理

冷却之后，将型壳打碎取出铸件，然后，去掉浇冒口、清理毛刺，获得铸件，对于铸钢件还需进行退火或正火，以便获得所需的机械性能。

2. 熔模铸造特点及应用范围

熔模铸造有以下优点：由于铸型精密，没有分型面，型腔表面极光洁，铸件的精度可达IT11～IT14，粗糙度可达Ra12.5～Ra1.6，可实现少、无切削加工。故铸件的精度及表面质量均优。同时，铸型在热态浇注，可生产形状复杂的薄壁铸件。由于型壳是由耐火材料制成，可以适应各种合金的生产，对于生产高熔点合金及难切削加工合金，更显出其独特的优越性。生产批量不受限制，除常用于成批、大批量生产外，也可用于单件生产。

熔模铸造的缺点：材料昂贵、工艺过程繁杂、生产周期长（4～15d），铸件成本比砂型铸造高数倍。此外，难以实现机械化和自动化生产，且只能生产从几十克到几公斤的小件，最大不超过25kg。

综前所述，熔模铸造最适于高熔点合金精密铸件的成批、大量生产。它主要适用于形状复杂、难以切削加工的小零件。目前，熔模铸造已在汽车、拖拉机、机床、刀具、汽轮机、仪表、兵器等制造行业中得到了广泛的应用。

9.3.2 金属型铸造

将液体金属浇注到用金属材料制成的铸型中，获得铸件的铸造方法称为金属型铸造。由于金属铸型可反复使用许多次，故又称为永久型铸造。

1. 金属型铸造

根据分型面的不同，金属型可分为垂直分型式（图9.26）、水平分型式（图9.27）、复合分型式等。其中，垂直分型式易于开设内浇口和取出铸件，且易于实现机械化，故应用较多。金属型常用灰铸铁或铸钢制成。为了提高透气性，常在分型面和其他结合面上开设出相当多的通气槽。为了能在开型过程中将高温的铸件从型腔中推出，大多金属型均设有推杆机构。

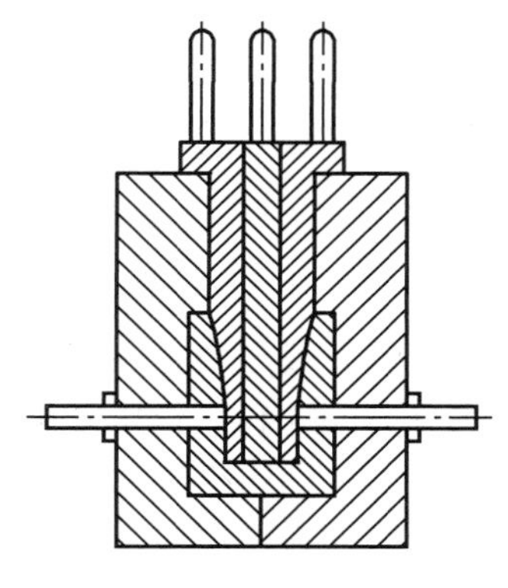
图 9.26　垂直分型式金属型

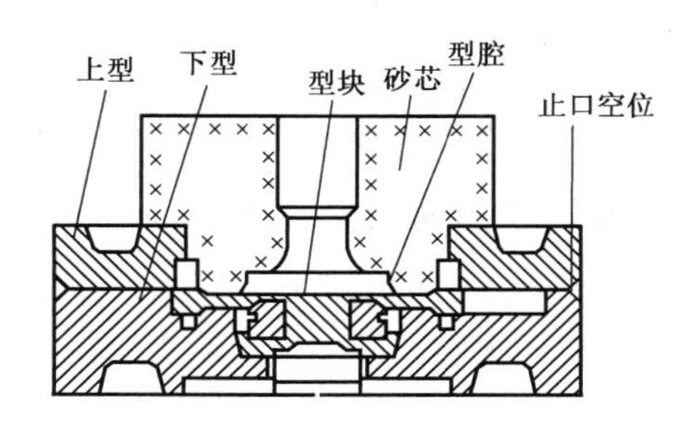

图 9.27　水平分型式金属型

铸件的内腔可用金属型芯或砂芯制成。金属型芯一般用来铸造有色金属铸件。图 9.26 是铸造铝活塞的垂直分型式金属型，浇注后，取出金属型芯，再取出两侧型芯。

2. 金属型铸造工艺特点

由于金属型导热速度快，没有退让性和透气性，为了保证铸件质量和延长金属型寿命，就必须严格控制其工艺。

1）喷刷涂料

金属型型腔和型芯与高温的金属直接接触，为了减缓铸件的冷却速度，防止高温金属液流对型腔的直接冲刷，保护金属型，可利用涂料层蓄气排气，在金属型型腔和型芯表面必须喷刷涂料。

2）金属型预热

未预热的金属型不能进行浇注。这是因为金属型导热性好，液体金属冷却快，容易出现冷隔、浇不足、杂质、气孔等缺陷。未预热的金属型，浇注时，铸型受到强烈的热冲击，应力很大，铸型寿命降低。预热温度随合金的种类、铸型结构和大小而定。

3）金属型的浇注

金属型浇注时，合金的浇注温度和浇注速度必须适当。如果浇注温度太低，将会使铸件产生冷隔、气孔和杂质等缺陷。金属型的浇注温度比砂型铸造时要高。由于金属的激冷和不透气，浇注速度应作到先慢、后快、再慢。

3. 金属型铸造的特点和应用范围

金属型铸造具有许多优点，如可承受多次浇铸，实现了“一型多铸”，便于实现机械化和自动化，从而大大提高了生产率；同时，浇铸精度和表面质量比砂型铸造显著提高，从而减少切削加工工作量；由于结晶组织致密，铸件的机械性能得到提高，如铸铝件的屈服强度平均提高了 20％。此外，节省了许多工序，铸型不用砂，使铸造车间面貌改观，改善了劳动条件，提高了劳动生产率，降低了造型的劳动强度。

主要缺点是金属型制造成本高、周期长、铸造工艺要求严格。此外，金属型铸造适用的铸件形状和尺寸有一定的限制，主要适用于有色合金铸件的大批量生产，如铝活塞、气缸盖、油泵壳体、铜瓦、衬套、轻工业品等。

9.3.3 压力铸造

压力铸造简称压铸，它是在高压作用下使液态或半液态金属以较高的速度充填压铸型型腔，并在压力作用下凝固而获得铸件的方法。

1. 压力铸造的工艺过程

压铸是在压铸机上进行的，它所用的铸型称为压型。压铸机一般分为热压室压铸机和冷压室压铸机两大类。冷压室压铸机按其压室结构和布置方式分为卧式和立式压铸机两种。目前应用最多的是冷压室卧式压铸机，主要由合型机构、压射机构、动力系统和控制系统等组成。合型机构用以开合铸型和锁紧铸型。压铸型由固定半型和活动半型组成，固定半型固定在机架上，活动半型由合型机构带动可水平移动。

压铸工艺过程如图 9.28 所示。首先合型，然后将金属通过注液孔向压室内注入；压射冲头向前推进，金属液压入铸型中；当铸件凝固以后，动型左移开型，依靠顶出机构将铸件顶出。

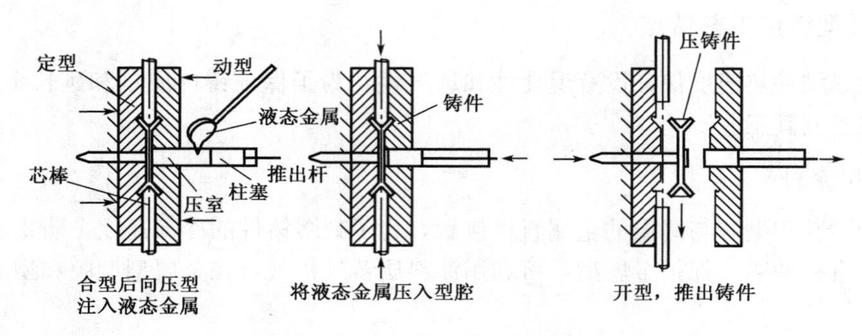

图 9.28 压铸工艺过程示意图

2. 压力铸造的特点和应用范围

压力铸造铸件的精度及表面质量较高，铸件的精度可达 IT11～13，粗糙度达到Ra6.3～Ra1.6，不经机械加工或少许加工，即可使用。由于压铸精密，在高压下浇注，极大地提高了合金充型能力，可压铸出形状复杂的薄壁件或镶嵌件。由于铸件的冷却速度快，又在高压下结晶凝固，其组织密度大，晶粒细，铸件的强度和硬度均高，如抗拉强度可比砂型铸造提高 25～30%。压铸的生产率比其他铸造方法均高，其生产能力可达 50～150 次/h，而且较易实现生产过程的自动化。

压铸的主要缺点是：压铸的设备投资大，制造压型的费用很高、周期较长。由于压铸的速度高，型内的气体很难及时排除。因此，铸件不宜进行较大余量的切削加工和进行热处理，以防孔洞外露和加热时铸件内气体膨胀而起泡。压铸合金的种类（如高熔点合金）常受到限制。由于液流的高速、高温冲刷，压型的寿命很低。

目前，压铸已在汽车、拖拉机、仪表、兵器行业得到了广泛的应用。

9.3.4 低压铸造

低压铸造是用较低压力（一般为 0.02～0.06MPa）将金属液由铸型底部注入型腔，并在压力下凝固，以获得铸件的方法。与压力铸造相比，所用的压力较低，故称为低压铸造。低压铸造的工艺过程，如图 9.29 所示，即金属液在压力推动下进入型腔，并在外力作用下结晶凝固。

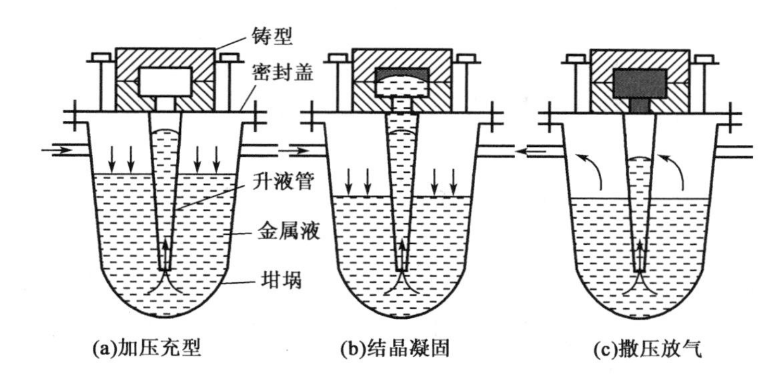

图 9.29 低压铸造工艺示意图

低压铸造具有以下优点：底注充型，平稳且易于控制。减少了金属液注入型腔的冲击、飞溅现象，铸件的气孔、夹渣等缺陷较少。金属液的上升速度和结晶压力可调整，适合于各种铸型（如砂型、金属型等）、各种合金的铸件。由于省去了补缩冒口，使金属的利用率提高到90%～98%。与重力铸造相比，铸件的组织致密、轮廓清晰、力学性能高，而且劳动条件有所改善，易于实现机械化和自动化。

低压铸造目前主要用来生产质量要求高的铝、镁合金铸件，如气缸、缸盖、纺织机零件等。

9.3.5 离心铸造

离心铸造是将液体金属浇入高速旋转的铸型中，使其在离心力作用下充型并凝固的铸造方法。离心铸造必须在离心铸造机上进行，根据铸型旋转轴空间位置不同，可分为立式和卧式两大类，如图 9.30 所示。立式离心铸造机主要用来生产高度小于直径的圆环铸件；卧式离心铸件机主要用来生产长度大于直径的套类和管类铸件。

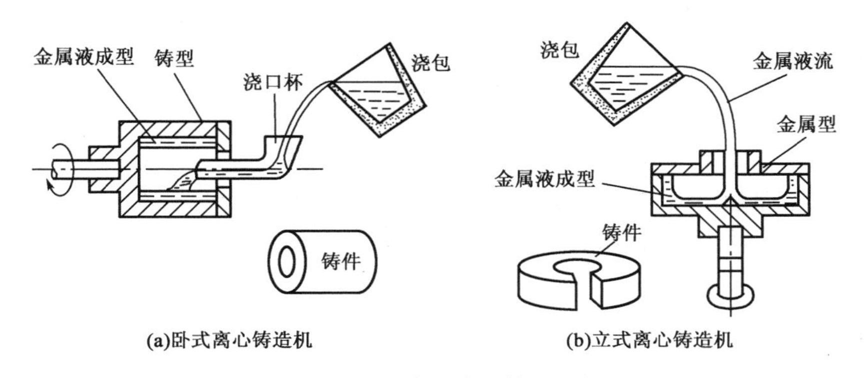

图 9.30 圆筒件的离心铸造示意图

离心铸造的优点是：铸件组织致密，无缩孔、缩松、气孔和夹渣等缺陷，机械性能好。铸造中空铸件时，可不用芯型和浇注系统，大大简化生产过程，节约了金属。在离心力作用下，金属液的充型能力得到提高，可以浇注流动性较差的合金铸件和薄壁铸件。便于铸造双金属铸件，其结合面牢固、耐磨，可节约贵重合金。

离心铸造的缺点是：依靠自由表面所形成的内孔尺寸偏差大，且内表面粗糙，必须增大加工余量。不适于铸造比重偏析大的合金及轻合金。此外，因需要较多的设备投资，故不适宜单件、小批生产。

离心铸造是铸铁管、气缸套、铜套、双金属轴衬的主要生产方法。目前已有高度机械化、自动化的离心铸造机，铸件的最大重量可达十几吨。

9.4 铸件结构设计

设计铸件结构时，不仅要使其结构能满足零件的使用要求，还应考虑到铸造成型的可行性和经济性，使所设计的铸件结构能够简化或方便铸造生产。良好的铸件结构应与金属的铸造性能、铸件的铸造工艺相适应。

9.4.1 铸件质量对铸件结构的要求

某些铸造缺陷的产生，往往是由于铸件结构设计不合理而造成的。当然，铸造时可以采取相应的工艺措施来消除这些缺陷，但有时由于铸件设计的不合理，使得消除缺陷的措施非常复杂和昂贵，这就会大大增加生产的成本和降低劳动生产率。相反，在同样满足使用要求的情况下，采取合理的铸件结构，常可简便地消除许多缺陷。

1. 铸件的壁厚应合理

每一种铸造合金，采用某种铸造方法，都要求铸件有其合适的壁厚范围。为了避免浇不足、冷隔等缺陷，铸件应有一定的厚度。表 9.6 列出了几种常用的铸造合金在砂型铸造条件下的铸件的最小允许壁厚。

表 9.6 砂型铸造条件下铸件的最小允许壁厚 mm

铸件尺寸	铸　钢	灰铸铁	球墨铸铁	可锻铸铁	铝合金	铜合金	镁合金
200×200 以下	6～8	5～6	6	4～5	3	3～5	
200×200～500×500	10～12	6～10	12	5～8	4	6～8	3
500×500 以下	18～25	15～20			5～7		

注：(1) 如有特殊需要，在改善铸造条件的情况下，灰铸铁最小允许壁厚可≤3mm，其他合金最小壁厚亦可减小。
(2) 铸件结构复杂，铸件合金的流动性差，应取上限值。

但在设计时，不应单纯以增加铸件的壁厚作为提高强度的唯一办法。从合金的结晶特点可知，随着铸件壁厚的增加，中心部分的晶粒变粗大，机械强度并不随着铸件壁厚的增加而成比例增加。因此，在设计铸件时，应选择合理的截面形状，采用较薄的断面或带有加强筋的薄壁铸件。

2. 铸件壁的连接和圆角

铸件的壁厚应力求均匀，如果因结构所需，不能达到壁厚均匀，则铸件各部分不同壁厚的连接应采用逐渐过渡。壁厚的过渡形式如图 9.31 所示。图 9.32 列举了两种铸钢件的结构，图 9.32 (a) 结构由于两截面交接处成直角拐弯，并形成热节，故在此处易产生热裂。改进设计后如图 9.32 (b) 所示，可以有效地消除热裂缺陷。

3. 壁厚力求均匀，减少厚大部分，防止形成热节

金属过多地聚集在一起，使铸件冷却不均匀，形成较大的内应力，而且易形成缩孔、缩松及裂纹。因此应取消不必要的厚大部分，减小、减少热节，如图 9.33 所示。

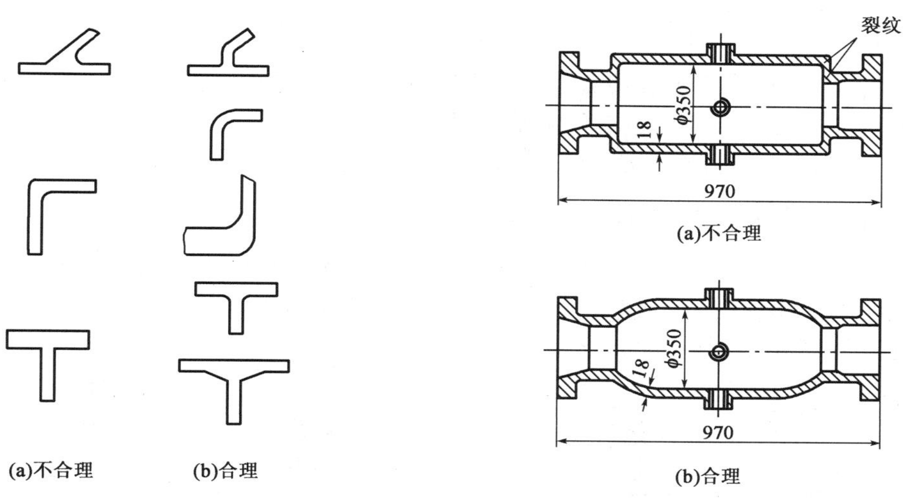

(a)不合理　　(b)合理

图 9.31　壁连接的几种形式

(b)合理

图 9.32　铸钢件结构对热裂的影响

4. 防止产生变形

某些壁厚均匀的细长铸件，较大面积的平板铸件，以及壁厚不均匀的长形箱体都会由于应力而产生翘曲变形。可采用合理的结构设计予以解决，如图 9.34 所示。

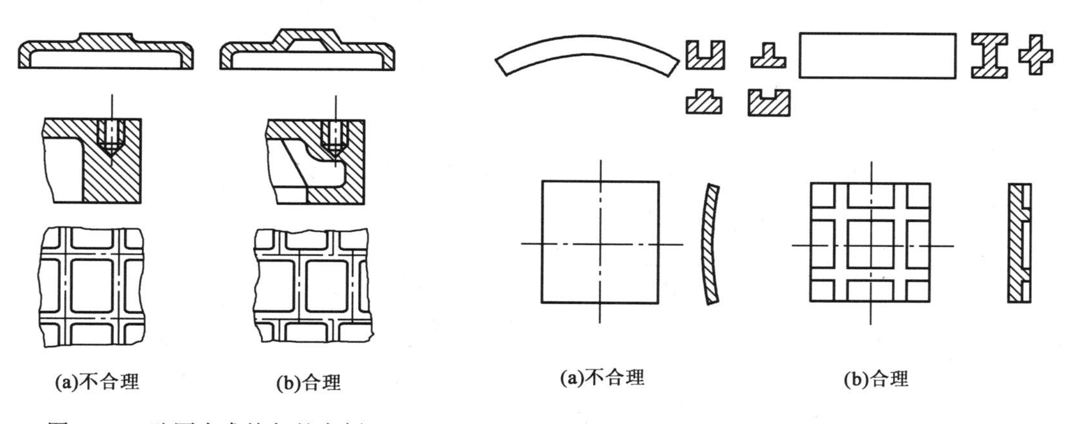

(a)不合理　　(b)合理

图 9.33　壁厚力求均匀的实例

(a)不合理　　(b)合理

图 9.34　防止变形的铸件结构

5. 避免水平方向出现较大的平面

在浇注时，如果型内有较大的水平型腔存在，当液体金属上升到该位置时，由于断面突然扩大，上升速度缓慢，高温液体较长时间烘烤顶部型面，极易造成夹砂、浇不足等缺陷，同时也不利于金属夹杂物和气体的排出。因此，应尽量设计成倾斜壁，如图 9.35 所示。

(a)不合理　　(b)合理

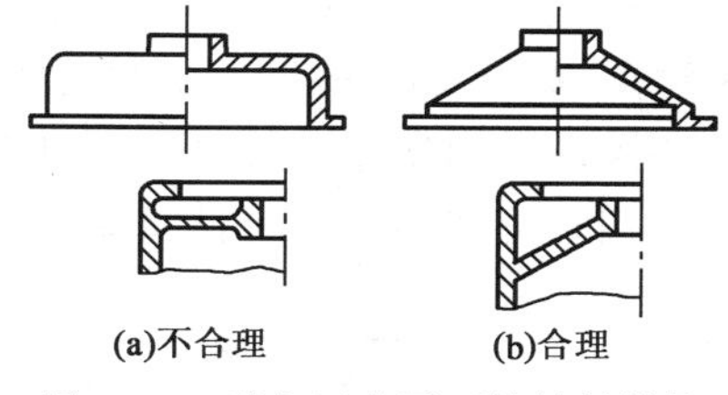

图 9.35　避免过大平面的铸件结构

9.4.2　铸造工艺对铸件结构的要求

铸件的结构不仅应有利于保证铸件的质量，而且应使造型、制芯和清理等操作方便，以利于简化铸造工艺过程，稳定质量，提高生产率和降低成本。因此，进行铸件设计时，必须考虑下列问题：

1. 减少和简化分型面

铸件分型面的数量应尽量少，且尽量为平面，以利于减少砂箱数量和造型工时，而且能简化造型工艺、减少错型、偏芯等缺陷，提高铸件精度。图 9.36（a）为不合理结构，图 9.36（b）取消了上部法兰凸缘，使铸件仅有一个分型面，为合理结构，且可以采用机器造型。

2. 铸件外型和内腔力求简单

采用型芯和活块可以制造出各种复杂的铸件，但型芯和活块将使造型、造芯和合型的工作量增加，且易出现废品，所以设计铸件时，其外型和内腔力求简单，尽量避免不必要的型芯和活块。如图 9.37、图 9.38 所示。

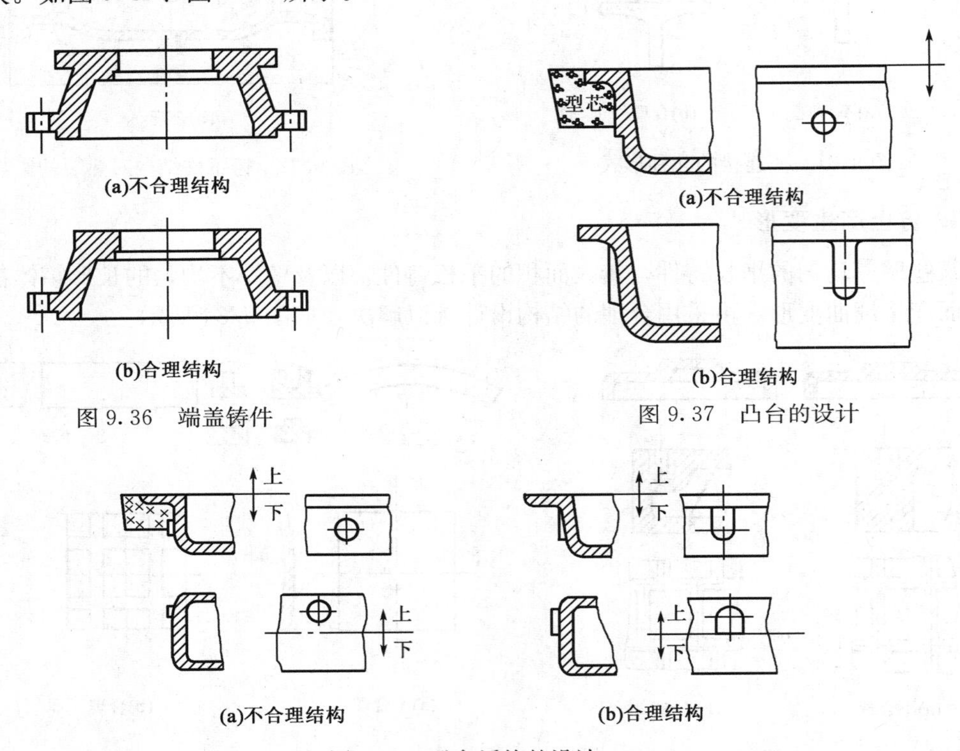

图 9.36　端盖铸件

图 9.37　凸台的设计

图 9.38　避免活块的设计

图 9.39（a）所示的轴承支架铸件为不合理结构，型芯的固定主要依靠芯头来保证，若采用图 9.39（a）的结构，则需要两个型芯，而且其中大的型芯呈悬臂状态，装配时必须采用芯撑作辅助支撑；若改成图 9.39（b）所示的形状，采用一个整体型芯来形成铸件的空腔，则既可增加型芯的稳固性，又改善了型芯排气和清理条件，显然后者的设计是合理的。

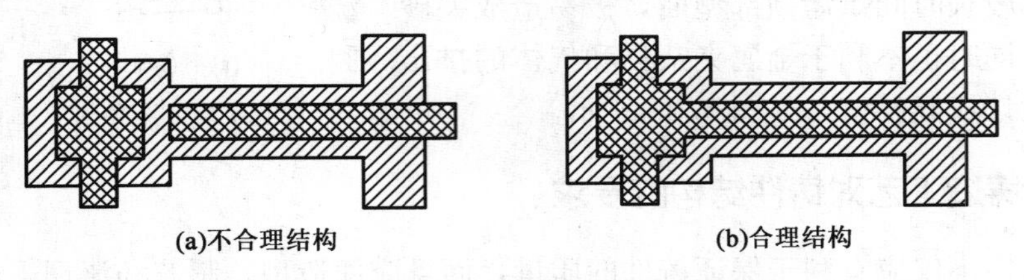

图 9.39　轴承支架铸件内腔的两种设计

3. 铸件结构应有利用于减少型芯及便于型芯的定位、固定、排气和清理

对于因型芯头不足而难以固定型芯的铸件，在不影响使用功能的前提下，为增加型芯头的数量，可设计出适当大小和数量的工艺孔，如图 9.40 所示。

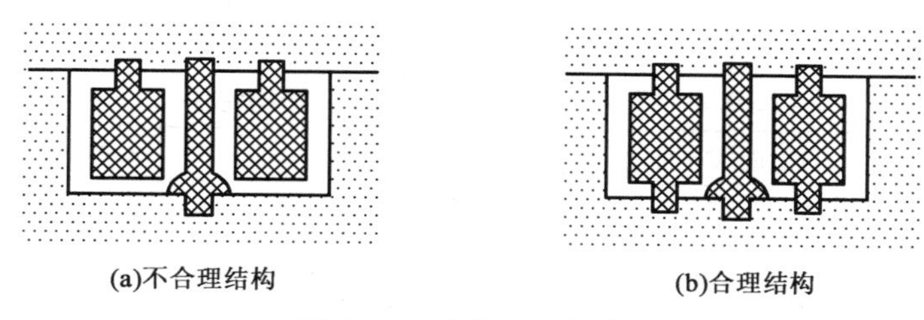

(a)不合理结构　　(b)合理结构

图 9.40　增设工艺孔结构

4. 应有一定的结构斜度

凡垂直于分型面的不加工面都应有一定的斜度。结构斜度的大小与垂直壁的高度有关，具体数值（Q/ZB 158—73《铸造斜度》）见表 9.7。

铸件的结构斜度与拔模斜度不能混淆。结构斜度直接在零件图上标出，且斜度值较大；拔模斜度是在绘制铸造工艺图或模型图中，对零件图上没有结构斜度的立壁给予很小的角度（0.5°～3.0°）。

表 9.7　铸件的结构斜度

β h a 30～45° 30～45°	斜度 $a:h$	角度 β	使用范围
	1∶5	11°30′	h<25mm 钢和铸铁件
	1∶10	5°30′	h<25～500mm 钢和铸铁件
	1∶20	3°	
	1∶50	1°	h<500mm 钢和铸铁件

5. 去除不必要的圆角

虽然铸件的转角处几乎都希望用圆角相连接，这是由铸件的结晶和凝固特点决定的。但是有些外圆角对铸件质量影响不大，却对造型或制芯等工艺过程有不良效果，这时就应将圆角取消。

6. 尽量取消铸件外表侧凹

铸件侧壁上如有凹入部分，则必然妨碍起模，这时需要增加砂芯才能形成铸件凹入部分的形状。稍加改进，即能避免侧凹部分。

7. 复杂铸件的分体铸造以及简单小铸件的联合铸造

有些大而复杂的铸件，可以考虑分成两个以上简单的铸件，铸造后再用螺栓或焊接法连接起来，常常可以简化铸造过程，使本来受工厂条件限制无法生产的大铸件成为可能。与分体铸造相反，一些很小的零件（如轴套等）常可把许多小铸件连在一起，铸成一个较长的铸件，对铸造和机械加工都方便，这种方法称为联合铸造。

9.4.3 不同铸造合金对铸件结构的要求

不同的铸造合金具有不同的铸造性能，在铸件设计及产品零件结构工艺性分析时，应充分注意到不同铸造合金的特点，并采取相应的合理结构和工艺措施。表 9.8 列出了常用的铸造合金的性能及结构特点。

表 9.8 常用的铸造合金的性能及结构特点

合金种类	性能特点	结构特点
灰铸铁	流动性好，体收缩和线收缩小，缺口敏感性小。综合力学性能低，抗压强度比抗拉强度高 3～4 倍；吸震好，比钢约大 10 倍。弹性模量低	因流动性好，可铸造壁较薄、形状复杂的铸件；铸件残余应力小，吸震性好，常用于制造机床身、发动机机体、机座等铸件
铸钢	流动性差，体收缩和线收缩较大。综合力学性能高，抗压强度与抗拉强度高；吸震差，缺口敏感性大	铸件允许最小壁厚比灰铸铁要大，不易铸出复杂件；铸件内应力大，易挠曲变形；结构上应尽量减少热节，并创造顺序凝固的条件；壁的连接圆角与壁之间的过渡段要比灰铸铁大些
球墨铸铁	流动性和线收缩与灰铸铁相近，体收缩及内应力形成倾向比灰铸铁大，易产生缩孔、缩松和裂纹。强度、塑性、弹性模量均比灰铸铁高，抗磨性好；吸震性比灰铸铁差	一般都设计成均匀壁厚，尽量避免大断面。对某些厚大断面的球墨铸铁件可用空心结构，如大型球铁曲轴等
可锻铸铁	流动性差，体收缩大。退火前很脆，毛坯易损坏；退火后，线收缩小，综合力学性能稍次于球墨铸铁，冲击韧度比灰铸铁高 3～4 倍	由于铸态要求白口，故一般不宜做均匀壁厚的小件。最合适的壁厚为 5～16mm，壁厚应尽量均匀。为增加刚性，截面形状多设计成 T 字形，避免十字形截面。零件的突出部分应该用肋条加固

第 10 章　压 力 加 工

10.1　压力加工理论基础

金属的塑性成型，又称为压力加工，是指在外力的作用下，使金属坯料产生塑性变形，从而获得具有一定形状、尺寸和力学性能的型材、毛坯或零件的成型加工方法。

塑性加工不仅是金属零件的成型技术之一，也是最终使零件或毛坯获得一定组织性能的重要途径。塑性加工零件的质量与组织转变密切相关，因此塑性变形原理及材料组织转变是塑性加工工艺的理论基础。

10.1.1　金属的纤维组织及锻造比

在热变形过程中，材料内部的夹杂物及其他非基体物质，沿塑性变形方向所形成的流线组织，称为纤维（流线）组织。

纤维组织的明显程度与锻造比有关。锻造比通常是用拔长时的变形程度来衡量，即

$$Y=\frac{F_0}{F} \tag{10-1}$$

式中　Y——锻造比；

F_0——拔长前坯料的横截面积，m^2；

F——拔长后坯料的横截面积，m^2。

锻造比的大小影响金属的力学性能和锻件的质量。通常情况下，增加锻造比有利于改善金属的组织与性能，但其过大也无益。一般来说，$Y=2\sim5$ 时，在变形金属中开始形成纤维组织，纵向（顺纤维方向）的抗拉强度、塑性和韧性增高，横向（垂直纤维方向）同类性能下降，具有较高的抗剪切性能，机械性能出现各向异性；$Y>5$ 时，钢料的组织细密化程度已接近极限，力学性能不再提高，各向异性则进一步增加。因此，选择合适的锻造比十分重要。

锻造流线不会因热处理而改变，只能用热变形来改变流线的分布、流向和形状。最理想的流线分布是流线沿零件轮廓分布而不被切断。如图 10.1（a）所示，有合理的流线分布，在工作中承受的最大拉应力与流线平行，而切应力与流线垂直，所以不易断裂；而图 10.1（b）所示的流线显然不合理。

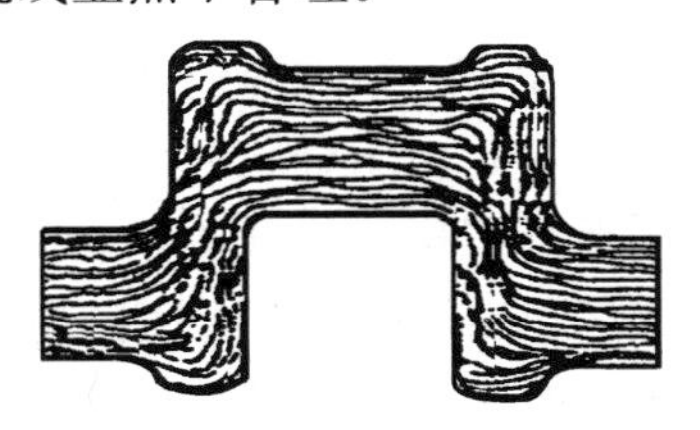
(a)流线分布合理

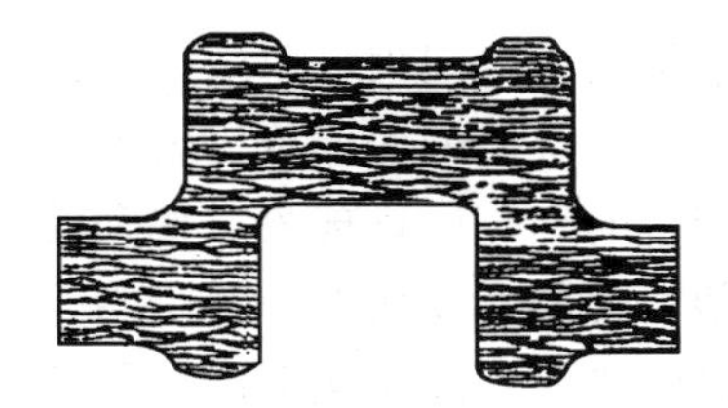
(b)流线分布不合理

图 10.1　锻钢曲轴中的流线分布

10.1.2 金属的锻造性能

金属的锻造性能，又称可锻性，是衡量材料经受压力加工难易程度的工艺性能，包括塑性和变形抗力两个因素。塑性高，变形抗力小，则锻造性能好；反之，锻造性能差。

影响金属锻造性能的因素主要包括金属的本质和变形条件两个方面。

1. 金属的本质

1）化学成分

通常情况，不同化学成分的金属，其塑性不同，锻造性能也不相同。纯铁的塑性比碳钢的好，抵抗变形的抗力也小，低碳钢的锻造性能比高碳钢的好。

2）组织结构

纯金属和固溶体的锻造性能好，含较多金属碳化物时锻造性能较差；粗晶粒和有其他缺陷的金属锻造性能差；晶粒细小且组织均匀的金属锻造性能好。

2. 变形条件

1）变形温度

变形温度对材料的塑性和变形抗力影响很大。一般而言，随着温度的升高，原子的动能增加，原子间的吸引力削弱，减少了滑移所需要的力，从而使塑性提高，变形抗力减小，改善了金属的锻造性能。热变形的变形抗力通常只有冷变形的 1/15～1/10，故在生产中得到广泛应用。

金属的加热应控制在一定温度范围内，否则会产生“过热”和“过烧”两种加热缺陷。锻造时，必须合理控制锻造温度范围，即始锻温度与终锻温度之间的温度间隔。始锻温度是指金属开始锻造时的温度，一般为锻造时所允许的最高加热温度；终锻温度是指金属停止锻造时的温度。在锻造过程中，随着温度的降低，工件材料的变形能力下降，变形抗力增大，下降至终锻温度时，必须停止锻造，重新加热，以保证材料具有足够的塑性和防止锻裂。但终锻温度不宜太高，否则，无法充分利用有利的变形条件，增加了加热火次，使锻件在冷却后得到粗晶组织。

确定锻造温度范围的理论依据主要是合金状态图。碳素钢的始锻温度应在固相线 AE 以下 150～250℃，终锻温度约为 800℃左右。亚共析钢的终锻温度虽处于两相区，但仍具有足够的塑性和较小的变形抗力；对于过共析钢，在两相区停锻，是为了击碎沿晶界分布的网状二次渗碳体。

2）变形速度

变形速度是指单位时间内材料的变形程度。变形速度有一个临界值，低于临界值时，随着变形速度的增加，金属的变形抗力增加，塑性减小。这是由于金属的再结晶过程来不及消除金属变形所产生的加工硬化现象，残余的硬化作用逐渐积累，使锻造性能变差。当高于临界值时，由于塑性变形产生的热效应加快了再结晶过程，使金属的塑性提高，变形抗力减小，锻造性能得以改善。高速锻锤便是利用这一原理来改善金属的锻造性能。

3）应力状态

变形方法不同，在金属中产生的应力状态也不同；即使同一种变形方式，金属内部不同位置的应力状态也可能不同。例如，金属在挤压时三向受压，表现出较高的塑性和较大的变形抗力；拉拔时两向受压，一向受拉，表现出较低的塑性和较小的变形抗力；平砧镦粗时，坯料内部处于三向压应力状态，但侧表面在水平方向却处于拉应力状态，因而在工件侧表面容易产生垂直方向的裂纹。

三向受压时金属的塑性最好，出现拉应力则使塑性降低。这是因为压应力阻碍了微裂纹的产生和发展；而金属处于拉应力状态时，内部缺陷处会产生应力集中，使缺陷易于扩展和导致金属的破坏。因此，选择变形方法时，对于塑性好的金属，变形时出现拉应力是有利的，可减少变形时能量的消耗；而对于塑性差的金属材料，应避免在拉应力状态下变形，尽量采用三向压应力下变形。如：有些合金拉拔成丝较困难，但采用挤压却很容易加工成线材。

另外，坯料表面状况对材料的塑性也有影响，特别在冷变形时尤为显著。坯料表面粗糙或有刻痕、微裂纹和粗大夹杂物等，都会在变形过程中产生应力集中而引起开裂，因此加工前应对坯料进行清理和消除缺陷。

10.2　常用锻造方法

10.2.1　自由锻

自由锻造是利用简单工具，在冲击力或压力作用下，使金属在上下砧块间各个方向自由变形，不受任何限制而获得所需形状及尺寸和一定机械性能的锻件的一种加工方法，简称自由锻。

根据锻造设备类型不同，自由锻可分为锻锤自由锻和水压机自由锻两种。前者用于锻造中、小锻件，后者用于锻造大型锻件。

自由锻造具有以下特点：

(1) 自由锻使用工具简单，通用性强，锻件形状简单，灵活性大，因此适合单件小批锻件的生产。

(2) 自由锻件是由坯料逐步变形而成，工具只与坯料部分接触，故所需设备功率比模锻要小得多，所以自由锻适于锻造大型锻件。如万吨模锻水压机只能模锻几百公斤重的锻件，而万吨自由锻水压机却可锻造重达百吨以上的大型锻件。可见，对于大型锻件，只能采用自由锻成型。

(3) 自由锻是靠人工操作来控制锻件的形状和尺寸，所以锻件的精度差，加工余量大，锻造生产率低，劳动强度较大，因此它主要应用于单件、小批量生产。

(4) 同铸造相比，自由锻消除了缩孔、缩松、气孔等缺陷，使毛坯具有更高的力学性能。

自由锻造分为手工自由锻和机器自由锻。手工自由锻生产效率低，劳动强度大，仅用于修配简单、小型、小批锻件的生产。在现代工业生产中，机器自由锻已成为锻造生产的主要方法，在重型机械制造中，它具有特别重要的作用。

对于碳钢和低合金钢的中小型锻件，原材料大多是经过锻轧而质量较好的钢材，在锻造时主要考虑的是成型问题，要求掌握金属的流动规律，合理运用各种变形工序，以便有效而准确地获得所需形状和尺寸的锻件；而对于大型锻件和高合金钢锻件，一般是以内部组织较差的钢锭为原材料，锻造的关键是保证内部质量。为保证锻件的内部质量，除了提高原材料的冶炼质量之外，还应从锻造工艺方面采取措施。

1. 自由锻设备

根据施加在锻件上作用力的性质，自由锻设备可分为锻锤（空气锤、蒸汽—空气锤）和液压机（水压机、油压机）两大类。锻锤产生冲击力使金属变形，而液压机产生静压力使金属变形。

1）空气锤

空气锤的规格以落下部分质量来表示，一般为50～1000kg。

空气锤的特点是：锤头速度可达到7～8m/s，不需要辅助设备，操作方便，但结构较复杂，锤击能力有限，广泛应用于中小型锻件的生产。

2）水压机

水压机的优点在于它以静压力代替锻锤的冲击力，上抵铁速度约为0.1～0.3m/s。从而避免了对地基及建筑物的震动，工作环境噪声小，也比较安全。水压机的压力在整个冲程中都是不变的，故能充分利用有效冲程进行锻造，它比锤上锻造容易达到较大的锻透深度，锻件的整个截面可获得细晶粒组织。

水压机的缺点是设备庞大，并需一套供水系统和操作系统，造价较高。

水压机的规格用压力来表示，也称吨位。水压机施加的压力可达800～12000t，所锻钢锭的质量为1～300t，广泛用于碳素钢、合金钢、高合金钢及特殊钢等大型锻件的单件小批量生产中。

2. 自由锻工艺

在锻制各种类型的锻件时，必须根据自由锻设备和工具的特点，合理地选择变形工序和变形量，以符合自由锻的工艺性，力求在获得一定形状尺寸的同时，提高其机械性能，以达到加工方便、节约金属和提高生产率的目的。

1）自由锻的基本工序

自由锻的生产工序可分为基本工序、辅助工序及精整工序三大类。

自由锻的基本工序是使金属产生一定程度的塑性变形，以达到所需形状及尺寸的操作工艺，有镦粗、拔长、弯曲、冲孔、切断、扭转、错移及锻焊等。实际生产中最常用的是镦粗、拔长、冲孔三种工序。自由锻基本工序见表10.1。

表10.1　自由锻工序简图

工序名称		定　义	图　例	用　途
镦粗	(1)平砧镦粗[图(a)]； (2)带尾梢镦粗[图(b)]； (3)局部镦粗[图(c)]； (4)展平镦粗[图(d)]	(1) 镦粗：使毛坯的高度减小，横截面积增大的锻造工序； (2) 局部镦粗：对坯料上某一部分进行镦粗	a_0　h　h_0 (a)　(b) (c)　(d)	(1) 用于制造高度小，截面大的工件，如齿轮、圆盘等 (2) 作为冲孔前的准备工序 (3) 增大随后拔长工序的锻造比

续表

工序名称		定义	图例	用途
拔长	(1)普通拔长[图(a)、图(b)]； (2)芯轴拔长[图(c)]； (3)芯轴扩孔[图(d)]	(1) 普通拔长：使毛坯的横截面积减小而长度增加的锻造工序； (2) 芯轴拔长：减小空心毛坯外径和壁厚，增加长度的工序； (3) 芯轴扩孔：减小空心毛坯的壁厚，增加内径和外径的工序	h_0 h a_0 a (a) (b) (c) (d)	(1) 用于制造长而截面小的工件，如轴、连杆、曲轴等； (2) 制造长轴类空心件、圆环类件，如炮筒、圆环、套筒等
弯曲	(1)角度弯曲[图(a)]； (2)成型弯曲[图(b)]	(1) 角度弯曲：将毛坯弯成所需角度的锻造工序； (2) 成型弯曲：利用简单工具或胎模将坯料弯成所需角度和外形的工序	成型压铁 坯料 成型垫铁 (a) (b)	(1) 锻制弯曲形零件，如角尺、U形弯板； (2) 使锻造流线方向符合锻件的外形而不被割断，提高锻件质量，如吊钩等
冲孔	(1)实心冲子冲孔[图(a)]； (2)空心冲子冲孔[图(b)]； (3)板料冲孔[图(c)]	冲孔：在坯料上冲出通孔或不通孔的工序	上垫 冲子 h (a) (b) (c)	(1) 制造空心件，如齿轮毛坯、圆环、套筒等 (2) 锻件质量要求高的大型工件，可用空心冲孔去掉质量较低的铸锭中心部分

辅助工序是为基本工序操作方便而进行的预先变形。它不受图纸的约束，有压钳口、压钢锭边、切肩等。

精整工序是用以减少锻件表面的缺陷，如凹凸不平及整形等。它的变形程度很小，一般在终锻温度以下进行。

自由锻件的复杂程度相差很大，为了便于安排生产和制订规范，通常把形状特征相同，变形过程类似的锻件归为一类。按此，自由锻件可分为六类，见表10.2。

表10.2 自由锻锻件分类

序号	类别	图例	基本工序方案	实例
1	饼块类		镦粗或局部镦粗	圆盘、齿轮、模块、锤头等

续表

序号	类别	图例	基本工序方案	实例
2	轴杆类		(1) 拔长； (2) 镦粗—拔长（增大锻造比）； (3) 局部镦粗—拔长（截面相差较大的阶梯轴）	传动轴、主轴、连杆类零件
3	空心类		(1) 镦粗—冲孔； (2) 镦粗—冲孔—扩孔； (3) 镦粗—冲孔—芯轴拔长	圆环、法兰、齿圈、套筒、空心轴等
4	弯曲类		轴杆类锻件工序—弯曲	吊钩、弯杆、轴瓦盖等
5	曲轴类		(1) 拔长—错移（单拐曲轴）； (2) 拔长—错移—扭转	曲轴、偏心轴等
6	复杂形状件		前几类锻件工序的组合	阀杆、叉杆、十字轴、吊环等

(1) 饼块类锻件。

饼块类锻件包括各种圆盘、叶轮、齿轮、模块、锤头等。该类锻件的特点是：横向尺寸大于高度尺寸，或两者相近。该类锻件的基本变形工序是镦粗，带孔的锻件还需冲孔。

(2) 轴杆类锻件。

轴杆类锻件包括各种圆形截面实心轴，如工作轴、传动轴、车轴、轧辊立柱、拉杆等，以及矩形工字形截面的杆件，如连杆、摇杆、杠杆、推杆等。该类锻件的基本变形工序是拔长。

但对于截面差较大的锻件，或为了达到锻件的锻比要求，则应采取镦粗一拔长。

(3) 空心类锻件。

空心类锻件包括各种圆环、齿圈、轴承环和各种圆筒、缸体、空心轴等。该类锻件的基本变形工序为镦粗、冲孔、芯轴扩孔、芯轴拔长。

(4) 弯曲类锻件。

弯曲类锻件包括各种具有弯曲轴线的锻件，如吊钩、弯杆、曲柄、轴瓦盖等。该类锻件的基本变形工序是弯曲，弯曲前的制坯工序一般采用拔长。

(5) 曲轴类锻件。

曲轴类锻件包括各种形式的曲轴。目前锻造曲轴的工艺方法为自由锻、模锻、全纤维镦锻等。尽管自由锻存在加工余量大和锻件性能差等不足，但由于所用工具简单、适应性强等优点，因此在生产批量较小时，尤其是锻造大型曲轴时，仍采用自由锻。曲轴的基本变形工序为拔长、错移和扭转。

（6）复杂形状锻件。

复杂形状锻件是一些形状比较复杂的锻件，如阀体、叉杆、十字轴等。其锻造难度较大，应根据锻件形状特点，采取适当工序组合锻造。

2）自由锻工艺规程的制定

自由锻工艺规程主要包括以下的内容：

（1）制定锻件图。

自由锻是根据锻件图进行加工的。锻件图是以零件图为基础并考虑以下几个因素绘制而成的。

①锻件余量。

自由锻所获得的锻件由于精度和表面质量都较差，一般需要进一步切削加工，为此必须留有加工余量。余量的大小与零件形状、尺寸等因素有关。零件越大，形状越复杂，则余量越大。锻件余量的大小应根据生产的具体情况来确定。

②锻件公差。

锻件公差是指锻件名义尺寸的允许偏差。公差值的大小是根据锻件形状、尺寸并考虑生产的具体情况（如操作技术水平、设备和工具等条件）加以确定。

③余块。

为了简化锻造工艺，在某些难以锻造的地方，如过窄的凹档，过小的台阶、小孔及某些形状复杂的部分，为了便于锻造而增加的一部分金属称为余块，也称为敷料。

（2）坯料的质量及尺寸。

根据锻件图的形状及尺寸，就可确定锻件原坯料的质量或总体积。

坯料重量可按下式计算：

$$G_{坯料} = G_{锻件} + G_{烧损} + G_{料头} \tag{10-2}$$

式中 $G_{坯料}$——坯料质量，kg；

$G_{锻件}$——锻件质量，kg；

$G_{烧损}$——加热时坯料表面氧化而烧损的质量，kg，根据经验数据，一般第一次加热取被加热金属的2%～3%，以后各次加热取1.5%～2.0%；

$G_{料头}$——在锻造过程中冲掉或被切掉的那部分金属质量，kg，如冲孔时被冲掉的芯料、修切端部时被切掉的料头等。

当锻造大型锻件采用钢锭作坯料时，还要考虑切掉钢锭头部和尾部的质量。坯料质量确定后，一般选用比锻件图上最大直径或边长要大的坯料，这是为了使金属在锻造过程中考虑坯料必需的变形程度，以利于保证锻件质量。对于以碳素钢锭为坯料并用拔长方法锻制的锻件，锻造比一般不小于2.5～3；如果用轧材作坯料，则锻造比可取1.3～1.5。

根据计算所得的坯料质量和截面大小，即可确定坯料长度或选择适当尺寸的钢锭。

（3）锻造工序和设备。

选择自由锻造的工序，可根据各基本工序的变形特点及锻件的形状尺寸来决定。工序选定后，确定所用的工夹具，加热设备，锻造温度及加热次数。

锻造能力和锻造设备的确定，可以根据锻件质量及形状或坯料质量来确定。

最后，确定锻件工时定额及劳动组织等。然后将上列资料汇总成锻造工艺卡。

3. 自由锻件的结构工艺性

在设计自由锻零件时，必须考虑自由锻设备、工艺、工具特点，力求符合自由锻的结构工艺性。应尽可能使锻件的外形简单、对称，最好是主要由圆柱面和平面组成的结构；应避免有复杂的凸台和外肋，可采取加厚壁厚的方法；应尽量避免带有锥面、曲线形、楔形的表面；不允许有圆柱与圆柱相贯的部分，以达到加工方便，提高生产效率的目的。下面列举几个例子供参考，见表 10.3。

表 10.3　自由锻件结构工艺性举例

工艺性要求	图例	
	工艺性差	工艺性好
避免锥面及斜面等	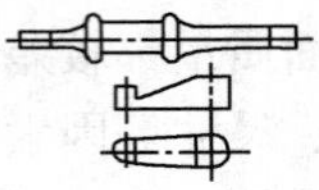	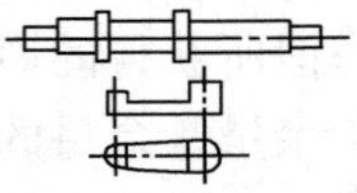
避免非平面交接结构	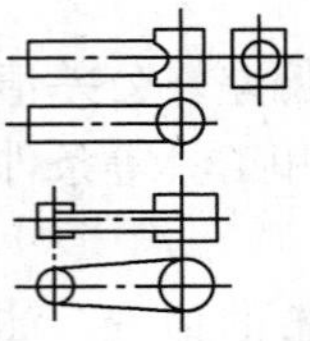	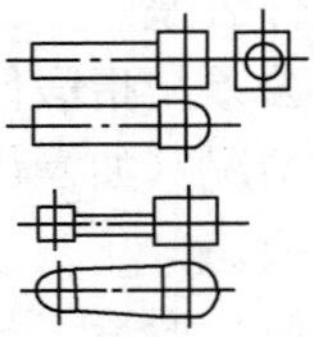
避免加强筋及工字形、椭圆形等复杂截面	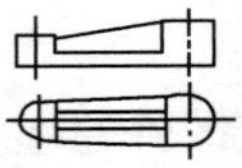	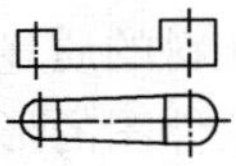
避免各种小凸台	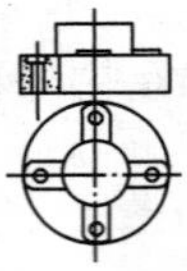	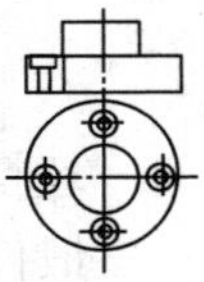

10.2.2　锤上模锻

模锻是指利用压力使坯料在模具模膛内进行塑性变形，使锻件获得与模膛形状一致的锻造方法。按照所用设备的不同，模锻可分为锤上模锻、胎模锻、压力机上模锻。

模锻与自由锻相比，具有尺寸精度高、加工余量小、流线组织合理、生产率较高、锻件成本低、节省切削加工工时、可生产形状复杂的锻件等优点。但模锻设备投资大，模具费用昂贵，工艺灵活性较差，生产准备周期较长，因而适合中、小型锻件的大批大量生产。

锤上模锻常用的设备有高速锤、蒸汽—空气模锻锤、无砧锤等。目前生产中主要使用蒸汽—空气锤模锻。

1. 锻模结构

锻模由上、下模组成，分别安装在锤头下端和模座的燕尾槽内，用楔铁固定，如图 10.2 所示。锻模模膛按其作用可分为模锻模膛和制坯模膛两类，见表 10.4。

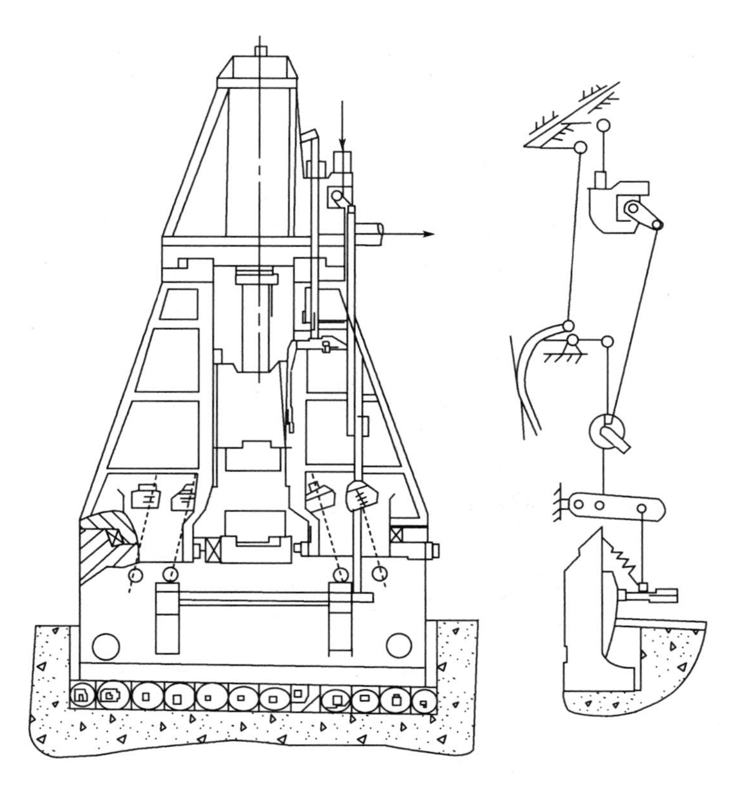

图 10.2　锤锻模结构

表 10.4　锻造模膛分类及用途

类　　别	模膛名称	简　　图	用　　途
制坯模膛	拔长模膛		减小坯料某部分的横截面积，增加其长度，兼有去除氧化皮的作用。主要用于长轴类锻件制坯
	滚压模膛		减小坯料某部分的横截面积，增大另一部分的横截面积，使坯料沿轴线的形状更接近锻件。主要用于某些变截面长轴类锻件的制坯
	弯曲模膛		改变坯料轴线形状，以符合锻件水平投影形状。主要用于具有弯曲轴线的锻件的制坯

续表

类　别	模膛名称	简　图	用　途
制坯模膛	切断模膛		当一块坯料锻造两个或多个锻件时，将已锻好的锻件从坯料上切下
横锻模膛	预锻横膛		获得与终锻相近的形状，以利于锻件在终锻模膛中清晰成形。提高锻件质量，并减小终锻模膛的磨损，延长其使用寿命。主要用于形状复杂的锻件的制坯
	终锻模膛		最终获得所需形状和尺寸的锻件。飞边槽的作用是增加坯料成形时所受到的三向压应力作用，促使金属充满模膛和容纳多余金属

1）模锻模膛

模锻模膛包括终锻模膛和预锻模膛。

（1）终锻模膛。

终锻模膛是锻件最终成型时的模膛。模锻件的几何形状和尺寸与终锻模膛完全相同，但模膛分模面周围有飞边槽，用以增加金属从模膛中流出的阻力，促使金属充满模膛，同时容纳多余的金属，还可以起缓冲作用。对于带有通孔的锻件，不能直接锻出通孔，孔内还留有一层较薄的金属，称为冲孔连皮。模锻后把飞边、冲孔连皮切去，才能得到所需的模锻件。

（2）预锻模膛。

为了保证最终的锻件质量，同时减少终锻模膛的磨损，预锻模膛比终锻模膛的圆角半径大，模锻斜度大，垂直于分模面方向尺寸稍大，没有飞边槽。

2）制坯模膛

当处理形状复杂的锻件，为了使坯料形状基本接近锻件形状，以便金属变形均匀并很好地充满模锻模膛，必须设计制坯模膛。

（1）拔长模膛用来减少坯料某部分的横截面积，以增加该部分的长度；

（2）滚压模膛用来减少坯料某部分的横截面积，以增大另一部分的横截面积，使它按模锻件的形状来分布；

（3）弯曲模膛使坯料弯曲；

（4）切断模膛用来切断金属。

对于形状简单的锻件，在锻模上只需一个终锻模膛，而对于形状复杂的锻件，可根据实际需要，在锻模上安排多个模膛。

2. 模锻工艺规程的制定

模锻生产的工艺规程包括绘制模锻件图、计算坯料尺寸、确定模锻工步、修整工序等。

1）绘制模锻件图

根据零件图绘制模锻件图时，应考虑下面几个问题：

（1）分模面是上下模的分界面。

①选择分模面应保证锻件能从模膛中方便地取出，所以分模面通常选在锻件最大尺寸的截面上；

②把分模面设在模膛上下等尺寸处，以便发现锻件错移缺陷；

③设计模膛应宽而浅，易于金属充满模膛；

④使锻件的加工余块最少。

分模面的选择示例如图 10.3 所示，其中 d－d 最合理。

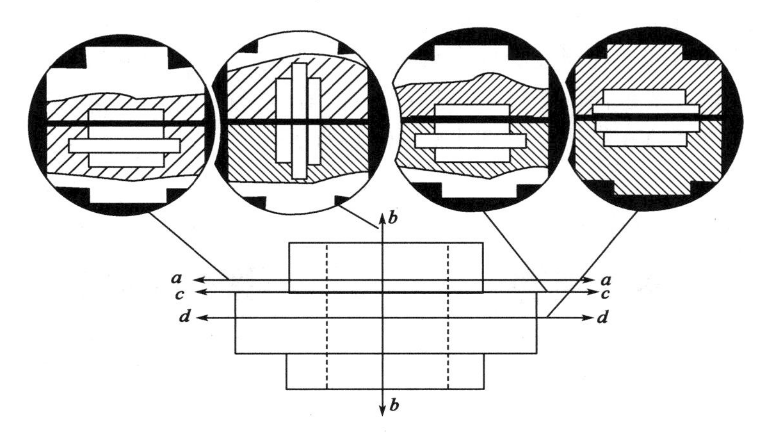

图 10.3 分模面的选择示例

a－*a*—取不出锻件；*b*－*b*—模膛深、余块多；*c*－*c* 不易发现错模；*d*－*d*—合理分模图

（2）加工余量、余块、公差。

加工余量通常在 1～4mm 之间；锻件公差通常在±（0.3～3）mm 之间。

（3）模锻斜度。

为了易于取出锻件，应设计成一定的斜度，外斜度 α 取 5°～10°，内斜度 β 为 7°～15°，如图 10.4 所示。

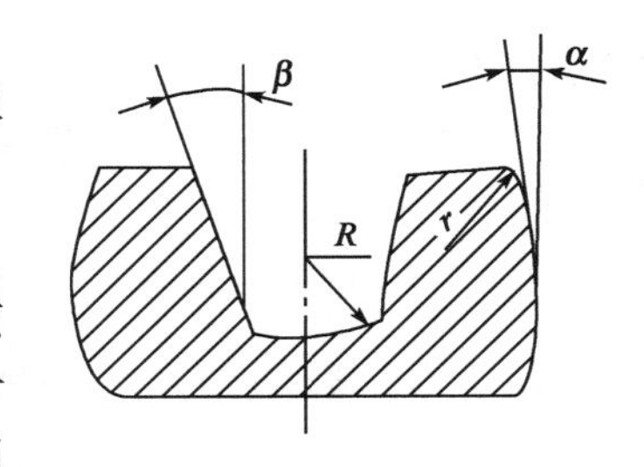

图 10.4 模锻斜度和圆角半径

（4）圆角半径。

如图 10.4 所示，为使金属顺利充满模膛，保证锻件质量，减缓锻模外圆角的磨损，提高模具使用寿命，必须设计圆角半径。钢的模锻件外圆角半径取 r＝1.5～12mm，内圆角半径 R 取（3～4）r。

2）计算坯料质量

步骤与自由锻类同。坯料质量包括锻件、飞边、连皮、钳口料头和氧化皮。

3）确定模锻工步

模锻工步主要是根据锻件的形状和尺寸来确定。模锻件按形状可分为长轴类锻件和盘类锻件两大类。

（1）长轴类模锻件。

长轴类模锻件常选用拔长、滚压、弯曲、预锻、终锻等工步。

①坯料的横截面积大于锻件最大横截面积时，可只选用拔长工步；而当坯料的横截面积小于锻件最大横截面积时，采用拔长和滚压工步。

②锻件的轴线为曲线时，应选用弯曲工步。

③对于小型长轴类锻件，为了减少钳口料和提高生产率，常采用一根料锻造方法，利用切断工步，将锻好的锻件切离。

④对于形状复杂的锻件，还需选用预锻工步，最后在终锻模膛中模锻成型。

(2) 盘类模锻件。

盘类模锻件常选用镦粗、终锻等工步。此类零件轴向尺寸小，分模面上投影为圆形。

4) 修整工序

常用的修整工序有切边、冲孔、精压等。

①模锻件上的飞边和冲孔连皮由压力机上的切边模和冲孔模将其切去。

②对某些尺寸精度要求高的锻件，可进行平面精压，如图 10.5 (a) 所示；对要求所有尺寸精确的锻件，可用体积精压，如图 10.5 (b) 所示。

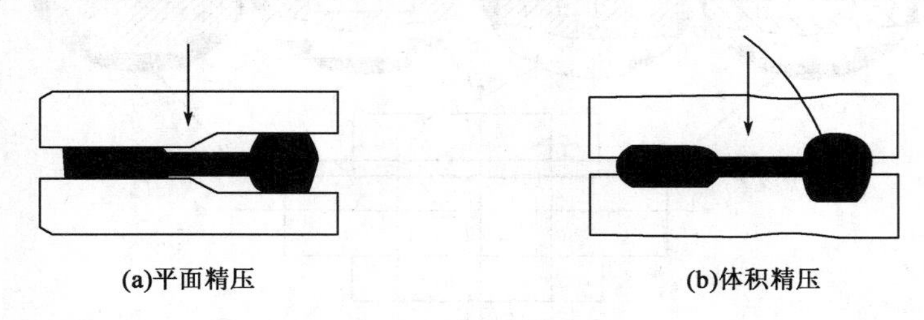

图 10.5 精压

3. 模锻件的结构设计

在设计模锻件时，应便于模锻生产的同时使成本降低。因此必须符合下述原则：

(1) 为使锻件能够从锻模中取出，必须设计合理的分模面、圆角半径和模锻斜度。

(2) 零件的外形应力求简单、平直、对称，避免截面差别过大、薄壁、高肋等不利于成型的结构。

(3) 形状较为复杂的锻件应选用锻—机械加工连接或锻—焊的方法，易于减少余块，简化锻造工艺。

(4) 应尽能避免深槽、深孔及多孔结构。

10.2.3 锻造方法的选择

生产同一种锻件可以选用不同的锻造方法。例如，汽车发动机的连杆可以在锤上和各种压力机上模锻，也可以采用胎模锻造，即使在同一种锻压设备上，也可采用不同的工艺方案。如在模锻锤上模锻连杆，可以拔长、滚压制坯，然后进行预锻、终锻；也可以先在其他设备上制坯，之后在模锻锤上终锻。因此，须对各种工艺方案进行比较分析，在满足性能和质量需求的前提下，应选用生产成本低、生产效率高的方案。

锻件的成本由材料、模具、人员工资、直接或间接的管理费用、电热消耗费等组成。各部分比例随工艺方案的合理性和管理水平而异，而工艺方案的确定必须以生产批量为重要依据，图 10.6 为同一种锻件采用不同锻造方法时，其成本随生产批量而变化的情况。由图 10.6 中可以看出，采用自由锻时，随生产数量的增加，锻件成本下降缓慢；采用自动生产线模锻时，生产数量越多，锻件成本下降也越快。因而，应综合各种因素，合理选择锻造方法。表 10.5 为常用锻造方法的特点和应用比较。

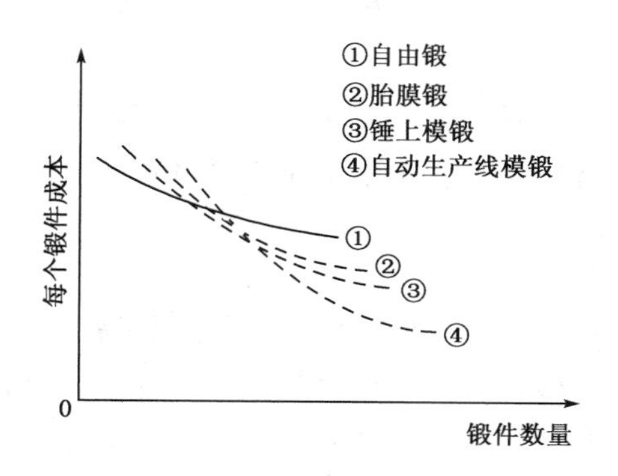

图 10.6　生产批量对锻件成本的影响

表 10.5　常用锻造方法的特点和应用比较

加工方法	使用设备	锻造力的性质	应用范围	生产率	模具特点	模具寿命	机械化与自动化	劳动条件	对环境影响
自由锻	空气锤 蒸汽—空气锤 水压机	冲击力 冲击力 静压力	小型锻件，单件小批量生产；中型锻件，单件小批量生产大型锻件	低	无模具	—	难	差	振动和噪声大
胎模锻	空气锤 蒸汽—空气锤	冲击力	中小型锻件，中小批量生产	较高	模具简单，且不固定在设备上，更换方便	较低	较易	差	振动和噪声大
模型锻造：锤上模锻	蒸汽—空气模锻锤 无砧座锤 高速锤	冲击力	中小型锻件，大批量生产，适合锻造各种类型模锻件	高	锻模固定在锤头和砧座上，模膛复杂，造价高	中	较难	差	振动和噪声大
模型锻造：曲柄压力机上模锻	热模锻压力机 曲柄压力机	静压力	中小型锻件，大批量生产，不适宜进行拔长和滚压工序	高	组合模，有导柱、导套和顶出装置	较高	易	好	较小
模型锻造：平锻机上模锻	平锻机	静压力	中小型锻件，大批量生产，适合锻造法兰轴和带孔的模锻件	高	3 块模组成，有两个分模面，可锻出侧面带凹槽的锻件	较高	较易	较好	较小
模型锻造：摩擦压力机上模锻	摩擦压力机	介于冲击力与静压力之间	小型锻件，中批量生产，可进行精密模锻	较高	一般为单模膛锻件	较高	较易	好	较少

10.3 板料冲压

板料冲压是指利用冲模使板料产生分离或变形，从而获得制件的加工方法。

板料冲压的应用范围非常广泛，既能用于非金属材料，也能用于金属材料；可加工仪表上的小型制件，也可加工汽车覆盖件等大型制件。在日常生活用品、航空、汽车、电器等行业中，均占有非常重要的地位。

板料冲压的特点是：生产率高，操作简单，工艺过程易于实现机械化、自动化；冲压件质量好，尺寸精度高，互换性好；可冲制形状复杂的零件，材料利用率高，废品率低；冲模结构复杂，材料和制造成本高，只有在大批量生产的条件下，才能显示出它的优越性。

常用的冲压设备主要有剪床和冲床。剪床的用途是将板料切成一定宽度的条料，供冲压用。冲床则是冲压加工的基本设备，可用于切断、落料、冲孔、弯曲、拉深和其他冲压工序。

板料冲压的基本工序可分为分离工序和成型工序两大类，见表 10.6。

表 10.6 板料冲压的基本工序

工件名称		定义	简图	应用举例
分离工序	剪裁	利用剪床或冲模，沿不封闭的曲线或直线切断	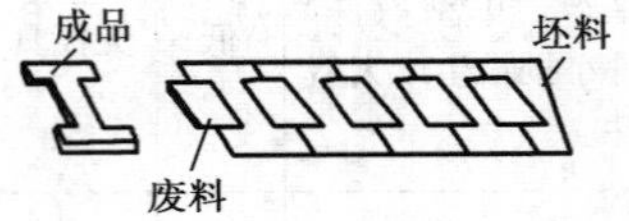 成品 坯料 废料	用于下料或加工形状简单的平板零件，如冲制变压器的矽钢芯片
	落料	利用冲模沿封闭轮廓曲线或直线将板料分离，冲下部分是成品，余下部分为废料	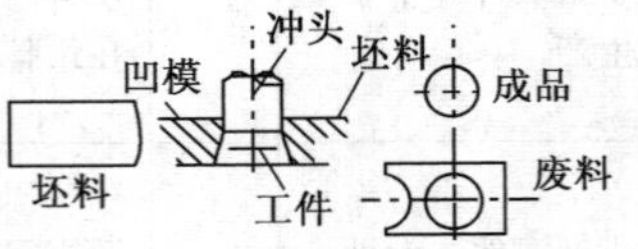 冲头 坯料 凹模 成品 坯料 工件 废料	用于下料或直接冲制出工件，如汽水瓶扳头、垫片等
	冲孔	利用冲模沿封闭轮廓曲线或直线将板料分离，冲下部分是废料，余下部分为成品	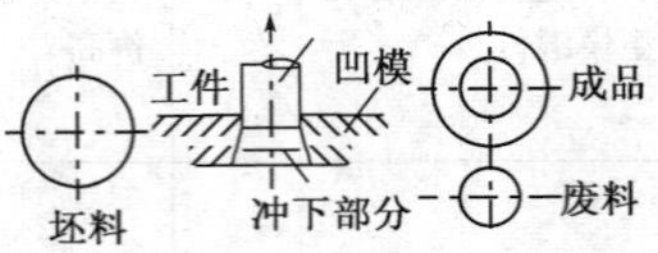 工件 凹模 成品 坯料 冲下部分 废料	用于中间工序或冲制带孔零件，如冲制垫圈孔、电气箱百叶窗等
成型工序	弯曲	利用冲模或折弯机，将平直的板料弯成一定的形状	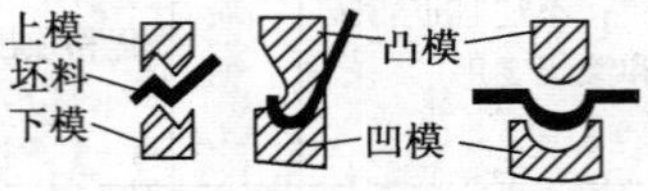 上模 坯料 下模 凸模 凹模	用于生产板材角钢料和各种板料箱柜的边框等
	拉深	利用冲模将板料加工成中空形状，壁厚基本不变，或局部变薄	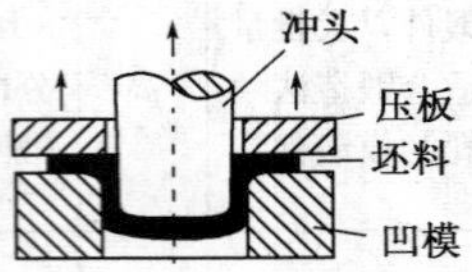 冲头 压板 坯料 凹模	用于生产各种金属日用品（如碗、锅、盆、易拉罐身等）和汽车油箱等
	翻边	利用冲模在带孔工件上用扩孔的方法获得凸缘或把边缘按曲线或圆弧弯成竖直的边缘	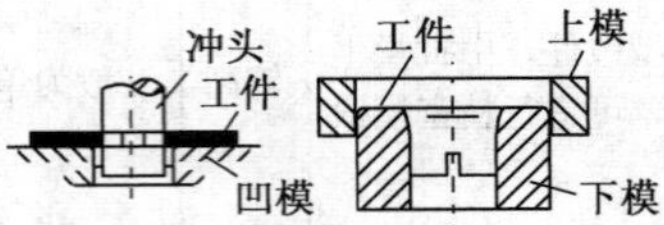 冲头 工件 凹模 工件 上模 下模	用于增加冲制件的强度或美观性

续表

工件名称		定　义	简　图	应用举例
成型工序	卷边	利用冲模或旋压法，将工件竖直的边缘翻卷	上模 成型前 坯料 下模 旋压滚轮 型模 产品 顶柱	用于增强冲制件的强度或美观性
	胀形	利用冲模或内旋压法，使中空坯料或管坯沿径向胀形成所需形状	凸模 橡胶 坯料 旋压滚轮 坯料 型胎	用于制造各种中部较大形状的容器、管接头等，如球形管接头、军用水壶等

分离工序是使冲压件与板料沿所要求的轮廓线相分离的工序，如落料、冲孔、切断和修整等；成型工序是使板料产生塑性变形而不破裂的工序，如弯曲、拉深、翻边和胀形等。

10.3.1　分离工序

分离工序是将一块完整板料按要求分成两部分，如落料、冲孔、切断和修整等。

1. 冲裁

冲裁是使坯料按封闭轮廓分离的工序。落料和冲孔统称为冲裁。落料和冲孔这两个工序中坯料变形过程和模具基本结构都是一样的，只是用途不同。落料是被分离的部分为成品，而周边是废料；冲孔是被分离的部分为废料，而周边是成品，如图 10.7 所示。

1）冲裁变形过程

冲裁件质量、冲裁模结构与冲裁时板料变形过程有密切关系。其过程可分为三个阶段，如图 10.8 所示。

（1）弹性变形阶段。

冲头接触板料后，继续向下运动的初始阶段，使板料产生弹性压缩、拉伸与弯曲等变形，板料中的应力迅速增大。此时，凸模下的材料略有弯曲，凹模上的材料则向上翘。间隙 z 的数值越大，弯曲和上翘越明显。

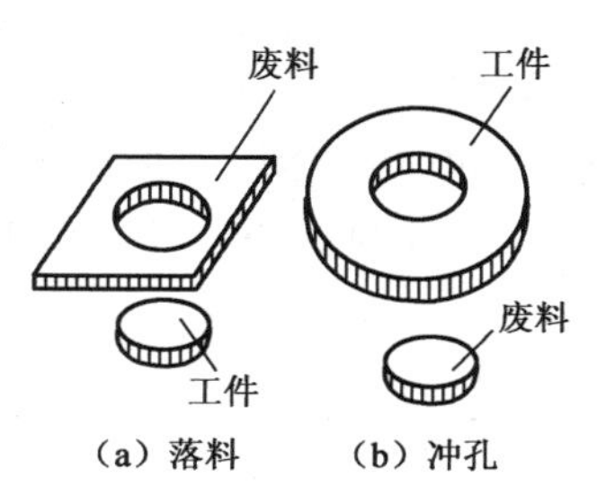

图 10.7　冲孔与落料示意图

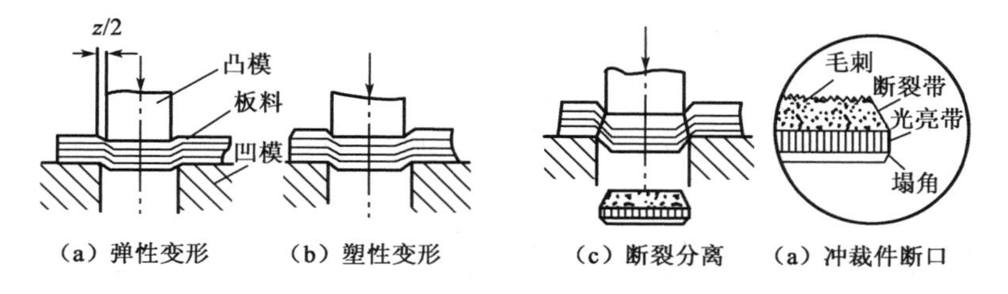

图 10.8　金属板料的冲裁过程及断面特征

（2）塑性变形阶段。

冲头继续压入，材料中的应力值达到屈服点，产生塑性变形。变形达一定程度时，位于凸、凹模刃口处的材料硬化加剧，出现微裂纹，塑性变形阶段结束。

（3）断裂分离阶段。

冲头继续压入，已形成的上下微裂纹逐渐扩大并向内扩展。上、下裂纹相遇重合后，材料被剪断分离。

冲裁件被剪断分离后，其断裂面分成光亮带和剪裂带两部分。塑性变形过程中，由冲头挤压切入所形成的表面很光滑，表面质量最佳，称为光亮带；材料在剪断分离时所形成的断裂表面较粗糙，称为剪裂带。

冲裁件断面质量主要与凸凹模间隙、刃口锋利程度有关，同时也受模具结构、材料性能、厚度等因素的影响。

2）凸凹模间隙

凸凹模间隙不仅严重影响冲裁件的断面质量，而且影响模具寿命、卸料力、推件力、冲裁力和冲裁件的尺寸精度。

间隙过大，材料中的拉应力增大，塑性变形阶段结束较早。凸模刃口附近的剪裂纹较正常间隙时向里错开一段距离，因此光亮带小一些，剪裂带和毛刺均较大。间隙过小时，材料中拉应力成分减小，压应力增强，裂纹产生受到抑制，凸模刃口附近的剪裂纹较正常间隙时向外错开一段距离，上下裂纹不能很好重合，致使毛刺增大。间隙控制在合理的范围内，上下裂纹才能基本重合于一线，毛刺最小。

间隙也是影响模具寿命的最主要因素。冲裁过程中，凸模与被冲的孔之间、凹模与落料件之间均有摩擦，间隙越小，摩擦越严重。实际生产中，模具受到制造误差和装配精度的限制，凸模不可能绝对垂直于凹模平面，间隙也不会均匀分布，所以过小的间隙对延长模具使用寿命极为不利。

间隙对卸料力、推件力也有比较明显的影响。间隙越大，则卸料力和推件力越小。

因此，正确选择合理间隙对冲裁生产是至关重要的。选用时主要考虑冲裁件断面质量和模具寿命这两个因素。当冲裁件断面质量要求较高时，应选取较小的间隙值；对冲裁件断面质量无严格要求时，应尽可能加大间隙，以利于提高冲模寿命。

合理的间隙值可按表 10.7 选取。对于冲裁件断面质量要求较高时，可将表中数据减小 1/3。

表 10.7 冲裁模合理间隙值（双边）

合理间隙值 / 材料厚度 S mm / 材料种类	0.1～0.4	0.4～1.2	1.2～2.5	2.5～4	4～6
软钢、黄铜	0.01～0.02mm	(7%～10%)S	(9%～12%)S	(12%～14%)S	(15%～18%)S
硬铜	0.01～0.05mm	(10%～17%)S	(18%～25%)S	(25%～27%)S	(27%～29%)S
磷青铜	0.01～0.04mm	(8%～12%)S	(11%～14%)S	(14%～17%)S	(18%～20%)S
铝及铝合金（软）	0.01～0.03mm	(8%～12%)S	(11%～12%)S	(11%～12%)S	(11%～12%)S
铝及铝合金（硬）	0.01～0.03mm	(10%～14%)S	(13%～14%)S	(13%～14%)S	(13%～14%)S

3）凸、凹模刃口尺寸的确定

冲裁件尺寸和冲模间隙都决定于凸模和凹模刃口的尺寸，因此必须正确决定冲模刃口尺寸。

设计落料模时，应先按落料件确定凹模刃口尺寸，取凹模作设计基准件，然后根据间隙值确定凸模尺寸（即用缩小凸模刃口尺寸来保证间隙值）。

设计冲孔模时，先按冲孔件确定凸模刃口尺寸，取凸模作设计基准件，然后根据间隙值确定凹模尺寸（即用扩大凹模刃口尺寸来保证间隙值）。

冲模在工作过程中必然有磨损，落料件尺寸会随凹模刃口的磨损而增大，而冲孔件尺寸则随凸模的磨损而减小。为了保证零件的尺寸要求，并提高模具的使用寿命，落料时取凹模刃口的尺寸应靠近落料件公差范围内的最小尺寸。而冲孔时，选取凸模刃口的尺寸靠近孔的公差范围内的最大尺寸。

4）冲裁力的计算

冲裁力是选用冲床吨位和设计、检验模具强度的一个重要依据。计算准确，有利于发挥设备的潜力。计算不准确，有可能使设备超载而损坏，造成严重事故。

平刃冲模的冲裁力按下式计算：

$$F_p = kLS\tau \tag{10-3}$$

式中 F_p——冲裁力，N；

L——冲裁周边长度，mm；

S——坯料厚度，mm；

τ——材料抗剪强度，MPa；

k——系数，一般取 $k=1.3$。

为了简便，冲裁力也可按下式进行估算：

$$F_p = LS\sigma_b \tag{10-4}$$

2. 修整

修整是利用修整模沿冲裁件外缘或内孔刮削一薄层金属，以切掉普通冲裁时在冲裁件断面上存留的剪裂带和毛刺，从而提高冲裁件的尺寸精度和降低表面粗糙度。

修整冲裁件的外形称外缘修整；修整冲裁件的内孔称内缘修整，如图 10.9 所示。

修整的机理与冲裁完全不同，与切削加工相似。修整时应合理确定修整余量及修整次数。对于大间隙落料件，单边修整量一般为材料厚度的 10%。对于小间隙落料件，单边修整量在材料厚度的 8%以下。当冲裁件的修整总量大于一次修整量时，或材料厚度大于 3mm 时，均需多次修整。但修整次数越少越好。

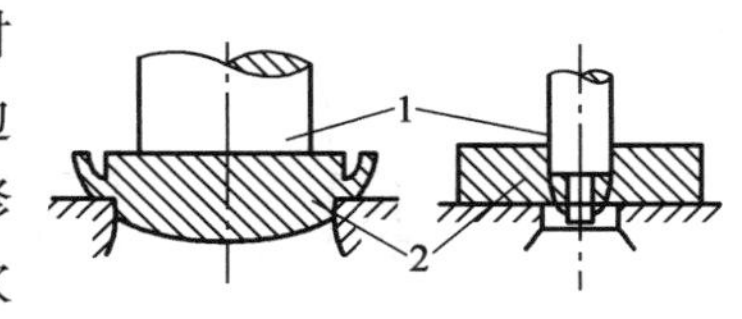

图 10.9 修整工序简图

1—凸模；2—凹模

外缘修整模的凸凹模间隙，单边取 0.001～0.01mm。也可以采用负间隙修整，即凸模大于凹模的修整工艺。

修整后冲裁件公差等级达 IT6～IT7，表面粗糙度为 0.8～1.6μm。

3. 切断

切断是指用剪刃或冲模将板料沿不封闭轮廓进行分离的工序。

剪刃安装在剪床上，把大块板料剪成一定宽度的条料，供下一步冲压工序用。而冲模是安装在冲床上，用以制取形状简单、精度要求不高的平板零件。

10.3.2 成型工序

成型工序是使坯料的一部分相对于另一部分产生位移而不破裂的工序，如拉深、弯曲、翻边、胀形等。

1. 拉深

1）拉深过程

利用模具使落料后得到的平板坯料变形成开口空心零件的成型工序（图10.10）。其变形过程为：把直径是D的平板坯料放在凹模上，在凸模作用下，板料通过塑性变形，被拉入凸模和凹模的间隙中，形成空心零件。拉深件的底部一般不变形，只起传递拉力的作用，厚度基本不变。零件直壁由坯料外径D减去内径d的环形部分所形成，主要受拉力作用，厚度有所减小。而直壁与底部之间的过渡圆角部位变薄最严重。拉深件的法兰部分，切向受压应力作用，厚度有所增大。

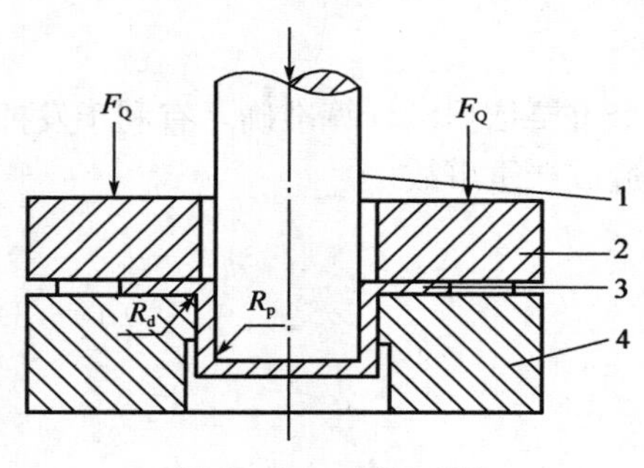

图10.10 拉深工序

1—凸模；2—压边圈；3—坯料；4—凹模

2）拉深系数

拉深件直径d与坯料直径D的比值称为拉深系数，用m表示，即

$$m = d/D \tag{10-5}$$

拉深系数是衡量拉深变形程度的指标。m越小，表明拉深件直径越小，变形程度越大，坯料被拉入凹模越困难。一般情况下，拉深系数m不小于0.5～0.8。坯料的塑性差按上限选取，坯料的塑性好可选下限值。但m值过小时，往往会产生底部拉裂现象。

如果拉深系数过小，不能一次拉深成型时，则可采用多次拉深工艺，如图10.11、图10.12所示。

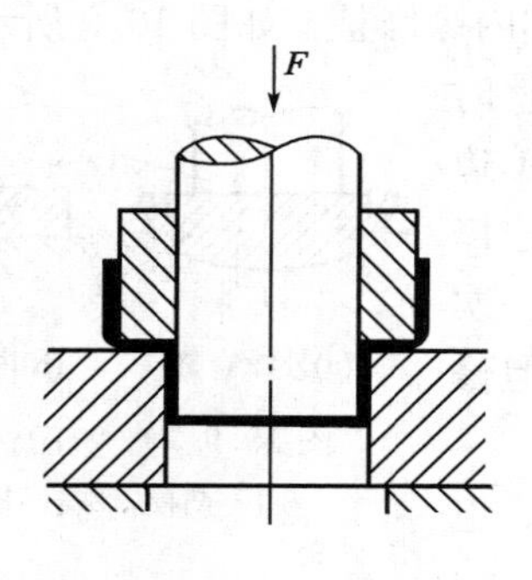

图10.11 多次拉深

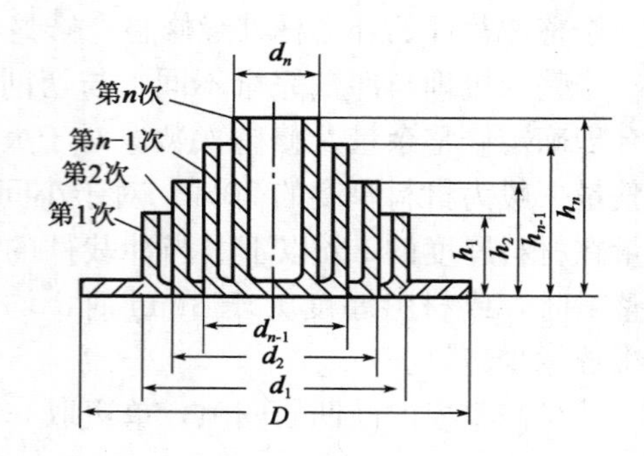

图10.12 多次拉深时圆筒直径的变化

多次拉深过程中，必然产生加工硬化现象。为保证坯料具有足够的塑性，生产中坯料经过一两次拉深后，应安排工序间的退火处理。其次，在多次拉深中，拉深系数应一次比一次略大些，确保拉深件质量和使生产顺利进行。总拉深系数等于每次拉深系数的乘积。

3）拉深件的成型质量问题

拉深件成型过程中最常见的质量问题是破裂（图10.13）和起皱（图10.14）。

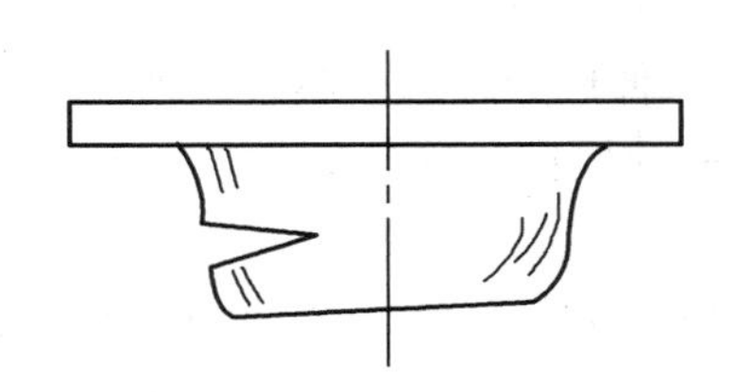

图 10.13　破裂拉深件

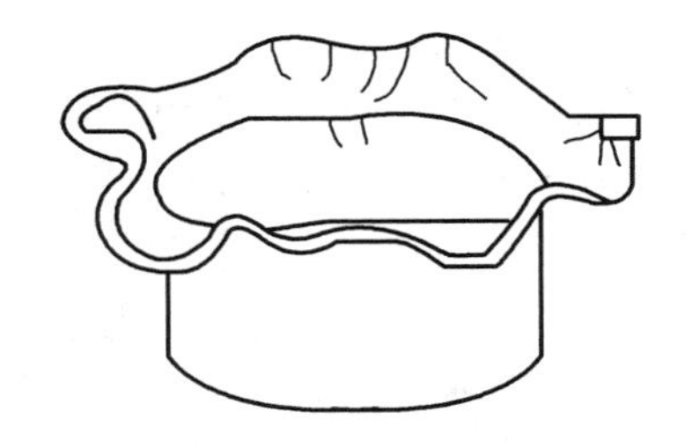

图 10.14　起皱拉深件

破裂是拉深件最常见的破坏形式之一，多发生在直壁与底部的过渡圆角处。产生破裂的原因主要有以下几点：

（1）凸凹模圆角半径设计不合理。

拉深模的工作部分不能设计成锋利的刃口，必须做成一定的圆角。对于普通低碳钢板拉深件，凹模圆角半径 $R_d=(6\sim15)S$，凸模圆角半径 $R_p=(0.6\sim1)R_d$。当这两个圆角半径（尤其是 R_d）过小时，就容易产生拉裂。

（2）凸凹模间隙不合理。

拉深模的凸凹模间隙一般取 $Z=(1.1\sim1.2)S$。间隙过小，模具与拉深件间的摩擦力增大，易拉裂工件，擦伤工件表面，降低模具寿命。

（3）拉深系数过小。

m 值过小时，板料的变形程度加大，拉深件直壁部分承受的拉力也加大，当超出其承载能力时，即会被拉断。

（4）模具表面精度和润滑条件差。

当模具压料面粗糙和润滑条件不好时，会增大板料进入凹模的阻力，从而加大拉深件直壁部分的载荷，严重时会导致底角部位破裂。为了减少摩擦力，同时减少模具的磨损，拉深模的压料面要有较高的精度，并保持良好的润滑状态。

起皱多发生在拉深件的法兰部分。当无压边圈或压边力 F_Q 值较小时，法兰部分在切向压应力的作用下失稳，产生起皱现象。起皱不仅影响拉深件质量，严重时，法兰部分板料不能通过凸凹模间隙，最终出现拉裂的后果。起皱主要与板料的相对厚度（S/D）、拉深系数 m 及压边力 F_Q 等有关，S/D、m、F_Q 值越小，越容易起皱。

2. 弯曲

弯曲是使坯料的一部分相对于另一部分弯曲成一定角度的工序，如图 10.15 所示。

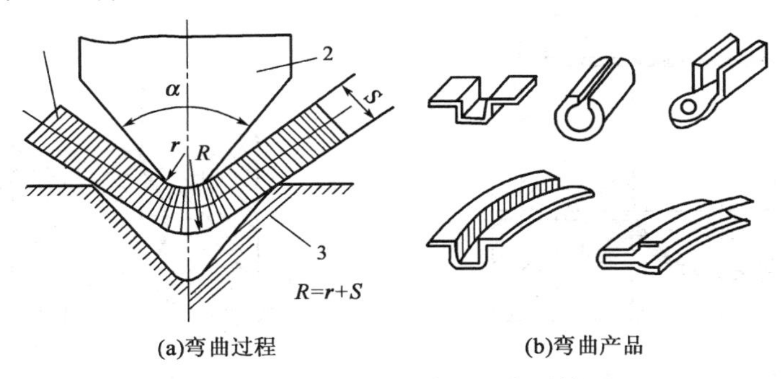

图 10.15　弯曲过程中金属变形简图

1—板料；2—凸模；3—凹模

弯曲时材料内侧受压，而外侧受拉。当外侧拉应力超过坯料的抗拉强度极限时，即会造成金属破裂。坯料越厚、内弯曲半径 r 越小，则压缩及拉伸应力越大，越容易弯裂。为防止破裂，弯曲的最小半径为 $r_{min}=$（0.25～1）S，S 为板料的厚度。材料塑性好，则弯曲半径可小些。

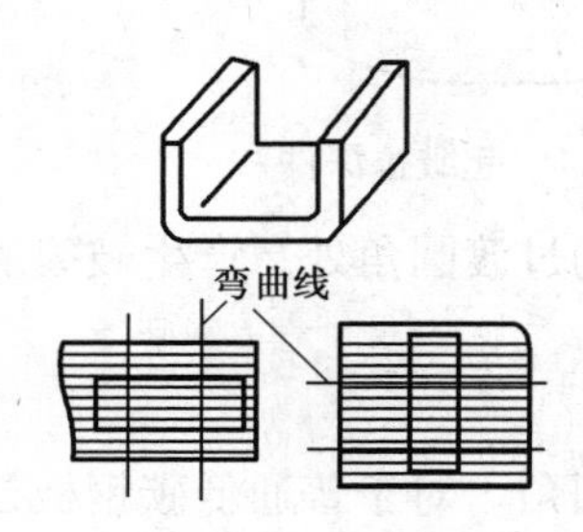

图 10.16　弯曲时的纤维方向

弯曲时还应尽可能使弯曲线与坯料纤维方向垂直（图 10.16）。若弯曲线与纤维方向一致，则容易产生破裂。此时可用增大最小弯曲半径来避免。

在弯曲结束后，由于弹性变形的恢复，坯料略微回弹一些，使被弯曲的角度增大。此现象称为回弹现象。一般回弹角为0°～10°。因此在设计弯曲模时必须使模具的角度比成品件角度小一个回弹角，以便在弯曲后得到准确的弯曲角度。

3. 胀形

胀形是利用坯料局部厚度变薄形成零件的成型工序，是冲压成型的一种基本形式，也常和其成型方式结合出现于复杂形状零件的冲压过程之中。

胀形主要有平板坯料胀形、管坯胀形、球体胀形、拉形等几种方式。

1）平板坯料胀形

平板坯料胀形过程如图 10.17 所示，将直径为 D_0 的平板坯料放在凹模上，加压边圈并在压边圈上施加足够大的压边力，当凸模向凹模内压入时，坯料被压边圈压住不能向凹模内收缩，只能靠凸模底部坯料的不断变薄来实现成型过程。

平板坯料胀形常用于在平板冲压件上压制突起、凹坑、加强筋、花纹图案及印记等，有时也和拉深成型结合，用于汽车覆盖件的成型，以增大其刚度。

2）管坯胀形

管坯胀形如图 10.18 所示，在凸模压力的作用下，管坯内的橡胶变形，直径增大，将管坯直径胀大，靠向凹模。胀形结束后，凸模抽回，橡胶恢复原状，从胀形件中取出。凹模采用分瓣式，从外套中取出后即可分开，将胀形件从中取出。

有时也可用液体或气体代替橡胶来加工形状复杂的空心零件，例如波纹管、高压气瓶等。

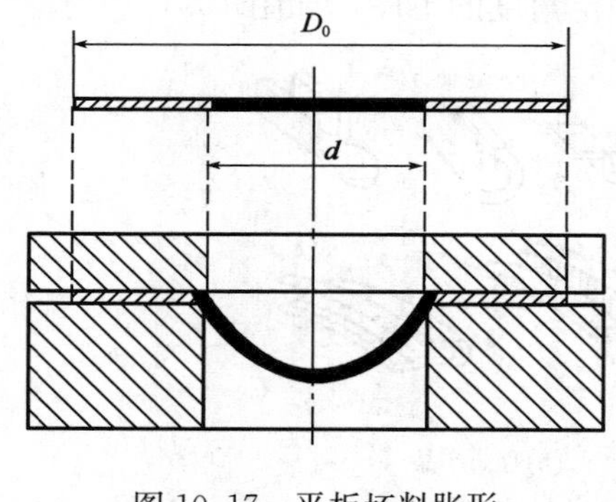

图 10.17　平板坯料胀形

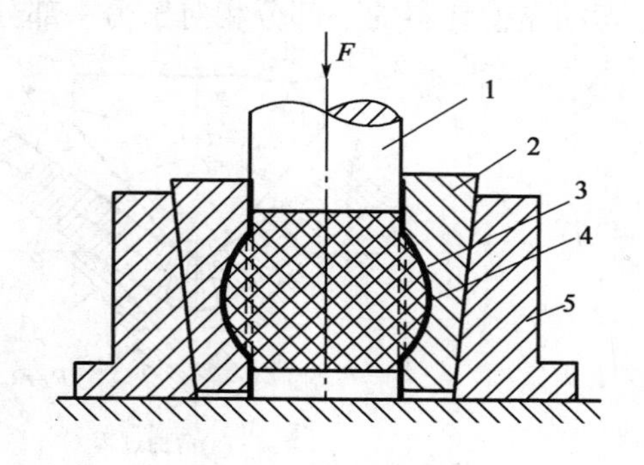

图 10.18　管坯胀形

1—凸模；2—凹模；3—坯料；4—橡胶；5—外套

3）球体胀形

球体胀形是20世纪80年代后出现的无模胀形新工艺。其主要过程是先用焊接方法将板料焊成球形多面体，然后向其内部用液体或气体打压。在强大的压力作用下，板料发生塑性变形，多面体逐渐变成球体（图10.19）。球体胀形多用于大型容器的制造，在石油化工、冶金、造纸等部门广泛应用。

4）拉形

拉形工艺（图10.20）是胀形的另一种形式，在强大的拉力作用下，坯料紧靠在模型上并产生塑性变形。拉形工艺主要用于板料厚度小而成型曲率半径很大的曲面形状零件，如飞机的蒙皮等。

4. 翻边

翻边是在成型坯料的平面或曲面部分上使板料沿一定的曲线翻成竖直边缘的冲压方法。翻边的种类较多，常用的是圆孔翻边。

圆孔翻边如图10.21所示，翻边前坯料孔的直径为 d_0，变形区是内径为 d_p，外径为 d_1 的环形部分。翻边过程中变形区在凸模作用下内径不断扩大，翻边结束时达到凸模直径，最终形成竖直的边缘［图10.22（a）］。

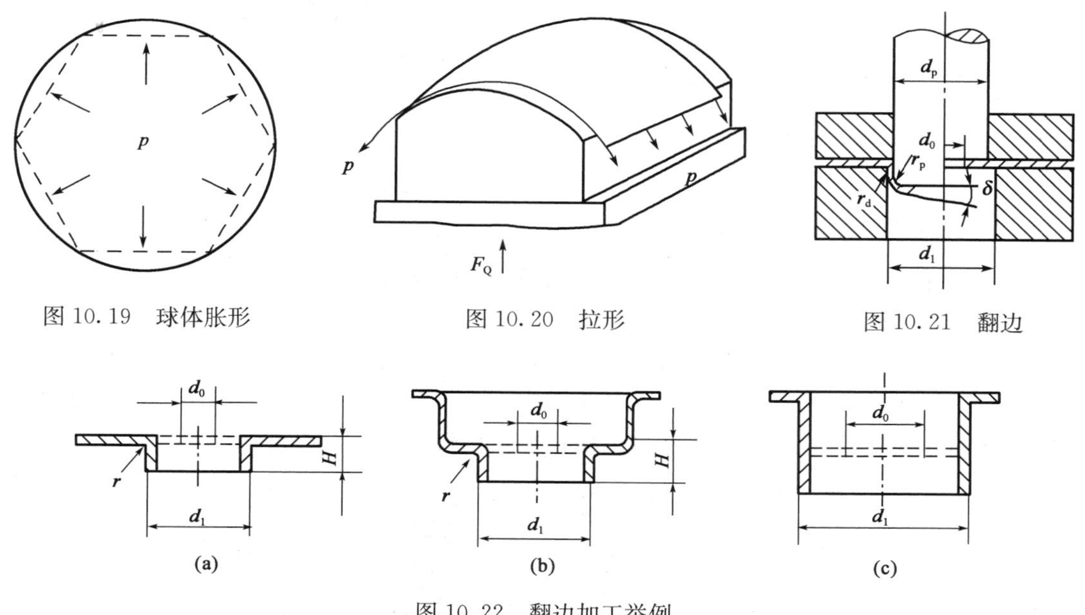

图10.19　球体胀形

图10.20　拉形

图10.21　翻边

图10.22　翻边加工举例

进行翻边工序时，如果翻边孔的直径超过容许值，孔的边缘会破裂。其容许值可用翻边系数 K_0 来衡量。

$$K_0 = d_0/d \qquad (10-6)$$

式中　d_0——翻边前的孔径尺寸；

d——翻边后的内孔尺寸。

对于镀锡铁皮 K_0 不小于0.65～0.7；对于酸洗钢 K_0 不小于0.68～0.72。

当零件所需凸缘的高度较大，用一次翻边成型计算出的翻边系数 K_0 值很小，直接成型无法实现时，则可采用先拉深、后冲孔（按 K_0 计算得到的容许孔径）、再翻边的工艺来实现［图 10.22（c）］。

翻边成型在冲压生产中应用广泛，尤其在汽车、拖拉机等工业生产中应用更为普遍。

10.3.3 冲压件结构工艺性

冲压件的结构设计不仅应保证它具有良好的使用性能，而且也应具有良好的工艺性能，以减少材料的消耗、延长模具寿命提高生产率、降低成本及保证冲压件质量等。

影响冲压件工艺性的主要因素有冲压件的形状、尺寸、精度及材料等。

1. 冲压件的形状与尺寸

1）对落料和冲孔件的要求

（1）落料件的外形和冲孔件的孔形应力求简单、对称，尽可能采用圆形、矩形等规则形状。同时应避免长槽与细长悬臂结构。否则制造模具困难、模具寿命短。图 10.23 为零件为工艺性很差的落料件。

（2）孔及其有关尺寸如图 10.24 所示。冲圆孔时，孔径不得小于材料厚度 S。方孔的每边长不得小于 $0.9S$。孔与孔之间、孔与工件边缘之间的距离不得小于 S。外缘凸出或凹进的尺寸不得小于 $1.5S$。

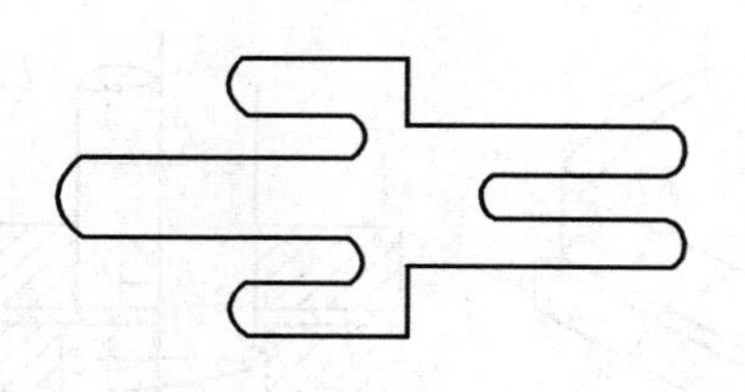

图 10.23 不合理的落料件外形

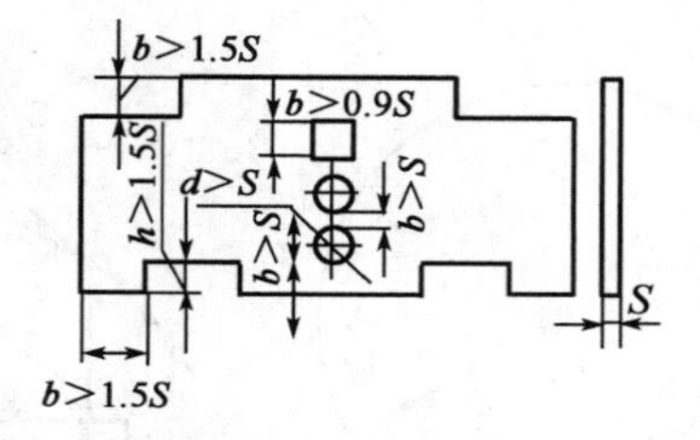

图 10.24 冲孔件尺寸与厚度的关系

（3）冲孔件或落料件上直线与直线、曲线与直线的交接处，均应用圆弧连接。以避免尖角处因应力集中而被冲模冲裂。

（4）冲裁件的排样。排样是指落料件在条料、带料或板料上进行合理布置的方法。排样合理可使废料最少，材料利用率大为提高。图 10.25 为同一个冲裁件采用四种不同的排样方式材料消耗对比。落料件的排样有两种类型：无搭边排样和有搭边排样。

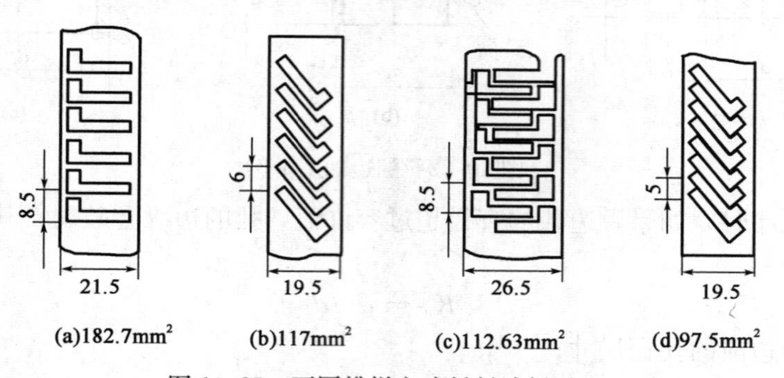

图 10.25 不同排样方式材料消耗对比

无搭边排样是用落料件形状的一个边作为另一个落料件的边缘（图 10.25）。这种排样，材料利用率很高。但毛刺不在同一个平面上，而且尺寸不容易准确，因此只有对冲裁件质量要求不高时才采用。

有搭边排样即是在各个落料件之间均留有一定尺寸的搭边。其优点是毛刺小，而且在同一个平面上，冲裁件尺寸准确，质量较高。但材料消耗多。

2）对弯曲件的要求

（1）弯曲件形状应尽量对称，弯曲半径不能小于材料允许的最小弯曲半径，并应考虑材料纤维方向，以免成型过程中弯裂。

（2）弯曲边过短不易弯曲成型，故应使弯曲边的平直部分 $H>2S$（图 10.26）。如果要求 H 很短，则需先留出适当的余量以增大 H，弯好后再切去多余材料。

（3）弯曲带孔件时，为避免孔的变形，孔的位置应如图 10.27 所示。图中 L 应大于 $(1.5\sim2)S$。

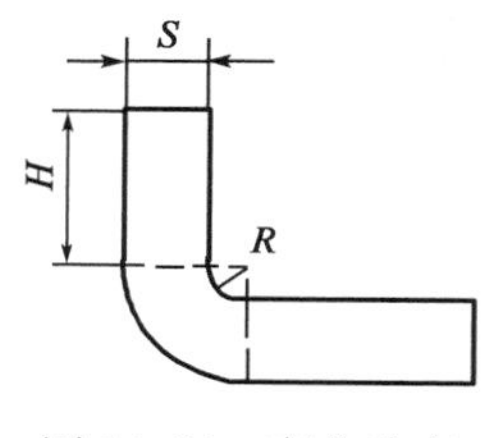

图 10.26 弯曲边高

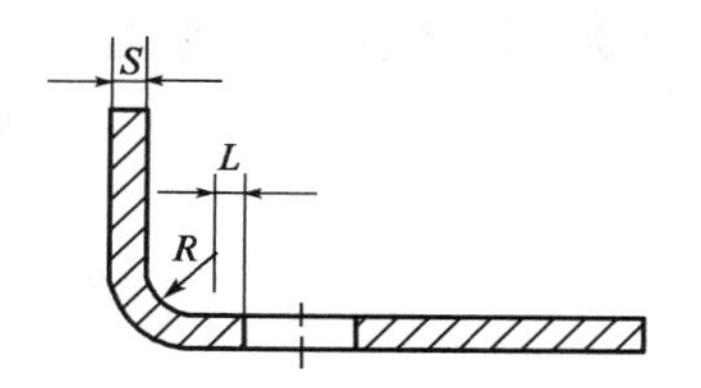

图 10.27 带孔弯曲件

3）对拉深件的要求

（1）拉深件外形应简单、对称，且不宜太高，以便使拉深次数尽量少，并容易成型。

（2）拉深件的圆角半径在不增加工艺程序的情况下，最小许可半径如图 10.28 所示。否则必将增加拉深次数和整形工作、增多模具数量、容易产生废品和提高成本。

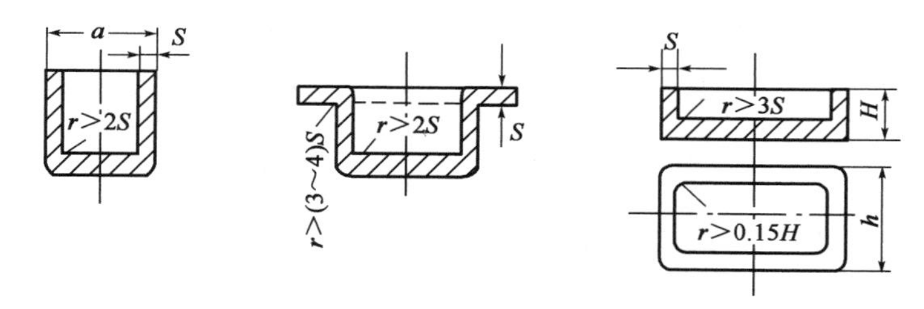

图 10.28 拉深件最小允许半径

2. 改进结构可以简化工艺节省材料

（1）采用冲焊结构。对于形状复杂的冲压件，可先分别冲制若干个简单件，然后焊成整体件，如图 10.29 所示。

（2）采用冲口工艺，以减少组合件数量。如图 10.30 所示，原设计用三个件铆接或焊接组合，现采用冲口工艺（冲口、弯曲）制成整体零件，可以节省材料，简化工艺过程。

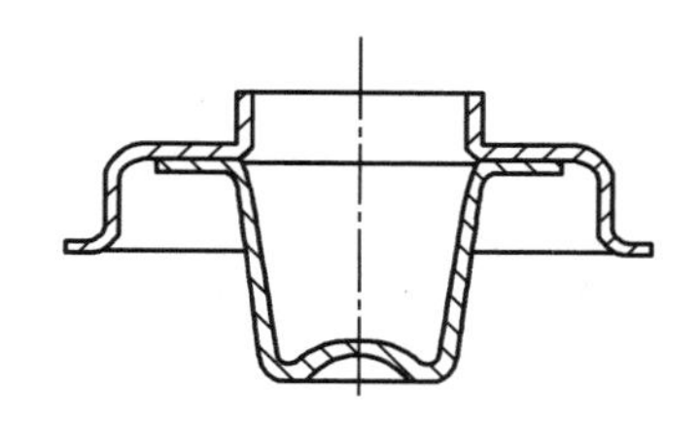

图 10.29 冲压焊接结构零件

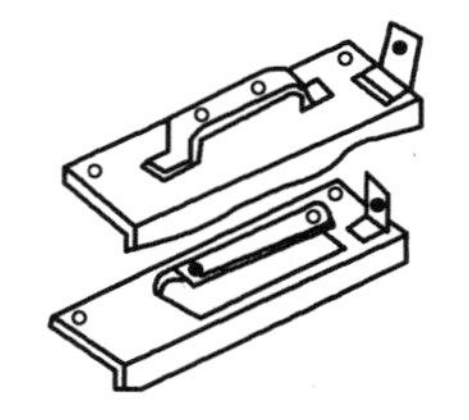

图 10.30 冲口工艺的应用

(3) 在使用性能不变的情况下，应尽量简化拉深件结构，以便减少工序，节省材料，降低成本。如消音器后盖零件结构，原设计如图 10.31 (a) 所示，经过改进后如图 10.31 (b) 所示。结果冲压加工由八道工序降为二道工序，材料消耗减少 50%。

3. 冲压件的厚度

在强度、刚度允许的条件下，应尽可能采用较薄的材料来制作零件，以减少金属的消耗。对局部刚度不够的地方，可采用加强筋措施，以实现薄材料代替厚材料（图 10.32）。

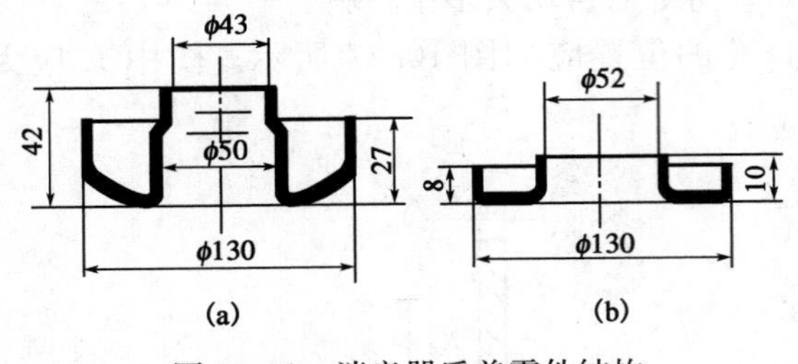

图 10.31　消音器后盖零件结构

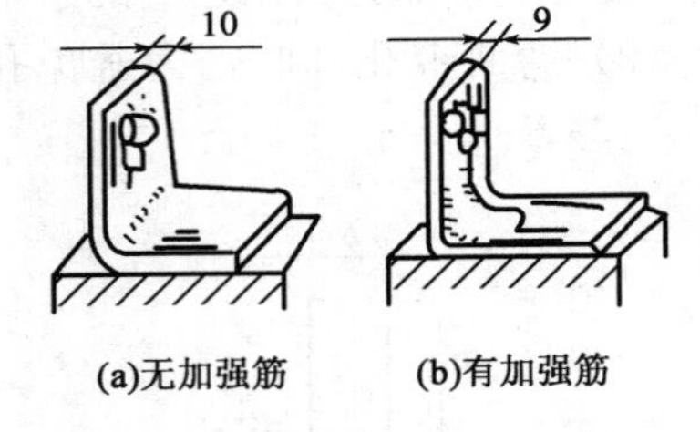

图 10.32　使用加强筋举例

第 11 章　焊　　接

焊接是利用局部加热或加压等手段，使分离的两部分金属，通过原子的扩散与结合而形成永久性连接的工艺方法。焊接是一种应用广泛的连接金属工艺方法，主用用来制造各种金属结构和机械零部件。焊接方法的种类很多，依据实现金属原子间结合的方式不同，可分为熔化焊、压力焊和钎焊 3 大类，如图 11.1 所示。

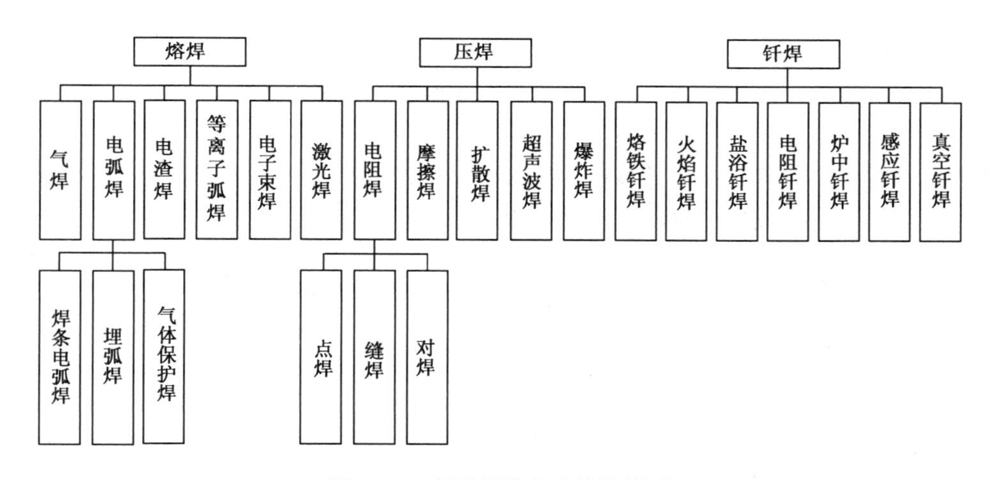

图 11.1　主要焊接方法分类框图

熔化焊是利用外加热源使焊件局部加热至熔化状态，一般还同时熔入填充金属，然后冷却结晶形成一体的焊接方法。熔化焊的加热温度较高，焊件容易变形。但接头表面的清洁程度要求不高，操作方便，适用于各种常用金属材料的焊接，应用较广。

压力焊（简称压焊）是对焊件加热（或不加热）并施压，使其接头处紧密接触并产生塑性变形，从而形成原子间结合的焊接方法。压力焊只适用于塑性较好的金属材料的焊接。

钎焊是将低熔点的钎料熔化，填充到接头间隙，并与固态母材（焊件）相互扩散实现连接的焊接方法。钎焊不仅适用于同种或异种金属的焊接，还广泛用于金属与玻璃、陶瓷等非金属材料的连接。

焊接方法具有成型方便、适应性强、生产成本低等优点。

1. 成型方便

焊接方法灵活多样，工艺简便，能在较短的时间内生产出复杂的焊接结构。在制造大型、复杂结构和零件时，可结合采用铸件、锻件和冲压件，化大为小，化复杂为简单，再逐次装配焊接而成。例如万吨水压机的横梁和立柱的生产便是如此。

2. 适应性强

采用相应的焊接方法，既能生产微型、大型和复杂的金属构件，也能生产气密性好的高温、高压设备和化工设备；既适应于单件小批量生产，也适应于大批量生产。同时，采用适当焊接方法，还能连接异类金属和非金属。例如原子能反应堆中金属与石墨的焊接、硬质合金刀片与车刀刀杆的焊接。现代船体、车辆底盘、特种桁架、锅炉、容器等都广泛采用焊接结构。

3. 生产成本低

与铆接相比，焊接结构可节省材料 10%～20%，并可减少划线、钻孔、装配等工序。另外，采用焊接结构能够按使用要求选用材料。在结构的不同部位，按强度、耐磨性、耐腐蚀性、耐高温等要求选用不同材料，具有更好的经济性。

焊接生产在车辆、舰船、航空和航天飞行器、原子能反应堆及石油化工设备、电动机、微电子产品等众多现代工业产品以及高层建筑、石油（天然气）的远距离输送管道、高能粒子加速器等许多重大工程建设中均占有重要地位。

但是，目前的焊接技术尚存在一些问题：生产自动化程度较低；焊接质量的可靠性还不令人十分满意；焊接生产过程的质量只能靠焊后无损检测、甚至破坏性的定时定量抽查来加以检验。

随着焊接技术的迅速发展，计算机在焊接领域的应用，各种先进焊接工艺方法的普及和应用，以及焊接生产机械化、自动化程度的提高，焊接质量和生产率也将不断提高。

11.1 熔焊理论基础

熔焊是利用某种焊接热源（如电弧等）将被焊金属的连接处局部加热到熔化状态，然后通过冷却凝固形成接头的过程。图 11.2 为焊条电弧焊过程，焊前将焊件和焊条分别接到焊接电源的两极、引燃电弧，焊条与焊件接头处在电弧热作用下迅速熔化形成熔池。随着电弧沿焊接处向前移动，新的熔池不断产生，而留在电弧后面的熔池金属开始冷却凝固形成焊缝，从而将被焊工件连接成整体。

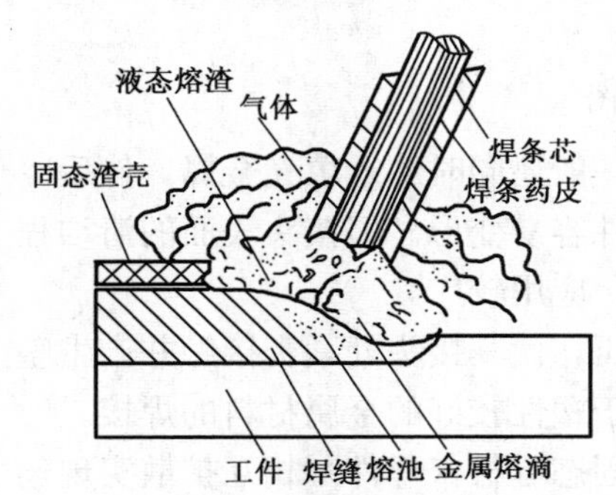

图 11.2 焊条电弧焊过程示意图

11.1.1 焊接电弧

焊接电弧是指发生在电极与工件之间的强烈、持久的气体放电现象。

1）电弧的引燃

常态下的气体由中性分子或原子组成，不含带电粒子。要使气体导电，首先要有一个使其产生带电粒子的过程。生产中一般采用接触式引弧。先将电极（碳棒、钨极或焊条）和焊件接触形成短路，如图 11.3（a）所示，此时在某些接触点上产生很大的短路电流，温度迅速升高，为电子的逸出和气体离解提供能量条件；而后将电极提起一定距离（<5mm），如图 11.3（b）所示，在电场力作用下，被加热的阴极有电子高速逸出，撞击空气中的中性分子和原子，使空气离解成阳离子、阴离子和自由电子。这些带电粒子在外电场作用下定向运动：阳离子奔向阴极，阴离子和自由电子奔向阳极。在它们的运动过程中，不断碰撞和复合，产生大量的光和热，形成电弧，如图 11.3（c）所示。电弧的热量与焊接电流和电压的

乘积成正比，电流越大，电弧产生的总热量就越大。

2）电弧的组成

焊接电弧由阴极区、阳极区和弧柱区三部分组成，如图 11.3（c）所示。阴极区因发射大量电子而消耗一定能量，产生的热量较少，约占电弧热的 36%。阳极表面受高速电子的撞击，传入较多的能量，因此阳极区产生的热量较多，占电弧热的 43%。其余 21%左右的热量是在弧柱区产生的。

电弧中阳极区和阴极区的温度因电极材料（主要是电极熔点）不同而有所不同。用钢焊条焊接材料时，阳极区温度约为 2600K，阴极区温度约为 2400K，电弧中心区温度最高，可达 6000～8000K。

由于阳极区的温度高于阴极区，所以当采用直流弧焊机焊接时，有正接和反接两种接线方法，如图 11.4 所示。

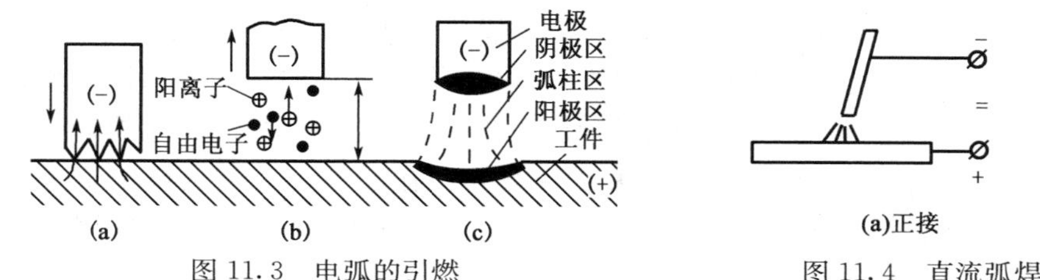

图 11.3　电弧的引燃

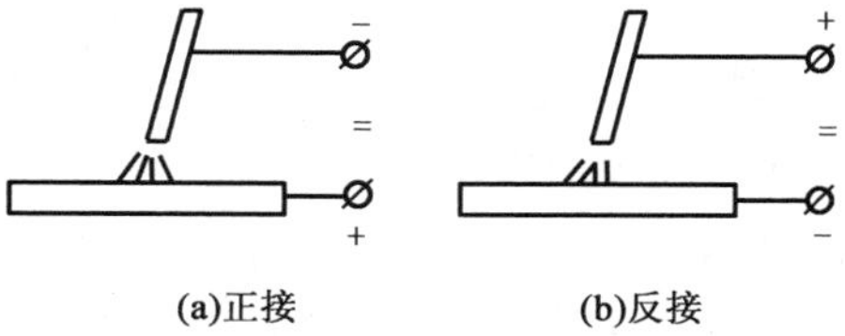

图 11.4　直流弧焊机的正接与反接

正接是将工件接电源正极（阳极），焊条接电源负极（阴极）。这时电弧热量主要集中在焊件上，有利于加快焊件熔化，保证足够的熔深，适用于焊接较厚的工件。反接是将工件接电源负极（阴极），焊条（或电极）接电源正极（阳极），适用于焊接有色金属及薄钢板，以避免烧穿焊件。当采用交流弧焊机焊接时，由于两极极性不断变化，两极温度都在 2500K 左右，所以不存在正接和反接问题。

3）焊接电弧的静特性

焊接电弧的静特性是指电弧稳定燃烧时，电弧电压（电弧两端的电位差）与焊接电流（通过电弧的电流）之间的关系。

在焊接电路中，焊接电弧作为负载消耗电能。与普通电阻的静特性（呈线性关系）不同，电弧的负载大小与离解程度有关（图 11.5）。当焊接电流过小时，焊条和焊件间的气体离解不充分，电弧电阻大，要求较高的电压才能维持必需的离解程度；随着电流增大，气体离解程度增加，电弧电阻减小，电弧电压降低；当焊接电流大于 30～60A 时，气体已充分离解，电弧电阻降到最低值，只要维持一定的电弧电压即可，此时电弧电压与焊接电流大小无关。如果弧长增加，则所需的电弧电压相应增加。

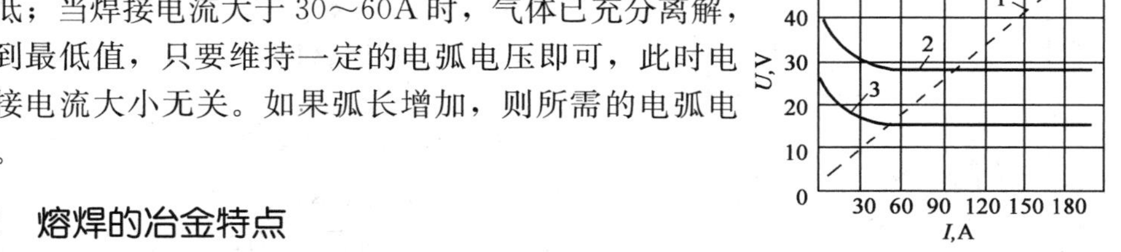

图 11.5　电弧静特性曲线

1—普通电阻特性；
2—弧长为 5mm 的电弧静特性；
3—弧长为 2mm 的电弧静特性

11.1.2　熔焊的冶金特点

在进行熔焊时，被熔化的金属、熔渣、气体三者之间进行着一系列物理化学反应，如金属的氧化与还原，气体的溶解与析出，杂质的去除等。因此，焊接熔池可以看成是一座微型冶金炉。不过，熔焊冶金过程与一般的冶炼过程不同，主要有以下特点。

1）冶金温度高

在焊接碳素结构钢和普通低合金钢时，熔滴的平均温度约2300℃，熔池温度在1600℃以上，高于普通冶金温度，容易造成合金元素的烧损与蒸发。

2）冶金过程短

焊接时，由于焊接熔池体积小（一般2～3cm³），冷却速度快（熔池周围是冷金属），液态停留时间短（熔池从形成到凝固约10s），使各种化学反应无法达到平衡状态，在焊缝中会出现化学成分不均匀的偏析现象。

3）冶金条件差

焊接过程一般是在大气中进行，熔池周围的气体、铁锈、油污等在电弧的高温下，将分解成原子态的氧、氮等，极易同金属元素产生化学反应。反应生成的氧化物、氮化物混入焊缝中，使焊缝的力学性能下降；液态金属氧化生成的FeO熔解于钢水中，冷凝时因溶解度减小而析出，杂质则滞留在焊缝里；FeO与钢中的C起作用，化合成CO，易在焊缝中产生气孔；液态金属氮化生成Fe_4N，冷凝时呈针状夹杂物分布在晶粒内，显著降低焊缝塑性和韧性；空气中的水分解成氢原子，在焊缝中产生气孔、裂缝等缺陷，会出现“氢脆”现象。

上述情况将严重影响焊接质量，因此，必须采取有效措施来保护焊接区，防止周围有害气体侵入焊接熔池；同时为了保证焊缝金属有合适的化学成分，可以通过焊条药皮、焊剂、焊芯或焊丝向焊缝中补充易烧损的合金元素；此外，还要进行脱氧、脱硫、脱磷，以减少焊接缺陷，获得优质焊接接头。

11.1.3 焊接接头的金属组织与性能的变化

焊接时，电弧沿着工件逐渐前移并对工件进行局部加热，因此，在焊接过程中，焊缝附近的金属都将由常温状态被加热到较高的温度，然后再逐渐冷却到室温。由于各点金属所在位置不同，与焊缝中心距离不相同，所以各点的最高加热温度也不相同，它们所达到最高加热温度的时间亦不同。焊缝及其母材上某点的温度随时间变化的过程称为焊接热循环，如图11.6所示。

热循环使焊缝附近金属相当于受到一次不同规范的热处理。焊接热循环的特点是加热和冷却速度都很快，对易淬火钢，焊后会发生空冷淬火，产生马氏体组织；对其他材料，还会产生焊接变形、应力及裂纹。

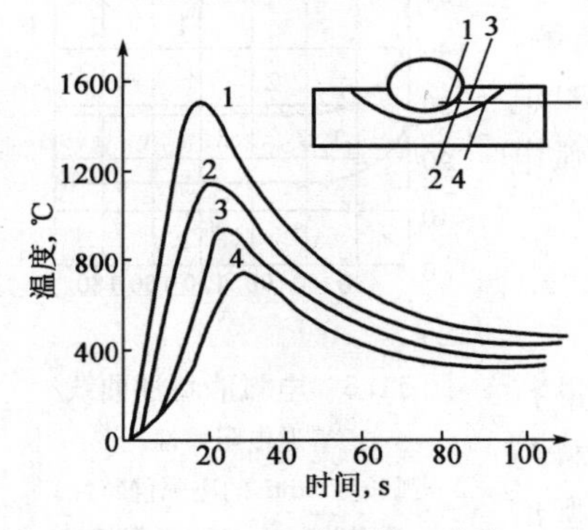

图11.6 焊接热循环曲线

现以低碳钢为例，说明焊接过程造成的金属组织性能的变化，如图11.7所示。

受焊接热循环的影响，焊缝附近的母材组织和性能发生变化的区域，称为焊接热影响区。焊缝和基体金属的交界线称为熔合线。熔合线两侧有一个很窄的焊缝与热影响区的过渡区，称为熔合区（也称半熔化区）。因此，焊接接头通常由焊缝金属、熔合区及热影响区组成。

1. 焊缝金属

热源移走后，熔池中的液态金属开始冷却凝固，从熔合区开始，以垂直熔合线的方向，向熔池中心生长为柱状晶，如图 11.8 所示。低熔点物质将被推向最后结晶部位，形成成分偏析。焊缝是由液态金属凝固成的铸态组织，宏观组织是柱状粗晶粒，并且成分偏析严重，组织不致密。但由于熔池金属受到电弧吹力、保护气体吹力和焊条摆动等干扰作用，使焊缝金属的柱状晶成倾斜层状。这相当于小熔池炼钢，冷却快，且使晶粒有所细化。利用焊接材料的渗合金作用，可调整其合金元素含量，从而使焊缝金属的力学性能不低于母材。

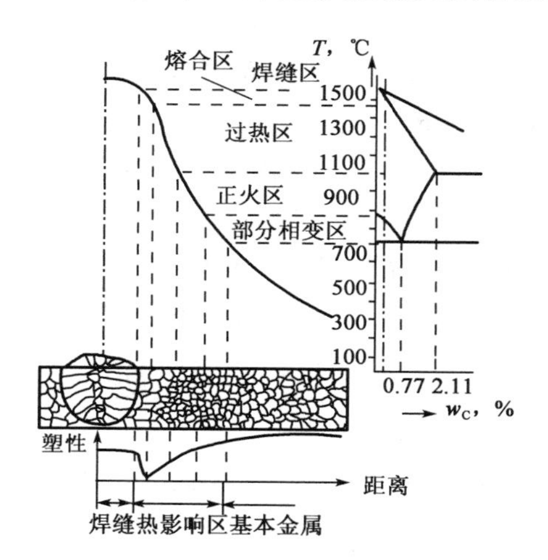

图 11.7　低碳钢焊接热影响区的组织性能变化

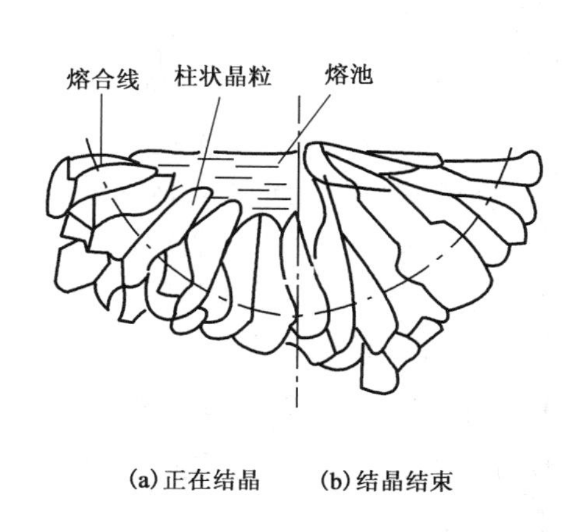

图 11.8　焊缝金属结晶示意图

2. 熔合区

熔合区是焊缝向热影响区过渡的区域，是焊缝和母材金属的交界区，其加热温度处于固相线和液相线之间。焊接过程中，部分金属熔化，部分未熔化，冷却后，熔化金属成为铸态组织，未熔化金属因加热温度过高，而形成过热组织。因而熔合区强度下降，塑性、韧度极差，常是裂纹及局部脆性破坏的发源地。在低碳钢焊接接头中，尽管该区很窄（仅 0.1～1mm），但在很大程度上决定着焊接接头的性能。

3. 热影响区

热影响区是焊接过程中，母材因受热而发生组织性能变化的区域。对于低碳钢，由于其中各点受热程度不同，其热影响区常由过热区、正火区和部分相变区组成。

1）过热区

过热区是指热影响区内具有过热组织或晶粒显著粗大的区域，宽约 1～3mm。其加热温度在 1100℃至固相线之间。由于加热温度高，奥氏体晶粒急剧长大，冷却后得到粗晶组织。该区金属的塑性、韧度很低，焊接刚度大的结构或含碳量较高的易淬火钢时，易在该区产生裂纹。

2）正火区

正火区是指热影响区内相当于受到正火处理的区域，宽约 1.2～4mm。其加热温度在 Ac_3～1100℃之间。在此温度下，金属发生重结晶加热，形成细小的奥氏体组织，空冷后获得细小而均匀的铁素体和珠光体组织，该区力学性能优于母材。

3）部分相变区

热影响区内发生部分相变的区域，其加热温度在 $Ac_1 \sim Ac_3$ 之间，该区中珠光体和部分铁素体转变为细晶粒奥氏体，而另一部分铁素体因温度太低来不及转变，仍为原来的组织，因此，已发生相变组织和未发生相变组织在冷却后会使晶粒大小不均，力学性能较母材差。

从碳钢焊接接头的组织、性能变化分析可以看出：焊接接头中熔合区和过热区的力学性能最差。焊接结构往往不在焊缝上破坏，而在热影响区内破坏，就是因为熔合区和过热区的性能最差。所以，对焊接结构来说，热影响区越小越好。

热影响区的大小和组织性能变化的程度取决于焊接方法、焊接规范、接头形式等因素。在热源热量集中、焊接速度快时，热影响区小。实际应用中，电子束焊的热影响区最小，总宽度一般小于 1.4mm。气焊的热影响区总宽度可达到 27mm。由于接头的破坏常从热影响区开始，为消除热影响区的不良影响，焊前可对工件进行预热，以减缓焊件上的温差和冷却速度。对于容易淬硬的钢材，例如中碳钢、高强度合金钢等，热影响区中最高加热温度在 Ac_3 以上的区域，焊后易出现淬硬的马氏体组织；最高加热温度在 $Ac_1 \sim Ac_3$ 的区域，焊后易形成马氏体—铁素体混合组织。所以，易淬硬钢焊接热影响区的硬化、脆化更明显，且随含碳量、合金元素量的增加而趋于严重。

4. 改善接头组织及性能的措施

焊接时接头的组织与性能，直接影响到焊接结构的使用性能。根据焊接过程的特点，可以采取以下措施改善其组织性能。

（1）加强对焊缝金属的保护，防止焊接时各种杂质进入焊接区。对焊缝进行合金化及冶金处理，以获得所需的组织及性能。

（2）合理选择焊接方法及焊接工艺，尽量使热影响区减至最小。

（3）对焊件进行局部或整体热处理，以消除内应力，改善焊接接头的性能。

11.1.4 焊接应力与变形

焊接的热过程除了引起焊接接头金属组织与性能的变化外，还会产生焊接应力与变形。

焊接应力的存在对结构质量、使用性能和焊后机械加工精度都有很多影响，甚至导致整个构件断裂失效；焊接变形不仅给装配工作带来很大困难，还会影响结构的工作性能。当焊接变形量超过允许数值时必须进行矫正，矫正无效时只能报废。因此，在设计和制造焊接结构时，应尽量减少焊接应力与变形。

1. 焊接应力与变形产生的原因

焊接过程中，对焊件进行不均匀的局部加热和冷却，是产生焊接应力与变形的根本原因。

低碳钢平板焊接加热时，焊缝区的温度最高，母材金属的温度随其与焊缝距离的增大而降低。根据金属材料的热胀冷缩特性，由于焊件各区加热温度不同，其单位长度的膨胀量也不相同，即随着受热程度的不同，焊缝、母材金属各区各有不同的自由伸长量。如果各部位金属能够不受任何阻碍地自由伸长，则钢板焊接时将自由变化。然而，实际上钢板已焊接成一个整体，各处不可能自由伸长，各部位伸长量必然相互协调补偿，最终平板整体只能平衡伸长 ΔL。于是，温度高的焊缝区金属，因其自由伸长量大受到两侧低温金属自由伸长量的限制而承受压应力（—）。当压力超过屈服点时，为使平板整体达到平衡而产生塑性变形。同理，焊缝区以外的金属则承受拉应力（＋）。

焊缝形成后，金属随之冷却，冷却过程使金属收缩，这种收缩若能自由进行，则焊缝区将自由缩短，而焊缝区两侧的金属则缩短至焊前的 L 端。但实际上，因整体作用，各部位依然相互牵制，焊缝区两侧的金属同样会阻碍焊缝区的收缩，最终共同处于比原长短 ΔL 的平衡位置上，于是，焊缝金属承受拉应力（＋），焊缝两侧承受压应力（—）。显然，两种应力相互平衡，一直保持到室温。保留至室温的应力与变形称为焊接残余应力和变形。

一般情况下，若工件的塑性较好，刚度较小时，工件自由收缩的程度就较大。这样，焊接应力将通过较大的自由变形而相应减小。其结果必然是结构焊接应力较小，残余变形较大；相反，如果工件刚度大，则焊接应力就会较大，而残余变形较小。

2. 焊接变形的基本形式

如图 11.9 所示，焊接变形的基本形式有收缩变形、角变形、弯曲变形、扭曲变形、波浪形变形等。

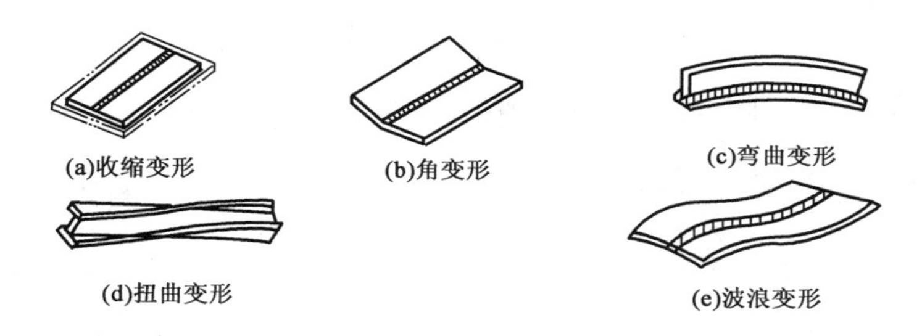

图 11.9　焊接变形的基本形式

3. 防止及消除焊接应力的措施

（1）进行焊接结构设计时，焊缝不要密集交叉，截面和长度也要尽可能小，以减小焊接时局部过热，从而减小焊接应力。

（2）选择合理的焊接顺序。焊接时，应尽量让焊缝自由收缩，而不受到较大的约束或牵制。焊接的顺序一般为：

①先焊收缩量较大的焊缝；

②先焊工作时受力较大的焊缝，这样可使受力较大的焊缝预受压应力；

③先焊错开的短焊缝，后焊直通的长焊缝，如图 11.10 所示。

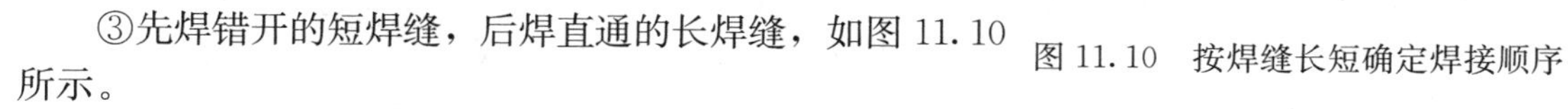

图 11.10　按焊缝长短确定焊接顺序

（3）当焊缝仍处在较高温度时，锤击或碾平焊缝，使焊件伸长，以减小焊接残余应力。

（4）采用小能量、多层焊，也可减小焊接残余应力。

（5）焊前预热、焊后缓冷。焊前将工件预热到 150～350℃后进行焊接，可使焊缝与周围金属的温差减小，焊后又能均匀地缓慢冷却，有效减小焊接残余应力，同时也能减小焊接变形。

（6）焊后进行去应力退火。将焊件缓慢加热到 550～650℃左右，保温一定时间，再随炉冷却，利用材料在高温时屈服强度下降和发生蠕变现象可消除 80%左右的残余应力。

4. 防止和消除焊接变形的措施

(1) 设计合理的焊接结构，焊缝不要密集交叉，截面和尺寸尽可能小，也是减小焊接变形的有力措施。

(2) 反变形法，即焊前正确判断焊接变形的大小和方向，在组装时让工件反向变形，以此补正焊接变形，如图 11.11 所示。

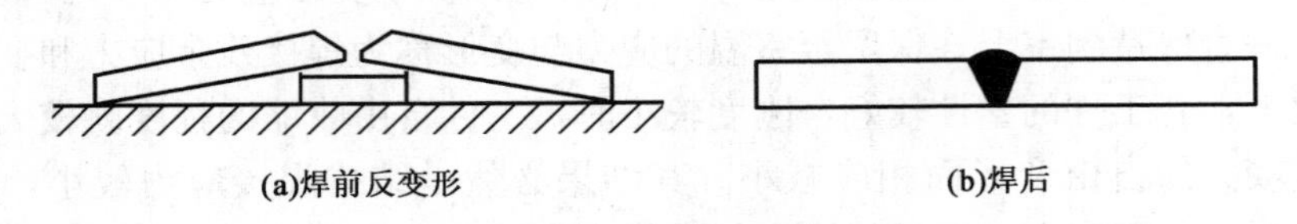

图 11.11 钢板对接反变形

(3) 刚度固定法，即采用强制手段，如用夹具或点焊固定等，来约束焊接变形，但会形成较大的焊接应力，且焊后去除约束后，焊件会出现少量回弹，如图 11.12 所示。

(4) 采用合理的焊接规范。焊接变形一般随焊接电流的增大而增大，随焊接速度的增加而减小。因此，可通过调整焊接规范来减小变形。

(5) 选用合理的焊接顺序，如对称焊，如图 11.13 所示。焊接时使对称于截面中轴的两侧焊缝的收缩能够互相抵消或减弱，以减小焊接变形。

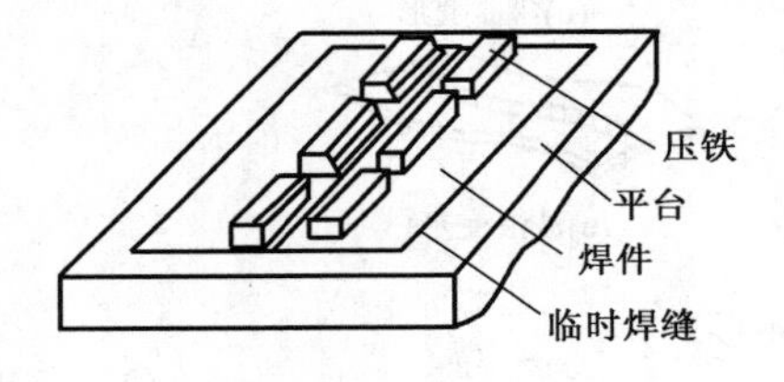

图 11.12 用夹具防止变形

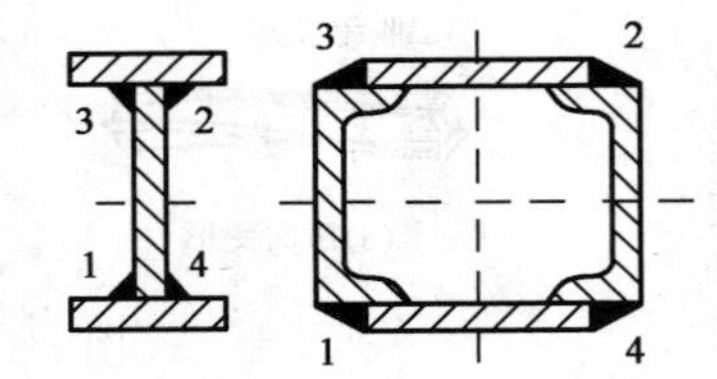

图 11.13 对称焊接方法

(6) 机械或火焰矫正法，即焊接结构产生新的变形以抵消原有焊接变形，如图 11.14、图 11.15 所示。机械矫正法是依靠新的塑性变形来矫正焊接变形，适用于塑性好的低碳钢和低合金钢。火焰矫正法是依靠新的收缩来矫正原有的焊接变形，此法仅适用于塑性好，且无淬硬倾向的材料。

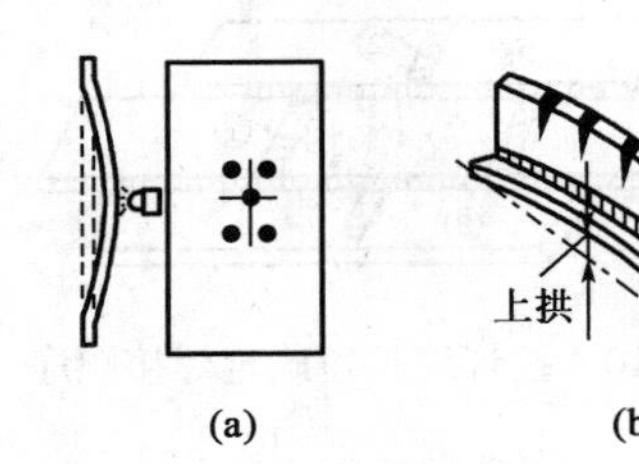

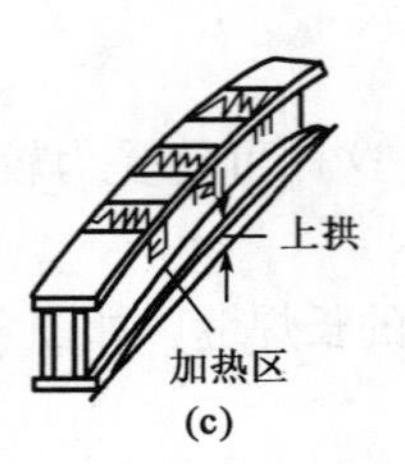

图 11.14 火焰矫正法

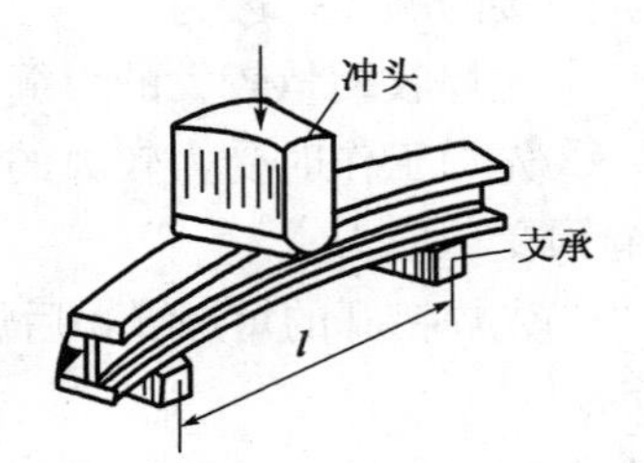

图 11.15 机械矫正法

11.1.5 焊条

焊条由焊芯和药皮两部分组成。

1. 焊芯

焊芯是由经过特殊冶炼的专用金属丝（焊丝）切制而成的。焊接时，其作用有两个方面：一是导电，产生电弧；二是作为填充金属熔化进入熔池，用来形成焊缝和调整焊缝成分。

焊芯材料有低碳钢，不锈钢，有色金属等，化学成分要求较严。制造焊芯的焊丝材料牌号，要加“H（焊）”字，如H08、H30CrMnSi、H1Cr18Ni9Ti等。常用焊丝主要化学成分见表11.1。常用焊芯直径为1.6～6mm，长度为300～450mm。

表11.1　常用焊芯的主要化学成分（质量分数）

焊丝牌号	化学成分，%						
	C	Mn	Si	Cr	Ni	S	P
H08	≤0.10	0.30～0.55	≤0.03	≤0.20	≤0.30	≤0.040	≤0.040
H08A	≤0.10	0.30～0.55	≤0.03	≤0.20	≤0.30	≤0.030	≤0.030
H08E	≤0.10	0.30～0.55	≤0.03	≤0.20	≤0.30	≤0.020	≤0.020
H08Mn2SiA	≤0.11	1.80～2.10	0.65～0.95	≤0.20	≤0.30	≤0.030	≤0.030
H10Mn2	≤0.12	1.50～1.90	≤0.07	≤0.20	≤0.30	≤0.040	≤0.040
H08CrMoA	≤0.10	0.40～0.70	0.15～0.35	0.80～1.10	≤0.30	≤0.030	≤0.030
H0Cr20Ni10Ti	≤0.06	1.00～2.50	≤0.60	18.50～20.50	9.00～12.50	≤0.020	≤0.030
H00Cr21Ni10	≤0.03	1.00～2.50	≤0.60	19.50～22.00	9.00～11.00	≤0.020	≤0.030

2. 药皮

药皮的主要作用：

（1）使焊条具有良好的焊接工艺性。

通过往药皮中加入某些成分（碳酸钾、碳酸钠、长石、钛白粉等），可使电弧燃烧稳定、飞溅小、易脱渣、成型美观并适用于各种空间位置的焊接。

（2）保护作用。

利用药皮熔化形成的熔渣和一些气体形成气—渣联合保护，隔绝空气，保护焊接区。

（3）冶金作用。

通过药皮的冶金作用，如脱氧、脱磷等，可最大限度地去除有害杂质，并可渗入需要的合金成分，补偿烧损的合金元素，提高焊缝的力学性能，并增加抗裂纹能力。

3. 焊条的种类及牌号

1）焊条的种类

（1）按药皮熔渣性质的不同，焊条可分为酸性和碱性焊条两类。

酸性焊条熔渣中含有较多的SiO_2、FeO、TiO_2等，氧化性较强。焊接时，合金元素烧损较多，焊缝易吸氢，使焊缝的塑性和冲击韧性降低，但对铁锈、油污和水分不敏感，不易产生气孔，适于一般低碳钢和普通低合金钢的焊接。

碱性焊条的药皮中含有较多的大理石和萤石，并有较多的铁合金。药皮具有足够的脱氧能力，焊缝金属合金化效果较好，一般情况下，只能用直流电源进行焊接。焊接时，生成的碱性渣和CO_2气体保护作用好，含氢量很低，有脱硫作用，焊缝的抗裂性好，特别是冲击韧性较高。但是，碱性焊条对铁锈，油污和水分很敏感，易产生气孔，要求焊前进行严格清理。碱性焊条多用于重要的合金钢焊接。

（2）按用途不同，焊条可分为结构钢焊条、钼和铬钼耐热钢焊条、不锈钢焊条、堆焊焊条、低温钢焊条、铸铁焊条、镍及镍合金焊条、铜及铜合金焊条、铝及铝合金焊条、特殊用途焊条等10类，分别适用于焊接不同的金属。

2）焊条的编号方法

（1）型号表示法。

型号表示法是国家标准中规定的焊条代号，其形式为E××××。其中碳钢焊条型号各部分含义用如下形式表示：

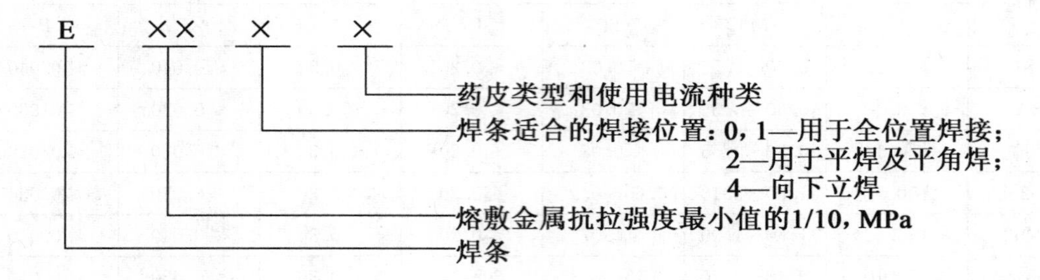

（2）牌号表示法。

焊条牌号是焊条行业中统一的代号。牌号一般由一个大写字母和三位数字组成，字母代表焊条的大类，前两位数字表示焊缝金属的抗拉强度等级（MPa），最后一位数字表示药皮类型和电流种类。例如，J507焊条中，J表示结构钢焊条，50表示焊缝抗拉强度不低于490MPa，7表示低氢型药皮和直流。

通常，焊条的型号和牌号是对应的，如E4303对应J422、E5015对应J507等，因牌号较为简明，生产中常用牌号。

4. 焊条的选用

焊条的种类繁多，特点及适用范围各异，选择焊条时，应根据焊件金属的性能和成分、工作条件、焊件结构、焊缝位置、现场设备和工艺条件、生产率和经济性等进行综合考虑。

11.2 常用焊接方法

11.2.1 熔化焊

1. 手工电弧焊

利用电弧作为热源的熔焊方法，称为电弧焊。手工电弧焊是利用电弧热局部熔化焊件，并用手工操纵焊条进行焊接的电弧焊方法，是目前应用较为广泛的焊接方法之一。焊接时，焊条与工件之间产生电弧，电弧高温将焊件与焊条局部熔化形成熔池，如图11.16所示，然后迅速冷却，凝固形成焊缝，使分离的焊件牢固地连接成整体。

手工电弧焊的最大优点是设备简单，应用灵活、方便，适用范围广，可焊接各种焊接位置（图11.17）和直缝、环缝及各种曲线焊缝。尤其适用于操作不便的场合和短焊缝的焊接。但对操作人员的技能要求较高，生产率低，工作环境差，劳动强度大，不适宜焊接钛等活泼金属、难熔金属及低熔点金属。

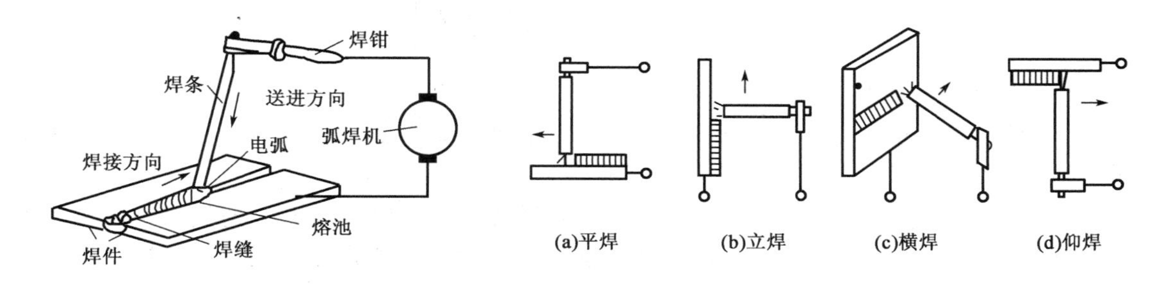

图 11.16　手工电弧过程示意图　　　　图 11.17　手弧焊可焊的空间位置

2. 气体保护焊

用外加气体作为电弧介质来保护电弧区和焊接区的弧焊方法，称为气体保护焊。保护气体通常有二氧化碳（CO_2）和氩气两种。

1）CO_2 气体保护焊

CO_2 气体保护焊是以 CO_2 作为保护气体的电弧焊方法。它用焊丝作电极，靠焊丝和焊件之间产生的电弧来熔化母材金属与焊丝，以自动或半自动方式进行焊接，分为自动焊和半自动焊两种，如图 11.18 所示。

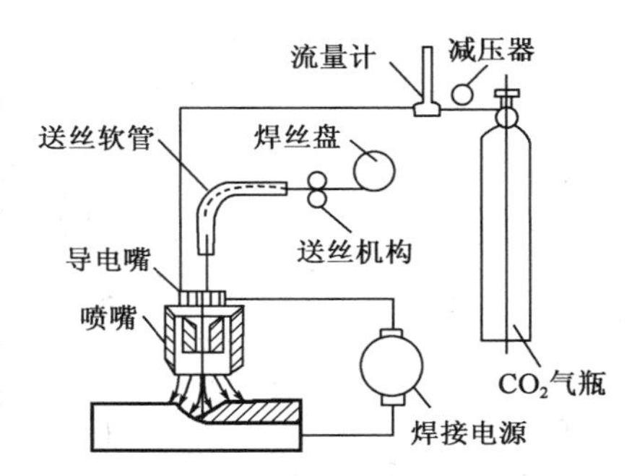

图 11.18　CO_2 气体保护焊示意图

（1）焊接过程及特点。

CO_2 气体保护焊时，焊丝由送丝机构通过软管经导电嘴自动送进，CO_2 气体以一定流量从喷嘴中喷出。电弧引燃后，焊丝末端、电弧及熔池被 CO_2 气体所包围，可防止空气对高温金属的有害作用。CO_2 保护焊具有以下特点：

①生产率高。其焊丝自动送进，电流密度大，电弧热量集中，故焊接速度高，且焊后无熔渣，节省清渣时间，比手工电弧焊快 1～4 倍。

②焊接质量好。由于 CO_2 气体的保护，焊缝含氢量低，且焊丝中锰含量较高，脱硫效果明显。另外，由于电弧在压缩气流下燃烧，热量集中，热影响区较小，焊接接头抗裂性好。

③操作性能好。CO_2 保护焊是明弧焊，易发现焊接问题并及时处理，且适用于各种位置的焊接，操作灵活。

④成本低。CO_2 气体价格低廉，且焊丝是盘状光焊丝，成本仅为埋弧焊和手工电弧焊的 40%左右。

但 CO_2 在高温下易分解为 CO 和 O，氧原子使 Fe 和合金元素烧损，生成 FeO 等。FeO 进入熔池与熔滴，与熔池和熔滴中的碳发生反应，生成的 CO 在熔池中因不易析出而形成气孔，熔滴内则因 CO 气体体积急剧膨胀而爆破导致飞溅。

（2）CO_2 气体保护焊的应用。

CO_2 气体保护焊适用于低碳钢和强度级别不高的低合金结构钢材料，主要是薄板焊接，目前广泛应用于造船、机车车辆、汽车制造、农业机械等行业。

2）氩弧焊

氩弧焊是用氩气作保护气体的一种电弧焊方法。氩气是惰性气体，它不溶于液态金属，不会产生气孔；也不与金属发生化学反应，不会产生氧化和烧伤，因此可获得高质量的焊缝。

（1）氩弧焊的类型。

根据所用电极的不同，氩弧焊可分为熔化极氩弧焊和非熔化极氩弧焊（亦称钨极氩弧焊）两种。

①非熔化极氩弧焊（钨极氩弧焊）。以高熔点的钨合金作电极，焊接时钨极不熔化。焊丝从钨极的前方送入熔池，如图 11.19（a）所示。钨极氩弧焊通常采用直流正接（工件接正极），否则易烧损钨极。焊铝材时，可采用交流氩弧焊，其负半周期可破碎氧化膜。

②熔化极氩弧焊。以连续送进的焊丝作为电极，熔化后焊丝熔滴喷射进入熔池，作为填充金属，如图 11.19（b）所示。焊接中所用电流较大，生产率较高，常用于焊接厚板工件，如 8mm 以上的铝容器。为使电弧稳定，熔化极氩弧焊采用直流反接（工件接负极），这对于焊铝有良好的“阴极破坏”作用。

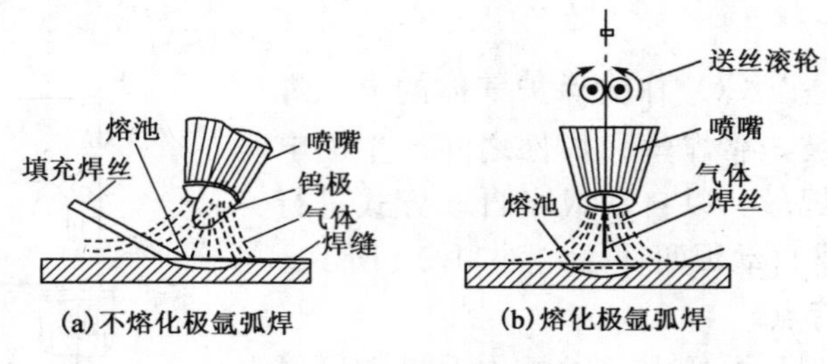

图 11.19　氩弧焊示意图

（2）氩弧焊的特点。

①机械保护效果好，焊缝金属纯净，焊缝成型美观，焊接质量优良。电弧稳定，特别在小电流时亦很稳定。熔池温度容易控制，可实现单面焊双面成型。

②明弧焊接，易于观察，可全位置施焊。焊后无渣，便于机械自动化。

③焊接热影响区和变形小。因氩气对电弧的冷却收缩作用，电弧热量集中。

④氩气昂贵，设备造价高，且氩气无脱氧去氢作用，焊前清理要求严格。

氩弧焊适用于易氧化的有色金属及合金钢等材料的焊接，如铝、钛及其合金、耐热钢、不锈钢等。

3. 埋弧自动焊

埋弧自动焊，又简称埋弧焊，是在焊剂层下产生电弧的焊接方法。常用颗粒状的焊剂代替焊条药皮，用自动连续送进的焊丝代替焊芯，由自动焊机取代人工操作。因其引弧、送丝、电弧的前移等过程全部由机械来完成，故生产率、焊接质量均得以提高。

1）埋弧自动焊的焊接过程及特点

埋弧焊焊接过程如图 11.20 所示。焊接时，先在焊接接头上面覆盖一层粒状焊剂，厚约 40～60mm，自动焊机将连续的盘状焊丝自动送入电弧区，并保证一定的弧长，使焊丝、焊件接头和部分焊剂熔化，形成熔池和熔渣，并发生冶金反应。同时少量焊剂和金属蒸发形成气体，具有一定压力的气体将电弧周围的熔渣排开，形成一个封闭的熔渣泡。

熔渣泡具有一定的黏度，能承受一定压力。于是，被熔渣包围的熔池金属与空气隔离，同时也防止了金属的飞溅，这样既减少了热量损失，又阻止了弧光四射。随着自动焊机向前移动，熔池不断前移，电弧前方金属和焊剂加热熔化，熔池后部则随即冷却凝固成焊缝，表面的熔渣凝固成渣壳。

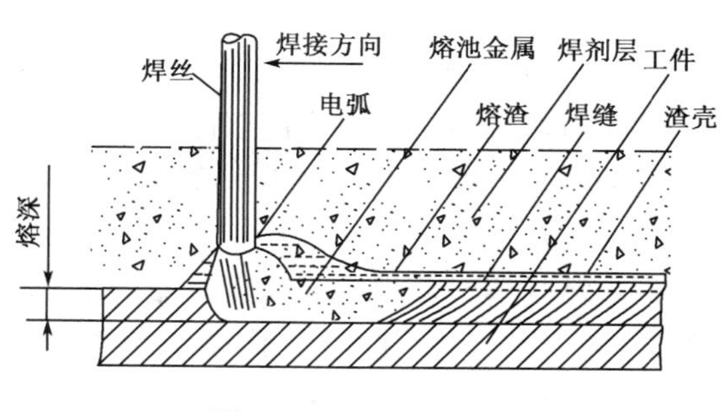

图 11.20　埋弧自动焊

与手工电弧焊相比，埋弧自动焊有以下优点：

（1）生产率高。

埋弧焊电流常达 1000A 以上，比手工电弧焊高 6～8 倍，因而熔深大，对于 20～25mm 以下的工件可以不开坡口施焊。同时，由于不需更换焊丝，节省了时间，其生产率比手工电弧焊高 5～10 倍。

（2）焊接质量高且稳定。

焊接过程自动进行，工艺参数稳定，熔池保持液态时间较长，冶金过程较为充分，气体、熔渣易于浮出，焊缝金属化学成分均匀。同时，由于焊剂充足，电弧区保护严密，因此，焊缝成型美观，质量好且稳定。

（3）节省金属材料，生产成本低。

埋弧焊工件可不开或少开坡口，节省因开坡口而消耗的金属材料和焊接材料，同时由于没有手工电弧焊时的焊条料头损失，熔滴飞溅少，故生产成本低。

（4）劳动条件好。

埋弧焊实现了机械化和自动化，使焊工的劳动强度大大降低，且由于电弧埋于焊剂之下，因此看不到弧光且焊接烟雾少，劳动条件得以改善。

2）埋弧自动焊的焊接材料

焊丝与焊剂是埋弧焊的焊接材料。焊丝的作用相当于焊芯，焊剂的作用相当于焊条药皮。它们共同决定着焊缝金属的化学成分和性能，应合理选用。常见焊剂的使用范围及配用焊丝见表 11.2。

表 11.2　国产焊剂使用范围及配用焊丝

牌　　号	焊剂类型	配用焊丝	使用范围
HJ130	无锰高硅低氟	H10Mn2	低碳钢及普通低合金钢如 16Mn 等
HJ230	低锰高硅低氟	H08MnA、H10Mn2	低碳钢及普通低合金钢
HJ250	低锰中硅中氟	H08MnM、H08Mn2MoA	焊接 15MnV、14MnMoV、18MnMoNb 等
HJ260	低锰高硅中氟	Cr19Ni9	焊接不锈钢
HJ330	中锰高硅低氟	H08MnA、H08Mn2	重要低碳钢及低合金钢，如 15g、20g、16Mng 等
HJ350	中锰中硅中氟	H08MnMoA、H08MnSi	焊接含 MnMo、MnSi 的低合金高强度钢
HJ431	高锰高硅低氟	H08A、H08MnA	低碳钢及普通低合金钢

3）埋弧自动焊工艺

（1）焊前准备。

埋弧焊的焊接电流大，熔深大，因此，板厚在 20～25mm 以下的工件可不开坡口。但实际生产中，为保证工件焊透，通常板厚为 14～22mm 时，应开 Y 形坡口；板厚为 22～50mm 时，可开双 Y 形或 U 形坡口，Y 形和双 Y 形坡口的角度为 50°～60°。焊缝间隙应均匀。焊直缝时，应安装引弧板和熄弧板，防止起弧和熄弧时产生气孔、夹杂、缩孔、缩松等缺陷。

(2) 平板对接焊。

平板对接焊时，一般采用双面焊，可不留间隙直接进行双面焊接，也可采用打底焊或垫板。为提高生产率，也可采用水冷的成型铜垫板进行单面焊双面成型。

(3) 环焊缝。

焊接环焊缝时，焊丝起弧点应与环的中心线偏离一定距离 e，以防止熔池金属的流淌，一般 $e=20\sim40$mm。直径小于 250mm 的环缝一般不采用埋弧焊。

4) 埋弧自动焊的应用

埋弧焊用于碳钢、低合金结构钢、不锈钢、耐热钢等材料，主要用于压力容器的环缝焊和直缝焊、锅炉冷却壁的长直焊缝，以及船舶和潜艇壳体、起重机械、冶金机械的焊接。

4. 电渣焊

电渣焊是一种利用电流通过熔渣时产生的电阻热加热熔化焊丝和母材来进行焊接的熔焊方法。

1) 电渣焊焊接过程

电渣焊的焊接过程如图 11.21 所示。两焊件垂直放置（呈立焊缝），相距 20～40mm，两侧装有水冷铜滑块，底部加装引弧板，顶部加装引出板。当开始焊接时，焊丝与引弧板短路引弧。电弧将不断加入的焊剂熔化为熔渣，并形成渣池，当渣池达到一定厚度时，将焊丝迅速插入其内，电弧熄灭，电弧过程转为电渣过程，依靠渣池电阻热使焊丝和焊件熔化形成熔池，并保持在 1700～2000℃。随着焊丝的不断送进，熔池逐渐上升，冷却块上移，同时熔池底部被水冷铜滑块强迫凝固成焊缝。渣池始终浮于熔池上方，即产生热量又保护熔池，此过程一直延续到接头顶部。根据工件厚度不同，焊丝可采用单丝或多丝。

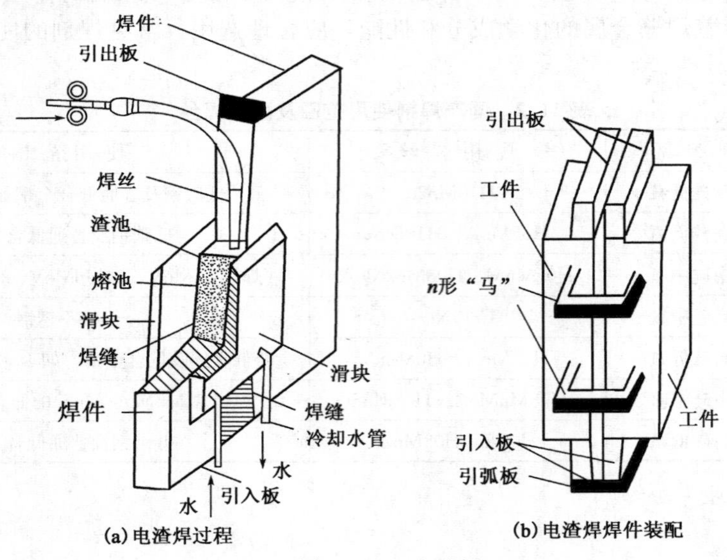

图 11.21 电渣焊

2) 电渣焊焊接特点及应用

(1) 大厚度工件可一次焊成。单丝可焊厚度为 40～60mm；单丝摆动可焊厚度 60～150mm；而三丝摆动可焊厚度达 450mm。

（2）生产率高，成本低。焊接任何厚度均不需开坡口，仅留 25～35mm 间隙，即可一次焊成。

（3）焊接质量好。由于渣池覆盖在熔池上，保护作用好，且焊缝自下而上结晶，利于熔池中气体和杂质的排出。

（4）电渣焊的不足之处。由于焊接区在高温停留时间较长，热影响区较大，晶粒粗大，易产生过热组织，因此，焊缝力学性能较差。对重要结构件，焊后需正火处理，以改善性能。

电渣焊适用于碳钢、合金钢、不锈钢等材料，主要用于厚壁压力容器、铸—焊、锻—焊、厚板拼焊等大型构件的焊接，焊接厚度一般应大于 40mm。

11.2.2 压力焊

1. 电阻焊

1）电阻焊特点及应用

（1）加热迅速且温度较低，焊件热影响区及变形小，易获得优质接头；

（2）不需外加填充金属和焊剂；

（3）无弧光，噪声小，烟尘、有害气体少，劳动条件好；

（4）电阻焊件结构简单、质量轻，气密性好，易于获得形状复杂的零件；

（5）易实现机械化、自动化，生产率高。

但因影响电阻大小的因素都可使热量波动，故接头质量不稳定，在一定程度上限制了电阻焊在某些重要构件上的应用。此外，电阻焊耗电量较大，焊机复杂，造价较高。

点焊适用于低碳钢、不锈钢、铜合金、铝镁合金等，主要用于板厚 4mm 以下的薄板冲压结构及钢筋的焊接。缝焊主要用于板厚 3mm 以下、焊缝规则的密封结构的焊接，如油箱、消音器、自行车大梁等。对焊主要用于制造密闭形零件（如自行车圈、锚链）、轧制材料接长（如钢管、钢轨的接长）、异种材料制造（如高速钢与中碳钢对焊成的铰刀、铣刀、钻头等）。

电阻焊属压力焊，它是对组合焊件经电极加压，利用电流通过焊接接头的接触面及邻近区域产生的电阻热来进行焊接的方法。

电阻焊根据接头形式常分为点焊、缝焊和对焊。

2）点焊

点焊是将焊件装配成搭接接头后（图 11.22），压紧在两柱状电极间，然后通电，利用电阻热局部熔化母材，形成焊点的电阻焊方法，如图 11.23 所示。

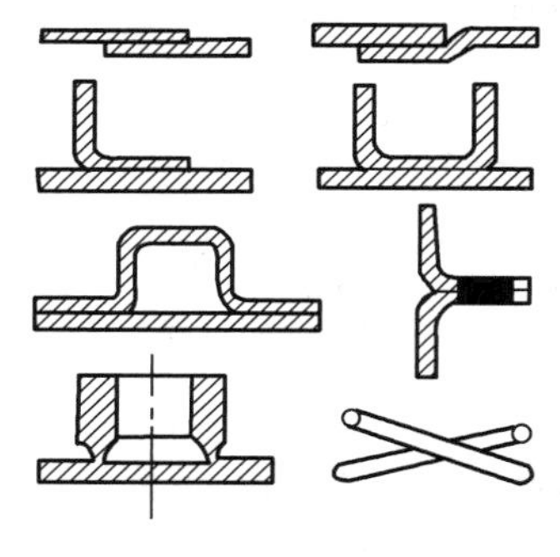

图 11.22　点焊接头形式

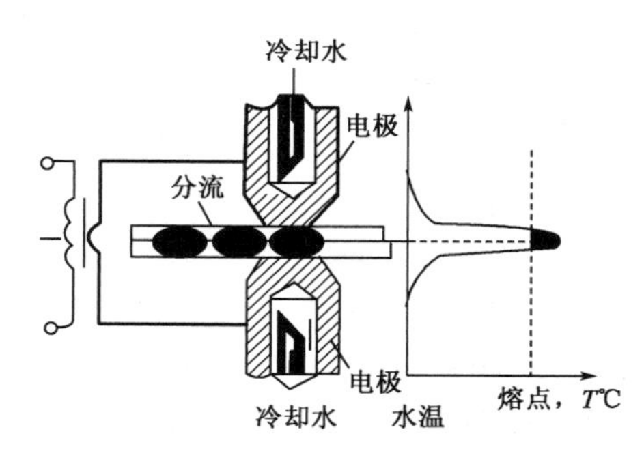

图 11.23　点焊示意图

点焊时，先加压使两焊件紧密接触，然后通电加热。由于焊件接触处电阻较大，热量集中，使该处的温度迅速升高，金属熔化，形成一定尺寸的熔核。当切断电流、去除压力时，两焊件接触处的熔核凝固而形成组织致密的焊点。电极与焊件接触处所产生的热量因被导热性好的铜（或铜合金）电极与冷却水传走，故电极和焊件接触处不会焊合。

大面积冲压件（如汽车覆盖件）常采用多点焊，以提高生产效率。多点点焊机可以有1～100对电极，相应的同时完成2～200个焊点。多点点焊机可以是全部电极同时压下，同时进行焊接。这样，焊接变形最小。更多情况下是电极依次放下，分批点焊，以缩小设备容量。

点焊的主要工艺参数是压力、焊接电流和通电时间。电极压力过大，接触电阻下降，热量减少，造成焊点强度不足；电极压力过小，则焊件间接触不良，热源不稳定，甚至出现飞溅、烧穿等缺陷。焊接电流不足，则热量不足，熔深过小，甚至未熔化；电流过大，熔深过大，并有飞溅，还能引起烧穿。通电时间对点焊质量的影响与电流对点焊质量的影响相似。

点焊前，需严格清理焊件表面的氧化膜、油污等，避免焊件接触电阻过大而影响点焊质量和电极寿命。此外，点焊时有部分电流流经已焊好的焊点，使焊接处电流减小，出现分流现象。为减少分流现象，点焊间距不应过小。

3）缝焊

缝焊是连续的点焊过程，它是用连续转动的盘状电极代替了柱状电极，焊后获得相互重叠的连续焊缝，如图11.24所示。其盘状电极不仅对焊件加压导电，同时依靠自身的旋转带动焊件前移，完成缝焊。缝焊时的分流现象较严重，焊相同板厚工件时，焊接电流约为点焊的1.5～2倍。

4）对焊

对焊是利用电阻热是两个工件在整个接触面上焊接起来的一种电阻焊方法，如图11.25所示。根据焊接工艺过程不同，对焊又分为电阻对焊和闪光对焊。

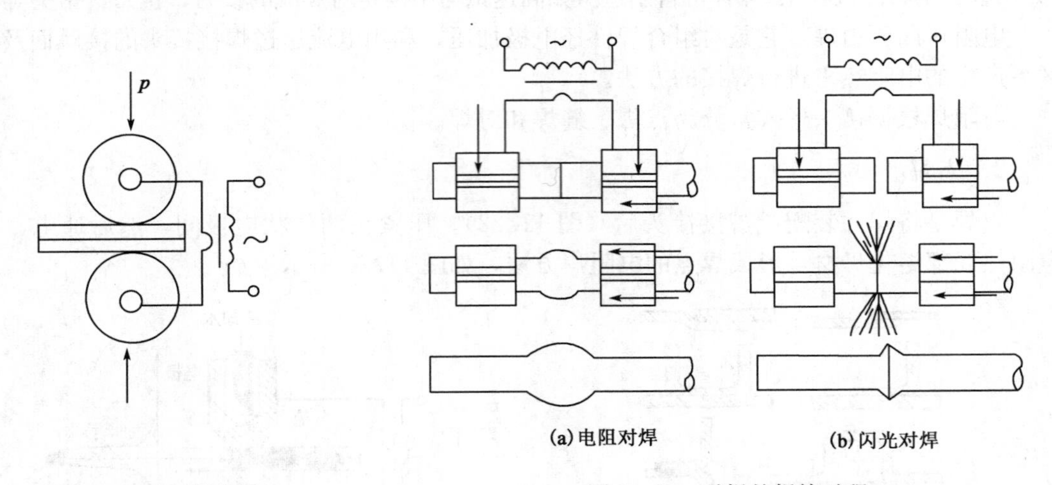

图11.24　电阻缝焊　　　　图11.25　对焊的焊接过程

（1）电阻对焊。

电阻对焊如图11.25（a）所示。焊前要求将焊件接触表面清理的平整光洁。焊接时将工件夹紧在对焊机的钳口上，加压力使两工件紧密接触，然后通电加热，使焊件接触处迅速加热到塑性状态，再施加较大的顶锻压力，同时断电，使焊件接触处产生一定的塑性变形而形成焊接接头。

电阻对焊操作简便，接头外形光滑。但焊前对焊件表面清理工作要求较严，否则，在接触面上易造成加热不均匀和氧化夹杂，影响焊接质量。所以电阻对焊一般用于焊接断面简单、直径或边长小于 20mm 和强度要求不高的工件。

（2）闪光对焊。

闪光对焊如图 11.25（b）所示，将工件夹紧在对焊机的钳口上，接通焊接电源，移动活动钳口使工件断面互相接触，由于工件表面不平，只是一些点接触，强电流在这些点接触上通过，使这些点迅速熔化，在电磁力作用下，液体金属温度迅速升高、汽化而发生爆破，并以火花形式从两工件接触端面处飞出，形成闪光现象。继续向前移动工件，闪光过程一直继续到工件端面全面熔化时，对工件迅速施加较大的顶锻压力并切断电源，工件在压力作用下被焊接在一起。

闪光过程中两工件接触处内部气压大于外部气压，防止了空气的侵入；另外，工件端面上的氧化物和杂质，一部分随闪光火花带出，一部分在加压时随液体金属被挤出。所以闪光对接焊接头夹杂少，接头质量高，常用于重要工件的焊接，例如刀具、钢筋、管子、锚链、钢轨、发动机的排气阀等。

为了保证好的焊接质量，焊接的接触端面在焊接工程中要加热均匀，所以要求两个焊接工件接触面得形状和尺寸应形同或者相近。

2. 摩擦焊

摩擦焊是利用两工件接触端面摩擦产生的热量作为焊接热源，将工件结合处加热到热塑性状态，然后在压力作用下使金属原子产生结合的一种焊接方法。

摩擦焊过程是将工件夹在焊机上，加一定压力使两工件紧密接触，然后使其中一个工件高速旋转（图 11.26），工件端面相对摩擦产生热量，待工件结合处加热到塑性状态时紧急刹车，使工件停止转动，同时施加更大的压力，使焊件产生塑性变形而连接成一体。

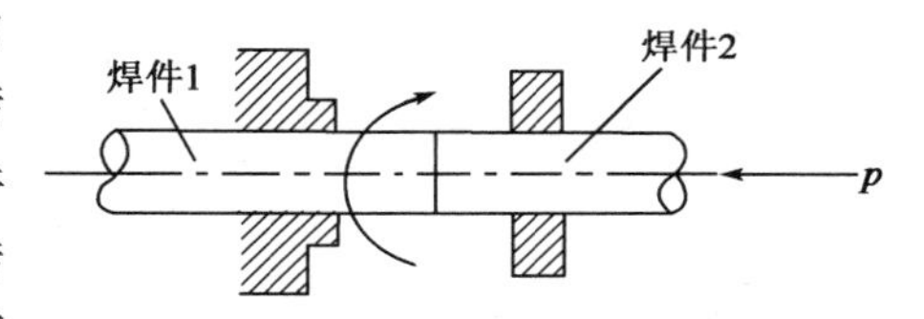

图 11.26　摩擦焊示意图

摩擦焊过程中由于工件接触表面强烈摩擦，使工件接触面氧化膜及杂质破碎，并在压力作用下被挤出焊缝之外，因此焊接接头质量好而稳定。

摩擦焊接头的两工件一般是等断面的，特殊情况下也可以是不等断面的，但必须有一个工件是圆形断面或者管型端面。

摩擦焊的优点是：焊机功率小、耗电省，耗电量仅为闪光对焊的 1/10～1/15；生产率高；不仅可以焊同种金属，也可以焊接异种金属。缺点是焊接接头的断面受到限制。

11.2.3　钎焊

钎焊是采用熔点比焊件母材低的金属材料做钎料，将焊件和钎料加热到高于钎料熔点并低于母材熔点的温度，利用液态钎料润湿母材，填充接头间隙并与母材相互扩散，冷却凝固后实现连接的焊接方法。

钎焊属于物理连接，亦称钎接。改善钎料的润湿性，可保证钎料和焊件不被氧化。

1. 钎焊的种类

根据钎料熔点的不同，钎焊可分为软钎焊和硬钎焊。

1）软钎焊

钎料熔点低于450℃的钎焊称为软钎焊。常用的软钎料是锡铅合金及锌锡合金，所以也称为锡焊。锡焊钎料具有良好的导电性。软钎焊的钎剂主要有松香、氯化锌等。软钎焊由于所使用的钎料熔点低，渗入接头间隙的能力较强，具有较好的焊接工艺性。但软钎焊接头强度低（一般为60～190MPa），工作温度低于100℃，适用于受力不大、工作温度不高的工件。

2）硬钎焊

钎料熔点高于450℃的钎焊称为硬钎焊。常用的硬钎料是铝基、银基、铜基合金，钎剂主要有硼砂、硼酸、氟化物、氯化物等。硬钎焊接头强度较高（均在200MPa以上），工作温度也较高，主要适用于机械零部件的连接。

3）钎焊接头及加热方式

钎焊接头形式有板料搭接、套件镶接等，如图11.27所示。这些接头都有较大的钎接面，可保证接头有良好的承载能力。

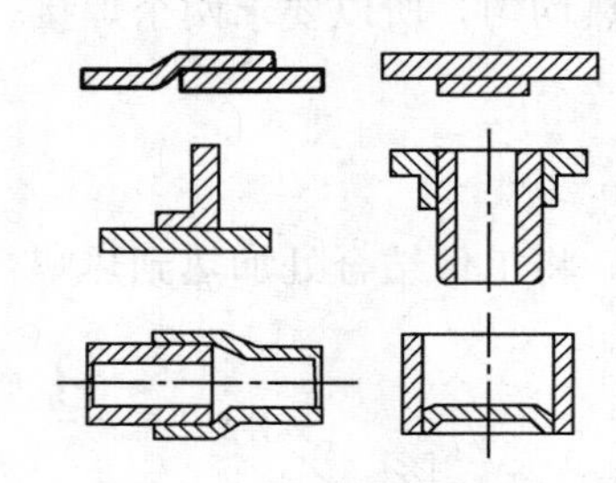

图11.27　钎焊接头型式

钎焊的加热方式有很多种，主要有火焰加热、电阻加热、感应加热、炉内加热、盐浴加热及烙铁加热等，可依据钎料种类、工件形状与尺寸、接头数量、质量要求及生产批量等选择适合的加热方式。其中烙铁加热温度较低，一般只适用于软钎焊。

2. 钎焊的特点及应用

(1) 钎焊要求工件加热温度较低，接头组织、性能变化小，焊件变形小，接头光滑平整，工件尺寸精确。

(2) 钎焊可焊接异种金属和材料，工件厚度也不受限制。

(3) 生产率高。对焊件整体加热钎焊时，可同时钎焊有多条（甚至上千条）焊缝的复杂构件。

(4) 钎焊设备简单，生产投资费用少。钎焊主要用于焊接精密、微型、复杂、多焊缝、异种材料的焊件。目前，软钎焊广泛用于电子、电器仪表等部门；硬钎焊则多用于制造硬质合金刀具、钻探钻头、换热器等。

11.2.4　现代焊接成型技术

1. 电子束焊

电子束焊是利用加速和聚焦的电子束撞击工件表面，动能转化为热能，熔化金属、冷却结晶后形成焊缝的一种焊接方法。

电子束焊接技术起源于德国，1948年前西德物理学家K.H.Steigerwald首次提出用电子束焊接的设想。1957年11月，在法国巴黎召开的国际原子能燃料元件技术大会上公布了该技术，电子束焊接被确认为一种新的焊接方法。1958年开始，美国、英国、日本及前苏联开始进行电子束焊接方面的研究。20 世纪 60 年代，我国开始从事电子束焊接研究。

电子束焊接是一种高能量密度的熔化焊方法。电子束焊示意图如图 11.28 所示。它是利用空间定向高速运动的电子束，撞击工件后将动能转换为热能，从而使被焊工件熔化，形成焊缝。

电子束焊具有以下优点：功率密度高，焊缝深宽比大（可达到 60：1），焊接速度快，HAZ 小，变形小，焊缝纯度高，适用性强，其参数可调范围大，可单独调节；可焊金属、非金属等材料。但电子束焊接需要高真空环境以防止电子散射，设备昂贵，焊接装备要求高，焊件尺寸受限，易受杂散电磁场的干扰，焊接时会产生 X 射线，需要进行防护。

2. 激光焊

激光焊是利用高能量密度的激光束作为热源的一种高效精密焊接方法。激光焊作为现代高新科技的产物，同时又是现代工业发展必不可少的手段。以激光束为代表的高能束流焊接方法，日益得到广泛应用。激光焊接因具有高能量密度、可聚焦、深穿透、高效率、高精度、适应性强等优点而受到各发达国家的重视，并已应用于航空航天、汽车制造、电子轻工等领域。

激光焊接原理示意图如图 11.29 所示。激光焊接具有焊接速度快、能量密度高、灵活性大，可精确控制，穿透能力强，焊缝的深宽比大，热输入量低，焊接变形小，可在大气中焊接等优点，不需要真空环境或气体保护。激光焊属于非接触焊接，整个焊接过程速度很快，焊接热影响区和焊接变形小，特别适合于精密结构件和热敏感器件的焊接。可以借助偏转棱或通过光导纤维引导到难以接近的部位进行焊接；也可以通过透明料底壁进行焊接；可以对绝缘导体直接焊接，而不必清除绝缘层。

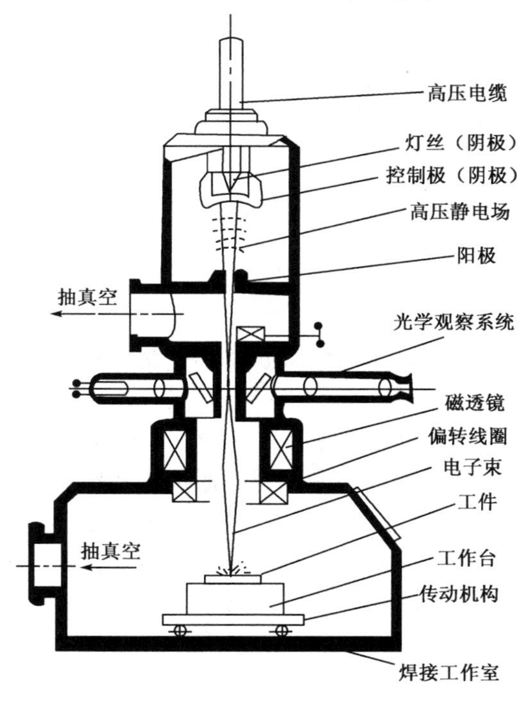

图 11.28　电子束焊示意图

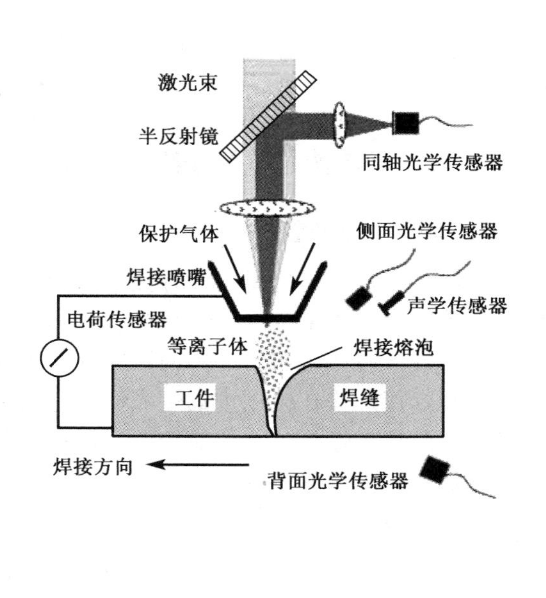

图 11.29　激光焊接原理示意图

3. 扩散焊

扩散焊，又称扩散连接，是把两个或两个以上的固相材料（或包括中间层材料）紧压在一起，置于真空或保护气氛中加热至母材熔点以下温度，对其施加压力使连接界面微观塑性变形达到紧密接触，再经保温、原子相互扩散而形成牢固的冶金结合的一种连接方法。

扩散焊是一种固相焊接连接方法，适用于航空、航天等高技术领域和新材料的连接需要而迅速发展起来的一种精密连接方法。如陶瓷、金属间化合物、非晶和单晶合金材料等一些特殊材料，用传统的熔焊方法难以实现可靠连接；一些高性能构件往往需要与性能差异较大的异种材料连接，例如金属与陶瓷、铝与钢、钛与钢、金属与玻璃等的连接。

扩散焊与熔焊、钎焊方法相比，在某些方面具有明显的优点，主要表现在以下几个方面：

（1）可以进行内部及多点、大端面构件的连接，电弧可达性不好或用熔焊方法不能实现的连接；

（2）组织性能与母材相近，不存在具有过热组织的热影响区；

（3）焊接参数易于精确控制，在批量生产时接头质量和性能稳定变形小；

（4）高精密的连接方法，所连接的焊件精度高、变形小；

（5）可以连接用熔焊和其他方法难以连接的材料（适于塑性差、熔点高或异种材料的焊接）。

但扩散焊也具有一些缺点：

（1）零件被连接表面的制备和装配质量要求高；

（2）加热时间长，有时会产生晶粒长大等副作用；

（3）生产设备一次性投资较大；

（4）被连接焊件的尺寸受限；

（5）无法进行连续式批量生产。

11.3 常用材料的焊接

11.3.1 材料的焊接性及评价方法

1. 焊接性的概念

材料的焊接性是指材料对焊接加工的适应性，主要是指在一定的焊接工艺条件下，获得优质焊接接头的难易程度。焊接性包括两个方面内容：

（1）焊接时产生缺陷的倾向，尤其是出现各种裂纹的可能性。

（2）焊接接头在使用中的可靠性，包括接头的力学性能，以及耐热、耐蚀等特殊性能。

材料的焊接性是一个相对概念。同一种材料采用不同的焊接方法，其焊接性能也不同。例如，焊铸铁时用普通焊条，焊接质量就很难保证，但采用镍基铸铁焊条，则质量较好；焊接铝及铝合金、钛及钛合金时，用手弧焊和气焊，难以获得优质焊接接头，但采用氩弧焊，则容易达到质量要求。

2. 钢材焊接性的评价方法

实际焊接结构所用的材料绝大多数是钢材，影响钢材焊接性的主要因素是化学成分。各种化学元素加入钢中以后，对焊缝组织性能、夹杂物的分布，以及对焊接热影响区的淬硬程度等影响不同，产生裂纹的倾向也不同。在各种元素中，碳的影响最明显，其他元素的影响可折合成碳的影响，因此可用碳当量法来估算焊接钢材的焊接性。硫、磷对钢材焊接性能影响也很大，在各种合格钢材中硫、磷都应受到严格限制。

碳当量 C_{eq} 常作为评定钢材焊接性的一种参考指标。用碳当量 C_{eq} 评定钢材焊接性的方法，称为碳当量法。

碳钢及低合金结构钢的碳当量（%）计算公式为：

$$w_{C_{eq}} = w_C + \frac{w_{Mn}}{6} + \frac{w_{Cr} + w_{Mo} + w_V}{5} + \frac{w_{Ni} + w_{Cu}}{15}$$

上式中，w_C、w_{Mn}、w_{Cr}、w_{Mo}、w_V、w_{Ni}、w_{Cu} 分别为 C、Mn、Cr、V、Ni、Cu 元素在钢中的质量分数，且化学元素的含量均取其成分范围的上限。

实践证明，碳当量越大，焊接性越差。

一般当 $w_{C_{eq}} < 0.4\%$ 时，钢材的塑性良好，焊接性优良，钢材热影响区淬硬和冷裂倾向较小，在一般的焊接工艺条件下，焊件不会产生裂缝，但对厚大工件或低温下焊接时应预热。

当 $w_{C_{eq}} = 0.4\% \sim 0.6\%$ 时，钢材塑性下降，焊接性下降，淬硬及冷裂倾向增加，焊前需采用保护性措施，如焊前适当预热，焊后缓慢冷却。

$w_{C_{eq}} > 0.6\%$ 时，钢材塑性较低，淬硬和冷裂倾向严重，焊接性很差，焊前需高温预热，焊接时要求采取减少焊接应力和防止开裂的工艺措施，焊后需要进行适当热处理等。

需要指出的是，利用碳当量法评价钢材焊接性是粗略的，因为钢材的焊接性还受结构刚度、应力条件、环境温度等影响。例如，当钢板厚度增加时，结构刚度增大，焊后残余应力也较大，焊缝中心部位将出现三向拉应力，这时实际允许的碳当量值将降低。因此，在实际工作中确定材料焊接性，除初步估算外，还应根据实际情况进行抗裂实验及焊接接头使用实验，为制定合理工艺规范提供依据。

11.3.2 碳素钢的焊接性

1. 低碳钢

低碳钢碳的质量分数 $w_C < 0.25\%$、$w_{C_{eq}} < 0.4\%$，塑性好，一般没有淬硬倾向，对焊接热过程不敏感，焊接性良好。一般情况下，无需采取特殊的工艺措施，用任何焊接方法均可得到优质接头。但在低温环境施焊或焊接较厚大的结构时，应适当考虑焊前预热（100～150℃）。对壁厚大于 50mm 的工件，焊后应进行正火或去应力退火，以消除残余应力并细化晶粒，提高焊接接头性能。

手工电弧焊时，一般选用 E4303（J422）和 E4315（J427）焊条。埋弧自动焊时，常选用 H08A 或 H08MnA 焊丝配合 HJ431 焊剂。CO_2 气体保护焊时，常选用 H08Mn2SiA 焊丝。

2. 中、高碳钢

中碳钢的 w_C 在 0.25%～0.6%之间。随含碳量增加，淬硬倾向增大，焊接性能有所下降。实际生产中，主要是焊接各种中碳钢的铸件与锻件。

1）热影响区易产生淬硬组织和冷裂纹

中碳钢属淬火钢，热影响区金属被加热超过淬火温度区段时，受工件低温部分的迅速冷却作用，势必出现马氏体等淬硬组织。当焊件刚性较大或工艺不当时，就会在淬火区产生冷裂纹，即焊接接头焊后冷却到相变温度以下或冷却到室温后产生裂纹。

2）焊缝金属产生热裂纹倾向较大

焊接碳钢时，因工件基体材料的含碳量与硫、磷杂质含量远远高于焊芯，基体材料熔化后进入熔池，使焊缝金属含碳量增加，塑性下降，加上硫、磷低熔点杂质存在，焊缝及熔合区在相变前可能因内应力而产生裂纹。

因此，中碳钢常采用手工电弧焊，选用E5015（J507）焊条，焊前应预热（150～400℃）；一般采用细焊条、小电流、开坡口、多层焊，尽量减少母材融入焊缝的数量；焊后应缓慢冷却，防止冷裂纹的产生，必要时进行去应力退火。厚壁件也可采用电渣焊。

高碳钢碳的质量分数 $w_C>0.6\%$，焊接性能更差，需采用更高的预热温度，更严格的工艺措施。高碳钢材通常不用于做焊接结构，主要用来修复损坏的机件。

11.3.3 合金结构钢的焊接性

合金结构钢分为机械制造用合金结构钢和低合金结构钢两大类。

用于机械制造的合金结构钢零件（包括调质钢、渗碳钢），一般都采用轧制或锻造的坯料，焊接结构较少。如需焊接，因其焊接性与中碳钢相似，所以其焊接工艺措施与中碳钢基本相同。

焊接结构中，用得最多的是低合金结构钢，又称普通低合金钢或低合金高强钢。其焊接特点如下。

1. 热影响区的淬硬倾向

低合金结构钢焊接时，热影响区可能产生淬硬组织，淬硬程度与钢材的化学成分和强度级别有关。钢中含碳及合金元素越多，钢材强度级别越高，则焊后热影响区的淬硬倾向越大。如300MPa级的09Mn2、09Mn2Si等钢材的淬硬倾向很小，其焊接性与一般低碳钢基本一样；350MPa级的16Mn钢淬硬倾向也不大，但当含碳量接近允许上限或焊接参数不当时，过热区也完全可能出现马氏体等淬硬组织。强度级别较大的低合金钢，淬硬倾向增加，热影响区容易产生马氏体组织，硬度明显增高，塑性和韧度则下降。

2. 焊接接头的裂纹倾向

随着钢材强度级别的提高，产生冷裂纹的倾向也加剧。影响冷裂纹的因素主要有三个方面：

（1）焊缝及热影响区的含氢量；

（2）热影响区的淬硬程度；

（3）焊接接头的应力大小。

对于热裂纹，由于我国低合金结构钢含碳量低，且大部分含有一定的锰，对脱硫有利，因此产生热裂纹的倾向不大。

根据低合金结构钢的焊接特点，生产中可分别采取以下措施进行焊接。对于强度级别较低的钢材，在常温下焊接时与对待低碳钢基本一样。在低温或在大刚度、大厚度构件上进行小焊脚、短焊缝焊接时，应防止出现淬硬组织，要适当增大焊接电流、减慢焊接速度、选用抗裂性强的低氢型焊条，必要时需采用预热措施。对锅炉、受压容器等重要构件，当厚度大于 20mm 时，焊后必须进行退火处理，以消除应力。对于强度级别高的低合金结构钢件，焊前一般均需预热，焊接时应调整焊接工艺参数，以控制热影响区的冷却速度，焊后还应进行热处理以消除内应力。不能立即热处理时，可先进行除氢处理。即焊后立即将工件加热到 200～350℃，保温 2～6h，以加速氢扩散逸出，防止产生因氢引起的冷裂纹。

11.3.4 不锈钢的焊接性

不锈钢具有良好的耐酸、耐热及耐腐蚀等性能，在生产中应用广泛。

应用最为广泛的奥氏体不锈钢具有良好的焊接性，可采用手弧焊、氩弧焊和埋弧焊进行焊接，焊接时，一般不需要采取特殊的工艺措施。需要指出的是，奥氏体不锈钢焊接时存在的主要问题是焊缝的热裂倾向及焊接接头的晶间腐蚀倾向，为防止其发生，应按母材金属类型选择不锈钢焊条，采用小电流、短弧、焊条不摆动、快速焊等工艺，尽量避免过热；对耐蚀性要求高的重要结构，焊后还要进行高温固溶处理，以提高其耐蚀性。

马氏体不锈钢和铁素体不锈钢的焊接性较差，应采取严格的工艺措施，如焊前预热、采用细焊条、小电流焊接、焊后去应力退火等。

11.3.5 铸铁的焊接性

铸铁含碳量高，组织不均匀，塑性差，焊接性不好，焊接时易出现白口组织、焊接裂纹和气孔等缺陷，不宜作为焊接结构材料，主要用于焊补，即修复铸件缺陷或损坏的部位。

铸铁焊补通常采用气焊或手弧焊，根据焊前是否预热，焊补工艺分为热焊和冷焊两种。

1. 热焊

焊前将焊件整体或局部加热到 600～700℃，用气焊或手工电弧焊进行焊补，焊补过程中焊件保持预热温度，焊后缓冷或去应力退火，可有效防止白口组织和裂纹的产生，焊补质量稳定，焊后也易机械加工。但此法需要加热设备、成本高、劳动条件差、生产率低，一般用于小型、中等厚度（＞10mm）的铸铁件和焊后需要加工的复杂、重要的铸铁零件，如机床导轨和汽车的气缸。采用气焊焊补时，使用铸铁焊芯并配气焊熔剂；手弧焊焊补时，采用铸铁芯、镍基铸铁焊条或钢芯石墨化焊条。

2. 冷焊

冷焊是焊前不预热或低温预热（400℃以下）的焊补方法，易出现白口组织，但其生产率高、成本低。冷焊法采用手弧焊进行，常用焊条有铜基铸铁焊条、高钒铸铁焊条、钢芯铸铁焊条、镍基铸铁焊条。

11.3.6 有色金属的焊接性

1. 铝及铝合金的焊接

铝及铝合金的焊接比较困难，主要原因：

（1）铝极易氧化形成高熔点的氧化铝，覆盖在熔池金属表面，阻碍金属的熔合，且由于其密度比铝大，造成焊缝夹渣。

（2）铝的导热系数较大，焊接时热量散失快，要求能量大或密集的热源。

（3）铝的高温强度低，塑性差，且膨胀系数较大，焊接应力较大，易使焊接变形开裂。

（4）铝及铝合金液态溶氢量大，但凝固时，其溶解度下降近95%，易形成气孔。

铝及铝合金的焊接可用氩弧焊、气焊、电阻焊、钎焊等方法进行。氩弧焊不仅有良好的保护作用，且有阴极破碎作用，可去除氧化铝膜，使合金熔合良好，焊接质量好，成型美观，焊件变形小，常用于要求较高的结构件。气焊则用于纯铝和非热处理强化铝合金的焊接。

2. 铜及铜合金的焊接

铜及铜合金的焊接性较差，主要表现在：

（1）铜及其合金导热系数很大，热量易散失而达不到焊接温度，容易出现不熔合和焊不透的现象。

（2）铜在液态时能溶解大量的氢，凝固时溶解度急剧下降，氢来不及析出而形成气孔。

（3）铜及铜合金的线膨胀系数及收缩率都很大，易产生较大的焊接应力、变形甚至开裂。

（4）铜在高温液态时易氧化，生成的氧化亚铜不溶于固态铜而与铜形成低熔点共晶体，使接头脆化，易引起焊接裂纹。

铜及铜合金可采用氩弧焊、气焊、埋弧焊、等离子弧焊等方法进行焊接。

紫铜和青铜采用氩弧焊焊接时质量最好，采用手弧焊时质量不稳定，焊缝中容易产生缺陷，采用气焊时，要用特制的含硅、锰等脱氧元素的焊丝，并且要用中性火焰，焊接质量差、效率低，应尽量少用。

黄铜常用气焊进行焊接，焊接时，用含硅焊丝配与含硼砂的焊剂，能够很好地阻止锌的蒸发，同时还能有效地防止氢溶入熔池，从而减少焊缝产生氢气孔的可能性。

埋弧焊适用于焊接厚度较大的紫铜板。

11.4 焊接结构设计

设计焊接结构时，不仅要考虑强度等使用性能要求，还要考虑焊接工艺性要求，以使焊接质量良好、焊接工艺简单、生产率高、成本低。

11.4.1 焊接结构材料的选择

1. 焊件的选材原则

1）尽量选择焊接性好的材料

在满足工作性能要求的前提下，应优先考虑选择焊接性好的材料。低碳钢和低碳低合金结构钢的焊接性良好，适于各种焊接方法，因此，应优先选用。

2）辅助工艺的可行性

当选用中高碳钢和σ_s>400MPa时，由于焊接性差，必须采取焊前预热和焊后缓冷等辅助工艺措施。一次必须考虑执行辅助工艺措施的可行性，如对大型构件焊接时有无预热和缓冷等条件。

3）注意焊接材料与焊接方法的匹配性

有些材料焊接时容易氧化，在选择该类材料焊接时应注意与焊接方法的适应性。如Al、

Mg 等，焊接时应采用氩弧焊方法。

4）尽量不选用异种材料相互焊接

异种材料的焊接工艺比较复杂，应尽量避免采用异种材料的焊接。当必须使用异种材料焊接时，要尽量选择熔点、力学性能和抗氧化性能相差较小的材料。

设计焊接结构时，应尽量选用槽钢、角钢等各种型材，以减少焊缝数量和简化焊接工艺，同时也可以增加结构件的强度和刚性。大批量生产形状复杂的薄壁焊接结构时，应尽量设计冲压—焊接组合结构。

11.4.2　焊接方法的选择

选择焊接方法时，应根据材料的焊接性、工件厚度、生产效率要求、各种焊接方法的适用范围和设备条件综合考虑。

对于焊接性良好的低碳钢，可根据其板厚、生产率等确定具体的焊接方法，如为中等厚度（10～20mm）可采用手工电弧焊、埋弧自动焊、气体保护焊等。因氩弧焊成本较高，一般不选用此方法。对薄板轻型结构，无密封要求时，可优先采用生产效率较高的点焊；无点焊设备时，可考虑气焊和手弧焊。若要求密封时，可采用焊缝。工件为 35mm 以上的总要结构，条件许可时应采用电渣焊。如材料为棒、管、型材并要求对接，宜采用电阻对焊或摩擦焊。

焊接合金钢、不锈钢等重要工件，应采用氩弧焊以保证焊接质量；如结构材料为铝合金，应优先选用氩弧焊，如无氩弧焊设备，也可考虑采用气焊；对于焊接稀有金属或高熔点金属的特殊构件，可采用等离子弧焊、真空电子束焊等焊接方法。

各种焊接方法特点比较见表 11.3。

表 11.3　各种焊接方法特点比较

焊接方法	热影响区	焊接变形	生产率	焊缝位置	适宜板厚，mm	被 焊 材 料
气焊	大	小	低	全焊位	0.5～3	碳钢、合金钢、铸铁、铜及其合金
手工电弧焊	较小	较小	较低	全焊位	＞1，常用 6～20	碳钢、合金钢、铸铁、铜及其合金
埋弧自动焊	小	小	高	平焊位	＞3，常用 6～60	碳钢、合金钢
氩弧焊	小	小	较高	全焊位	0.5～25	铝、铜、镁、钛及其合金、耐热钢、不锈钢
CO_2 气体保护焊	小	小	较高	全焊位	0.8～30	碳钢、低合金钢、不锈钢
电渣焊	大	大	高	立焊位	＞25，常用 35～450	碳钢、低合金钢、不锈钢、铸钢
等离子弧焊	小	小	高	全焊位	＞0.025，常用 1～12	不锈钢、耐热钢、铜、镍、钛、钨、钼及其合金
电子束焊	很小	很小	高	平焊位	5～60	不锈钢、钛、锆及难熔金属
电阻点焊	小	小	高	全焊位	＜10，常用 0.5～3	低碳钢、低合金钢、不锈钢、铝及其合金
电阻缝焊				平焊位	＜3	
钎焊		小	较高	平焊位		碳钢、合金钢、铸铁、铜及其合金

11.4.3　焊件的结构工艺性

1. 焊缝的布置

合理的焊缝位置是焊接结构设计的关键，与产品质量、生产率、成本及劳动条件密切相关。

1）焊缝布置应尽量分散

焊缝密集或交叉，会造成金属过热，加大热影响区，使组织恶化。因此，两条焊缝的间距一般要求大于3倍板厚，且不小于100mm。焊接分散布置的设计如图11.30所示。图11.30中（a）、（b）、（c）所示结构应改为（d）、（e）、（f）的结构形式。

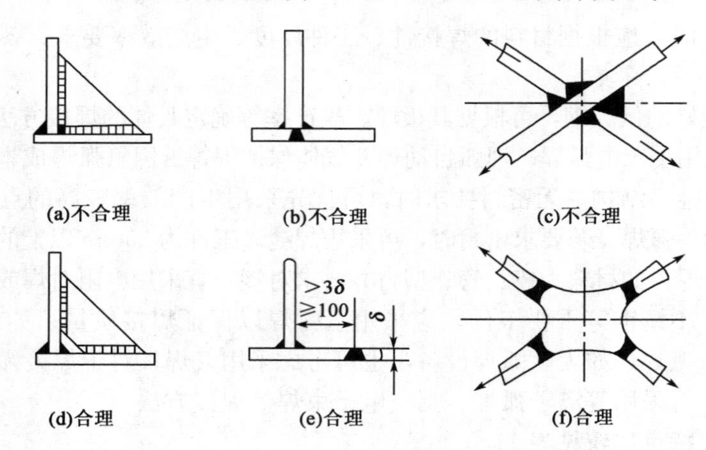

图11.30　焊缝分散布置的设计

2）焊缝的位置应尽可能对称布置

如图11.31（a）、（b）所示的焊件，焊缝位置偏离截面中心，并在同一侧。由于焊缝的收缩，会造成较大的弯曲变形。图11.31（c）、（d）、（e）所示的焊缝位置对称，焊后不会发生明显的变形。

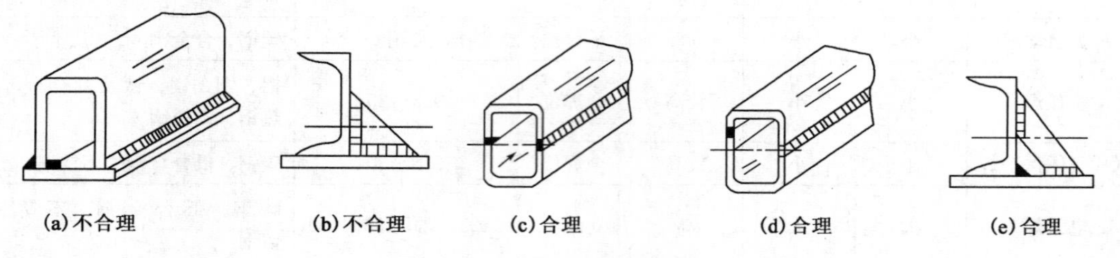

图11.31　焊缝对称布置设计

3）焊缝应尽量避开最大应力断面和应力集中位置

对于受力较大、结构较复杂的焊接构件，在最大应力断面和应力集中位置不应该布置焊缝。例如大跨度的焊接钢梁、板坯的拼料焊缝，应避免放在梁的中间，如图11.32（a）应改为图11.32（d）的状态。压力容器的封头应有一直壁段，如图11.32（b）应改为11.32（e）的状态，使焊缝避开应力集中的转角位置，且直壁段不应小于25mm。在构件截面有急剧变化的位置或尖锐棱角部位，易产生应力集中，应避免布置焊缝，例如图11.32（c）应改为11.32（f）的状态。

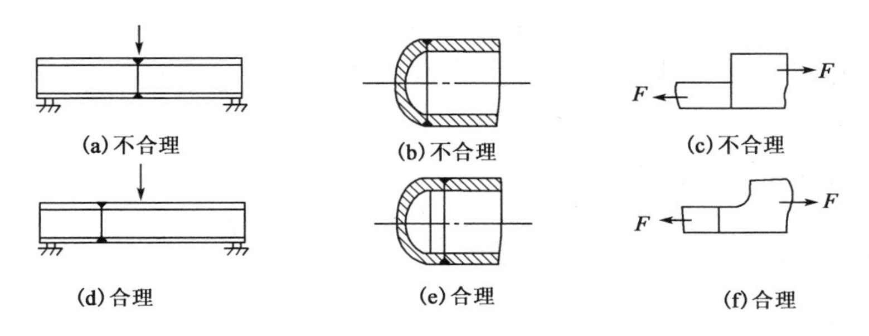

图 11.32　焊缝避开最大应力断面与应力集中位置的设计

4）焊缝应尽量避开机械加工表面

有些焊接结构，只是某些零件需要进行机械加工，如焊接轮毂、管配件、焊接支架等。焊缝位置的设计应尽可能距离已加工表面远一些，如图 11.33（c)、(d）所示。

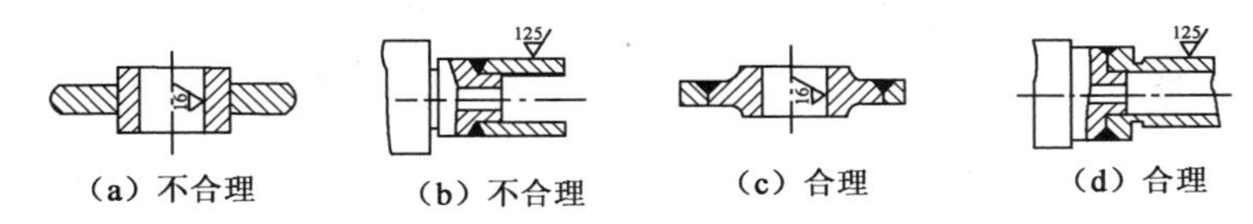

图 11.33　焊缝远离机械加工表面的设计

5）焊缝位置应便于焊接操作

布置焊缝时，要考虑到有足够的操作空间。如图 11.34（a)、(b)、(c）所示的内侧焊缝，焊接时焊条无法伸入。若必须焊接，只能将焊条弯曲，但操作者的视线被遮挡，极易造成缺陷，因此应改为图 11.34（d)、(e)、(f）所示的设计。埋弧焊结构要考虑接头处在施焊中存放焊剂和熔池保持问题（图 11.35)；点焊与缝焊应考虑电极伸入方便（图 11.36)。

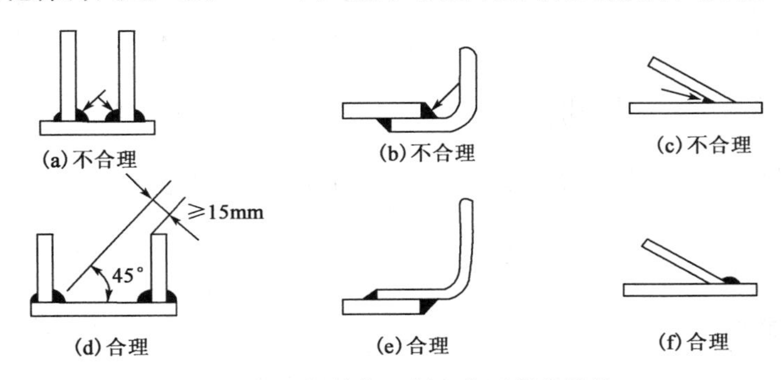

图 11.34　焊缝位置便于电弧焊的设计

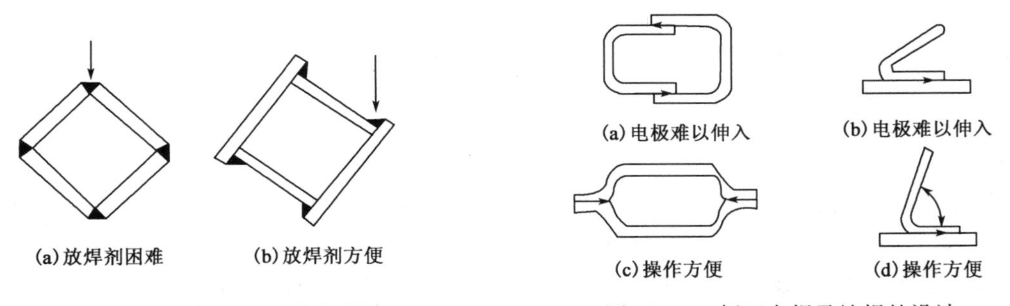

图 11.35　焊缝便于埋弧焊的设计

图 11.36　便于点焊及缝焊的设计

此外，焊缝应尽量放在平焊位置，并应尽可能避免仰焊焊缝，减少横焊焊缝。良好的焊接结构设计，还应尽量使全部焊接部件，至少是主要部件能在焊接前一次装配点固，以简化装配焊接过程，节省场地面积，减少焊接变形，提高生产效率。

2. 接头形式的选择与设计

接头形式应根据结构形状、强度要求、工件厚度、焊后变形大小、焊条消耗量、坡口加工难易程度、焊接方法等因素综合考虑决定。

1）接头形式

常用的接头形式有对接接头、角接接头、T 形接头和搭接接头四种，如图 11.37 所示。对接接头应力分布均匀，接头质量易于保证，适用于重要的受力焊缝，如锅炉、压力容器的焊缝。搭接接头的两工件不在同一平面，受力存在附加弯矩引起的弯曲应力，降低了接头强度，重叠部分既浪费材料，又增加结构重量。但此接头不需开坡口，焊前准备和装配工作比对接接头简便，适用于受力不太大的平面连接，如厂房屋架、桥梁等结构。角接接头和 T 形接头应力分布复杂，承载能力比对接接头低，当接头呈直角或一定角度时，必须采用 T 形接头或角接接头。

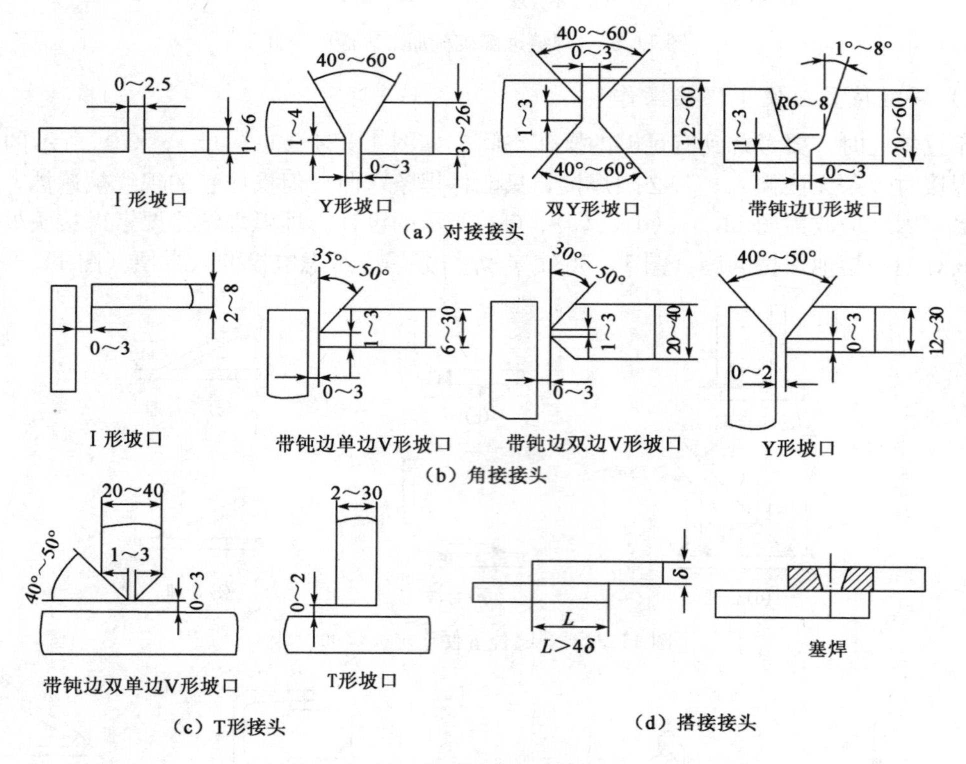

图 11.37　手弧焊接头及坡口型式

2）坡口形式

当板厚较大（超过 6mm）时，为保证焊透，接头边缘要加工出坡口。各种接头的坡口形式及尺寸已标准化。图 11.37 中列举了几种常用的坡口形式。设计时主要根据板厚和采用的焊接方法确定坡口形式，同时兼顾焊接工作量大小、焊接材料消耗、坡口加工成本及焊接施工条件等。例如，当焊件不能翻转，另一面处于仰焊位置，或对于内径较小的管道，无法或不便于进行双面焊时，则必须采用 Y 形或 U 形坡口。

焊接结构最好采用等厚度的材料，对不同厚度焊件所允许的厚度差值见表 11.4。若两焊件厚度差超过此范围，则应在较厚板上加工出单面或双面过渡段，如图 11.38 所示。

表 11.4　两板对接时厚度差范围

较薄板的厚度 δ，mm	2～5	6～8	9～11	≥12
允许厚度差 $(\delta_1-\delta)$，mm	1	2	3	4

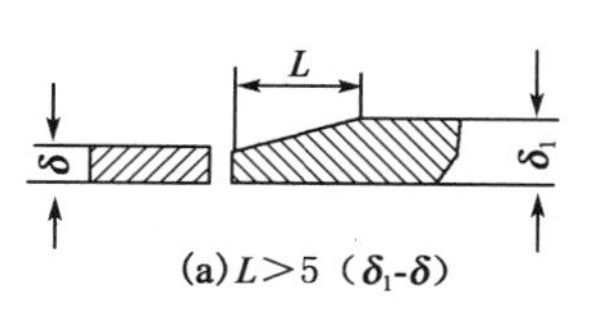

(a) $L>5\ (\delta_1-\delta)$

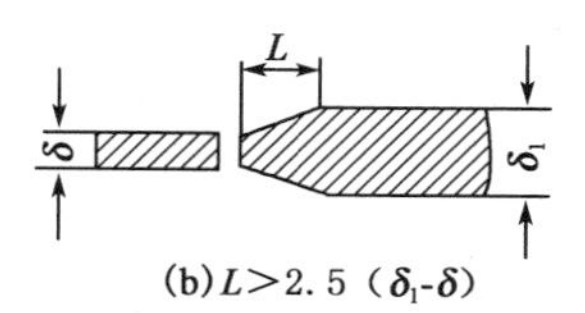

(b) $L>2.5\ (\delta_1-\delta)$

图 11.38　不同厚度金属材料对接的过渡形式

11.4.4　焊件结构工艺设计及生产举例

焊接结构的生产一般包括备料、装配、预热、焊接、热处理、检验和修整。压力容器是承受内外压力的部件。下面以锅炉汽包为例简要介绍其工艺设计和生产过程。

1. 工艺分析

锅炉汽包属于单层高压容器，主要由筒体、封头、下降管、管接头和内件组成，如图 11.39 所示。该汽包的内径为 1600mm、壁厚 100mm、长度 1300mm。筒体由 3 节拼成，应首先焊接筒节的纵向焊缝，然后再焊接筒节之间（纵向环缝错开）及筒节与封头之间的环缝；先焊容器内壁焊缝，在反面清根后再焊外壁焊缝。

2. 制造工艺方案

1）封头

封头板料较厚且结构复杂，成型时的变形量大于 5%。故采用水压机热压成型后再加工出封头边缘。

2）筒节

筒节成型后应为精确的圆柱形。热卷成型后采用埋弧自动焊或电渣焊（图 11.40）焊接纵缝。焊后切除定位板、引弧板和引出板，进行热校正及热处理。

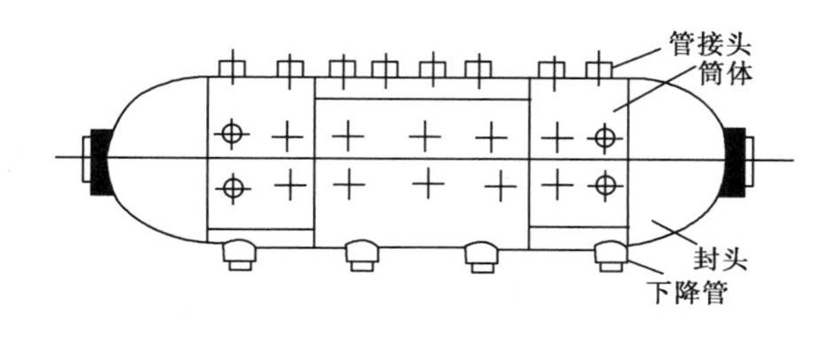

图 11.39　HG410＊100 锅炉汽包示意图

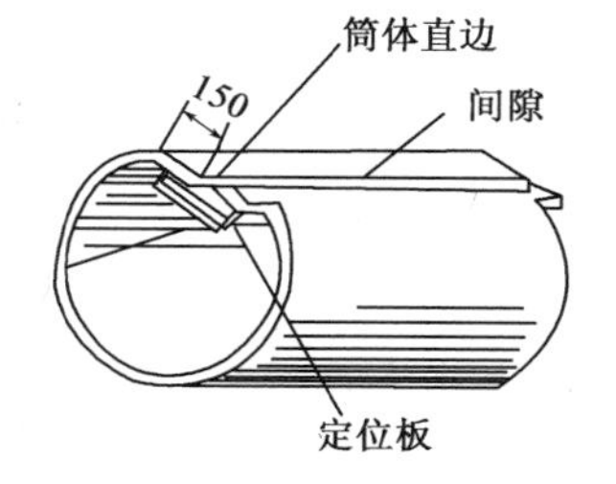

图 11.40　筒体电渣焊焊前示意

3）装配焊接

筒节在总装前进行端面机械加工，制备所需坡口。内环缝采用手弧焊，外环缝采用埋弧自动焊。

表 11.5 为锅炉汽包筒体电渣焊工艺参数规范。

表 11.5 锅炉汽包筒体电渣焊工艺参数规范

母材刚号	19Mn5、厚度 100mm
焊丝（ϕ3mm）	H10MnMo、H08Mn$_2$Mo、H08Mn$_2$Si
焊剂	HJ431
坡口形式	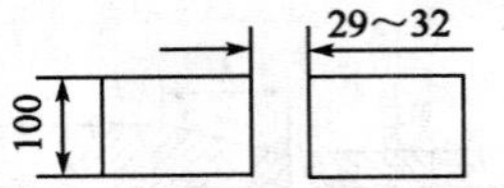 29～32 100
规范参数	间隙 29～32mm、单丝电流 500～550A、电压 38～40V、双丝焊接
正火处理	910～940℃、保温 2h

表 11.6 为毛坯成型方法选择及结构设计。

表 11.6 毛坯成型方法选择及结构设计

母材钢号	19Mn5、厚度 100mm
焊接方法	内环缝采用手弧焊，外环缝采用埋弧自动焊
焊接材料	手工电弧焊：J507 焊条 埋弧焊：焊丝 H08MnMo、H10Mn2、H10MnSi
坡口形式	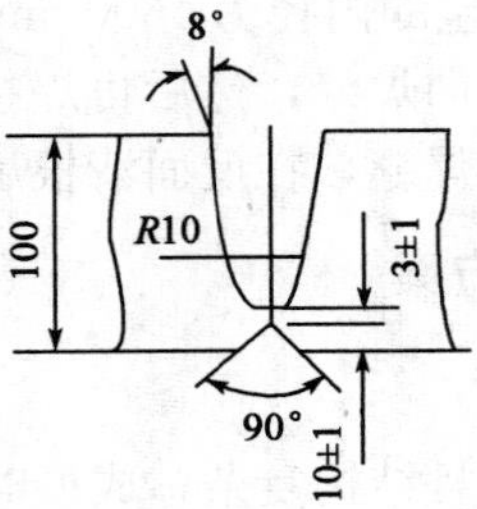 8° R10 100 3±1 90° 10±1
预热温度	100～150℃
规范参数	$V_{丝}=95m/h$、$I=600\sim650A$、$U=32\sim36V$、$V_{焊}=22\sim27m/h$； 电源：直流反接，焊丝直径 ϕ4mm
回火处理	560～690℃、保温 7h

第 12 章　石油化工设备及其焊接工艺

12.1　球 罐 用 钢

12.1.1　球罐用钢的基本要求

球罐属于固定式压力容器的范畴，使用周期中承受静载荷或低周疲劳载荷，以及承受由环境造成的风载荷、雪载荷甚至地震载荷。同时由于储存介质、自然环境以及温度的影响，球罐用钢承受着不可避免地外壁大气腐蚀和内壁介质应力腐蚀问题。球罐加工制造必须预先进行剪裁下料，冷变形加工，压制成具有空间曲面的球壳瓣片及其他部件，而后在现场装配焊接成球罐。因此球罐用钢在使用性能上，要求具有较高的屈服强度和抗拉强度，较好的塑性和韧性，足够的耐热性，足够低的脆性转变温度；而且要求球罐用钢具有良好的冷变形和焊接性。

12.1.2　球罐用钢的分类

球罐用钢大致可按使用温度和钢种合金化及热处理状态分为两类。

1. 按照使用温度分类

按使用温度可分为常温球罐用钢和低温球罐用钢。其中低温球罐用钢是指使用温度 T≤－20℃的钢。

2. 按照钢种分类

按钢种可分为球罐用优质非合金钢、球罐用可焊接低合金高强度结构钢、球罐用低碳调质钢和球罐用正火回火钢四种。

球罐用钢属于压力容器专用钢，我国球罐用钢在钢号末尾通常都加有“容”字的汉语拼音第一个字母“R”以区别于普通钢，如 20R、16MnR 等。同样低温球罐用钢的钢号在其末尾加有“低”和“容”字的汉语拼音“DR”以区别于常温球罐钢号，如 16MnDR 等。

12.1.3　球罐用钢

1. 球罐用优质非合金钢

我国球罐用优质非合金钢是 20R。在冶金生产中通过降低 S、P 的含量和控制晶粒度，提高 20R 钢抗脆断性、冷成性和焊接性。使用温度范围是－20～475℃。由于 20R 的强度较低，屈服强度 245MPa，只适合于制造压力低于 0.79 MPa、壁厚小于 16mm 且容积不大于 150m^3 的球罐。

2. 球罐用低合金高强度结构钢

我国在球罐制造中使用的国产低合金高强度结构钢按 GB 713—2008《锅炉和压力容器

用钢板》中的规定有16MnR、15MnVR和15MnVNR三种牌号，数十年来，被广泛地应用于国产球罐的制造中，而且在冶炼、扎制、压片及焊接方面积累了大量的经验。化学成分和主要力学性能分别见表12.1和表12.2。

表12.1　球罐用优质非合金钢和低合金高强度结构钢的化学成分（质量分数）　%

牌　号	C	Si	Mn	V	N	P	S
20R	≤0.20	0.15～0.30	0.4～0.90	—		≤0.035	≤0.030
16MnR	≤0.20	0.20～0.55	1.20～1.60	—		≤0.035	≤0.030
15MnVR	0.18	0.20～0.55	1.20～1.60	0.04～0.12		≤0.035	≤0.030
15MnVNR	≤0.20	0.20～0.55	1.30～1.70	0.10～0.20	0.01～0.02	≤0.035	≤0.030

表12.2　球罐用优质非合金钢和低合金高强度结构钢的力学性能

材料牌号	板厚，mm	σ_b，MPa	σ_s，MPa	δ_5，%	A_{KV}（横），J	冷弯试验180°
20R	6～16	400～520	≥245	≥25	≥31	$d=2\delta$
	>16～36		≥235			
	>36～60		≥225			
	>60～100	390～510	≥205	≥24		
16MnR	6～16	510～640	≥345	≥21	≥31	$d=2\delta$
	>16～36	490～620	≥325			$d=2\delta$
	>36～60	470～600	≥305			
	>60～100	460～590	≥285	≥20		
	>100～120	450～580	≥275			
15MnR	6～16	530～665	≥390	≥19	≥31	$d=3\delta$
	>16～36	510～645	≥370			
	>36～60	490～625	≥350			
15MnVNR	6～16	570～710	≥440	≥18	≥34	$d=3\delta$
	>16～36	550～690	≥420			
	>36～60	530～670	≥400			

3. 球罐用低碳调质钢

屈服强度超过490MPa的高强度钢，基本上都需要在调质状态下使用。球罐用低碳调质钢最为典型的钢种是CF钢。该材料低温韧性和焊接性好，裂纹敏感指数P_{cm}低，被称为焊接无裂纹钢（Crack Free Steel），简称CF钢，在压力容器上被广泛使用。日本常用CF钢的化学成分和力学性能见表12.3和表12.4。

表12.3　日本常用“CF”钢的化学成分及碳当量

钢　号	化学成分（质量分数），%										碳当量
	C	Si	Mn	Cu	Ni	Cr	Mo	V	P	S	C_{eq}，%
HT60	0.13	0.40	1.15	—	—	0.14	0.17	0.06	0.015	0.012	0.41
K-TEN62CF	0.07	0.25	1.34	—	—	0.11	0.25	0.038	0.012	0.003	0.39
WEL-TEN60CF	0.06	0.22	1.30	—	—	0.16	0.16	0.03	0.012	0.005	0.36

续表

钢号	化学成分（质量分数），%										碳当量
	C	Si	Mn	Cu	Ni	Cr	Mo	V	P	S	C_{eq}，%
NK - HITEN62U	0.09	0.30	1.09	0.13	—	0.13	0.15	0.04	0.011	0.005	0.59
住友 CF80	0.04	0.21	0.46	1.22	0.95	0.15	0.50	0.03	0.010	0.007	0.42
K - TEN80CF	0.07	0.25	1.05	0.20	0.96	0.40	0.45	0.04	0.014	0.003	0.47
川崎 CF80	0.03～0.09	0.10～0.50	0.30～1.0	0.10～1.0	0.10～1.50	0.10～1.40	0.01～0.75	0.01～0.10	—	—	0.54

表 12.4　日本常用“CF”钢的的力学性能及无裂纹温度

钢号	板厚，mm	热处理	取样方向	拉伸试验			冲击试验 A_{KV}，J	无裂纹温度，℃
				σ_s，MPa	σ_b，MPa	δ，%		
HT60	50	QT	横	553	661	44.0	142.1（−43℃）	75
NK - HITEN62U	38	QT	δ厚/4 横	553	621.7	26.3	110.8（−36℃）	25
K - TEN62CF	50	QT	横	551	644.2	45.0	158.9（−41℃）	25
WEL - TEN60CF	50	QT	横	542.2	615.8		190.2（−28℃）	<30
HT80	25	QT	δ厚/2 横	781.5	818.8	21.2	138.2（0℃）	125
住友 CF80	50	QT	δ厚/2 横	734.4	798.2	23.3	201.0（0℃）	50
K - TEN80CF	50	QT	横	778.6	847.2	39.0	191.2（−20℃）	50
	50	QT	纵	780.5	846.2	40.0	229.4（−20℃）	50

我国开发生产了 07MnCrMoVR 调质钢，又称为 CF - 62 钢。与传统低合金高强度钢（HSLA）相比，07MnCrMoVR 具有含碳量低、抗拉强度大、低温韧性好、裂纹敏感指数（$Pcm \leqslant 0.2$）和焊接性优良的优点，被用于大型钢结构，如储罐和大型球罐的建造。07MnCrMoVR 的化学成分及力学性能见表 12.5 和表 12.6。

表 12.5　07MnCrMoVR 钢板的化学成分（质量分数）　　%

C	Mn	Si	Ni	Cr	Mo	V	B	P	S
≤0.09	1.20～1.60	0.15～0.40	≤0.30	0.1～0.30	0.1～0.30	0.02～0.06	≤0.003	≤0.030	≤0.020

表 12.6　07MnCrMoVR 钢板的力学性能

板厚（mm）	σ_b，MPa	σ_s，MPa	δ_5，%	A_{KV}（横），J（−20℃）	冷弯试验 180℃
16～50	610～740	≥490	≥17	≥47	$d=3\delta$

4. 球罐用正火回火钢

这类钢的钢板以正火加回火状态交货。屈服强度级别在 390～480MPa 之间。13MnNiMoNR 是 GB 150.2—2011《压力容器　第 2 部分：材料》规定使用的正火回火钢；P460NL1 是参照最新版本的欧洲标准 DIN EN10028—1，3—2003《承压用扁平钢产品》研发的新钢种，P代表压力，460代表最低屈服强度，N代表正火或回火，L1代表低温韧性系列。这两种钢材的化学成分和力学性能见表12.7、表12.8和表12.9。

5. 低温球罐用钢

低温球罐必须用低温压力容器钢来制造。低温压力容器钢具有低的韧脆转变温度，以保证在工作温度的条件下材料具有足够的韧度，防止发生脆性断裂。

表12.7　13MnNiMoNbR钢的化学成分（质量分数）　　%

C	Si	Mn	P	S	Ni	Mo	Cr	Nb
≤0.15	0.12～0.16	0.40～0.90	≤0.025	≤0.025	0.60～1.00	0.20～0.40	0.20～0.40	0.005～0.02

表12.8　P460NL1钢的化学成分（质量分数）　　%

C	Si	Mn	P	S	Al	Cu	Cr	Mo	N	Nb	Ni	Ti	V	Nb+Ti+V	Mo+Cr
≤		1.0～1.65	≤		≥	0.3～0.70	≤								
0.15	0.06		0.02	0.01	0.02		0.30	0.10	0.025	0.05	0.80	0.03	0.15	0.22	0.30

表12.9　球罐用正火回火钢的力学性能

材料牌号	板厚，mm	σ_b，MPa	σ_s，MPa	δ_5，%	A_{KV}（横），J	冷弯试验180°
13MnNiMoNbR	30～100	570～720	≥390	≥18	0℃，≥31	$d=3\delta$
	>100～120	570～720	≥380	≥18	0℃，≥31	$d=3\delta$
P460NL1	46	580～720	≥460	≥18	−21℃，≥47	$d=4\delta$

16MnDR、15MnNiDR、09Mn2VDR、09MnNiDR是GB 3531—2008《低温压力容器低合金钢板》中给出的四个钢号；另外07MnNiCrMoVDR钢在GB 150—2011《压力容器　第2部分：材料》做出了规定。国产低温球罐用钢的化学成分和力学性能见表12.10和表12.11。此外，许多“CF”钢亦可用做低温球罐用钢，使用时应根据低温条件适当选用。

表12.10　低温球罐用钢的化学成分（质量分数）　　%

牌号	C	Si	Mn	P	S	Ni	V	Nb	Al
16MnDR	≤0.20	0.15～0.50	1.20～1.60	≤0.030	≤0.025	—	—	—	≥0.015
15MnNiDR	≤0.18	0.15～0.50	1.20～1.60	≤0.030	≤0.025	0.20～0.60	≤0.06	—	≥0.015
09Mn2VDR	≤0.12	0.15～0.50	1.40～1.80	≤0.030	≤0.025	—	0.02～0.06	0.10～0.20	≥0.015
09MnNiDR	≤0.12	0.15～0.50	1.20～1.60	≤0.025	≤0.020	0.30～0.80	—	≤0.04	≥0.015
07MnNiCrMoVDR	≤0.09	0.15～0.40	1.20～1.60	≤0.030	≤0.020	0.02～0.05	0.02～0.06	Cr	Mo
								0.10～0.30	0.10～0.30

表 12.11 低温球罐用钢的力学性能

材料牌号	板厚，mm	σ_b，MPa	σ_s，MPa	δ_5，%	A_{KV}（横），J	冷弯试验 180°
16MnDR	6～16	490～620	≥315	≥21	40℃，≥24	$d=2\delta$
	>16～36	470～600	≥295			$d=3\delta$
	>36～60	450～580	≥275		−30℃，≥24	
	>60～100	450～580	≥255			
15MnNiDR	6～16	490～630	≥325	≥20	−45℃，≥27	$d=3\delta$
	>16～36	470～610	≥305			
	>36～60	460～600	≥295			
09Mn2VDR	6～16	400～570	≥290	≥22	−50℃，≥27	$d=2\delta$
	>16～36	430～560	≥270			
09MnNiDR	6～16	440～570	≥300	≥23	−70℃，≥27	$d=2\delta$
	>16～36	430～560	≥280			
	>36～60	430～560	≥260			
07MnNiCr MoVDR	6～50	610～740	≥490	≥27	−40℃，≥47	$d=3\delta$

12.2 管道用钢

12.2.1 管道用钢的基本要求

输送管线承受着所输送介质的压力与温度，同时还受到所通过地带各种自然与人为因素的影响，在使用过程中可能发生各种破漏或断裂事故。最近十年来，输油、气管道向着大口径，高压力方向发展，为了减少钢材耗量，要求提高管材的强度；对于高强度薄壁管道，为了防止断裂事故发生，要求管材有良好韧性；良好的焊接性是保证管道焊接质量的基本条件。因此，对于油气输送管材来说，强度、韧性和可焊性是三项基本指标。此外，还需根据环境条件及输送介质的腐蚀性等，考虑钢材的耐腐蚀性能。

12.2.2 管材选择的基本原则

常用钢号有 API 5L 中的 X52、X56、X60、X65、X70、X80 等 6 种。管材即钢号选择的基本原则是在满足基本工艺参数压力 p 及直径 D 的前提下，使所需要的投资最低。由于从出站端至进站端压力是逐渐下降的，因而可以采用同一钢号而取若干不同的厚度，当然也可采用同一厚度而取若干不同的钢号，整个管材选择的过程是一个求优的过程，其目标函数为投资最低。在选择过程中除满足管线工作基本参数外，至少还应满足以下几个约束条件：

（1）所选择的壁厚，在任何条件下，不得小于运输、装卸、安装等环节所需要的最小壁厚，这一最小壁厚是根据刚性要求确定的；

（2）通常钢管规格（包括厚度和钢号）的变化不超过 3 种或 4 种；

（3）所选择钢号的焊接技术必须是安装部门的焊接和技术人员能熟练掌握的。

12.3 球形储罐的焊接

储罐是油气储存设备，其生产制造离不开焊接，是典型的焊接结构。与其他焊接结构件相比，由于储罐的体积庞大，因而，组装和焊接工作大多在现场进行。由于球罐的特殊结构形式和工作环境，通常认为在各类储罐的焊接中球罐是最具挑战性的焊接工程结构。

12.3.1 球罐焊接的内容和特点

1. 焊接内容

球罐的焊接内容主要包括球壳组装时的球壳板纵缝和环缝的连接；球壳板与支柱的组焊连接，上、下孔凸缘、插管等附件与球罐的焊接等。除了以上产品设计要求的焊接外，在组装中还有大量的固定焊和定位焊。其中球壳板组装焊接的工作量最大，从施焊位置和施焊环境以及质量要求等方面考虑，焊接难度也最大。

2. 球罐焊接的特点

球罐是一种特殊形状的压力容器，必须在露天、野外场地对球壳板进行吊装、焊接。从焊接环境、焊接的空间位置、焊接自动化的应用上与常规压力容器的焊接条件相比要困难得多。常规压力容器焊接中出现的各种焊接缺陷、组织性能变化在球罐的焊接生产中都有可能发生。

3. 焊接变形和焊接应力

除了现场施工和焊接空间位置外，球罐焊接的另一个特点是控制焊接变形和焊接应力，球罐的形状和工作应力分布状态要求组配焊接中严格控制几何尺寸，防止由于错边、角变形超标造成球罐局部应力过大，在焊接热影响区产生裂纹。因而，在组焊时采用了大量的刚性拘束措施进行定位和防止变形，但是这样焊缝区会在焊接区产生较大焊接残余应力，在焊缝和热影响区同样会引发裂纹。所以，在球罐焊接生产中采用了多种工艺措施在保证球罐几何尺寸精度的条件下，降低焊接应力，减少几何形状和应力分布的不连续。例如坡口设计、焊接顺序、线能量控制、焊后热处理等。

12.3.2 球罐的焊接方法和焊接材料

球罐的焊接方法主要有手工电弧焊、埋弧焊自动焊和药芯焊丝自动焊三种。

1. 手工电弧焊

手工电弧焊是球罐现场组焊时使用的主要焊接方法。我国目前用于5000m² 至1000m² 大型球罐的焊接都采用手工电弧焊技术。手工电弧焊机现多采用逆变直流焊机，该焊机电流稳定，易于控制。如林肯或菲亚特系列焊机。使用的焊条必须符合国家标准GB/T 5117—2012《非合金钢及细晶粒钢焊条》和GB/T 5118—2012《热强钢焊条》的规定。球罐的对接焊缝和与球壳直接焊接的焊缝必须采用低氢型药皮焊条，经过扩散氢含量复验，符合表12.12的要求后方可使用。部分国产球罐用钢推荐选用的手工焊焊条见表12.12。

表 12.12　部分国产球罐用钢推荐选用的手工焊焊条、埋弧自动焊焊丝、焊剂

球罐用钢牌号	手工焊	扩散氢含量 mL/100g	埋弧焊	
	焊条型号		焊丝牌号	焊剂牌号
20R	E4316、E4315	≤8	H08、H08MnA	HJ431
16MnR	E5016、E5015	≤8	H10Mn2、H10MnSi	Hj431、HJ350
15MnVR	E5016、E5015/E5515－G	≤8 或≤6	H10Mn2、H10MnSi、H08MnMoA	Hj431、HJ350
15MnVNR	E5515－G/E6016－D1、E6015－D1	≤6 或≤4	H08MnMoA	HJ350
07MnCrMoVR	J607、J607RH、新 J607CF	—	—	—
13MnNiMoNbR	E6015－D1	≤4	H08Mn2MoA、H08Mn2NiMoA	HJ350

手工电弧焊的优点是灵活、方便、空间位置适应能力强，由焊工根据坡口的对口情况来调节运条速度和形式；缺点是对焊工的技术要求高。在球罐现场施工时，焊工要均匀布置并同步焊接，由于球罐要预热，罐内温度很高，劳动条件较差；此外球罐的焊缝长、板厚，而手工电弧焊的电弧功率较低，焊工要一道一道地填充，因此焊接生产效率低，焊接周期长。

2. 埋弧自动焊

埋弧自动焊主要用于球罐在制造厂内的组装和焊接，可以大大提高生产率。采用埋弧自动焊在制造厂内进行球壳板的拼装，要求有配套的工装胎具和相应的跟踪调节系统，保证弧面焊接时弧长的一致性。拼装的大小取决于吊装和运输能力。此外埋弧自动焊在现场也有应用范例，1977 年，日本在建造一座 2500m^2 球罐时采用手工焊打底、埋弧焊盖面的焊接工艺对球罐的环缝进行了焊接。

部分国产球罐用钢推荐选用的埋弧自动焊焊丝和焊剂的牌号见表 12.12。

3. 药芯焊丝自动焊

药芯焊丝自动焊是球罐焊接技术发展的方向。为了提高球罐的焊接生产率和降低劳动强度，国外发达国家很早就开始研究球罐焊接自动化的技术，并得到了较快的应用和发展。

1）药芯焊丝

目前，球罐药芯焊丝自动焊采用的有两种药芯焊丝：自保护药芯焊丝和气体保护药芯焊丝。自保护药芯焊丝焊接时不用外加保护气体，减少了气瓶、气阀、气管、加热器等辅助设施，抗风能力强，较适合现场组焊。气体保护药芯焊丝焊接时采用 CO_2 气体或 ϕ1.6、ϕ1.8、ϕ2.0、ϕ2.5、ϕ3.2 焊丝。粗丝焊接应配用陡降特性的焊接电源，而细丝焊接应配用平特性的焊接电源。在球罐现场自动焊接中多采用 ϕ1.6 细丝，焊接工艺性好、容易引弧、电弧稳定、飞溅小、并适于向下立焊等全位置焊接。

2）焊接设备

球罐全位置自动化焊接的设备主要由焊接电源、爬行机构、焊接机构、送丝机构、柔性轨道或半柔性轨道等部分组成。其中，爬行机构、焊接机构、柔性（半柔性）轨道是实现球

罐全位置自动焊设备的核心部分。目前国内较多采用的是美国 BUG－O 公司和意大利 GULLCO 公司制造的焊接设备。

（1）焊接电源。

自动化焊接电源要能适用药芯焊丝的焊接工艺要求，连续可调，具有优良的弧焊特性。如美国林肯公司的 DC400、DC600 恒压恒流多功能电源和芬兰肯比公司的 ProMIG500 焊机。

（2）爬行机构。

它是保证自动化焊接的关键，是挂靠在柔性或半柔性轨道上的一组能够自动行进的行走机构，并能沿球壳板曲面呈弧线爬行，爬行速度不受自身重力和所处平、立、横、仰位置的影响。该机构与焊接机头连接，内装有焊接电流、焊接电压的自动显示仪表与调节控制旋钮。既可用于球罐纵缝的焊接，也可用于环缝、仰缝和半仰缝的焊接。图 12.1 是 BUG－O 爬行机构与运行方式的示意图。

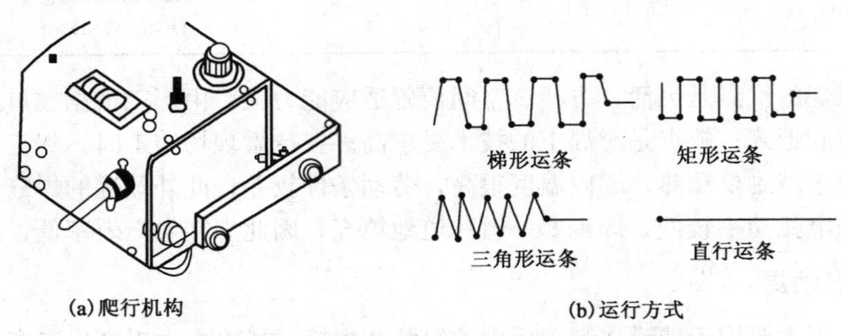

图 12.1　BUG－O 爬行机构与运行方式示意图

（3）送丝机构。

球罐自动焊机的送丝机构主要采用程序控制的半自动送丝机构，要能按照焊接工艺评定所要求的参数送丝。该机构要具有平稳的启动特性，工作运行要平稳，当遇到紧急情况时可以自动断丝。

（4）行走轨道。

行走轨道是保证爬行机构实现曲面运动和平稳爬行的重要部件。它是由特殊合金材料（铝合金或弹簧钢）及特殊橡胶合成材料制成的条形齿轨，分为柔性轨道和半柔性轨道两种，如图 12.2 所示。行走轨道长度 2m 左右，依靠磁性或真空吸盘固定于工作表面来连续敷设或分段铺设。

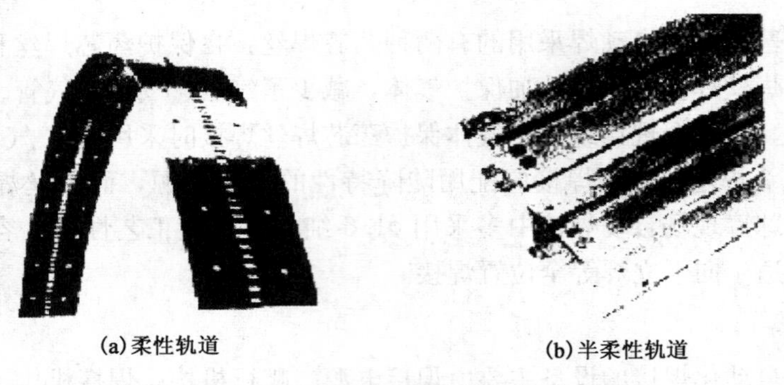

图 12.2　柔性轨道和半柔性轨道

12.3.3 球罐的焊接工艺评定

与所有的储运焊接工程一样，球罐焊接前，应按国家现行标准 JB 4708—2007《钢制压力容器焊接工艺评定》做焊接工艺评定（WPQ）。对于国外进口球罐，应按国外相关标准进行焊接试验。最后编制出焊接工艺规程（WPS）。

1. 焊接工艺评定

焊接工艺评定（Welding Procedure Qualification，WPQ）的目的是为了验证焊接接头设计的正确与合理性；考核检验选用焊接工艺的正确与合理性；以及施工单位的焊接能力。焊接工艺评定是按照国家标准和拟订的焊接工艺指导书在球罐焊接之前，由施工单位技术熟练的焊工用试板模拟焊接，并进行相关力学性能试验，进而调整焊接工艺参数，最终得出合格的焊接工艺规程。JB 4708—2007《钢制压力容器焊接工艺评定》规定：焊接工艺评定应以可靠的钢材焊接性能试验为依据，主要过程包括拟订焊接工艺指导书、根据标准施焊试件、检验试件和试样、测定焊接接头是否具有所要求的使用性能、提出焊接工艺评定报告，从而验证施焊单位拟订的焊接工艺的正确性。同时，对工艺评定的内容、方法、要求做出了详细的规定和解释。其中需要强调的是：

（1）参加焊接工艺评定的焊工必须是施焊单位具有资质证书的熟练焊工。焊接工艺评定所用的设备、仪表都应处于正常工作状态。

（2）焊接工艺评定中使用的试板材料的钢号、厚度要与球壳板相同；焊条等焊接材料也要与正式焊接的材料相同。如球罐的设计要求进行焊后热处理时，试件也必须按照规定的相同参数完成。

（3）试件必须在经外观检查和射线探伤检查合格后，才能按照国家标准进行取样和试验。试验项目包括宏观金相、拉伸、弯曲、硬度及冲击试验等。并依照标准和相关技术要求对试验结果进行评定。

（4）对于球罐的对接焊缝应按立焊和横焊两种焊接位置分别评定，对于球罐的角焊缝可以用对接焊缝代替。

2. 焊接工艺规程的编制

焊接工艺规程（Welding Procedure Spcification）就是通常所说的 WPS，是根据合格的焊接工艺评定编制出的焊接工艺规程，是指导和监督球罐正式施焊的技术依据。WPS 主要包括焊前坡口间隙及对坡口尺寸要求、焊接方法、焊接参数、焊前预热和层间温度以及焊后热处理等。

12.3.4 球罐焊接施工条件和施焊顺序

1. 球罐焊接施工条件

施焊时球罐周围环境条件应满足下列要求：

（1）非雨雪天气；

（2）风速在 5m/s 以下；

（3）环境温度在－5℃以上；

（4）相对湿度在 90％以下。

2. 球罐的施焊顺序

安排施焊顺序的目的是为了减小焊接应力，使之均匀分布，将焊接变形控制在最小范围内，防止冷裂纹的产生。

(1) 先进行定位焊，定位焊的焊道长度大于 50mm，焊层高度为 5～8mm，间距为 300～400mm，并要避开 T 形接头；

(2) 先焊纵缝后焊环缝；

(3) 先焊赤道带，后焊温带和极板；

(4) 先焊大坡口一侧，后焊小坡口一侧；

(5) 焊工均匀分布，同步焊接。

采用药芯焊丝自动焊和半自动焊时，还应遵守下列原则：

(1) 纵缝焊接时，焊机对称均匀布置，并同步焊接；

(2) 环缝焊接时，焊机均匀布置，并沿同一旋转方向焊接。

12.4 管线钢的成型焊接

长输管线所用钢管绝大部分都是管线钢经成型焊接后制成的，此类钢管称为焊接钢管。

焊接钢管的生产主要由成型和焊接两个关键工序组成，这两个工序是相互关联、相互影响和密不可分的。我们将管线钢焊接成钢管的过程，简称为成型焊接。所生产的钢管叫做焊管。

目前国内外管线用焊管的成型焊接方法主要有三大类：螺旋缝埋弧焊（Spirally Submerged Arc Welding，简称 SSAW）、直缝埋弧焊（Longitudinally Subnerged Arc Welding 简称 LSAW 和直缝高频电阻焊（Electric - Resistance Welding，简称 ERW）。

12.4.1 螺旋缝埋弧焊钢管的成型焊接

1. 螺旋缝埋弧焊钢管的特点

螺旋缝钢管是将带钢按设计的成型角（带钢送进方向与管子中心线水平投影的夹角，也就是管子螺旋焊缝与管子中心线投影的夹角，记为 α）通过成型机组螺旋成型，而后采用焊接方法连接制成的焊接钢管。主要用于生产直径为 12.7～4000mm，壁厚 5～25.4mm，长度为 6～35m 的输送管道用管、钢管桩和一些结构用管。螺旋缝钢管的生产从焊接方法上分有压力焊和埋弧自动焊，压力焊方法现在已经基本淘汰，目前螺旋缝钢管的主要生产方式主要是埋弧自动焊，用该方式生产的钢管称为螺旋缝埋弧焊钢管。螺旋埋弧焊钢管具有很长的生产和使用历史，被广泛地应用于输油气长输管线的建设中。目前，我国的长输管线主要采用螺旋缝埋弧焊钢管。螺旋埋弧焊钢管的特点主要有：

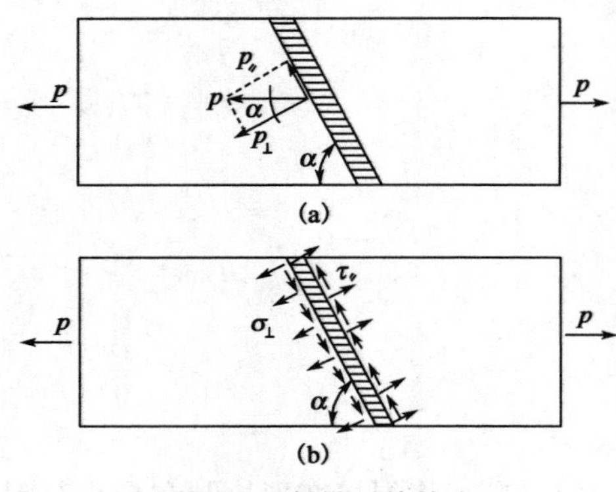

图 12.3 斜缝对接接头

(1) 焊缝受力条件好。螺旋缝钢管单位长度上的焊缝长度是直缝钢管的 $1/\cos\alpha$ 并以成型角 α 沿钢管长度的分析，这样就使得焊缝避开了主应力方向，并将钢管承受内应力时的径向应力分解到比直缝钢管长数倍的焊缝上，改善了焊缝的受力条件，如图 12.3 所示。

(2) 钢管口径受带钢宽度的限制小。螺旋缝钢管在成型时通过成型角的变化，既可以用不同宽度的带钢生产出同一直径的钢管，也可用同一宽度的带钢生产出不同直径的钢管。带钢宽度 B、成型角 α、钢管直径 D 之间的几何关系如公式：

$$B=\pi D\cos\alpha$$

（3）生产过程易于实现机械化、自动化和连续化。

（4）可以获得较长的钢管，且钢管直线度好，不需校直设备。

（5）单位长度焊缝较长，产生缺陷的概率大；未经冷处理，在成型后存在较大的残余拉应力；钢管的外径偏差较大，使得钢管对接坡口加工的钝边尺寸偏差较大，给管线现场对接带来不便，并由此加剧了焊缝的应力集中。

2. 螺旋缝埋弧焊焊管的成型

图 12.4 是螺旋缝埋弧焊钢管的现代化生产流程图。从原材料带钢出库进入拆卷机开始，途径二十几道生产工序，到最后制成螺旋埋弧焊钢管成品，整个过程全部在机械化、自动化的生产线连续完成。

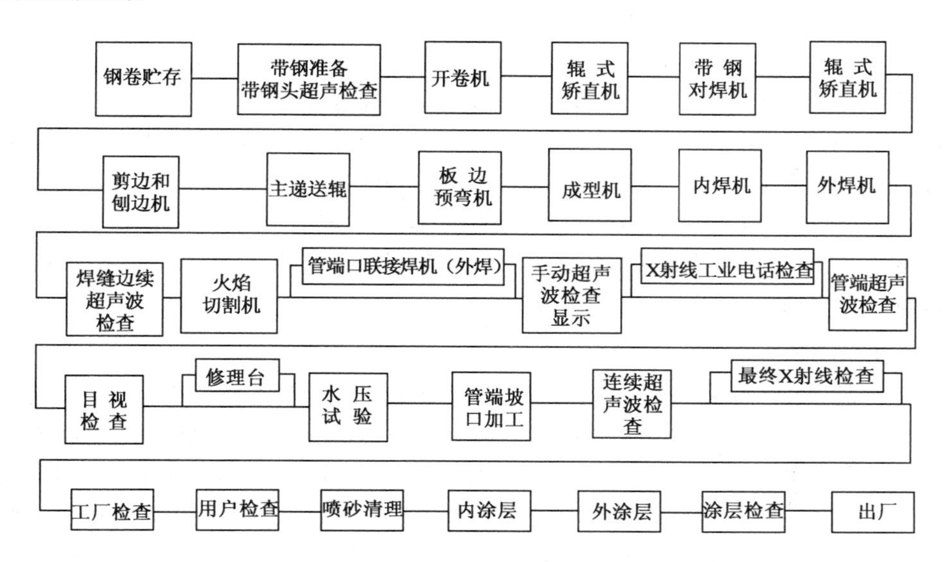

图 12.4　螺旋缝埋弧焊钢管的现代化生产流程图

3. 螺旋缝埋弧焊钢管的成型焊接

螺旋缝埋弧焊钢管的焊接是针对特定产品对象在连续成型过程中进行的，因而其焊接工艺即遵循常规埋弧焊自动焊的规律，也有其自身的工艺特点和要求。

1）焊接过程的连续性

螺旋缝埋弧焊钢管的生产过程中，成型和焊接是在自动生产线上一次完成的。因此要求焊管机组必须能够长时间的连续稳定运行。其中焊接电源应具有良好可靠的系统稳定性和抗电网波动能力，以保证焊接过程中主要焊接工艺参数焊接电流、焊接电压的稳定和电弧的连续稳定燃烧；螺旋管的成型过程必须稳定、均匀、连续。为焊管生产提供持续不变的焊接速度和焊接间隙；选用大型焊丝盘，使用寿命长的焊接配件，如焊丝导轮、导电嘴等；采用焊剂自动供给和回收装置，保障焊剂的连续供给。在生产过程中，尽量做到在线取样、更换焊接配件、处理设备等，以减少停车次数。经常性的停车不仅影响生产效率，也影响焊接质量的稳定性。

2）动态下的焊缝成型

螺旋缝埋弧焊管的焊接位置示意图如图12.5所示，焊接由内焊缝和外焊缝两部分组成。分别由内焊和外焊两个埋弧焊机组完成。先焊接内焊缝，后焊接外焊缝，焊接的位置，内焊在下部，外焊在上部，两者相差约半个螺距。焊接时，焊接机头位置固定，即内，外焊点位置不变，而成型螺旋钢管随着成型过程旋转并直线移动。由于钢管的螺旋旋转和送进，焊缝熔池金属的结晶将在空间位置变化的状态下进行，为保证焊缝良好的成型和防止熔化金属的流溢，如图所示当钢管以正时针方向旋转时，内焊点应位于5点到5点半的位置（上坡焊）；外焊点应位于11点到11点半的位置（下坡焊）。具体位置将根据生产时带钢送进速度，也就是焊接速度确定，保证焊接熔化金属结晶时基本处于水平位置。此外，通过调整内外焊丝倾角，保证获得理想的内外焊接成型系数。由于埋弧焊方法的熔深大，在成型机组可成型的带钢厚度下，多数的螺旋缝埋弧焊钢管（一般壁厚小于9mm）采用的是不开坡口无间隙对接焊。螺旋缝埋弧焊管在不开坡口无间隙对接时，必须注意将内焊（一次焊）的熔深控制在板厚的58%～62%范围，焊缝的熔宽（焊缝的宽度）控制在板厚的1～1.1倍左右。因为，在大量试验后得知熔深和焊缝宽度在这个范围内，焊瘤、气和其他缺陷的发生率最少的。外缝的熔深应在板厚的70%左右，以确保焊透。

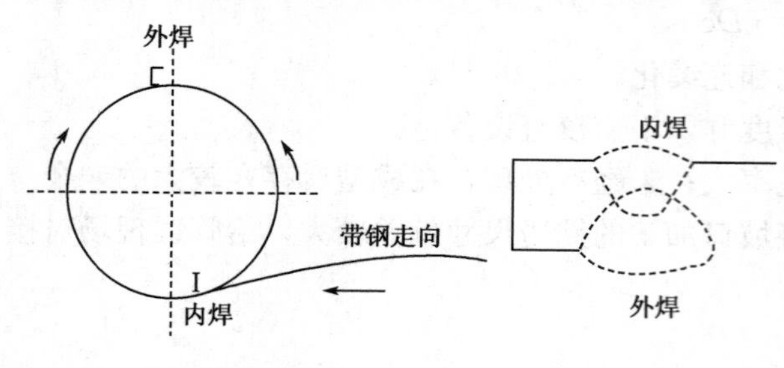

图12.5　螺旋缝埋弧焊焊管焊接位置、焊缝成型示意图

3）较高的焊接速度和多丝焊接

在保证产品质量的前提下，获取最佳的经济效益是企业的经营原则。在螺旋缝埋弧焊管生产线上提高焊接速度是提高生产率的最有效途径。目前我国螺旋缝埋弧焊管生产线上采用的焊接速度范围是0.8～2m/min，最常用的焊接速度是1.0～1.5m/min。日本、德国等几家采用一系列先进的焊管技术，使焊接速度达3m/min以上，远远高于普通的埋弧焊使用的焊接速度（0.3～1.1m/min）。螺旋缝埋弧焊管焊接速度的提高，需要在焊接的结晶控制，焊接材料和焊接工艺上采取一系列必要的措施，否则会造成焊缝形状的变差和焊缝内部缺陷增加。目前，螺旋缝埋弧焊钢管的高速焊接仍是焊管技术的重要课题。对于大直径、厚壁螺旋缝埋弧焊钢管的焊接，国内为多采用双丝或多丝的焊接方法。其中单熔池双丝焊方法应用的较为普遍。

4）焊接规范

螺旋缝埋弧焊管的焊接规范内容主要有焊丝、焊剂、内外焊焊接电流、焊接电压、焊接速度、内外焊点位置、焊丝倾角、焊剂堆高等。其中焊接材料，即焊丝和焊剂的质量对保证焊接过程的稳定和获得满足使用要求的焊缝金属起着决定性作用。而焊接工艺是否正确和合理将直接影响焊接产品制造质量、劳动生产率和制造成本。螺旋缝埋弧焊钢管的规格品种较多，同时各钢管厂家选用的焊接规范也各不相同，这里给出国内某钢管厂2000年出生产涩兰宁西气东输试验段输气螺旋缝埋弧焊钢管管线时采用的焊接规范，供了解和参考。涩兰宁西气东输试验段管线：

钢材级别：X70；

钢管尺寸：660mm×10.3mm；

焊管类型：螺旋缝埋弧焊钢管；

焊材匹配：焊丝 H08C，碱性烧结焊剂 SJ101；化学成分见表 12.13 和表 12.14。

焊接工艺参数：内焊单丝埋弧自动焊，I=780～800A、V=29～31V；外焊单熔池双丝埋弧自动焊，I_1=800A、V_1=28～30V、I_2=380A、V_2=34～35V；焊接速度 1.2m/min。焊接直径，内焊和外焊前丝为 4mm，外焊后丝为 3.2mm；焊丝丝杆伸出长度 35mm；焊接极性为直流反极性。

表 12.13　H08C 焊丝的化学成分（质量分数）　　%

化学成分	C	Si	Mn	S	P	Mo	Ti	B
H08C 焊丝	0.08	0.18	1.45	0.007	0.024	0.32	0.05	0.005

表 12.14　SJ101 碱性烧结焊剂的化学成分（质量分数）　　%

化学成分	SiO_2+TiO_2	CaO+MgO	Al_2O_3+MnO	CaF_2	S	P
SJ101 焊剂	15—22	30—35	15—20	20—25	0.018	0.03

12.4.2　直缝埋弧焊钢管的成型焊接

1. 直缝埋弧焊钢管的分类及成型特点

直缝埋弧焊钢管按其成型方式主要分为 UOE、RBE、JCOE 等。

1）UOE（U-O-Expanding）焊管的成型特点

UOE 的成型工艺是将钢板首先在成型机内压成 U 型，然后弯曲成 O 型，焊后进行扩径。UOE 钢管的主要特点是：

（1）焊接过程与成型过程分离，非连续型的单根生产；

（2）可生产厚壁钢管，最大壁厚可达 32mm；

（3）焊缝长度等于钢管长度，小于螺旋缝焊管，焊缝产生的缺陷少；

（4）产量高，一台 UOE 机组的产量一般相当于 2～4 台螺旋焊管机组的总产量；

（5）采用扩径工序使钢管强度和尺寸精度提高；

（6）UOE 钢管是直缝，使管道铺设和维修方便；

（7）设备较螺旋焊管机组大，投资费用高；

（8）UOE 管的最大直径受到轧制最大钢板宽度的限制。

由于 UOE 焊管的性能特点，使其成为在恶劣条件下服役时油气长输管线的首选输送用钢管。

2）RBE（Roll Bending Expanding）焊管的成型及特点

RBE 焊管是将钢板通过辊压弯曲成型，如同容器的筒节成型。焊接后进行扩径，得到所需尺寸的钢管。生产设备相对简单，具有变换产品规格灵活的优点。但钢管生产长度受成型辊长度的限制，不可能生产 6m 以上的管子。这种成型方法只适于生产小批量、多规格的钢管。

3）JCOE（J-C-O-Expanding）焊管的成型及特点

JCOE 焊管是将钢板按 J 形-C 形-O 形的顺序成型，焊接后进行扩径。它和 UOE 相同之处是每道工序都在大型的压力机上完成，投资稍低于 UOE 焊管设备，但是每种规格的钢管生产都需要一套模具，品种更换时复杂，加工效率较低，操作人员较多。

2. 直缝埋弧管的焊接

直缝埋弧焊管的成型和焊接是分开进行的。直缝埋弧管的焊接分为预焊焊接和埋弧焊焊接两道工序。

1）预焊焊接

预焊是将管坯沿全长进行“浅焊”。预焊时管坯被固定在设有焊缝压紧机构的型套或型框内。预焊分为间断预焊和连续预焊。间断预焊是每隔一定的间隔连续焊 100mm 左右，连续预焊是在管坯纵向对接处沿全长施焊。无论是间断预焊还是连续预焊，都不需要很大的熔深和容量，但必须保证质量。预焊后的焊道在焊接时一般不清理掉。预焊多采用气体保护自动焊或手工电弧焊方法完成。

2）埋弧焊焊接

预焊后的埋弧焊在专用的焊接装置上进行。直缝埋弧焊钢管的内焊方式有两种。一种是将钢管固定，电焊机的焊头移动；另一种是将焊机的焊头固定，管坯沿直线移动。外焊大多数采用焊头固定，管坯沿直线移动的方法完成。

由于直缝埋弧焊管的成型方式可以生产壁厚较大的钢管，为了提高生产率并保证焊接质量，埋弧焊时的最大特点是采用双丝或多丝焊工艺，有的还采用多丝双层焊工艺。

12.4.3 直缝高频电阻焊钢管的成型焊接

1. 直缝高频电阻焊（ERW）钢管的成型及特点

直缝高频电阻焊管的生产过程中，焊接和成型两个工艺是紧密联系在一起的。生产中，热轧钢带经过连续辊式成型后，进入焊接阶段，在高频电流的集肤效应和邻近效应的作用下，钢板接缝边缘区域集中生产电阻热并造成金属熔化，此后在挤压辊的压力作用下完成焊接接头形成过程。一条自动化程度很高的直缝高频焊管机组，可以满足成型、焊接以及精整各工序的需要。在成型之前它会对原料（带钢）进行一系列的处理，以保证成型的准确性，钢管焊接好后，又能在完成一系列精整工序的同时，在生产线上进行必要的检测，形成完整的质量保证系统。

ERW 钢管制造工艺与其他制管工艺相比有以下特点：

（1）加热速度快，生产效率高。由于电流能量高度集中于焊接区，管体的焊接边缘在极短暂的时间内（百分之几秒至十分之几秒）被加热的焊接需要的温度。而且高速焊接时不产生“跳焊”现象，因而可以获得很高的焊接速度。例如：我国引进大 426 机组，焊接速度的范围是 15～45m/min。

（2）适应材料范围广。高频电阻焊属于压力焊范畴，焊接时是本体材料间的结合，无需外来填充金属，避免了材料选材以及焊接材料与母材金属的冶金化学反应等问题。因而适应材质范围广。不仅适用于碳钢的焊接，而且也适用于合金钢和不锈钢等多种金属材料的焊接。

（3）焊接热影响区小。因为焊接速度高，工件自冷作用强，故焊接热影响区小，且不易发生氧化，可获得较好的组织和性能的焊缝。

（4）钢管的壁厚均匀，表面质量好。ERW管是由扎制的钢带冷变后经焊接制成，因而在壁厚的均匀程度和表面质量方面优于无缝钢管，在越来越多的部门和运用场合被用于替代无缝钢管，但是在性能的均匀程度上和无缝钢管还是有一定的差距。

（5）外径和壁厚受工艺过程的限制。ERW管的生产由于受到成型设备和热源加热均匀程度的限制，管径的大小和厚度受到限制。目前，ERW管的管径在 ϕ600mm以下，壁厚在13mm以下，再大的管径和壁厚不仅仅受到工艺特点的限制，而且投资很大，在经济上也是不合算的。

由于以上的特点，近十余年来通过热轧钢带的改进，以及焊接、热处理参数的计算机控制和在线检测自动化的实现，ERW钢管的可靠性大为提高。目前，在石油、天然气行业，ERW钢管在长输管线、油井套管等领域得到广泛的应用。

2. 直缝高频焊钢管的焊接

直缝高频焊管的焊接采用的是高频对接缝焊，包括高频接触焊和高频感应焊两种方法，电流频率范围是350～450kHz。高频接触焊和高频感应焊都是利用高频电流的趋肤（趋表）效应和邻近效应这两个特点，使金属薄层加热，同时加热而进行连接的。

1）趋肤效应和邻近效应

（1）趋肤效应。

趋肤效应是指交变电流流经导体时，导体中的电流分布是外表多而中心少。这种高频电流仅沿表面层流动的性质是由于导体内部的磁场作用而产生的。趋肤效应的强弱除材料因素外，主要取决于高频电流的频率。电流频率越高，导体的内感抗越大，趋肤效应越强。

（2）邻近效应。

邻近效应是指两个有高频电流流过的导体，如果彼此相距很近，则高频电流仅沿流过导体相邻近的一面（当流过导体里的电流方向相反）或相距较远的一面（当流过导体里的电流方向相同）流动的性质。

2）高频接触焊

高频接触焊原理如图12.6所示。两个电极（接触头）与管胚对接边部接触，焊接时，高频电流通过电极，一路沿对口表面形成V形回路，称之负载回路或焊接电流；同时，另一路沿管体内、外表面构成两个分流回路，称为循环电流。管胚对接边部V形缺口处借助高频电流产生的集肤效应和邻近效应，使管对接边金属在瞬间被加热的焊接温度，随之挤压辊加压使其焊合。而电极经管体的循环电流，则以热损失的形式耗掉。V形口的最好角度是4°～7°。如果V形口太宽，邻近效应减弱使之加热效应减小；V形口太窄会使顶端偏移而改变焊缝宽度，并容易在V形口的尖端产生电弧。为集中V形回路磁场、增大管筒内表面感抗而减少分流，需要在管筒内安置阻抗器，通常采用铁氧体磁芯棒，安放在挤压辊中心线略靠下的位置。

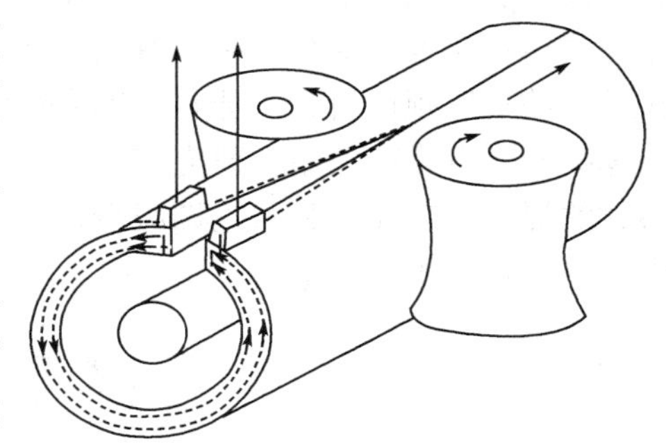

图12.6　高频接触焊原理示意图

3）高频感应焊

高频感应焊接原理如图 12.7 所示。当感应圈内通过高频电流时，则产生高频磁场，处于感应圈中间的钢管外表面在高频磁场作用下感应出涡流，涡流同沿管筒对口表面和外表面形成 V 形回路（负载回路）。同时，沿管筒内表面（由外表面向内表面）构成分流（循环电流）。由于趋肤效应和邻近效应，密集涡流经管筒边部 V 形缺口，使 V 形缺口边缘迅速加热到焊接温度，并在随即挤压辊加压下焊合。高频感应焊由于焊接电流不仅流经 V 形口的全长，还要流经管筒外表面，主要就造成较大的功率损耗，因此与高频接触焊比较，同样生产量下所需的功率数和电压都更高些，随着管子直径的增大功率消耗也更加明显。此外，流经管筒内表面的循环电流将管料周身加热，是一种热损失。为了减少循环电流，高频感应焊焊时使用一种成组的簇式阻抗器（采用铝质集管），以增加管体内表面的感抗。安装时使它的下游端超越线圈顶端 25.4mm 以上，但不需要一直达到 V 形口的顶端。

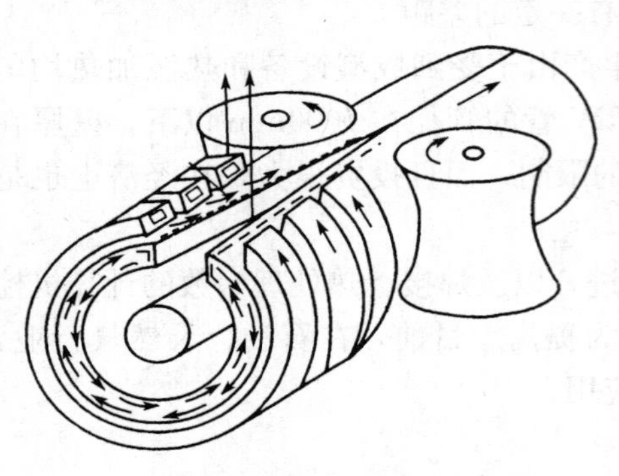

图 12.7　高频感应焊原理示意图

4）方法选择和工艺特点

（1）方法选择。

高频感应焊与工件无接触，无电极接触压力，对工件表面要求低，焊接速度高，焊接过程稳定，适合中、薄壁厚（一般小于 5mm），中、小管径，对表面质量要求高，有利于连续钢管的生产。而对于长输管道和油井套管这类管径较大、管壁较厚的钢管，主要采用高频接触焊，其主要原因为了降低功率损耗和提高生产率。

（2）焊后工序。

为保证焊缝性能和保证钢管尺寸精度，长输管道和油井套管用 ERW 管在焊接工序后采用专门的毛刺切除器去除焊道内、外部毛刺；并对焊道进行局部热处理，以改善组织结构，降低焊接应力。

（3）灰斑。

灰斑是 ERW 管高频焊接中常见的内部焊接缺陷灰斑出现在 ERW 管对接缝结合处，一般认为是非金属夹杂物，属于硅酸盐或氧化物一类杂质。其产生的原因与管材被焊端面金属冷却凝结较快及自保护效果差有关，在挤压前段面时受到氧化，或母材本身有夹杂物析出，在随后的挤压顶锻过程未能将其彻底清除所造成。同时，也与焊接规范参数，尤其是加热参数选择不当有直接关系。研究表明，灰斑大多是在接头加热温度较低情况下出现，随着加热参数的提高，灰斑面积将逐渐减少，但继而会出现过热组织，ERW 焊缝中灰斑的控制主要应从工艺角度予以考虑。

12.5　管道的焊接

管道与一般容器的焊接不同，只能单面焊，不能从里面清焊根，且往往是固定口全位置焊接，操作技术较难。特别是石油和化工生产中的高压管道，工作压力高，工作温度范围广，因而对它的焊接质量要求非常严格。

12.5.1 小直径管对接接头的焊接

锅炉蛇形管部件实际上是将 ϕ40～60mm 的管子在系统弯管机上弯成蛇形排管，然后在叠组装成部件。而钢厂供应的钢管最长不超过 10m，这就需要将不同长度的直钢管对接成所要求的长度。拼接工作量相当大，以 200MW 常规电站锅炉为例，蛇形管部件直管对接接头的数量接近 2 万个，管子直径由原来的 ϕ38mm、ϕ42mm 增大到 ϕ63mm，管壁厚度从原来的 5mm 增加到 13mm，焊接工作量进一步加大。直管对接的基本方法是管子转动，焊接机头不动。弯管对接则是采用全位置焊或压力焊等方法施焊。近年来，随着新技术的开发和先进的焊接设备的引进，直管对接已经采用了摩擦焊、自动钨极氩弧焊、熔化极气体保护焊、等离子弧焊。弯管对接则采用了闪光对焊、全位置 TIG 焊、全位置等离子弧焊和中频感应加热压力焊。

12.5.2 现场固定管对接

现场固定管单面对接的焊接方法主要是手工电弧焊、TIG 焊、手工焊加 TIG 焊，以及药芯焊丝自动和半自动焊。

TIG 焊主要用于手工电弧焊有困难的小口径管以及薄壁管的焊接，尤其适用于低合金钢及不锈钢薄壁管的焊接。

TIG 焊和手工电弧焊的组合是指用 TIG 焊打底，用手工电弧焊焊接中间层及盖面层的组合焊接法。常用于使用条件苛刻的设备管道的焊接。

1. 手工电弧焊——采用下坡焊

水平固定管或倾斜固定管手弧焊采用上坡焊获得的焊缝致密性比用下坡焊要高一些，但它的生产效率太低。下坡焊的焊接电流较大、焊接速度较快，因此效率较高，最适合于薄壁（7～16mm）、大口径钢管的焊接。国外已非常广泛地使用纤维素型焊条对管道进行下坡焊接。国际上公认的关于管道焊接施工标准 API1104《管道及相关设备焊接标准》中，也把采用纤维素型焊条进行下坡焊作为管道焊接基本工艺。

长输管道的铺设通常采用所谓的立体施工法。此时影响施工进度的主要问题是根部焊道所需的焊接时间。由于用纤维素型下坡焊时焊速可高达 20～50cm/min，因此，下坡焊成为管道焊接的主要方法。

2. 药芯焊丝半自动和自动焊

在长输管道焊接中已大量采用自保护药芯焊丝，但生产实践表明，其生产率与保护气氛下的自动焊相比没有明显提高。采用水冷铜滑块对焊缝进行强迫成型的自保护药芯焊丝自动焊，既有利于全位置焊接，又可提高焊接电流而增大熔敷系数，因此可提高生产率。

美国林肯电气公司 20 世纪 20 年代就开发了自保护药芯焊丝，目前已应用于半自动焊，其设备由平外特性直流电源、LN－23P 型便携式管道专用恒速半自动焊送丝机和手提式焊枪组成。焊接时可先在送丝机上设定和调节焊接参数；焊枪上设有双位开关，随时可将焊接电流降至设定值的 83%，这对管道全位置焊尤其是根部焊道是特别有利的。

适用于 API5LX42～X70 管线钢的焊丝应满足 API1104 和其他国际标准的要求，一般使用 E61－GS 和 E71T8－K6。按上述工艺焊接与传统的纤维素焊条下向焊相比有以下优点：

（1）熔敷速度高，一般比手工电弧焊提高 20%，总的工时可减少 1/2，且随着钢管直径与壁厚的增大，焊接效率的提高更为明显。

(2) 扩散氢含量<3.6mL/100g，远比纤维素焊条的低，因此冷裂敏感性低。这对强度级别高的管线钢（如 X60、X65、X70、X80）焊接更为重要。

(3) 焊缝金属的低温冲击韧性好。

(4) 自保护药芯焊丝的抗风能力强，在 40m/h 的风速下焊接不需采取防风措施。

(5) 电弧稳定；焊渣薄且脱渣性好。

第 13 章　机械零件失效分析及选材

13.1　机械零件失效及分析

机械零件在服役过程中由于形状尺寸、材料的组织与性能等变化，导致其丧失功能的现象称为失效。零部件的失效，会使机床降低加工精度、油气管道产生泄露、设备不能运转等，严重威胁生产安全，造成巨大的经济损失。

13.1.1　失效原因

机械产品失效的原因主要有设计、加工工艺、材料、装配等方面的因素。

1. 设计因素

最常见的情况是，零件尺寸和几何结构不正确，如过渡圆角太小、存在尖角、尖锐切口等，由此，造成了较大的应力集中；另外，设计中对零件工作估计错误，例如，对工作中可能的过载估计不足，因而设计的零件承载能力不够；或者对环境的恶劣程度估计不足、忽略或低估了温度、介质因素的影响，造成零件实际工作能力的降低。

2. 加工工艺因素

实际上，相当数量的零件，尽管其原始设计是正确的，但如果工艺制造条件不满足设计要求，仍会发生各式各样的故障而导致失效。如机械切削加工中常出现的表面粗糙度高、较深的刀痕、磨削裂纹等缺陷；热成型中容易产生的过热、过烧和带状组织等缺陷；热处理工序的遗漏、淬火冷却速度不够、表面脱碳、淬火变形、开裂等，都是造成零件失效的重要原因。尤其当零件厚度不均、截面变化悬殊、结构不对称时，热处理更易形成大的残余内应力，对零件失效的影响，更应特别注意。

3. 材料因素

相当多机器主要失效原因与其关键零部件的材料因素密切相关。材质内部缺陷实质上是其内部的应力集中源，当其在外界载荷作用下，材质缺陷处呈现高应力水平而导致发生某种失效。材料引起的失效，可能是由于选材不当，也可能由于冷热加工工艺过程产生的缺陷，也可能由于检验不严而残留下的缺陷而造成的。

4. 装配因素

安装时配合过紧、过松，对中不好，固定不紧等，都可能使零件不能正常地工作或工作不安全。使用维护不良、不按工艺规程操作，也可使零件在不正常的情况下运转。例如，零件磨损后未及时调整间隙或进行更换会造成过量弹性变形和冲击加载；环境介质的污染会加速磨损和腐蚀进程等。所有这些情况对失效的影响都是不可轻视的。

失效的实际情况是很复杂的，往往不只是单一原因造成的，而可能是多种原因综合作用的结果，在这种情况下，必须逐一考查设计、材料、加工和安装使用等方面的问题，排除各种可能性，找到真正的原因，特别是起决定作用的原因。

13.1.2 失效形式

1. 塑性变形

受静载的零件产生过量的塑性（屈服）变形，位置相对于其他零件发生变化，使整个机器运转不良，导致失效。

2. 弹性失稳

细长件或薄壁筒受轴向压缩时，发生弹性失稳，即产生很大的侧向弹性弯曲变形，丧失工作能力，甚至引起大的塑性弯曲或断裂。

3. 蠕变断裂

受长期固定载荷的零件，特别是在高温下工作时，蠕变量超出规定范围，因而处于不安全状态，严重时可能与其他零件相碰，造成断裂。

4. 磨损

两相互接触的零件相对运动时，表面发生磨损。磨损使零件尺寸变化，精度降低，甚至发生咬合、剥落，而不能继续工作。

5. 快速断裂

受单调载荷的零件可发生韧性断裂或者脆性断裂。韧性断裂是屈服变形的结果；脆性断裂时无明显塑性变形，常在低应力下突然发生，它的情况比较复杂。脆性断裂在高温、低温下能发生；在静载、冲击载荷时可发生；光滑、缺口构件也可以发生。但最多的是有尖锐缺口或裂纹的构件，在低温或受冲击载荷时发生的低应力断裂。

6. 疲劳断裂

零件受交变应力作用时，在比静载屈服应力低得多的应力下发生突然断裂，断裂前往往没有明显征兆。

7. 应力腐蚀断裂

零件在腐蚀的环境中受载时，由于应力和腐蚀介质的联合作用，发生低应力脆性断裂。

在以上各种失效中，弹性失稳、塑性变形、蠕变和磨损等，在失效前一般都有尺寸的变化，有较明显的征兆，所以失效可以预防，断裂可以避免；而低应力脆断、疲劳断裂和应力腐蚀断裂往往事前无明显征兆，断裂是瞬间发生的，会带来灾难性的后果，因此特别危险。

同一种零件可有几种不同的失效形式。对应于不同的失效形式，零件具有不同的抗力。例如，轴的失效可以是疲劳断裂，也可以是过量弹性变形。究竟以什么形式失效，决定于具体条件下零件的哪一种抗力最低。因此，一个零件失效，总是由一种形式起主导作用，很少同时以两种形式失效的。但它们可以组合为更复杂的失效形式，例如腐蚀疲劳、蠕变疲劳、腐蚀磨损等。根据零件破坏的特点、所受载荷的类型以及外在条件，机器零件失效的形式可以分为变形失效、断裂失效和表面损伤失效三大类型，如图 13.1 所示。

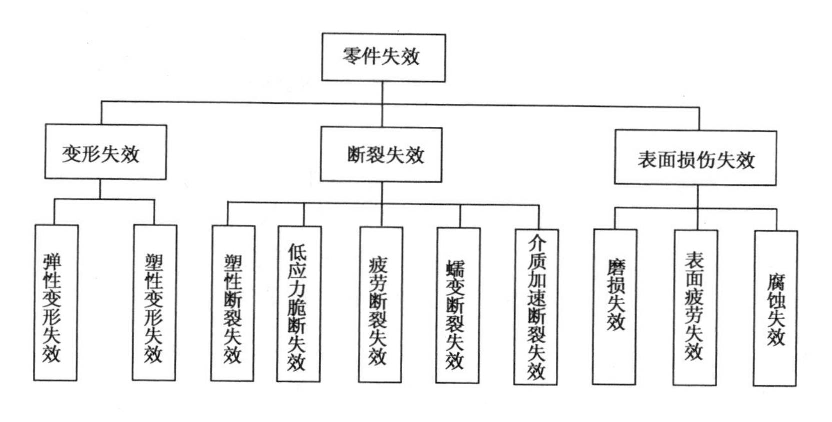

图 13.1　零件失效方式的分类

13.1.3　失效分析的思路及步骤

分析失效的原因，研究采取补救和预防措施的技术和管理活动称为失效分析。对失效零件进行分析的目的是减少类似失效事件重复出现，为改进产品设计、提高产品质量提供依据。失效分析的成果也是新产品开发的前提，并能推动材料科学理论的发展。

1. 失效分析的基本思路

失效分析的步骤和程序应根据失效事件的具体情况（失效类型及其失效的严重性）、失效分析的目的与要求（机理研究、技术改进或法律仲裁）以及有关的合同或法规来制定。

在进行失效分析时，可检测失效材料的性能及其变形量，再用各种方法分析造成材料性能的变化和形状尺寸的改变是由哪些因素引起的，从而找出主要的因素并采取相应的措施。这便是失效分析的基本思路。

2. 失效分析的步骤

一般来说，失效零件的残骸上都留下了零件的各种信息，通过分析零件残骸和使用工况，就能够找出引起材料失效的原因，提出推迟失效的措施，然后反馈到有关部门，防止早期失效再度发生，从而提高产品使用寿命。

（1）搜集失效零件的残骸，观测并记录损坏部位、尺寸变化和断口宏观特征，搜集表面剥落物和腐蚀产物，必要时进行专门的分析和记录。

（2）了解零件的工作环境。

（3）了解失效经过，观察相关零件的损坏情况，判断损坏的顺序。审查有关零件的设计、材质成分、加工、安装、使用维护等方面的资料。

（4）试验研究，取得各种数据。

(5) 综合以上各种材料，判断出引起材料失效的原因，提出改进措施，写出失效分析报告。失效分析报告除有明确的结论外，还应有足够的事实与科学试验结果，以及必要的分析与对策。

3. 失效分析中的检验方法

1）化学分析

检验材料成分与设计是否相符。有时需要采用剥层法，查明化学热处理零件截面上的化学成分变化情况，必要时，还应采用电子探针等方法，了解局部区域的化学成分。

2）断口分析

对断口做宏观及微观观察，确定裂纹的发源地、扩展区和最终断裂的断裂性质。

3）宏观检查

检查零件的材料及其在加工过程中产生的缺陷，如与冶金质量有关的疏松、缩孔、气泡、白点、夹杂物等；与锻造有关的流线、锻造裂纹等；与热处理有关的氧化、脱碳、淬火裂纹等。为此，应对失效部位的表面和纵、横截面作低倍检验，有时还要用无损探伤法检测内部缺陷及其分布。对于表面强化零件，还应检查强化层厚度。

4）显微分析

判明显微组织，观察组织组成物的形状、大小、数量、分布及均匀性，鉴别各种组织缺陷，判断组织是否正常，特别注意观察失效部位与周围组织的变化，这对查清裂纹的性质，找出失效的原因非常重要。

5）应力分析

采用实验应力分析方法，检查失效零件的应力分布，确定损害部位是否为主应力最大的地方，找出产生裂纹的平面与最大主应力之间的关系，以便判定零件几何形状与结构受力位置的安排是否合理。

6）力学性能测试

对失效的部位进行力学性能测试，判断其是否能达到使用要求。并结合金相分析、断口分析，成分分析等来确定材料力学性能是在使用中发生改变的，还是在生产时其性能就不符合要求。

7）断裂力学分析

对于某些零件，要进行断裂韧性的测定，同时用无损检测方法探测出失效部位的最大裂纹尺寸，按照最大工作应力，计算出断裂韧性值，由此判断材料是否发生了低应力脆断。

13.2 选材的基本原则和方法

在掌握材料科学的基本理论和各种材料性能的基础上，正确、合理地选择和使用材料是工程构件和机械零件设计与制造不可缺少的工作。

13.2.1 选材的基本原则

在进行材料及成型工艺的选择时，要考虑到在该工况下材料性能是否达到要求，及用该材料制造零件时，其成型加工过程是否容易，同时还要考虑材料或机件的生产及使用是否经济等因素即从适用性、工艺性和经济性3个方面进行考虑。

1. 适用性原则

适用性原则是指所选择的材料必须能够适应工况，并能达到令人满意的使用要求。满足使用要求是选材的必要条件，是在进行材料选择时首先要考虑的问题。

材料的使用要求体现在对其化学成分、组织结构、力学性能、物理性能和化学性能等内部质量的要求上。为满足材料的使用要求，在进行材料选择时，主要从零件的负载情况、材料的使用环境和材料的使用性能要求三个方面考虑。零件的负载情况主要是指载荷的大小和应力状态。材料的使用环境指材料所处的环境，如介质、工作温度及摩擦等。材料的使用性能要求指材料的使用寿命、材料的各种广义许用应力、广义许用变形等。只有将以上三方面进行充分的考虑，才能使材料满足使用性能要求。

2. 工艺性原则

一般地，材料一经选择，其加工工艺大体上就能确定。同时加工工艺过程又使材料的性能发生改变；零件的形状结构及生产批量、生产条件也对材料加工工艺产生重大的影响。

工艺性原则指的是选材时要考虑到材料的加工工艺性，优先选择加工工艺性好的材料，降低材料的制造难度和制造成本。

各种成型工艺各有其特点和优缺点，同一材料的零件，当使用不同成型工艺制造时，其难度和成本是不一样的，所要求的材料工艺性能也是不同的。例如，当零件形状比较复杂、尺寸较大时，用锻造成型往往难以实现，若采用铸造或焊接，则其材料必须具有良好的铸造性能或焊接性能，在结构上也要适应铸造或焊接的要求。再如，用冷拔工艺制造键、销时，应考虑材料的伸长率，并考虑形变强化对材料力学性能的影响。

3. 经济性原则

在满足材料使用要求和工艺要求的同时，也必须考虑材料的使用经济性。经济性原则是指在选用材料时，应选择性能价格比高的材料。材料的性能就是指其使用性能。材料的使用性能一般可以用使用时间和安全程度来代表。材料价格主要由成本决定。材料的成本包括生产成本和使用成本。一般地，材料成本由原材料成本、原材料利用率、材料成型成本、加工费、安装调试费、维修费、管理费等因素决定。

13.2.2 材料及成型工艺选择的步骤、方法及依据

材料及成型工艺的选择步骤如下：首先根据使用工况及使用要求进行材料选择，然后根据所选材料，同时结合材料的成本、材料的成型工艺性、零件的复杂程度、零件的生产批量、现有生产条件和技术条件等，选择合适的成型工艺。

1. 选择材料及其成型工艺的步骤、方法

分析零件的服役条件，找出零件在使用过程中具体的负荷情况、应力状态、温度、腐蚀及磨损等情况。

大多数零件都在常温大气中使用，主要要求材料的力学性能。在其他条件下使用的零件，要求材料还必须有某些特殊的物理、化学性能。如高温条件下使用，要求零件材料有一定的高温强度和抗氧化性；化工设备则要求材料有高的抗腐蚀性能；某些仪表零件要求材料具有电磁性能等。严寒地区使用的焊接结构，应附加对低温韧性的要求；在潮湿地区使用时，应附加对耐大气腐蚀性的要求等。

（1）通过分析或试验，结合同类材料失效分析的结果，确定允许材料使用的各项广义许用应力指标，如许用强度、许用应变、许用变形量及使用时间等。

（2）找出主要和次要的广义许用应力指标，以重要指标作为选材的主要依据。

（3）根据主要性能指标，选择符合要求的几种材料。

（4）根据材料的成型工艺性、零件的复杂程度、零件的生产批量、现有生产条件、技术条件选择材料及其成型工艺。

（5）综合考虑材料成本、成型工艺性、材料性能、使用的可靠性等，利用优化方法选出最适用的材料。

（6）必要时选材要经过试验投产，再进行验证或调整。

上述只是选材步骤的一般规律，其工作量和耗时都是相当大的。对于重要零件和新材料，在选材时，需要进行大量的基础性试验和批量试生产过程，以保证材料的使用安全性。对不太重要的、批量小的零件，通常参照相同工况下同类材料的使用经验来选择材料，确定材料的牌号和规格，安排成型工艺。若零件属于正常的损坏，则可选用原来的材料及成型工艺；若零件的损坏属于非正常的早期破坏，应找出引起失效的原因，并采取相应的措施。如果是材料或其生产工艺的问题，可以考虑选用新材料或新的成型工艺。

2. 选材的依据

一般依据使用工况及使用要求进行选材，可以从以下四方面考虑。

1）负荷情况

工程材料在使用过程中受到各种力的作用，有拉应力、压应力、剪应力、切应力，扭矩、冲击力等。材料在负荷下工作，其力学性能要求和失效形式是和负荷情况紧密相关的。

在工程实际中，任何机械和结构，必须保证它们在完成运动要求的同时，能安全可靠地工作。例如要保证机床主轴的正常工作，则主轴既不允许折断，也不允许受力后产生过度变形。又如千斤顶顶起重物时，其螺杆必须保持直线形式的平衡状态，而不允许突然弯曲。对工程构件来说，只有满足了强度、刚度和稳定性的要求，才能安全可靠地工作。实际上，在材料力学中对材料的这三方面要求都有具体的使用条件。在分析材料的受力情况，或根据受力情况进行材料选择时，除了考虑材料的力学性能外，还必须应用材料力学的有关知识进行科学的选材。

几种常见零件受力情况、失效形式及要求的力学性能见表13.1。

表13.1　几种常见零件的受力情况、失效形式及要求的力学性能

零　　件	工作条件			常见失效形式	主要力学性能要求
	应力种类	载荷性质	其　　他		
普通紧固螺栓	拉应力 切应力	静载荷		过量变形、断裂	屈服强度、抗剪强度
传动轴	弯应力 扭应力	循环冲击	轴颈处摩擦，振动	疲劳破坏、过量变形、轴颈处磨损	综合力学性能
传动齿轮	压应力 弯应力	循环冲击	强烈摩擦，振动	磨损、麻点剥落、齿折断	表面：硬度及弯曲疲劳强度、接触疲劳抗力；心部：屈服强度、韧性
弹簧	扭应力 弯应力	循环冲击	振动	弹性丧失、疲劳断裂	弹性极限、屈服比、疲劳强度
油泵柱塞副	压应力	循环冲击	摩擦，油的腐蚀	磨损	硬度、抗压强度
冷作模具	复杂应力	循环冲击	强烈摩擦	磨损、脆断	硬度，足够的强度、韧性
压铸模	复杂应力	循环冲击	高温度、摩擦、金属液腐蚀	热疲劳、脆断、磨损	高温强度、热疲劳抗力、韧性与红硬性
滚动轴承	压应力	循环冲击	强烈摩擦	疲劳断裂、磨损、麻点剥落	接触疲劳抗力、硬度、耐磨性

续表

零件	工作条件			常见失效形式	主要力学性能要求
	应力种类	载荷性质	其他		
曲轴	弯应力 扭应力	循环冲击	轴颈摩擦	脆断、疲劳断裂、咬蚀、磨损	疲劳强度、硬度、冲击疲劳抗力、综合力学性能
连杆	拉应力 压应力	循环冲击		脆断	抗压疲劳强度、冲击疲劳抗力

2）材料的使用温度

大多数材料都在常温下使用，当然也有在高温或低温下使用的材料。由于使用温度不同，要求材料的性能也有很大差异。

随着温度的降低，钢铁材料的韧性和塑性不断下降。当温度降低到一定程度时，其韧性、塑性显著下降，这一温度称为韧脆转折温度。在低于韧脆转折温度下使用时，材料容易发生低应力脆断，从而造成危害。因此，选择低温下使用的钢铁时，应选用韧脆转折温度低于使用工况的材料。各种低温用钢的合金化目的都在于降低碳含量，提高材料的低温韧性。

随着温度的升高，钢铁材料的性能会发生一系列变化，主要是强度、硬度降低，塑性、韧性先升高而后又降低，钢铁受高温氧化或高温腐蚀等。这都对材料的性能产生影响，甚至使材料失效。例如，一般碳钢和铸铁的使用温度不宜超过 480℃，而合金钢的使用温度不宜超过 1150℃。

3）受腐蚀情况

在工业上，一般用腐蚀速度表示材料的耐蚀性。腐蚀速度用单位时间内单位面积上金属材料的损失量来表示；也可用单位时间内金属材料的腐蚀深度来表示。工业上常用 6 类 10 级的耐蚀性评级标准，从 I 类完全耐蚀到 VI 类不耐蚀，见表 13.2。

表 13.2　金属材料耐蚀性的分类评级标准

耐蚀性分类		耐蚀性分级	腐蚀速度，mm/d
Ⅰ	完全耐蚀	1	<0.001
Ⅱ	相当耐蚀	2	0.001～0.005
		3	0.005～0.01
Ⅲ	耐蚀	4	0.01～0.05
		5	0.05～0.1
Ⅳ	尚耐蚀	6	0.1～0.5
		7	0.5～1.0
Ⅴ	耐蚀性差	8	1.0～5.0
		9	5.0～10.0
Ⅵ	不耐蚀	10	>10.0

大多数工程材料都是在大气环境中工作的，大气腐蚀是一个普遍的问题。大气的湿度、温度、日照、雨水及腐蚀性气体含量对材料腐蚀影响很大。在常用合金中，碳钢在工业大气中的腐蚀速度为 10～60μm/d，在需要时常涂敷油漆等保护层后使用。含有铜、磷、镍、铬等合金组分的低合金钢，其耐大气腐蚀性有较大提高，一般可不涂油漆直接使用。铝、铜、铅、锌等合金耐大气腐蚀很好。

4）耐磨损情况

影响材料耐磨性的因素如下：

（1）材料本身的性能：包括硬度、韧性、加工硬化的能力、导热性、化学稳定性、表面状态等。

（2）摩擦条件：包括相磨物质的特性、摩擦时的压力、温度、速度、润滑剂的特性、腐蚀条件等。

一般来说，硬度高的材料不易为相磨的物体刺入或犁入，而且疲劳极限一般也较高，故耐磨性较高；如同时具备较高的韧性，即使被刺入或犁入，也不致被成块撕掉，可以提高耐磨性；因此，硬度是耐磨性的主要方面。另外，材料的硬度在使用过程中，也是可变的。易于加工硬化的金属在摩擦过程中变硬，而易于受热软化的金属会在摩擦中软化。

3. 材料成型工艺的选择依据

一般而言，当产品的材料确定后，其成型工艺的类型就大体确定了。例如，产品为铸铁件，则应选铸造成型；产品为薄板件，则应选板料冲压成型；产品为ABS塑料件，则应选注塑成型；产品为陶瓷件，则应选相应的陶瓷成型工艺等。然而，成型工艺对材料的性能也产生一定的影响，因此在选择成型工艺中，还必须考虑材料的最终性能要求。

1）产品材料的性能

（1）材料的力学性能。

例如，材料为钢的齿轮零件，当其力学性能要求不高时，可采用铸造成型；而力学性能要求高时，则应选用压力加工成型。

（2）材料的使用性能。

例如，若选用钢材模锻成型制造小轿车、汽车发动机中的飞轮零件，由于轿车转速高，要求行驶平稳，在使用中不允许飞轮锻件有纤维外露，以免产生腐蚀，影响其使用性能，故不宜采用开式模锻成型，而应采用闭式模锻成型。这是因为，开式模锻成型工艺只能锻造出带有飞边的飞轮锻件，在随后进行的切除飞边修整工序中，锻件的纤维组织会被切断而外露；而闭式模锻的锻件没有飞边，可克服此缺点。

（3）材料的工艺性能。

材料的工艺性能包括铸造性能、锻造性能、焊接性能、热处理性能及切削加工性能等。例如，易氧化和吸气的非铁金属材料的焊接性差，其连接就宜采用氩弧焊接工艺，而不宜采用普通的手弧焊接工艺；聚四氟乙烯材料，尽管它也属于热塑性塑料，但因其流动性差，故不宜采用注塑成型工艺，而只宜采用压制烧结的成型工艺。

（4）材料的特殊性能。

材料的特殊性能包括材料的耐磨损、耐腐蚀、耐热、导电或绝缘等。例如，耐酸泵的叶轮、壳体等，若选用不锈钢制造，则只能用铸造成型；选用塑料制造，则可用注塑成型；如要求既耐热又耐腐蚀，那么就应选用陶瓷制造，并相应地选用注浆成型工艺。

2）零件的生产批量

对于成批大量生产的产品，可选用精度和生产率都比较高的成型工艺。虽然这些成型工艺装备的制造费用较高，但这部分投资可由每个产品材料消耗的降低来补偿。如大量生产锻件，应选用模锻、冷轧、冷拔和冷挤压等成型工艺；大量生产非铁合金铸件，应选用金属型铸造、压力铸造、及低压铸造等成型工艺；大量生产MC尼龙制件，宜选用注塑成型工艺。

而单件小批生产这些产品时，可选用精度和生产率均较低的成型工艺，如手工造型、自由锻造、手工焊，及它们与切削加工相联合的成型工艺。

3）零件的形状复杂程度及精度要求

形状复杂的金属制件，特别是内腔形状复杂的零件，可选用铸造成型工艺，如箱体、泵体、缸体、阀体、壳体、床身等；形状复杂的工程塑料制件，多选用注塑成型工艺；形状复杂的陶瓷制件，多选用注浆成形或注射成型工艺；而形状简单的金属制件，可选用压力加工或焊接成型工艺；形状简单的工程塑料制件，可选用吹塑、挤出成型或模压成型工艺；形状简单的陶瓷制件，多选用模压成型工艺。

若产品为铸件，尺寸要求不高的可选用普通砂型铸造；而尺寸精度要求高的，则依铸造材料和批量不同，可分别选用熔模铸造、气化模铸造、压力铸造及低压铸造等成型工艺。若产品为锻件，尺寸精度要求低的，多采用自由锻造成型；而精度要求高的，则选用模锻成型、挤压成型等。若产品为塑料制件，精度要求低的，多选用中空吹塑；而精度要求高的，则选用注塑成型。

4）现有生产条件

现有生产条件是指生产产品现有的设备能力、人员技术水平及外协可能性等。例如，生产重型机械产品时，在现场没有大容量的炼钢炉和大吨位的起重运输设备条件下，常常选用铸造和焊接联合成型的工艺，即首先将大件分成几小块来铸造后，再用焊接拼成大件。

又如，车床上的油盘零件，通常是用薄钢板在压力机下冲压成型，但如果现场条件不具备，则应采用其他工艺方法。例如，现场没有薄板，也没有大型压力机，就不得不采用铸造成型工艺生产；当现场有薄板，但没有大型压力机时，就需要选用经济可行的旋压成型工艺来代替冲压成型。

5）充分考虑利用新工艺、新技术、新材料的可能性

随着工业市场需求日益增大，用户对产品品种和品质更新的要求越来越强烈，使生产性质由成批大量生产变成多品种、小批量生产，因而扩大了新工艺、新技术、新材料的应用范围。

因此，为了缩短生产周期，更新产品类型及质量，在可能的条件下就大量采用精密铸造、精密锻造、精密冲裁、冷挤压、液态模锻、超塑成型、注塑成型、粉末冶金、陶瓷等静压成型、复合材料成型、快速成型等新工艺、新技术、新材料，采用无余量成型，使零件近净型化，从而显著提高产品品质和经济效益。

除此之外，为了合理选用成型工艺，还必须对各类成型工艺的特点、适用范围以及成型工艺对材料性能的影响有比较清楚的了解。金属材料的各种毛坯成型工艺的特点见表13.3。

表13.3　各种毛坯成型工艺的特点

	铸　件	锻　件	冲压件	焊接件	轧　材
成型特点	液态下成型	固态塑性变形	固态塑性变形	结晶或固态下连接	固态塑性变形
对材料工艺性能的要求	流动性好，收缩率低	塑性好，变形抗力小	塑性好，变形抗力小	强度高，塑性好，液态下化学稳定性好	塑性好，变形抗力小

续表

	铸　件	锻　件	冲压件	焊接件	轧　材
常用材料	钢铁材料，铜合金，铝合金	中碳钢，合金结构钢	低碳钢，有色金属薄板	低碳钢，低合金钢，不锈钢，铝合金	低、中碳钢，合金钢，铝合金，铜合金
金属组织特征	晶粒粗大，组织疏松	晶粒细小，致密，晶粒成方向性排列	沿拉伸方向形成新的流线组织	焊缝区为铸造组织，熔合区和过热区晶粒粗大	晶粒细小，致密，晶粒成方向性排列
力学性能	稍低于锻件	比相同成分的铸件好	变形部分的强度硬度高，结构钢度好	接头的力学性能能达到或接近母材	比相同成分的铸件好
结构特点	形状不受限制，可生产结构相当复杂的零件	形状较简单	结构轻巧，形状可稍复杂	尺寸结构一般不受限制	形状简单，横向尺寸变化较少
材料利用率	高	低	较高	较高	较低
生产周期	长	自由锻短，模锻较长	长	较短	短
生产成本	较低	较高	批量越大，成本越低	较高	较低
主要适用范围	各种结构零件和机械零件	传动零件，工具，模具等各种零件	以薄板成型的各种零件	各种金属结构件，部分用于零件毛坯	结构上的毛坯料
应用举例	机架、床身、底座、工作台、导轨、变速箱、泵体、曲轴、轴承座等	机床主轴、传动轴、曲轴、连杆、螺栓、弹簧、冲模等	汽车车身、机表仪壳、电器的仪壳，水箱、油箱	锅炉、压力容器、化工容器管道，厂房构架、桥梁、车身、船体等	光轴、丝杠、螺栓、螺母、销子等

13.3　典型零件的材料及成型工艺选择

金属材料、高分子材料、陶瓷材料及复合材料是目前的主要工程材料，它们各有自己的特性，所以各有其合适的用途。随着科技进步，各种材料的性能和应用也在发生着变化。

高分子材料的强度、刚度低，尺寸稳定性较差，易老化，耐热性差。因此在工程上，目前还不能用来制造承受载荷较大的结构零件。在机械工程中，常制造轻载传动齿轮、轴承、紧固件及各种密封件等。

陶瓷材料几乎没有塑性，在外力作用下不产生塑性变形，易发生脆性断裂。因此，一般不能用来制造重要的受力零件。但其化学稳定性很好，具有高的硬度和红硬性，故用于制造在高温下工件的零件、切削刀具和某些耐磨零件。由于其制造工艺较复杂、成本高，在一般机械工程中应用还不普遍。

复合材料综合了多种不同材料的优良性能，如强度、弹性模量高；抗疲劳、减磨、减振性能好，且化学稳定性优异，是一种很有发展前途的工程材料。

金属材料具有优良的综合力学性能和某些物理、化学性能，因此它被广泛地用于制造各种重要的机械零件和工程结构，是最重要的工程材料。从应用情况来看，机械零件的用材主要是钢铁材料。下面介绍几种典型钢制零件的选材实例。

13.3.1 轴杆类零件

轴杆零件的结构特点是其轴向尺寸远比径向尺寸大。这类零件包括各种传动轴、机床主轴、丝杠、光杠、曲轴、偏心轴、凸轮轴、连杆、拔叉等。

1. 轴的工作条件

轴是机械工业中重要的基础零件之一。大多数轴都在常温大气中使用，其受力情况如下：

(1) 传递扭矩，同时还承受一定的交变弯曲应力。

(2) 轴颈承受较大的摩擦。

(3) 有时承受一定的冲击载荷或过量载荷。

2. 选材

多数情况下，轴杆类零件是各种机械中重要的受力和传动零件，要求材料具有较高的强度、疲劳极限、塑性与韧性，即要求具有良好的综合力学性能。

显然，作为轴的材料，如选用高分子材料，弹性模量小，刚度不足，极易变形，所以不合适；如用陶瓷材料，则太脆，韧性差，亦不合适。因此，重要的轴几乎都选用金属材料，常用中碳钢和合金钢，包括 45、40Cr、40CrNi、20CrMnTi、18Cr2Ni4W 等。并且轴类零件大多都采用锻造成型，之后经调质处理，使其具有较好的综合力学性能。

其制造工艺流程为：棒料锻造→正火或退火→粗加工→调质处理→精加工。

在满足使用要求的前提下，某些具有异形截面的轴，如凸轮轴、曲轴等，也常采用 QT450－10、QT500－5、QT600－2 等球墨铸铁毛坯，以降低制造成本。与锻造成型的钢轴相比，球墨铸铁有良好的减振性、切削加工性及低的缺口敏感性；此外，它还有较高的力学性能，疲劳强度与中碳钢相近，耐磨性优于表面淬火钢，经过热处理后，还可使其强度、硬度、韧度有所提高。因此，对于主要考虑刚度的轴以及主要承受静载荷的轴，采用铸造成型的球墨铸铁是安全可靠的。目前部分负载较重但冲击不大的锻造成型轴已被铸造成型轴所代替，既满足了使用性能的要求，又降低了零件的生产成本，取得了良好的经济效益。

对于在高温或介质中使用的轴，可考虑使用具有相应耐热、耐磨、耐腐蚀的材料。

13.3.2 齿轮类零件

齿轮主要是用来传递扭矩，有时也用来换档或改变传动方向，有的齿轮仅起分度定位作用。齿轮的转速可以相差很大，齿轮的直径可以从几毫米到几米，工作环境也有很大的差别，因此齿轮的工作条件是复杂的。

大多数重要齿轮的受力共同特点是：由于传递扭矩，齿轮根部承受较大的交变弯曲应力；齿的表面承受较大的接触应力，在工作过程中相互滚动和滑动，表面受到强烈的摩擦和磨损；由于换档启动或啮合不良，轮齿会受到冲击。

因此，作为齿轮的材料应具有以下主要性能：高的弯曲疲劳强度和高的接触疲劳强度；齿面有高的硬度和耐磨性；轮齿心部有足够的强度和韧性。

显然，作为齿轮用材料，陶瓷是不合适的，因为其脆性大，不能承受冲击。绝大多数情况下有机高分子类材料也是不合适的，其强度、硬度太低。

对于传递功率大、接触应力大、运转速度高而又受较大冲击载荷的齿轮，通常选择低碳钢或低碳合金钢，如20Cr、20CrMnTi等制造，并经渗碳及渗碳后热处理，最终表面硬度要求为56～62HRC。属于这类齿轮的，有精密机床的主轴传动齿轮、走刀齿轮、变速箱的高速齿轮等。

其制造工艺流程为：棒料镦粗→正火或退火→机械加工成型→渗碳或碳氮共渗→淬火加低温回火。

对于小功率齿轮，通常选择中碳钢，并经表面淬火和低温回火，最终表面硬度要求为45～50HRC或52～58HRC。属于这类齿轮的，通常是机床的变速齿轮。其中硬度较低的，用于运转速度较低的齿轮；硬度较高的，用于运转速度较高的齿轮。

在一些受力不大或无润滑条件下工作的齿轮，可选用塑料（如尼龙、聚碳酸酯等）来制造。一些低应力、低冲击载荷条件下工作的齿轮，可用HT250、HT300、HT350、QT600-3、QT700-2等材料来制造。较为重要的齿轮，一般都用合金钢制造。

具体选用哪种材料，应按照齿轮的工作条件而定。首先，要考虑所受载荷的性质和大小、传动速度、精度要求等；其次，也应考虑材料的成型及机加工工艺性、生产批量、结构尺寸、齿轮重量、原料供应的难易和经济效果等因素。此外，在选择齿轮材料时还应考虑以下3点：

（1）应根据齿轮的模数、断面尺寸、齿面和心部要求的硬度及强韧性，选择淬透性相适应的钢号。钢的淬透性低了，则齿轮的强度达不到要求；淬透性太高，会使淬火应力和变形增大，材料价格也较高。

（2）某些高速、重载的齿轮，为避免齿面咬合，相啮的齿轮应选用不同材料制造。

（3）在齿轮副中，小齿轮的齿根较薄，而受载次数较多。因此，小齿轮的强度、硬度应比大齿轮高，即材料较好，以利于两者磨损均匀，受损程度及使用寿命较为接近。

13.3.3 箱体类零件

箱体是工程中重要的一类零件，如工程中所用的床头箱，变速箱，进给箱，溜板箱，内燃机的缸体等，都是箱体类零件。由于箱体类零件结构复杂，外形和内腔结构较多，难以采用别的成型方法，几乎都是采用铸造方法成型。所用的材料均为铸造材料。

对受力较大、要求高强度、受较大冲击的箱体，一般选用铸钢；对受力不大，或主要是承受静力，不受冲击的箱体可选用灰铸铁，如该零件在服役时与其他部件发生相对运动，其间有摩擦、磨损发生，可选用珠光体基体的灰铸铁；对受力不大、要求重量轻或导热性好的箱体，可选用铝合金制造；对受力很小的箱体，还可考虑选用工程塑料。总之，箱体类零件的选材较多，主要是根据负荷情况选材。

对于大多数大箱体类零件，都要在相应的热处理后使用。如选用铸钢材质，为了消除粗晶组织，偏析及铸造应力，应进行完全退火或正火；对铸铁，一般要进行去应力退火；对铝合金，应根据成分不同，进行退火或淬火、时效等处理。

参 考 文 献

[1] 赵品，材料学，谢辅洲，等. 材料科学基础 [M]. 哈尔滨：哈尔滨工业大学出版社，1999.

[2] 冯端，师昌绪，刘治国. 材料科学导论 [M]. 北京：化学工业出版社，2002.

[3] 师昌绪，李恒德，周廉. 材料科学与工程手册 [M]. 北京：化学工业出版社，2004.

[4] 胡赓祥，材料，蔡珣，等. 材料科学基础 [M]. 上海：上海交通大学出版社，2006.

[5] 王笑天. 金属材料学 [M]. 北京：机械工业出版社，1987.

[6] 王于林. 工程材料学 [M]. 北京：航空工业出版社，1992.

[7] 朱张校，工程材料 [M]. 北京：清华大学出版社，2001.

[8] 徐恒钧. 材料科学基础 [M]. 北京：北京工业大学出版社，2001.

[9] 耿洪滨. 新编工程材料 [M]. 哈尔滨：哈尔滨工业大学出版社，2000.

[10] 吕烨，王丽凤. 机械工程材料 [M]. 北京：高等教育出版社，2009.

[11] 王运炎，朱莉. 机械工程材料 [M]. 北京：机械工业出版社，2009.

[12] 于永泗，齐民，徐善国，等. 机械工程材料 [M]. 大连：大连理工大学出版社，2006.

[13] 王纪安. 工程材料与材料成形工艺 [M]. 2版. 北京：高等教育出版社，2004.

[14] 刘全坤. 材料成形基本原理 [M]. 北京：机械工业出版社，2005.

[15] 曾光廷. 材料成型加工工艺及设备 [M]. 北京：化学工业出版社，2001.

[16] 陈平昌，朱六妹，李赞. 材料成形原理 [M]. 北京：机械工业出版社，2001.

[17] 沈其文. 材料成型工艺基础 [M]. 武汉：华中科技大学出版社，2001.

[18] 杨慧智. 工程材料及成型工艺基础 [M]. 北京：机械工业出版社，1999.

[19] 卢志文，工程材料及成形工艺 [M]. 北京：机械工业出版社，2005

[20] 杨眉. 工程材料及成型工艺 [M]. 北京：化学工业出版社，2009.

[21] 范悦. 工程材料及机械制造基础 [M]. 北京：航空工业出版社，1997.

[22] 孙康年. 现代工程材料成形与工艺基础 [M]. 北京：机械工业出版社，2002.

[23] 赵程，杨建民，吴欣，等. 机械工程材料及其成形技术 [M]. 北京：机械工业出版社，2009.

[24] 申荣华. 机械工程材料及其成形技术基础 [M]. 武汉：华中科技大学出版社，2011.

[25] 侯俊英，王兴源，程俊伟，等. 机械工程材料及成形基础 [M]. 北京：北京大学出版社，2009.

[26] 刘全坤. 材料成形基本原理 [M]. 北京：机械工业出版社，2010.

[27] 李远才. 金属液态成形工艺 [M]. 北京：化学工业出版社，2007.

[28] 齐乐华，朱明，王俊勃. 工程材料及成形工艺基础 [M]. 西安：西北工业大学出版社，2002.

[29] 邢忠文，张学仁，金属工艺学. 金属工艺学 [M]. 哈尔滨：哈尔滨工业大学出版社，1999.

[30] 邓文英，郭晓鹏，宋力宏. 金属工艺学 [M]. 北京：高等教育出版社，2008.

[31] 丁建生. 金属学与热处理 [M]. 北京：机械工业出版社，2006.

[32] 房世荣，严云彪，田洪照．工程材料与金属工艺学 [M]．北京：机械工业出版社，1994.
[33] 骆志斌．金属工艺学 [M]．北京：高等教育出版社，2000.
[34] 王雅然．金属工艺学 [M]．北京：高等教育出版社，1995.
[35] 余永宁．金属学原理 [M]．北京：冶金工业出版社，2000.
[36] 崔忠圻，金属学与热处理 [M]．北京：机械工业出版社，1997.
[37] 崔占全，王昆林，吴润．金属学与热处理 [M]．北京：北京大学出版社，2010.
[38] 赵渠森．先进复合材料手册 [M]．北京：机械工业出版社，2003.
[39] 吴人洁．复合材料 [M]．天津：天津大学出版社，2000.
[40] 王荣国，武卫莉，谷万里．复合材料概论 [M]．哈尔滨：哈尔滨工业大学出版社，2001.
[41] 翁端．环境材料学 [M]．北京：清华大学出版社，2001.
[42] 南京理工大学工程材料教研室．工程材料及成型工艺实验指导书 [M]．南京：南京理工大学出版社，2009.
[43] 郑子樵．新材料概论 [M]．长沙：中南大学出版社，2009.
[44] 张文钺．焊接冶金学：基本原理 [M]．北京：机械工业出版社，1999.
[45] 李亚江．焊接冶金学—材料焊接性 [M]．北京：机械工业出版社，2007.
[46] 雷世明．焊接方法与设备 [M]．北京：机械工业出版社，1999.
[47] 韩国明．焊接工艺理论与技术 [M]．北京：机械工业出版社，2007.
[48] 李建军．管道焊接技术 [M]．北京：石油工业出版社，2007.
[49] 李亚江．特种连接技术 [M]．北京：机械工业出版社，2007.
[50] 陆大年，王宁，眭伟民．新型绿色材料 [J]．上海化工，2001 (5)：4-7.
[51] 杜善义．先进复合材料与航空航天 [J]．复合材料学报，2007，24 (1)：1-12.
[52] 徐世烺，李贺东．超高韧性水泥基复合材料研究进展及其工程应用 [J]．土木工程学报，2008，41 (6)：45-60.
[53] 张卫文，赵海东，张大童，等．金属材料挤压铸造成形技术的研究进展 [J]．中国材料进展，2011，7：24-32.
[54] 宋建丽，李永堂，邓琦林，等．激光熔覆成形技术的研究进展 [J]．机械工程学报，2010 (14)：29-39.
[55] 高基伟，杨辉，申乾宏．TiO_2 在绿色建筑材料方面的研究进展 [J]．陶瓷学报，2007，28 (3)：237-240.
[56] 曹勇，陈鹤梅．绿色复合材料的研究进展 [J]．材料研究学报，2009，21 (2)：119-125.
[57] 李午申，邸新杰，唐伯钢，等．中国钢材焊接性及焊接材料的进展 [J]．焊接，2013 (3).
[58] 唐伯钢．现代钢材进展对焊接材料的挑战及若干建议 [J]．焊接，2009，12：20-25.
[59] 石力开．有色金属材料研究新进展（上）[J]．金属世界，2007，5：025.
[60] 王新林．金属功能材料研究和产业发展现状 [J]．中国冶金，2000 (5)：19-22.